河南省“十四五”普通高等教育规划教材

高等院校信息管理与信息系统专业系列教材

运筹学及其应用

（第3版）

肖会敏 臧振春 崔春生 编著

清華大学出版社
北 京

内容简介

本书结合现代计算机与运筹学的发展趋势，着重介绍运筹学的基础理论及其应用。全书共 17 章，内容包括线性规划、整数规划、目标规划、动态规划、图与网络分析、统筹方法、决策分析、对策论、排队论、库存论、非线性规划、多目标决策规划等。

相比其他同类教材，本书将统筹方法单独列为一章，同时增加了用 Excel 处理运筹问题的相关内容。

本书可作为高等学校本科生教材，并适用于多学时和少学时两种教学方式，同时可作为硕士研究生及 MBA 教材。另外，对于从事经济管理的人员，作为案头书自学参考也颇有裨益。

图书在版编目(CIP)数据

运筹学及其应用/肖会敏，臧振春，崔春生编著. —3 版. —北京：清华大学出版社，2022.9
高等院校信息管理与信息系统专业系列教材
ISBN 978-7-302-61633-7

Ⅰ. ①运… Ⅱ. ①肖… ②臧… ③崔… Ⅲ. ①运筹学－高等学校－教材 Ⅳ. ①O22

中国版本图书馆 CIP 数据核字(2022)第 147322 号

责任编辑：汪汉友
封面设计：傅瑞学
责任校对：李建庄
责任印制：杨　艳

出版发行：清华大学出版社
网　　址：http://www.tup.com.cn，http://www.wqbook.com
地　　址：北京清华大学学研大厦 A 座　　**邮　　编**：100084
社 总 机：010-83470000　　**邮　　购**：010-62786544
投稿与读者服务：010-62776969，c-service@tup.tsinghua.edu.cn
质量反馈：010-62772015，zhiliang@tup.tsinghua.edu.cn
课件下载：http://www.tup.com.cn，010-83470236
印 刷 者：北京富博印刷有限公司
装 订 者：北京市密云县京文制本装订厂
经　　销：全国新华书店
开　　本：185mm×260mm　　**印　　张**：22.5　　**字　　数**：532 千字
版　　次：2013 年 9 月第 1 版　　2022 年 9 月第 3 版　　**印　　次**：2022 年 9 月第 1 次印刷
定　　价：69.00 元

产品编号：090877-01

前　言

运筹学产生于二战时期的“布莱尔”小组，而运筹思想在中国古代早已有之，最早可以追溯到春秋战国时期。古代人们以“运筹帷幄，决胜千里”来称颂善于分析、精于判断的决策者，随着现代科学技术的不断发展和“大数据”时代的到来，人们面临的管理决策问题日趋复杂，决策科学已经成为管理者、决策者必备的技能，受到社会科学和自然科学领域的共同关注。

运筹学的内容非常丰富，应用也极其广泛，因此在我国经济管理类和财经类专业中将其定位为基础课或专业基础课，并作为诸多专业的考研专业课。目前，运筹学的内容也逐渐渗透到项目管理、精算等领域，运筹学不仅是人工智能、数据挖掘等课程的先修课程，而且是管理科学与工程等专业研究生的专业核心课。

本书的编写历时多年，是作者在运筹学课程讲义的基础上，吸取众家之长修改而成的。相比其他同类教材，本书将“统筹方法”单独列为一章，同时增加了用 Excel 处理运筹问题的相关内容。本书力求密切联系经济管理实际问题，注重实际应用、易教易学、通俗易懂。全部完成本书教学大约需要 128 学时，其中上机 18 学时。

作者在本书的结构设计、内容取舍等方面得到了北京理工大学吴祈宗教授和张强教授的指导；在编写的过程中得到了河南财经政法大学苏白云、刘红彬、周晓宇、要卫丽老师的支持和帮助；在出版的过程中得到了中央司法警官学院、国际关系学院、华北水电学院、河南纺织高等专科学校的大力支持。河南财经政法大学管理科学与工程专业的部分同学参与了书稿的整理工作，在此一并表示感谢。

本书可作为高等学校本科生教材，适用于不同学时的教学，可作为硕士研究生及 MBA 教材。另外，对于从事经济管理的人员，将本书作为案头书自学参考也颇有裨益。

运筹学是一门新兴学科，所涉及的理论和实际问题极其广泛。由于作者水平有限，不妥之处在所难免，恳请读者批评指正。

作　者

2022 年 8 月

目　录

第1章 绪 论

本章内容要点

- 运筹学简史；
- 运筹学的性质、特点、应用及其发展前景；
- 课程学习建议。

本章核心概念

- 运筹学(operations research)；
- 运筹学定义(definitions of operations research)；
- 运筹学的分支(components of operations research)；
- 运筹学工作步骤(phases of an operations research project)；
- 建模思路(construction of mathematical mode)。

■ 案例

1. 某工厂拥有 A、B、C 3 类设备，生产甲、乙两种产品。每件产品在生产中需要占用设备的台时数、每件产品可以获得的利润以及 3 类设备可利用的工时如表 1-1 所示。

表 1-1 案例数据

		产品		设备能力/小时
		甲	乙	
设备	A	3	2	65
	B	2	1	40
	C	0	3	75
利润/(元·件$^{-1}$)		1500	2500	—

考虑一下，工厂应如何安排生产才能获得最大的总利润？

进一步考虑，如果产品的销售情况不容乐观，那么工厂决策者会考虑不安排生产，而准备将所有设备出租，收取租赁费。这时，需要了解每种设备的台时费用情况，从而确定出租设备的每台时报价。

2. 某奶牛站希望通过投资来扩大牛群数，开始只有 5000 元资金。现已知可购入 A 或 B 两种奶牛，对 A 每投入 1000 元，当年及以后每年可获得 500 元收益和 2 头小牛；对 B 每投入 1000 元，当年及以后每年可获 200 元收益和 3 头小牛。如何规划可使 4 年后牛的总数最多？

3. 某重要设施由三道防线组成的防空系统保卫。在第一道防线上配备两件武器；在第二道防线上配备三件武器；在第三道防线上配备一件武器，所有的武器类型都一样。武器对来犯敌人的射击时间服从 $\mu=1$(架/分钟)的指数分布,敌机来犯服从 $\lambda=2$(架/分钟)的泊松流。试估计该防空系统的有效率。

4. 某食品批发部为附近 200 家食品零售店提供某品牌方便面的货源。为了满足顾客的需求,批发部几乎每月进一次货并存入仓库,当发现货物快售罄时,及时调整进货。如此一来,每年需花费在存储和订货的费用约 37 000 元。负责人如何考虑能使这笔费用下降,达到最好的运营效果?

1.1 运筹学概况

运筹学是一门基础性的应用学科,主要是将社会实践中经济、军事、生产、管理、组织等事件中出现的具有普遍性的问题加以提炼,然后利用科学方法进行分析、求解等工作,一方面提供模型,一方面提供理论和方法。运筹学主要研究系统最优化的问题,通过对建立的模型求解,为决策者进行决策提供科学依据。

随着科学技术和生产的发展,运筹学已渗透到很多领域,发挥了越来越重要的作用。运筹学是软科学中"硬度"较大的一门学科,兼有"逻辑的数学"和"数学的逻辑"的性质,是系统工程学和现代管理科学中的基础理论、方法、手段和工具。

1.1.1 运筹学简史

运筹学(operations research,OR),按照原意应译为运作研究或作战研究。现代运筹学的起源可以追溯到 20 世纪初。运筹学的活动普遍认为是从第二次世界大战初期的军事任务开始的,当时迫切需要把各种稀少的资源以有效的方式分配给各个不同的军事项目及在每一项目内的各项活动,所以美国及其军事管理当局号召大批科学家运用科学手段来处理战略与战术问题,实际上是要求他们对种种(军事)经营进行研究,这些科学家小组正是最早的运筹小组。第二次世界大战期间,运筹学被用来成功地解决了许多重要作战问题,显示了科学的巨大威力,为后来运筹学的发展铺平了道路。

1940 年 8 月,挪威的诺贝尔物理学奖获得者布莱尔带领 11 名人员,成立了第一个运筹学小组,其中除一名军官外,其余都是自然科学家(包括两名数学家、两名理论物理学家、一名测量员、一名天体物理学家、三名生理学家)。他们运用自然科学方法,评估战斗效能,提出战术建议。较为著名的事例有通过舰载炸弹、飞机投射炸弹试验研究,将深水炸弹的爆炸深度从 35 英尺①加深到 70 英尺,使德军潜艇被炸沉数成倍增加。再如,雷达系统有效防空问题,研究将雷达信息传送给指挥系统及武器系统的最佳方式、雷达与防空武器的最佳配置等;护航舰队保护商船队的编队问题,研究当船队遭受德国军队攻击时如何使船队减少损失等。第二次世界大战后,在英、美军队中相继成立了更为正式的运筹研究组织,以兰德(Land)公司为首的一些机构开始着重研究战略性问题。例如,为美国空军评价各种轰炸机系统,讨论未来的武器系统和未来战争的战略等;研究苏联的军事能力及未来的预报等。在这段时间里运筹学的研究与应用范围主要集中在与战争相关的战略、战术方面。随着世界

① 英尺(ft),长度单位,1ft≈0.3048m。

性战争的结束，各国的经济建设迅速发展，世界范围内的激烈竞争也体现在经济、技术方面，运筹学的研究发展也向这些方面拓展。为了适应时代的要求，运筹学无论从理论上还是应用上都得到了快速的发展。在应用方面，当今的运筹学已经涉及服务、管理、规划、决策、组织、生产、建设等诸多方面，甚至可以说，很难找出它不涉及的领域。在理论方面，由于运筹学的需要和刺激而发展起来的数学规划、应用概率与统计、应用组合数学、对策论、数理经济学、系统科学等数学分支都得到迅速发展。

为了加强运筹学的研究与应用，国内外成立了许多学术性的组织。最早建立运筹学会的国家是英国(1948 年)，接着是美国(1952 年)、法国(1956 年)、日本和印度(1957 年)等，到 2004 年，国际上已有 77 个国家和地区建立了运筹学会或类似的组织，中国运筹学会成立于 1980 年。1959 年，英、美、法三国的运筹学会发起成立了国际运筹学联合会(IFORS)，以后各国的运筹学会纷纷加入，我国于 1982 年加入该会。此外，还有一些地区性组织，如欧洲运筹学协会(EURO)成立于 1976 年，亚太运筹学协会(APORS)成立于 1985 年。

事实上，运筹学的思想出现得很早。在我国汉朝时，汉高祖刘邦称赞张良用了“运筹于帷幄之中，决胜于千里之外”的话，人们取其义把它译为“运筹学”。在我国历史上，军事和科学技术方面对运筹思想的运用举世闻名，如公元前 6 世纪春秋时期著名的《孙子兵法》中处处体现了军事运筹的思想；战国时期“田忌齐王赛马”的故事是对策论的典型范例；刘邦、项羽在楚汉相争过程中，依靠张良等谋士的计谋上演了一幕又一幕体现运筹思想的战例；三国时期的战争中更可以举出很多运用运筹思想取得胜利的例子。除军事方面，在我国古代农业、运输、工程技术等方面也有大量体现运筹思想的实例，例如，北魏时期科学家贾思勰的《齐民要术》就是一部体现运筹思想合理策划农事的宝贵文献；李冰父子主持修建的由“鱼嘴”岷江分洪工程、“飞沙堰”分洪排沙工程和“宝瓶口”引水工程巧妙结合而成的都江堰水利工程；宋真宗皇宫失火，大臣丁渭所提出的一举三得重建皇宫的方案；《梦溪笔谈》的作者沈括所记录的军粮供应与用兵进退的关系等事例无不闪耀着运筹帷幄、整体优化的朴素思想。

20 世纪 50 年代中期，我国著名的科学家钱学森、许国志等将运筹学从西方引入我国，并结合我国的特点在国内推广应用。经过几十年的努力，运筹学在我国有了很大的发展，确立了它在经济建设中的地位。但是，运筹学在我国的发展状况与世界其他国家相比，尚有不小的差距，其中最主要的是认识与基础的问题。

随着科学技术的发展，特别是信息社会的到来，运筹学的内涵不断扩大，所涉及的数学等其他基础科学的知识越来越多，于是熟练掌握并运用这门学科，有效解决实际问题的难度也逐渐加大。根据运筹学发展，数学、计算机科学及其他新兴学科的最新知识、技术都能很快融合到其中，特别是人的直接参与决策，使得运筹学发展更进入一个崭新阶段。

1.1.2 运筹学的应用

运筹学早期的应用主要在军事领域，二次大战后运筹学的应用转向民用。经过几十年的发展，运筹学的应用已经深入社会、政治、经济、军事、科学、技术等各个领域，发挥了巨大作用。这里选择几个管理方面的应用给予简单介绍。

(1) 生产运作。生产总体计划要求从总体确定生产、存储和劳动力的配合规划以适应波动的需求计划。运筹学的应用主要在生产作业的计划、日程表的编排，合理下料、配料，物料管理等方面。

（2）物资库存管理。这类问题涉及多种物资库存的系统组织与安排管理，确定某些设备的能力或容量，例如停车场的大小、新增发电设备的容量、电子计算机的内存量、合理的水库容量等；将库存理论与计算机的物资管理信息系统相结合，确定合理的库存方式，计算最佳的库存量等。

（3）物资运输问题。这类问题涉及空运、水运、公路运输、铁路运输、管道运输、厂内运输，常常涉及班次和人员服务时间安排等，需要确定最小成本的运输线路、调拨物资、调度运输工具等。

（4）组织人事管理。这类问题涉及人员的需求和使用方面的预测，确定人员编制、合理分配人员，建立人才评价体系、人才开发的规划、人才激励机制等。

（5）市场营销。这类问题涉及广告预算、媒介选择、产品定价、新产品的引入和开发、销售计划制定、市场模拟研究等。

（6）财务管理和会计。这类问题涉及各种经济项目的预测、预算、贷款、成本分析、证券管理、现金管理等，常使用的方法有统计分析、数学规划、决策分析、盈亏点分析、价值分析等。

（7）计算机应用和信息系统开发。这类问题涉及运筹学中的数学规划方法、网络图论、排队论、存储论、模拟与仿真方法等。

（8）城市管理。这类问题涉及各种紧急服务系统的设计和运用，城市垃圾的清扫、搬运和处理、城市供水和污水处理系统的规划，区域规划、市区交通网络的规划与管理等。

1.1.3 运筹学的发展

运筹学经过几十年的发展，内容已相当丰富，所涉及的领域也十分广泛。以《运筹学国际文摘》收集的各国运筹学论文的内容为例，按技术分类就有五十多种。现在这门新兴学科的应用已深入国民经济的各个领域，成为促进国民经济健康、协调发展的有效方法。

1957 年，运筹学开始应用于我国的建筑业和纺织业。1958 年开始在交通运输、工业、农业、水利建设、邮电等领域有所应用，尤其是运输方面，提出了“图上作业法”，并从理论上证明了其科学性。在解决邮递员合理投递路线问题时，管梅谷教授提出了国外称为“中国邮路问题”解法。从 20 世纪 60 年代起，运筹学在我国的钢铁和石油行业得到了全面、深入的应用。从 1965 年起，统筹法在建筑业、大型设备维修计划、项目管理等方面的应用取得了可喜进展。20 世纪 70 年代中期，最优化方法在工程设计领域得到广泛的重视，在光学设计、船舶设计、飞机设计、变压器设计、电子线路设计、建筑结构设计和化工设计等方面都有成果。同一时期，排队论开始应用于港口、矿山、电信和计算机设计等方面的研究，图论被用于线路布置和计算机设计、化学物品的存放等。存储论在我国应用较晚，20 世纪 70 年代末在汽车工业和物资部门取得成功。近年来，运筹学的应用已趋于研究部门计划、区域经济规划等规模的复杂问题，已与系统工程难解难分。

随着运筹学应用的深入，众多有识之士对运筹学将向哪个方向发展和如何发展的问题进行了研究。美国前运筹学会主席邦特（S.Bonder）认为，运筹学应在 3 个领域发展：运筹学应用、运筹科学和运筹数学,并强调发展前两者,从整体上协调发展、相互促进。目前,运筹学工作者面临的大量新问题是经济、技术、社会、生态和政治等因素交叉在一起的复杂系统,“大数据”时代的复杂决策问题,信息时代的快速决策问题等。因此,早在 20 世纪 70 年代末 80 年代初就有不少运筹学家提出要注意研究大系统,注意运筹学与系统分析相结合。美国科学院国际开发署出了一本书,其书名将系统分析和运筹学并列。有的运筹学家提出了从运筹学到系统分析的报告,认为由于研究新问题的时间范围很长,因此必须与未来学紧密结合;由于面临的问题大多涉及技术、经济、社会、心理等综合因素的研究,在运筹学中除了常用的数学方法以外,还必须引入一些非经典数学的方法和理论。美国运筹学家萨丁(T. L. Saaty)在 20 世纪 70 年代末提出了层次分析法(AHP),并认为过去过于强调巧妙的数学模型,可是它很难解决那些非结构性的复杂问题,因此不如用看似简单、粗糙的方法加上决策者的正确判断去解决实际问题。切克兰特(P. B. Checkland)把传统的运筹学方法称为硬系统思考,它适用于解决结构明确的系统以及战术和技术性问题。硬系统思考方法对于结构不明确的和有人参与活动的系统无法很好地处理,这时就应采用软系统思考方法:相应的一些概念和方法都应有所变化,例如将过分理想化的“最优解”换成“满意解”等。

目前,运筹学领域工作者比较一致的共识是运筹学的发展应注重理念更新、实践为本和学科交融 3 方面。

1.2 运筹学的内容及特点

1.2.1 运筹学的分支

我国运筹学的老前辈、中国工程院院士许国志教授在 1992 年《运筹与管理》杂志创刊号上发表的《运筹学的 ABC》中提出了运筹学的 3 个来源:军事、管理和经济,同时还讨论了运筹学的 3 个组成部分:运用分析理论、竞争理论和随机服务理论(即排队论)。

由于运筹学涉及广泛的应用和有关的学科领域,经历数十年的发展形成了其自身的各个分支。通常提到的有线性规划、非线性规则、整数规划、目标规划、动态规划、随机规划、模糊规划等。以上规则人们常常统称为数学规划,此外还有图论与网络、排队论(随机服务系统理论)、存储论、对策论、决策论、搜索论、维修更新理论、排序与统筹方法、可靠性和质量管理等。

数学规划解决的主要问题是在给定条件下,按某一衡量指标来寻找安排的最优方案。它可以表示成求函数在满足约束条件下的极大极小值问题。

1.2.2 运筹学的定义及原则

为了更好地研究和应用,虽然人们希望对运筹学给出一个确切定义,以便更加深入地明确它的性质和特点,但是由于运筹学复杂的应用科学特征,至今也没有统一且确切的定义。下面用几个比较有影响的定义来说明运筹学的性质和特点。

(1) 当决策机构在对其控制下的业务活动进行决策时,为其提供的以量化为基础的科学方法。

这个定义首先强调的是科学方法，重视某种研究方法要可以用于整个一类问题上，并能够控制和进行有组织的活动，而不单是这些研究方法分散和偶然的应用。另一方面，它强调以量化为基础，必然要用到数学理论和成果。任何决策都包含定量和定性两方面，而定性方面又不能简单地用数学表示，例如政治、社会等因素，只有综合多种因素的决策才是全面的。在这里，运筹学工作者的职责是为决策者提供可以量化的分析，指出定性的因素。

(2) 运筹学是一门应用科学，它广泛运用现有的科学技术知识和数学方法，解决实际中提出的专门问题，为决策者选择最优决策提供定量依据。

这个定义表明运筹学具有多学科交叉的特点，例如综合运用数学、经济学、心理学、物理学、化学等方法。运筹学强调最优决策，但是这个“最”是过分理想化的，在实际生活中很难实现。

(3) 运筹学是一种给出问题坏的答案的艺术，否则问题的结果会更坏。

这个定义表明运筹学强调最优决策过分理想，在现实中很难实现，于是用次优、满意等概念来代替最优。

运筹学本身的特点决定了它在工商企业、军事部门、民政事业等组织内的统筹协调问题方面具有广泛应用，所以运筹学的应用不受行业、部门的限制。运筹学具有很强的实践性，它既对各种经营进行创造性的科学研究，又涉及组织的实际管理问题，并能够向决策者提供建设性意见，起到决策支持的作用。运筹学以整体最优化为目标，从系统的观点出发，力图以整个系统最佳的方式来解决该系统各部门之间的利害冲突，对所研究的问题求出最优解，寻求最佳的行动方案，所以人们可以把它看成一门优化技术，提供的是解决各类问题的优化方法。

由于运筹学具有实践性的特征，所以它的研究思路往往是从现实生活中抽出本质的要素来构造数学模型，努力寻求与决策者目标有关的解。运筹学致力于探索求解的结构并导出系统的求解过程，从可行方案中寻求系统的最优解法。

英国运筹学学会前会长托姆林森提出的下列 6 条原则，得到了众多运筹学工作者的认同。

(1) 合伙原则。该原则是指运筹学工作者要和各方面的人，尤其是实际部门的工作者合作。

(2) 催化原则。该原则是指在多学科共同解决某问题时，要引导人们改变一些常规的看法。

(3) 互相渗透原则。该原则要求多部门彼此渗透地考虑问题，而不是只局限于本部门。

(4) 独立原则。该原则是指在研究问题时，不应受某人或某部门的特殊政策左右，应独立从事工作。

(5) 宽容原则。该原则是指解决问题的思路要宽，方法要多，不能局限于某种特定的方法。

(6) 平衡原则。该原则是指要考虑各种矛盾和关系的平衡。

思　考　题

（1）运筹学有哪些分支？如何理解这些分支的构成？

（2）如何理解运筹学的内涵？它的特征有哪些？

1.3　运筹学的学习与应用

1.3.1　运筹学研究的工作步骤

由于运筹学与许多科学领域及各种有关因素有着横向和纵向的联系，因此为了有效地应用运筹学，人们按其特征，把研究工作步骤归纳如下。

（1）目标的确定。确定决策者期望从方案中得到什么。这个目标不应限制在过分狭小的范围内，也要避免把研究目标不必要地扩大。

（2）方案计划的研制。一项运筹学研究的实施过程常常是一个创造性过程，计划的实质是规定出要完成某些子任务的时间，然后再创造性地按时完成这一系列子任务。这样做能够帮助运筹学分析者做出结论，有助于方案的成功。若对计划任意地延期会导致分析者消极工作和管理者漠不关心。

（3）问题的表述。这项工作需要与管理人员深入讨论，通常包括与其他职员和业务人员接触，采集必要的数据，以便了解问题的本质、历史及未来，问题各个变量之间的关系。这项任务的目的是为研究中的问题提供一个模型框架，并为以后的工作确立方向。在这里，首先要考虑问题是否能够分解为若干串行或并行的子问题；其次要确定模型建立的细节，如问题尺度的确定、可控制决策变量的确定、不可控制状态变量的确定、有效性度量的确定以及各类参数和常数的确定。

（4）模型的研制。模型是对各变量关系的描述，是正确研制成功解决问题的关键。常用的构成模型的关系有定义关系、经验关系和规范关系等。

（5）模型求解。这一步应充分考虑现有的计算机应用软件是否适应模型的条件，解的精度及可行性是否能够达到需要。若没有现成可直接应用的计算机软件，则需要以下两步工作。

① 计算手段的拟定。在模型研制的同时，需要研究如何用数值方法求解模型。其中包括对问题变量性质（确定性、随机性、模糊性），关系特征（线性、非线性），手段（模拟、优化）及使用方法（现有的、新构造的）等的确定。

② 程序的编制，以及程序的设计和调试。当计算过程需要编制程序来实现计算机运算时，运筹学研究应包含算法过程的描述和计算流程图的绘制。程序的实现及调试可以会同程序员完成。

（6）数据收集。把有效性试验和实施方案所需的数据收集起来加以分析，研究输入的灵敏性，可以更准确地估计得到的结果。

（7）解的检验（验证）。验证在运筹学的研究与应用中的重要性无论怎样强调都不为过。验证包括两方面：第一是确定验证模型，包括为验证一致性、灵敏性、似然性和工作能力而设计的分析和实验；第二是验证的进行，即把前一步收集的数据用来对模型做完全试验。这种试验的结果，往往使模型必须重新设计和重编程序。

（8）求解方案的实施。有些人错误地认为，在模型验证后任务就完成了。事实上，一项研究的真正困难往往在求解方案实施的最后一步，很多问题常常在这时暴露出来，它们会涉及研制方案的全过程，因此必须有参与整个过程的相关人员参与才能解决。

1.3.2 运筹学建模的一般思路

运筹学建模在理论上属于数学建模的一部分，因此运筹学建模所采用的手段、途径与一般的数学建模类似。下面介绍的是根据运筹学本身的特征进行建模的一般思路。

经过长期、深入的研究和发展，运筹学处理的问题可归纳成一系列具有较强背景和规范特征的典型问题。因此，在进行运筹学建模时就要把相当的精力放在将实际问题合理地描述为某种典型的运筹模型上。在这个过程中，一般要求运筹学工作者具有以下几方面的知识和能力。

（1）熟悉典型运筹模型的特征和它的应用背景。

（2）有分析、理解实际问题的能力，包括广博的知识，搜集信息、资料和数据的能力。

（3）有抽象分析问题的能力，包括抓主要矛盾的能力，通过逻辑思维、推理、归纳、联想、类比等形成的创新能力。

（4）有运用各类工具、知识的能力，包括运用数学、计算机、其他自然科学的知识和工程技术等的能力。

（5）有试验校正和维护修正模型的能力。

根据问题本身的情况，运筹学在解决问题时，按研究对象的不同可构造出各种不同的模型。模型是研究者把客观现实进行思维抽象后用文字、图表、符号、关系式以及实体描述出的可被认知的客观对象。模型的有关参数和关系式比较容易改变，这有助于分析和研究问题。利用模型可以对所研究的问题进行预测及灵敏度分析等。

目前，运筹学中用得最多的是符号或数学模型。建立和构造模型是一种创造性劳动，成功的模型往往是科学和艺术的结晶，常见的构模方法和思路有以下几种。

（1）直接分析方法。当对问题的内在关系、特征等比较熟悉时，可以根据自己对问题内在机理的认识直接构造出模型。运筹学中已有不少现存的模型，例如线性规划模型、投入产出模型、排队模型、存储模型、决策和对策模型等。这些模型都有很好的求解方法及求解软件。

（2）类比方法。通过对问题的深入分析，结合经验，常常会发现有些模型的结构性质是相同的。这就可以互相类比，通过类比把新遇到的问题用已知类似问题的模型来建立新模型。这种情况往往得到的是模型归类，而模型参数需用其他的方法取得。

（3）模拟方法。利用计算机程序对问题的实际运行进行模拟，可得到有用的数据。这些数据常用来求得模型参数或对所建立模型合理性、正确性进行检验。

（4）数据分析法。利用数据处理的方法分析各个数据变量之间的关系是确定关系还是相关关系。这种方法还可以用回归分析找出变量的变化趋势，从而得到合理的数学模型。

大量的模型参数求得也可使用数据处理时常用的统计方法。

(5) 试验分析法。通过试验分析建模是工程管理中常用的方法。这类方法是以局部的试验产生数据,经过统计处理得到总体的模型或模型归类。试验分析更多地用于产生模型参数。

(6) 构想法。当有些问题的机理不清,既缺少数据,又不能做试验来获得数据时,人们只能在已有的知识、经验和某些研究的基础上,对将来可能发生的情况给出逻辑上合理的设想和描述,然后用已有的方法构造模型,并不断修正完善,直至比较满意为止。这种方法基于人们的构想。

1.3.3 如何学好运筹学

运筹学是一门基础性的应用学科,主要研究的是系统最优化问题,通过对建立的模型求解,为管理人员进行决策提供科学依据。本门课程是管理类专业的必修基础课,为学习有关专业课打好基础,进而为学生毕业后在管理工作中运用模型技术、数量分析及优化方法打下良好的基础。学习本门课程应主要完成的任务如下。

(1) 掌握运筹学的基本概念、基本原理、基本方法和解题技巧。

(2) 培养根据实际问题建立运筹学模型的能力及求解模型的能力。

(3) 培养分析解题结果及经济评价的能力。

(4) 培养理论联系实际的能力及自学能力。

为了帮助有关人员更好地学习运筹学,根据作者多年的教学实践和体会,提出如下的一些建议,仅供参考。

学习运筹学要把重点放在分析、理解有关的概念和思路上。在学习过程中,应该多向自己提问,例如一个方法的实质是什么?为什么这样做?怎么做?等等。

在认真听课的基础上,学习或复习时要掌握以下3个重要环节。

(1) 认真阅读教材和参考资料,以指定教材为主,同时参考其他有关书籍。一般每本运筹学教材都有自己的特点,但是基本原理、概念都是一致的,应注意主辅关系,参考资料会帮助开阔思路,使学习深入,但是把时间过多放在参考资料上,会导致思路分散,不利于学好。

(2) 要在理解基本概念和理论的基础上研究例题,例题是为了帮助理解概念和理论的。作业练习的主要作用也是这样,同时还有检查自己学习效果的作用。因此,做题要有信心,独立完成,不要怕出错。整个课程是一个整体,各节内容有内在联系,只要学到一定程度,知识融会贯通起来,做题的正确性自己就有判断。

(3) 要学会做学习小结。每节或每章学完后,必须学会用精练的语言来概括所学内容。这样才能够从较高的角度来看问题,更深刻地理解有关知识和内容,这就叫"把书读薄"。若能够结合自己参考大量文献后的深入理解,把相关知识从更深入、广泛的角度进行论述,则称为"把书读厚"。

思 考 题

（1）运筹学研究过程中主要有哪些步骤？如何理解它们的意义和作用？

（2）运筹学建模的思路有哪些？如何理解这些思路？

（3）体会、理解学习运筹学的方法，并考虑如何在学习实践中灵活应用。

本章小结

随着经济建设和科学技术的发展，运筹学的应用越来越广泛，运筹学研究涉及经济、军事方面等各个领域，有些已经深入人们日常生活当中。运筹学可以根据问题的要求，通过分析、运算得出各种各样的结果，最后提出综合性的合理安排，以达到最好的效果。作为一门用来解决实际问题的学科，运筹学在处理各种千差万别的问题时，一般有确定目标、研制方案、建立模型、制定解法、数据收集、检验解、实施方案等步骤。

运筹学在发展过程中形成了许多能够应用于解决较广泛实际问题的抽象模型。随着科学技术和生产的发展，运筹学已经发展为包括多个分支的应用学科，例如数学规划（又包含线性规划、非线性规划、整数规划、组合规划等）、图与网络、决策分析、排队论、可靠性数学理论、库存论、对策论、搜索论、模拟等。

本章作为绪论，主要介绍运筹学的简史，运筹学的性质、特点、应用及其发展前景，并根据本课程的特征及一些学习经验提出了积极的建议，供读者参考。

习 题 1

1.1 举例说明我国古代的运筹思想有哪些。

1.2 简要说明运筹学中的哪些理论与本专业的学习有相关性。

1.3 进行运筹学研究的基本步骤是什么？

第2章 线性规划建模及单纯形法

本章内容要点

- 线性规划模型与解的主要概念；
- 线性规划的单纯形法、线性规划多解分析；
- 线性规划应用——建模。

本章核心概念

- 线性规划(linear programming)；
- 目标函数(objective function)；
- 约束集合(constraint set)；
- 可行域(feasible region)；
- 可行解(feasible solution)；
- 右端项(right-hand side)；
- 图解法(graphical method)；
- 基(basis)；
- 基变量(basic variable)；
- 非基变量(non-basic variable)；
- 基本解(basic solution)；
- 基本可行解(basic feasible solution)；
- 最优解(optimal solution)；
- 最优值(optimal value)；
- 单纯形法(simplex method)；
- 决策变量(decision variable)；
- 两阶段法(two-phase method)。

■ 案例

某工厂拥有 A、B、C、D 4 种类型的设备，生产甲、乙两种产品。每件产品在生产中需要占用设备的工时，每件产品可以获得的利润以及 4 种设备可利用的工时如表 2-1 所示。工厂应如何安排生产才能获得最大的总利润？

表 2-1 案例数据

		产品		可用工时
		甲	乙	
单件工时/小时	设备 A	3	2	45
	设备 B	2	1	35

续表

		产品		可用工时
		甲	乙	
单件工时/小时	设备 C	0	2	60
	设备 D	2	1	30
单位利润/元		2500	1000	—

线性规划是运筹学的一个重要分支，是现代管理决策的主要手段之一。自 1947 年丹齐格(G. B. Dantzig)提出求解线性规划问题的一般方法——单纯形法以来，由于电子计算机的迅速发展，解线性规划的计算机程序大量涌现，在计算机上求解此类问题已非常方便。今天，线性规划已广泛应用于工业、农业、商业等各个领域。

线性规划主要研究和解决以下两类问题：一是在有限资源(人力、物力、财力)条件下，如何制订一个最优的经营方案，以取得最佳的经济效益；二是在任务确定的前提下，怎样合理安排、统筹规划，使完成该项任务所消耗的资源最少。就其实质而言，线性规划问题是一类特殊的极值问题，它是在一定的线性约束条件下追求某一个目标函数的最大值或最小值。这个目标函数可以是产值、利润、成本、耗用的资源等，而约束条件可以是原料的限制、设备的限制、市场需求的限制等。

2.1 线性规划问题的数学模型

2.1.1 线性规划模型的提出

线性规划问题的数学模型包含 3 个要素：决策变量、目标函数、约束条件。下面举例说明建立数学模型的方法步骤。

例 2.1 某工厂用甲、乙两种原料生产 A、B、C、D 4 种产品，现有的原料数、单位产品所需原料数及单位产品可得利润如表 2-2 所示。

表 2-2 例 2.1 数据

		产品				现有原料
		A	B	C	D	
单位原料/吨	甲	1	10	2	3	18 000
	乙	3	2	5	4	13 000
单位利润/元		8	20	12	15	—

应该如何组织生产，才能使利润最大？

解

(1) 确定决策变量。

设置决策变量，一般采取“问什么，设什么”的方法。该例问“应该如何组织生产”，也就是如何安排这 4 种产品的产量。因此，可设变量 x_1、x_2、x_3 和 x_4 分别为产品 A、B、C、D 的产量。

（2）确定目标函数。

问题的目标是希望总的利润最大，根据每件产品可获得的单位利润和产品的产量，最大利润可按下式计算：

$$\max S = 8x_1 + 20x_2 + 12x_3 + 15x_4$$

（3）确定约束条件。

该例的约束条件体现为两种原料的供应量有限。因为原料甲的供应量最多为 18 吨，而生产每件 A、B、C、D 产品的需要量分别为 1 千克、10 千克、2 千克和 3 千克，于是有

$$x_1 + 10x_2 + 2x_3 + 3x_4 \leqslant 18\,000$$

同理，原料乙的约束条件为

$$3x_1 + 2x_2 + 5x_3 + 4x_4 \leqslant 13\,000$$

最后，变量 x_1、x_2、x_3 和 x_4 只能取非负值，即

$$x_1 \geqslant 0, x_2 \geqslant 0, x_3 \geqslant 0, x_4 \geqslant 0$$

所以，该问题的线性规划模型为求一组变量 x_1、x_2、x_3、x_4 的值，使目标函数达到

$$\max S = 8x_1 + 20x_2 + 12x_3 + 15x_4$$

且满足约束条件

$$\begin{cases} x_1 + 10x_2 + 2x_3 + 3x_4 \leqslant 18\,000 \\ 3x_1 + 2x_2 + 5x_3 + 4x_4 \leqslant 13\,000 \\ x_1 \geqslant 0, x_2 \geqslant 0, x_3 \geqslant 0, x_4 \geqslant 0 \end{cases}$$

例 2.2 两个小型煤矿 A_1、A_2 的年产量分别为 23 万吨和 27 万吨。它们所产的煤供应 B_1、B_2 和 B_3 这 3 个城镇，这 3 个城镇的需要量分别为 17 万吨、18 万吨和 15 万吨，从各煤矿到各城镇的运价如表 2-3 所示。如何调运才使总运费最少？

表 2-3 例 2.2 运价数据表 单位：元/万吨

煤矿（产地）	城镇（销地）		
	B_1	B_2	B_3
A_1	400	500	600
A_2	500	900	1400

解

（1）确定决策变量。

设由产地 A_1 运往销地 B_1、B_2、B_3 的数量分别为 x_{11}、x_{12}、x_{13}；由产地 A_2 运往销地 B_1、B_2、B_3 的数量分别为 x_{21}、x_{22}、x_{23}。

（2）确定目标函数。

问题的目标是运输的总费用最少，因此，对应的目标函数是求最小值，即

$$\min S = 400x_{11} + 500x_{12} + 600x_{13} + 500x_{21} + 900x_{22} + 1400x_{23}$$

（3）确定约束条件。

因为由产地 A_1 运往 3 个销地的总数应为 A_1 的产量，故有

$$x_{11} + x_{12} + x_{13} = 23$$

同理

$$x_{21}+x_{22}+x_{23}=27$$

另一方面，两个煤矿供给 B_1、B_2、B_3 的数量应分别等于它们的需要量，故有

$$x_{11}+x_{21}=17$$

$$x_{12}+x_{22}=18$$

$$x_{13}+x_{23}=15$$

显然，$x_{ij}\geqslant 0(i=1,2;j=1,2,3)$，这样就得到了该问题的数学模型。

求一组变量 $x_{ij}(i=1,2;j=1,2,3)$ 使目标函数达到

$$\min S=400x_{11}+500x_{12}+600x_{13}+500x_{21}+900x_{22}+1400x_{23}$$

且满足约束条件

$$\begin{cases}x_{11}+x_{12}+x_{13}=23\\x_{21}+x_{22}+x_{23}=27\\x_{11}+x_{21}=17\\x_{12}+x_{22}=18\\x_{13}+x_{23}=15\\x_{ij}\geqslant 0,\quad i=1,2;j=1,2,3\end{cases}$$

例 2.3 某养鸡场每天需要混合饲料 100 千克，其中钙的含量至少为 0.8%，但不超过 1.2%；蛋白质的含量至少为 22%；粗纤维质的含量最多为 5%。假设所用主要配料有石灰石（炭化钙）、玉米和粗豆粉，这些配料的营养成分及每千克单价如表 2-4 所示。

表 2-4 例 2.3 数据表

		配料		
		石灰石	玉米	粗豆粉
营养成分/千克	钙	0.38	0.001	0.002
	蛋白质	0	0.09	0.50
	粗纤维质	0	0.02	0.08
单位购价/元每千克		0.33	0.42	0.95

应该怎样混合饲料，才能使成本最低？

解 按照上述建模步骤，可设 x_1、x_2、x_3 分别为生产 100 千克混合饲料的石灰石、玉米和粗豆粉的数量，则相应的线性规划模型为

$$\min S=0.33x_1+0.42x_2+0.95x_3$$

$$\begin{cases}x_1+x_2+x_3=100\\0.38x_1+0.001x_2+0.002x_3\geqslant 0.008\times 100\\0.38x_1+0.001x_2+0.002x_3\leqslant 0.012\times 100\\0.09x_2+0.50x_3\geqslant 0.22\times 100\\0.02x_2+0.08x_3\leqslant 0.05\times 100\\x_1,x_2,x_3\geqslant 0\end{cases}$$

2.1.2 线性规划的模型结构

从上述 3 个实例可以看出，尽管以上问题类型不同，但它们的模型都有相同的数学形式和特点：

(1) 用一组决策变量 $x_1, x_2, \cdots, x_n$ 表示要求的方案，通常要求它们非负；

(2) 表示优化指标(最大化或最小化)的目标函数都是决策变量的线性函数；

(3) 表示约束条件的数学式子是线性等式或线性不等式。

通常，人们把具有上述特点的数学模型称为线性规划模型，相应的实际问题称为线性规划问题，线性规划问题的一般数学模型如下：

求一组变量 $x_1, x_2, \cdots, x_n$ 的值，使目标函数达到

$$\min\ (\max) S = c_1 x_1 + c_2 x_2 + \cdots + c_n x_n$$

且满足约束条件

$$\begin{cases} a_{11}x_1 + a_{12}x_2 + \cdots + a_{1n}x_n \leqslant (=, \geqslant) b_1 \\ a_{21}x_1 + a_{22}x_2 + \cdots + a_{2n}x_n \leqslant (=, \geqslant) b_2 \\ \qquad \vdots \\ a_{m1}x_1 + a_{m2}x_2 + \cdots + a_{mn}x_n \leqslant (=, \geqslant) b_m \\ x_1, x_2, \cdots, x_n \geqslant 0 \end{cases}$$

其中，a_{ij}、b_i 和 c_j $(i=1,2,\cdots,m; j=1,2,\cdots,n)$ 均为已知常数。

为了今后叙述方便，把满足所有约束变量的一组值称为线性规划的一个可行解，全部可行解组成的集合称为线性规划的可行解集(或可行域)。

使目标函数取得最小(大)值的可行解，称为线性规划的最优解。最优解的目标函数值，称为线性规划的最优值。

值得指出的是，建立模型是运筹学的核心，为了便于分析和研究问题，数学模型应具有两个特点：一要尽可能简单；二要能完整地描述所研究的系统。模型既要能代替系统的过程供分析研究，又要能对将要采取的行动结果进行评价。建立模型时一定要弄清问题所涉及的各种决策变量以及它们的相互关系，从而建立目标函数，约束方程。建立一个切实可行的数学模型，不是一件容易的事，往往需要丰富的经验和熟练的技巧。

思 考 题

(1) 实际生活中哪些问题可以借助线性规划模型建模？

(2) 线性规划模型有哪些特点？

2.2 两变量线性规划问题的图解法

对于仅含两个变量的线性规划问题，可用图解法求解，该方法简单直观，并有助于理解线性规划问题求解的基本原理。

例 2.4 求

$$\max S = x_1 + 3x_2$$

$$\begin{cases} x_1 \leqslant 3 \\ x_2 \leqslant 4 \\ x_1 + x_2 \leqslant 5 \\ x_1, x_2 \geqslant 0 \end{cases}$$

解 首先建立一个平面直角坐标系，设 x_1 为横坐标，x_2 为纵坐标，这样变量的一组值就对应了平面上的一个点。由于 $x_1 \geqslant 0, x_2 \geqslant 0$，所以约束条件所允许的范围只可能在第一象限。即满足所有约束条件的点集如图 2-1 中凸多边形 $ABCDO$。因为凸多边形上任意一点的坐标都满足约束条件，因此，凸多边形 $ABCDO$ 上的任意一点都是该线性规划问题的一个可行解，而整个凸多边形就是该线性规划问题的可行解集(可行域)。

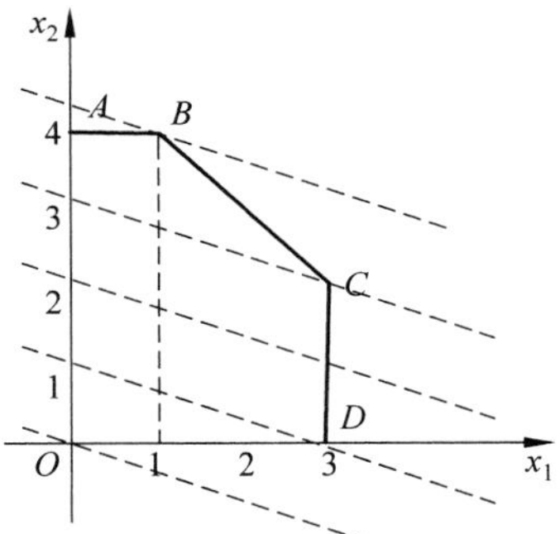

图 2-1 例 2.4 图

下面来寻找最优解，即在凸多边形 $ABCDO$ 中寻找使目标函数值最大的点。为此，令目标函数等于一个参数，即令 $x_1 + 3x_2 = S$，并让 S 取一些不同的值，例如 0，3，6，9，…，这样就在平面上得到一组平行线。由于位于同一直线上的点，具有相同的目标函数值，因而称它为等值线。由图 2-1 可知，当 S 值越大，直线离开原点越远。于是，这一问题变为在上列平行线中，找出一条，使之与凸多边形 $ABCDO$ 相交，而又尽可能离原点最远。显然，经过 B 点的一条直线 $x_1 + 3x_2 = 13$ 即符合要求。它同可行解集的交点(即最优解)是 $B(1,4)$，且使目标函数取得最大值 13。即解

$$\begin{cases} x_2 = 4 \\ x_1 + x_2 = 5 \end{cases}$$

得最优解为

$$x_1 = 1, \quad x_2 = 4$$

相应目标函数的最大值为

$$\max S = 1 + 3 \times 4 = 13$$

值得注意的是，该例中的最优解是唯一的，但对一般线性规划问题，求解结果还可能出现以下几种情况。

(1) 可行域为封闭的有界区域。

① 有唯一的最优解；

② 有无穷多个最优解。

(2) 可行域为非封闭的无界区域。

① 有唯一的最优解；

② 有无穷多个最优解；

③ 目标函数无界(即虽有可行解，但在可行域中，目标函数可以无限增大或无限减小)，因而没有有限最优解。

（3）可行域为空集。

没有可行解，原问题无最优解。

以上几种情况的图示如图 2-2 所示。

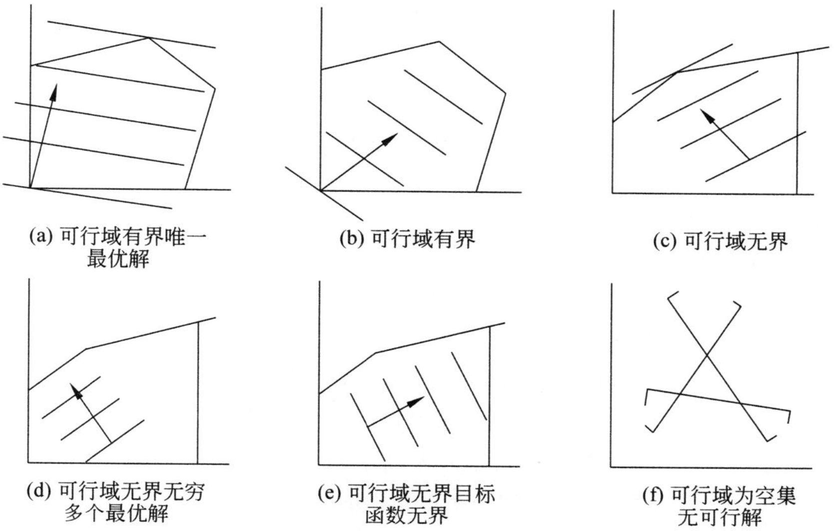

图 2-2　线性规划可行域和最优解的几种情况

从上面的图解法中还可以直观地看出以下几个要点：

① 若线性规划问题的可行解集非空，则它的可行解域是有界或无界的凸多边形；

② 若线性规划问题存在最优解，则它一定在可行域的某个顶点得到；

③ 若在两个顶点同时得到最优解，则它们连线上的点都是最优解，即有无穷多个最优解。

事实上这些都是具有一般性的结论，后面将给予严格证明。

思　考　题

试述线性规划图解法的步骤及可行域和最优解的几种情况。

2.3　线性规划模型的标准化

从实际问题中得到的线性规划的数学模型是各式各样的，对目标函数来说，有的要求最大值，有的要求最小值。对约束条件来说，存在着大于或等于（≥）、小于或等于（≤）、等于（=）等情况，这些会给求解过程带来一定困难。因此，对于一般的线性规划问题的数学模型，总是将它统一变为下面的标准形式，然后再予以分析求解，即

$$\min S = c_1x_1 + c_2x_2 + \cdots + c_jx_j + \cdots + c_nx_n$$

$$
\begin{cases}
a_{11}x_1 + a_{12}x_2 + \cdots + a_{1n}x_n = b_1 \\
a_{21}x_1 + a_{22}x_2 + \cdots + a_{2n}x_n = b_2 \\
\qquad\vdots \\
a_{i1}x_1 + a_{i2}x_2 + \cdots + a_{in}x_n = b_i \\
\qquad\vdots \\
a_{m1}x_1 + a_{m2}x_2 + \cdots + a_{mn}x_n = b_m \\
x_j \geqslant 0, \quad j = 1,2,\cdots,n
\end{cases}
$$

其中，$b_i \geqslant 0(i=1,2,\cdots,m)$。

标准形式有 4 个特点：

(1) 目标函数是求最小值；

(2) 所有约束条件都是等式；

(3) 所有决策变量都要求非负；

(4) 每一个约束条件右端的常数 $b_i(i=1,2,\cdots,m)$为非负值。

目标函数中的系数 $c_j(j=1,2,\cdots,n)$称为目标函数的系数，也可按问题的经济意义称之为收益系数、利润系数、费用系数或价值系数等。约束条件中的右端常数 $b_i(i=1,2,\cdots,m)$称为需要系数或限定系数。约束条件中决策变量的系数 $a_{ij}(i=1,2,\cdots,m;j=1,2,\cdots,n)$称为工艺系数或消耗系数。

标准形式用向量和矩阵符号可表述为

$$
\min S = \boldsymbol{CX}
$$

$$
\begin{cases}
\sum_{j=1}^{n} \boldsymbol{P}_j x_j = \boldsymbol{b} \\
x_j \geqslant 0, \quad j = 1,2,\cdots,n
\end{cases}
$$

其中

$$
\boldsymbol{C} = (c_1, c_2, \cdots, c_n)
$$

$$
\boldsymbol{X} = \begin{bmatrix} x_1 \\ x_2 \\ \vdots \\ x_j \\ \vdots \\ x_n \end{bmatrix}, \quad
\boldsymbol{P}_j = \begin{bmatrix} a_{1j} \\ a_{2j} \\ \vdots \\ a_{ij} \\ \vdots \\ a_{mj} \end{bmatrix}, \quad
\boldsymbol{b} = \begin{bmatrix} b_1 \\ b_2 \\ \vdots \\ b_i \\ \vdots \\ b_m \end{bmatrix}
$$

向量 $\boldsymbol{P}_j$ 对应决策变量 x_j。

标准形式也常用下面的矩阵符号来表述：

$$
\min S = \boldsymbol{CX}
$$

$$
\begin{cases}
\boldsymbol{AX} = \boldsymbol{b} \\
\boldsymbol{X} \geqslant \boldsymbol{0}
\end{cases}
$$

其中

$$
\boldsymbol{A}=\begin{bmatrix} a_{11} & a_{12} & \cdots & a_{1n} \\ a_{21} & a_{22} & \cdots & a_{2n} \\ \vdots & \vdots & \ddots & \vdots \\ a_{i1} & a_{i2} & \cdots & a_{in} \\ \vdots & \vdots & \ddots & \vdots \\ a_{m1} & a_{m2} & \cdots & a_{mn} \end{bmatrix}=(\boldsymbol{P}_1,\boldsymbol{P}_2,\cdots,\boldsymbol{P}_j,\cdots,\boldsymbol{P}_n), \quad \boldsymbol{0}=\begin{bmatrix} 0 \\ 0 \\ \vdots \\ 0 \end{bmatrix}
$$

这里 $\boldsymbol{A}$ 为线性规划的系数矩阵，一般情况下，$0<m<n$。$\boldsymbol{X}\geqslant\boldsymbol{0}$ 意味着 $\boldsymbol{X}$ 的所有分量都大于或等于 0。同样，$\boldsymbol{X}\leqslant\boldsymbol{0}$ 表示 $\boldsymbol{X}$ 的所有分量都小于或等于 0。

下面对一般形式化为标准形式的方法进行讨论。

(1) 如果原来是求目标函数 S 的最大值，即

$$\max S=c_1x_1+c_2x_2+\cdots+c_nx_n$$

则可令 $S'=-S$，化为求目标函数 S' 的最小值，即

$$\min S'=-c_1x_1-c_2x_2-\cdots-c_nx_n$$

(2) 如果第 i 个式子为

$$a_{i1}x_1+a_{i2}x_2+\cdots+a_{in}x_n\leqslant b_i$$

则可加入变量 $x_{n+i}(x_{n+i}\geqslant0)$，使不等式化为等式，即

$$a_{i1}x_1+a_{i2}x_2+\cdots+a_{in}x_n+x_{n+i}=b_i$$

如果第 k 个式子为

$$a_{k1}x_1+a_{k2}x_2+\cdots+a_{kn}x_n\geqslant b_k$$

则可减去变量 $x_{n+k}(x_{n+k}\geqslant0)$，即

$$a_{k1}x_1+a_{k2}x_2+\cdots+a_{kn}x_n-x_{n+k}=b_k$$

其中，x_{n+i} 和 x_{n+k} 是人为引入的新变量。前者称为松弛变量，后者称为剩余变量，它们在目标函数中的系数均为 0。

(3) 如果 $b_i<0$，则可在不等式(或等式)两端同乘以 -1。

(4) 如果决策变量 x_j 无非负限制，则可引进两个非负变量 $x_j'(x_j'\geqslant0)$ 和 $x_j''(x_j''\geqslant0)$，并写成

$$x_j=x_j'-x_j''$$

而 x_j 的符号由 x_j' 和 x_j'' 的大小决定。

例 2.5 将下面线性规划问题化为标准形式：

$$\max S=2x_1-x_2-3x_3$$

$$
\begin{cases} x_1+x_2+x_3\leqslant7 \\ x_1-x_2+x_3\leqslant-2 \\ 3x_1+x_2-2x_3=4 \\ x_1,x_2\geqslant0 \\ x_3\ \text{无符号限制} \end{cases}
$$

解

(1) 将目标函数乘上 (-1) 化为求最小值；

(2) 令 $x_3=x_3'-x_3''$ 代入目标函数和所有约束方程中，且 $x_3',x_3''\geqslant0$；

(3) 对第一个约束不等式的左端加上松弛变量 x_4，化为等式；

(4) 对第二个约束不等式乘以(−1)，并减去剩余变量 x_5；

(5) 为保持目标函数不变，使目标函数中变量 x_4 和 x_5 的系数均为 0。

如此得到的标准形式为

$$\min S' = -2x_1 + x_2 + 3(x_3' - x_3'') + 0x_4 + 0x_5$$

$$\begin{cases} x_1 + x_2 + x_3' - x_3'' + x_4 = 7 \\ -x_1 + x_2 - x_3' + x_3'' - x_5 = 2 \\ 3x_1 + x_2 - 2x_3' + 2x_3'' = 4 \\ x_1, x_2, x_3', x_3'', x_4, x_5 \geqslant 0 \end{cases}$$

思　考　题

(1) 试述线性规划标准形式的特点。

(2) 如何将任意一个线性规划模型转化为标准形式？

2.4　标准形式解的概念

标准形式的线性规划问题的最优解，就是在满足全部约束方程组和非负条件的许多解中找到使目标函数达到最小值的那个解。在下述标准形式中：

$$\min S = \boldsymbol{CX}$$

$$\begin{cases} \boldsymbol{AX} = \boldsymbol{b} \\ \boldsymbol{X} \geqslant \boldsymbol{0} \end{cases}$$

假定矩阵 $\boldsymbol{A}$ 的秩 $r(\boldsymbol{A}) = m$（m 是约束方程的个数），且决策变量的个数 $n > m$。这样的满秩标准形式，其约束方程组的解不止一个。以下考察由 $\boldsymbol{A}$ 的列向量构成的向量组，这些列向量以及它们所对应的变量 $x_1, x_2, \cdots, x_n$ 在今后起着重要的作用。

$$\boldsymbol{A} = \begin{bmatrix} a_{11} & a_{12} & \cdots & a_{1n} \\ a_{21} & a_{22} & \cdots & a_{2n} \\ \vdots & \vdots & \ddots & \vdots \\ a_{m1} & a_{m2} & \cdots & a_{mn} \end{bmatrix} = (\boldsymbol{P}_1, \boldsymbol{P}_2, \cdots, \boldsymbol{P}_n)$$

其中，$\boldsymbol{P}_1, \boldsymbol{P}_2, \cdots, \boldsymbol{P}_n$ 为 $\boldsymbol{A}$ 的列向量。

因为 $r(\boldsymbol{A}) = m$，从 $\boldsymbol{A}$ 任取 m 个线性无关的列向量，不失一般性，设为 $\boldsymbol{P}_1, \boldsymbol{P}_2, \cdots, \boldsymbol{P}_m$，则由这 m 个列向量组成的非奇异矩阵 $\boldsymbol{B}$ 称为线性规划问题的一个基。

$$\boldsymbol{B} = (\boldsymbol{P}_1, \boldsymbol{P}_2, \cdots, \boldsymbol{P}_m)$$

式中，$\boldsymbol{P}_1, \boldsymbol{P}_2, \cdots, \boldsymbol{P}_m$ 为基向量，其余向量 $\boldsymbol{P}_{m+1}, \cdots, \boldsymbol{P}_n$ 为非基向量。与基向量对应的变量 $x_1, x_2, \cdots, x_m$ 称为基变量，其余变量称为非基变量。

若记非基向量为

$$\boldsymbol{N} = (\boldsymbol{P}_{m+1}, \boldsymbol{P}_{m+2}, \cdots, \boldsymbol{P}_n)$$

$$\text{基变量为 } \boldsymbol{X}_B = \begin{bmatrix} x_1 \\ x_2 \\ \vdots \\ x_m \end{bmatrix}, \quad \text{非基变量为 } \boldsymbol{X}_N = \begin{bmatrix} x_{m+1} \\ x_{m+2} \\ \vdots \\ x_n \end{bmatrix}$$

则约束方程组 $\boldsymbol{AX}=\boldsymbol{b}$ 可写为

$$(\boldsymbol{B},\boldsymbol{N})\begin{pmatrix} \boldsymbol{X}_B \\ \boldsymbol{X}_N \end{pmatrix}=\boldsymbol{b}$$

即

$$\boldsymbol{BX}_B+\boldsymbol{NX}_N=\boldsymbol{b}$$

在上式两端左乘 $\boldsymbol{B}^{-1}$,并移项,得

$$\boldsymbol{X}_B=\boldsymbol{B}^{-1}\boldsymbol{b}-\boldsymbol{B}^{-1}\boldsymbol{NX}_N$$

若令 $\boldsymbol{X}_N=\boldsymbol{0}$,即 $x_{m+1}=x_{m+2}=\cdots=x_n=0$,则

$$\boldsymbol{X}=\begin{bmatrix} \boldsymbol{X}_B \\ \boldsymbol{0} \end{bmatrix}=\begin{bmatrix} \boldsymbol{B}^{-1}\boldsymbol{b} \\ \boldsymbol{0} \end{bmatrix}$$

称为线性规划问题关于基 $\boldsymbol{B}$ 的基本解。

如果基本解又是可行解,即基本解中的基变量 $\boldsymbol{X}_B\geqslant\boldsymbol{0}$,则这个基本解称为基本可行解,对应的基 $\boldsymbol{B}$ 称为可行基。

例 2.6 设某个线性规划问题的约束条件为

$$\begin{cases} x_1+3x_3+x_4=15 \\ x_2+2x_3-x_4=8 \\ x_1,x_2,x_3,x_4\geqslant 0 \end{cases}$$

解 列出约束方程组的增广矩阵

$$(\boldsymbol{Ab})=\begin{bmatrix} 1 & 0 & 3 & 1 & 15 \\ 0 & 1 & 2 & -1 & 8 \end{bmatrix}$$

在 $\boldsymbol{A}$ 中,$\boldsymbol{P}_1$ 和 $\boldsymbol{P}_2$ 可组成一个单位矩阵,这表明 $\boldsymbol{A}$ 的秩为 2。$\boldsymbol{P}_1$ 和 $\boldsymbol{P}_2$ 可构成一个基,记为

$$\boldsymbol{B}_1=\begin{bmatrix} 1 & 0 \\ 0 & 1 \end{bmatrix}$$

相应的基变量为 x_1 和 x_2,非基变量为 x_3 和 x_4。

由增广矩阵可直接得到用非基变量表示基变量的方程组

$$\begin{cases} x_1=15-3x_3-x_4 \\ x_2=8-2x_3+x_4 \end{cases}$$

令非基变量 $x_3=x_4=0$,得

$$\begin{cases} x_1=15 \\ x_2=8 \end{cases}$$

于是,关于基 $\boldsymbol{B}_1$ 的基本解为 $\boldsymbol{X}=(15,8,0,0)^{\mathrm{T}}$,也是个基本可行解。

此外,因为 $\boldsymbol{P}_1$ 与 $\boldsymbol{P}_3$ 线性无关,所以

$$\boldsymbol{B}_2=(\boldsymbol{P}_1,\boldsymbol{P}_3)=\begin{bmatrix} 1 & 3 \\ 0 & 2 \end{bmatrix}$$

也构成一个基。相应的 x_1 和 x_3 为基变量，x_2 和 x_4 为非基变量。用消元法将基变量解出来，得

$$\begin{cases} x_1 = 3 + \dfrac{3}{2}x_2 - \dfrac{5}{2}x_4 \\ x_3 = 4 - \dfrac{1}{2}x_2 + \dfrac{1}{2}x_4 \end{cases}$$

令非基变量 $x_2 = x_4 = 0$，可得关于基 $\boldsymbol{B}_2$ 的基本解为 $\boldsymbol{X} = (3,0,4,0)^{\mathrm{T}}$。

同理，$\boldsymbol{B}_3 = (\boldsymbol{P}_2, \boldsymbol{P}_3)$ 也构成一个基，相应的 x_2 和 x_3 为基变量，x_1 和 x_4 为非基变量。用消元法将基变量解出来，得

$$\begin{cases} x_2 = -2 + \dfrac{2}{3}x_1 + \dfrac{5}{3}x_4 \\ x_3 = 5 - \dfrac{1}{3}x_1 - \dfrac{1}{3}x_4 \end{cases}$$

令 $x_1 = x_4 = 0$，得基本解为 $\boldsymbol{X} = (0,-2,5,0)^{\mathrm{T}}$。显然，这个解不是可行解，因而 $\boldsymbol{B}_3$ 不是可行基。

类似地，还可求出其他基和基本解，从以上解题过程可以得出以下结论。

（1）一般情况下，线性规划问题的基不止一个，最多有 C_n^m 个，因而基本解的总数不超过 C_n^m。

（2）在基本解中，非基变量的值一定为零。因此，在基本解或基本可行解中，非零分量所对应的系数列向量一定线性无关。

一般情况下，基本可行解正分量的个数不超过 m，若正分量的个数等于 m，则称基本可行解为非退化的，否则称为退化的。

（3）可行解不一定是基本解，基本解也不一定是可行解。关于线性规划问题几种解之间的关系如图 2-3 所示。

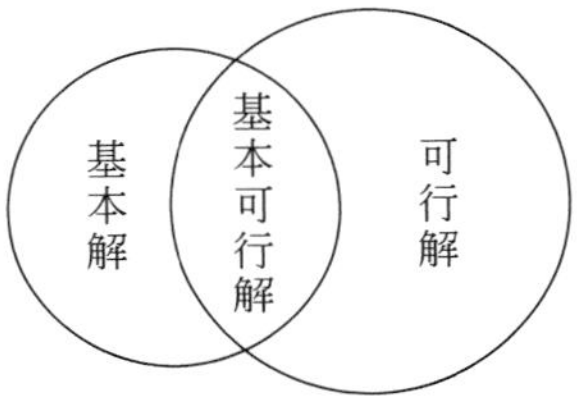

图 2-3　几种解的关系

思　考　题

（1）线性规划的基本解是怎么得到的？

（2）线性规划的基本解和可行解有什么关系？

2.5　线性规划问题解的基本理论

在前面介绍图解法时已经明白了线性规划的可行域和最优解的几何意义，下面给出线性规划问题解的基本定理及证明。

2.5.1　基本概念

1. 凸集

设 $\boldsymbol{S}$ 是 n 维空间的一个点集，若对任意 $\boldsymbol{X}^{(1)} \in \boldsymbol{S}$，$\boldsymbol{X}^{(2)} \in \boldsymbol{S}$，有

$$\alpha \boldsymbol{X}^{(1)} + (1-\alpha)\boldsymbol{X}^{(2)} \in \boldsymbol{S}, \quad 0 \leqslant \alpha \leqslant 1$$

则称 $\boldsymbol{S}$ 为凸集。换句话说，若连接 $\boldsymbol{X}^{(1)}$ 和 $\boldsymbol{X}^{(2)}$ 的线段仍在 $\boldsymbol{S}$ 内，则称 $\boldsymbol{S}$ 为凸集。

例如，三角形、矩形、实心圆、实心球等都是凸集。圆环、空心球等都不是凸集，图 2-4(a)和图 2-4(b)是凸集，图 2-4(c)和图 2-4(d)不是凸集。

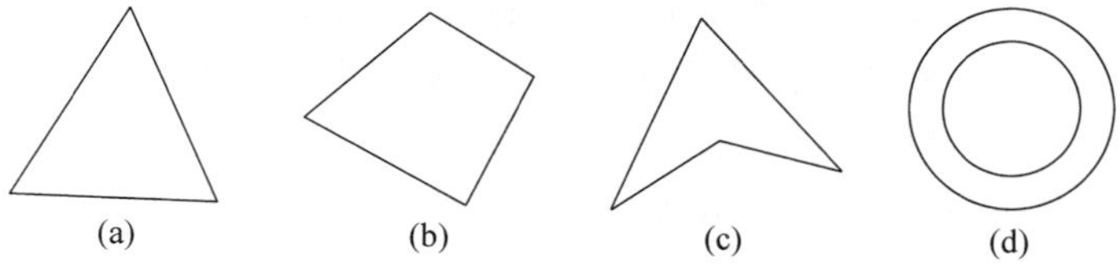

图 2-4　凸集概念举例

2. 凸组合

设 $\boldsymbol{X}^{(1)},\boldsymbol{X}^{(2)},\cdots,\boldsymbol{X}^{(k)}$ 是 n 维空间点集 $\boldsymbol{S}$ 中的 k 个点，若存在 $\alpha_1,\alpha_2,\cdots,\alpha_k$，满足

$$\alpha_1+\alpha_2+\cdots+\alpha_k=1, \qquad \alpha_1,\alpha_2,\cdots,\alpha_k\geqslant 0$$

且使

$$\boldsymbol{X}=\alpha_1\boldsymbol{X}^{(1)}+\alpha_2\boldsymbol{X}^{(2)}+\cdots+\alpha_k\boldsymbol{X}^{(k)}\in\boldsymbol{S}$$

则称 $\boldsymbol{X}$ 为 $\boldsymbol{X}^{(1)},\boldsymbol{X}^{(2)},\cdots,\boldsymbol{X}^{(k)}$ 的凸组合。

3. 顶点

设 $\boldsymbol{X}$ 为凸集 $\boldsymbol{S}$ 的点，若对于任意 $\boldsymbol{X}^{(1)}\in\boldsymbol{S}$，$\boldsymbol{X}^{(2)}\in\boldsymbol{S}$，不存在 $\alpha(0<\alpha<1)$，使 $\boldsymbol{X}=\alpha\boldsymbol{X}^{(1)}+(1-\alpha)\boldsymbol{X}^{(2)}$ 成立，则称 $\boldsymbol{X}$ 为 $\boldsymbol{S}$ 的顶点(或极点)。换句话说，若 $\boldsymbol{X}$ 不能成为 $\boldsymbol{S}$ 中任何线段的内点，则称 $\boldsymbol{X}$ 为 $\boldsymbol{S}$ 的顶点。

2.5.2　线性规划的基本定理

定理 2.1　线性规划问题的可行解集是一个凸集。

证　设线性规划问题的可行解集为

$$\boldsymbol{S}=\{\boldsymbol{X}\mid \boldsymbol{A}\boldsymbol{X}=\boldsymbol{b},\ \boldsymbol{X}\geqslant\boldsymbol{0}\}$$

$\boldsymbol{X}^{(1)}$ 和 $\boldsymbol{X}^{(2)}$ 为 $\boldsymbol{S}$ 内任意两个可行解，则

$$\boldsymbol{A}\boldsymbol{X}^{(1)}=\boldsymbol{b},\quad \boldsymbol{X}^{(1)}\geqslant\boldsymbol{0}$$
$$\boldsymbol{A}\boldsymbol{X}^{(2)}=\boldsymbol{b},\quad \boldsymbol{X}^{(2)}\geqslant\boldsymbol{0}$$

设 $\boldsymbol{X}$ 为 $\boldsymbol{X}^{(1)},\boldsymbol{X}^{(2)}$ 连线上的任意一点，即

$$\boldsymbol{X}=\alpha\boldsymbol{X}^{(1)}+(1-\alpha)\boldsymbol{X}^{(2)}\geqslant\boldsymbol{0},\quad 0\leqslant\alpha\leqslant 1$$

则有

$$\boldsymbol{A}\boldsymbol{X}=\boldsymbol{A}[\alpha\boldsymbol{X}^{(1)}+(1-\alpha)\boldsymbol{X}^{(2)}]=\alpha\boldsymbol{A}\boldsymbol{X}^{(1)}+(1-\alpha)\boldsymbol{A}\boldsymbol{X}^{(2)}=\alpha\boldsymbol{b}+(1-\alpha)\boldsymbol{b}=\boldsymbol{b}$$

故 $\boldsymbol{X}\in\boldsymbol{S}$，由凸集的定义，$\boldsymbol{S}$ 为凸集。

定理 2.2　线性规划问题的可行解为基本可行解的充分必要条件是它的正分量所对应的系数列向量线性无关。

证　**必要性** 由基本可行解的定义可得。

充分性　如果列向量 $\boldsymbol{P}_1,\boldsymbol{P}_2,\cdots,\boldsymbol{P}_k$ 线性无关，则必有 $k\leqslant m$，当 $k=m$ 时，它们构成一

个基，从而 $\boldsymbol{X}=(x_1,x_2,\cdots,x_k,0,\cdots,0)^{\mathrm{T}}$ 为相应的基本可行解；当 $k<m$ 时，则一定可从其余的列向量中取出 $m-k$ 个与 $\boldsymbol{P}_1,\boldsymbol{P}_2,\cdots,\boldsymbol{P}_k$ 构成一个极大线性无关组，从而得到一个基，其对应的解为 $\boldsymbol{X}$，根据定义，它是基本可行解。

定理 2.3 在线性规划问题中，$\boldsymbol{X}$ 是可行域顶点的充分必要条件是 $\boldsymbol{X}$ 为基本可行解。

证 必要性 即已知 $\boldsymbol{X}$ 是可行域的顶点，欲证 $\boldsymbol{X}$ 是基本可行解。要证 $\boldsymbol{X}$ 是基本可行解，只要证明 $\boldsymbol{X}$ 的非零分量所对应的系数列向量线性无关即可。下面采用反证法。

假设 $\boldsymbol{X}$ 不是基本可行解，不失一般性，设 $\boldsymbol{X}$ 的前 m 个分量为正，则它的非零分量所对应的系数列向量 $\boldsymbol{P}_1,\boldsymbol{P}_2,\cdots,\boldsymbol{P}_m$ 线性相关，即存在一组不全为零的数 $\delta_1,\delta_2,\cdots,\delta_m$，使

$$\delta_1\boldsymbol{P}_1+\delta_2\boldsymbol{P}_2+\cdots+\delta_m\boldsymbol{P}_m=\boldsymbol{0}$$

用一个 $\lambda>0$ 的常数乘上式，得

$$\lambda\delta_1\boldsymbol{P}_1+\lambda\delta_2\boldsymbol{P}_2+\cdots+\lambda\delta_m\boldsymbol{P}_m=\boldsymbol{0} \tag{2-1}$$

又因 $x_1,x_2,\cdots,x_m$ 为可行解 $\boldsymbol{X}$ 的非零分量，所以

$$x_1\boldsymbol{P}_1+x_2\boldsymbol{P}_2+\cdots+x_m\boldsymbol{P}_m=\boldsymbol{b} \tag{2-2}$$

式(2-2)+式(2-1)得

$$(x_1+\lambda\delta_1)\boldsymbol{P}_1+(x_2+\lambda\delta_2)\boldsymbol{P}_2+\cdots+(x_m+\lambda\delta_m)\boldsymbol{P}_m=\boldsymbol{b}$$

式(2-2)−式(2-1)得

$$(x_1-\lambda\delta_1)\boldsymbol{P}_1+(x_2-\lambda\delta_2)\boldsymbol{P}_2+\cdots+(x_m-\lambda\delta_m)\boldsymbol{P}_m=\boldsymbol{b}$$

构造如下两个可行解：

$$\boldsymbol{X}^{(1)}=[(x_1+\lambda\delta_1),(x_2+\lambda\delta_2),\cdots,(x_m+\lambda\delta_m),0,\cdots,0]^{\mathrm{T}}$$
$$\boldsymbol{X}^{(2)}=[(x_1-\lambda\delta_1),(x_2-\lambda\delta_2),\cdots,(x_m-\lambda\delta_m),0,\cdots,0]^{\mathrm{T}}$$

其中，取 $\lambda=\min\dfrac{x_i}{|\delta_i|}>0(i=1,2,\cdots,m)$，可保证：$x_i\pm\lambda\delta_i\geqslant0$，于是 $\boldsymbol{X}^{(1)}\geqslant\boldsymbol{0},\boldsymbol{X}^{(2)}\geqslant\boldsymbol{0}$，即 $\boldsymbol{X}^{(1)}$ 和 $\boldsymbol{X}^{(2)}$ 是可行解。

将 $\boldsymbol{X}^{(1)}$ 与 $\boldsymbol{X}^{(2)}$ 相加，可得

$$\boldsymbol{X}=\frac{1}{2}\boldsymbol{X}^{(1)}+\frac{1}{2}\boldsymbol{X}^{(2)}$$

这表示 $\boldsymbol{X}$ 是($\boldsymbol{X}^{(1)},\boldsymbol{X}^{(2)}$)的凸组合，即 $\boldsymbol{X}$ 是 $\boldsymbol{X}^{(1)}$ 与 $\boldsymbol{X}^{(2)}$ 连线的中点，从而 $\boldsymbol{X}$ 不是可行域的顶点。

充分性 就是已知 $\boldsymbol{X}$ 是基本可行解，要证明 $\boldsymbol{X}$ 是可行域的顶点。

假设 $\boldsymbol{X}$ 不是可行域的顶点，则在可行域内可找到两个不同的点：

$$\boldsymbol{X}^{(1)}=(x_1^{(1)},x_2^{(1)},\cdots,x_n^{(1)})^{\mathrm{T}} \quad 和 \quad \boldsymbol{X}^{(2)}=(x_1^{(2)},x_2^{(2)},\cdots,x_n^{(2)})^{\mathrm{T}}$$

使得

$$\boldsymbol{X}=\alpha\boldsymbol{X}^{(1)}+(1-\alpha)\boldsymbol{X}^{(2)},\quad 0<\alpha<1$$

即

$$x_j=\alpha x_j^{(1)}+(1-\alpha)x_j^{(2)},\quad j=1,2,\cdots,n$$

因为 $\boldsymbol{X}$ 是基本可行解，不失一般性，设 $\boldsymbol{P}_1,\boldsymbol{P}_2,\cdots,\boldsymbol{P}_m$ 线性无关，则当 $j>m$ 时，有 $x_j=0$，又 $x_j^{(1)}\geqslant0,x_j^{(2)}\geqslant0,\alpha>0,1-\alpha>0$，所以当 $x_j=0$ 时，$x_j^{(1)}=x_j^{(2)}=0$，于是有

$$\sum_{j=1}^{m}\boldsymbol{P}_jx_j^{(1)}=\boldsymbol{b},\quad \sum_{j=1}^{m}\boldsymbol{P}_jx_j^{(2)}=\boldsymbol{b}$$

两式相减得

$$\sum_{j=1}^{m}\boldsymbol{P}_j(x_j^{(1)}-x_j^{(2)})=\mathbf{0}$$

由于 $\boldsymbol{X}^{(1)}\neq\boldsymbol{X}^{(2)}$，故上式系数 $x_j^{(1)}-x_j^{(2)}(j=1,2,\cdots,n)$ 不全为 0，于是向量 $\boldsymbol{P}_1,\boldsymbol{P}_2,\cdots,\boldsymbol{P}_m$ 线性相关，与已知矛盾。

引理 若 $\boldsymbol{S}$ 是有界凸集，则对于任意一点 $\boldsymbol{X}\in\boldsymbol{S}$，$\boldsymbol{X}$ 可表示为 $\boldsymbol{S}$ 的顶点的凸组合。（证明略）

定理 2.4 若可行域非空有界，线性规划的最优解必可在可行域的一个顶点处得到。

证 设 $\boldsymbol{X}^{(1)},\boldsymbol{X}^{(2)},\cdots,\boldsymbol{X}^{(k)}$ 是可行域的顶点，若 $\boldsymbol{X}^{(0)}$ 不是顶点，且目标函数在 $\boldsymbol{X}^{(0)}$ 处达到最小值，即

$$S^*=\min S=\boldsymbol{C}\boldsymbol{X}^{(0)}$$

因为 $\boldsymbol{X}^{(0)}$ 不是顶点，由引理可知，$\boldsymbol{X}^{(0)}$ 可用可行域顶点的凸组合来表示，即有

$$\boldsymbol{X}^{(0)}=\sum_{i=1}^{k}\alpha_i\boldsymbol{X}^{(i)},\quad \alpha_i\geqslant 0,\sum_{i=1}^{k}\alpha_i=1$$

因此

$$\boldsymbol{C}\boldsymbol{X}^{(0)}=\boldsymbol{C}\sum_{i=1}^{k}\alpha_i\boldsymbol{X}^{(i)}=\sum_{i=1}^{k}\alpha_i\boldsymbol{C}\boldsymbol{X}^{(i)}$$

在所有的顶点中，必然可以找到某一个顶点 $\boldsymbol{X}^{(r)}$，使 $\boldsymbol{C}\boldsymbol{X}^{(r)}$ 是所有 $\boldsymbol{C}\boldsymbol{X}^{(i)}$ 中的最小者，将 $\boldsymbol{X}^{(r)}$ 代替上式中的所有 $\boldsymbol{X}^{(i)}$，这就得到

$$\sum_{i=1}^{k}\alpha_i\boldsymbol{C}\boldsymbol{X}^{(i)}\geqslant\sum_{i=1}^{k}\alpha_i\boldsymbol{C}\boldsymbol{X}^{(r)}=\boldsymbol{C}\boldsymbol{X}^{(r)}$$

由此得

$$\boldsymbol{C}\boldsymbol{X}^{(0)}\geqslant\boldsymbol{C}\boldsymbol{X}^{(r)}$$

依据假设，$\boldsymbol{C}\boldsymbol{X}^{(0)}$ 是最小值，所以有

$$\boldsymbol{C}\boldsymbol{X}^{(0)}=\boldsymbol{C}\boldsymbol{X}^{(r)}$$

即目标数在顶点 $\boldsymbol{X}^{(r)}$ 处也达到最小值。

定理 2.5 如果线性规划问题在 k 个点 $\boldsymbol{X}^{(1)},\boldsymbol{X}^{(2)},\cdots,\boldsymbol{X}^{(k)}$ 达到最优解，则 $\boldsymbol{X}^{(1)},\boldsymbol{X}^{(2)},\cdots,\boldsymbol{X}^{(k)}$ 的任意一个凸组合是一个最优解。

证 设 $\boldsymbol{X}$ 是 $\boldsymbol{X}^{(1)},\boldsymbol{X}^{(2)},\cdots,\boldsymbol{X}^{(k)}$ 的一个凸组合，即

$$\boldsymbol{X}=\sum_{i=1}^{k}\alpha_i\boldsymbol{X}^{(i)},\quad \alpha_i\geqslant 0,\sum_{i=1}^{k}\alpha_i=1$$

于是

$$\boldsymbol{C}\boldsymbol{X}=\boldsymbol{C}\sum_{i=1}^{k}\alpha_i\boldsymbol{X}^{(i)}=\sum_{i=1}^{k}\alpha_i\boldsymbol{C}\boldsymbol{X}^{(i)}$$

设

$$\boldsymbol{C}\boldsymbol{X}^{(i)}=S,\quad i=1,2,\cdots,k$$

则

$$\boldsymbol{C}\boldsymbol{X}=\sum_{i=1}^{k}\alpha_iS=S$$

需要指出的是，若线性规划问题的可行域无界，则其可能有最优解，也可能无最优解，若有最优解，也只能在某顶点上达到。

2.6 单纯形法

单纯形法是目前求解线性规划问题最基本、最有效的方法之一。根据线性规划的基本原理，若线性规划问题有最优解，只能在可行域的某个顶点上得到，由于可行域的顶点个数有限（$\leqslant C_n^m$），则可采用“枚举法”，找到所有基本可行解，然后加以比较，从而找到最优解，问题是当 n（决策变量个数）和 m（约束条件个数）很大时，这种办法是行不通的，因此，必须寻求新的解法。在此介绍的单纯形法，只要搜索部分基本可行解，便可找到线性规划问题的最优解。下面先举例说明单纯形法的基本思路。

2.6.1 引例

例 2.7 求解线性规划问题：

$$\max S=2x_1+3x_2$$

$$\begin{cases}2x_1+4x_2\leqslant 20\\3x_1+2x_2\leqslant 18\\x_1\leqslant 5\\x_1,x_2\geqslant 0\end{cases}\tag{2-3}$$

解 第 1 步，化为标准形式，求初始基本可行解。

引入松弛变量，化为标准型：

$$\min S'=-2x_1-3x_2+0x_3+0x_4+0x_5$$

$$\begin{cases}2x_1+4x_2+x_3=20\\3x_1+2x_2+x_4=18\\x_1+x_5=5\\x_1,x_2,x_3,x_4,x_5\geqslant 0\end{cases}\tag{2-4}$$

约束方程的增广矩阵为

$$(\boldsymbol{Ab})=\begin{bmatrix}2&4&1&0&0&20\\3&2&0&1&0&18\\1&0&0&0&1&5\end{bmatrix}=(\boldsymbol{P}_1,\boldsymbol{P}_2,\boldsymbol{P}_3,\boldsymbol{P}_4,\boldsymbol{P}_5,\boldsymbol{b})$$

显然，x_3、x_4 和 x_5 的系数列向量 $\boldsymbol{P}_3$、$\boldsymbol{P}_4$ 和 $\boldsymbol{P}_5$ 线性无关，且它们构成一个基，即

$$\boldsymbol{B}_0=(\boldsymbol{P}_3,\boldsymbol{P}_4,\boldsymbol{P}_5)=\begin{bmatrix}1&0&0\\0&1&0\\0&0&1\end{bmatrix}$$

称为初始基。

由增广矩阵可直接得到用非基变量表示基变量：

$$\begin{cases}x_3=20-2x_1-4x_2\\x_4=18-3x_1-2x_2\\x_5=5-x_1\end{cases}\tag{2-5}$$

令非基变量 $x_1=x_2=0$，便得到一个初始基本可行解

$$\boldsymbol{X}^{(0)}=(0,0,20,18,5)^{\mathrm{T}}$$

该解相应的目标函数值 $S'=0$。

第 2 步，判别基本可行解 $\boldsymbol{X}^{(0)}$ 是否为最优解。

首先将目标函数用非基变量表示。今后，将用目标函数中非基变量的系数作为检验数来判别所求的解是否为最优解，这里，目标函数中仅含有非基变量(基变量系数全是 0)，即

$$S'=-2x_1-3x_2$$

由于 x_1 和 x_2 是非基变量，所以它们的值只取 0。但在目标函数中 x_1 和 x_2 的系数都是负值，如果 x_1 或 x_2 由 0 增大，则目标函数的值将随之减小。因此，$S'=0$ 没有达到最小值，$\boldsymbol{X}^{(0)}$ 不是最优解。

第 3 步，换基迭代。

要增大 x_1 或 x_2 的值，只有让 x_1 或 x_2 由非基变量变为基变量。为此，让 x_1 或 x_2 对应的系数列向量 $\boldsymbol{P}_1$ 或 $\boldsymbol{P}_2$ 入基，并从 $\boldsymbol{P}_3$、$\boldsymbol{P}_4$ 和 $\boldsymbol{P}_5$ 取一列向量离基，此变换通常称为换基迭代。

先确定入基列：因为 x_1 的系数是 -2，x_2 的系数是 -3，可以知道当 x_2 变为基变量时，能使目标函数值减小得更快，因此，让 x_2 对应的列向量 $\boldsymbol{P}_2$ 入基，同时 x_2 变为基变量。

其次确定离基列：当把 $\boldsymbol{P}_2$ 确定为入基列后，必须从 $\boldsymbol{P}_3$、$\boldsymbol{P}_4$ 和 $\boldsymbol{P}_5$ 中换出一列。下面介绍确定离基列的方法。由于约束条件限制，当 x_2 变为基变量并从 0 增大之后，必须保证其余变量满足非负要求，即使式(2-5)中(x_1 仍为 0)：

$$\begin{cases}x_3=20-4x_2\geqslant 0,\text{即 } x_2\leqslant\dfrac{20}{4}\\x_4=18-2x_2\geqslant 0,\text{即 } x_2\leqslant\dfrac{18}{2}\\x_5=5\geqslant 0\end{cases}\tag{2-6}$$

要使 $x_2\leqslant\dfrac{20}{4}$，$x_2\leqslant\dfrac{18}{2}$同时满足，$x_2$ 可这样选择

$$\theta=\min\left\{\frac{20}{4},\frac{18}{2}\right\}=\frac{20}{4}$$

上式称为“θ 法则”或“最小比值法则”，并将最小比值所在的式子对应的基变量确定为离基变量。这里，最小正比值是$\dfrac{20}{4}$，它所在的式子对应的基变量为 x_3，故 x_3 应为离基变量，且让列向量 $\boldsymbol{P}_3$ 离基。这样得新基 $\boldsymbol{B}_1=(\boldsymbol{P}_2,\boldsymbol{P}_4,\boldsymbol{P}_5)$。

以下求在新基 $\boldsymbol{B}_1$ 下的基本可行解。在增广矩阵($\boldsymbol{A}\ \boldsymbol{b}$)中进行基的迭代，其方法是利用矩阵的初等行变换，把 x_2 对应的列向量$(4,2,0)^{\mathrm{T}}$ 变换为 x_3 对应的列向量$(1,0,0)^{\mathrm{T}}$(其中数字 4 称为轴心项)。即用初等行变换，把 4 变为 1，2 变为 0，0 不变，得

$$(\boldsymbol{A}\,\boldsymbol{b})=\begin{bmatrix}2 & \boxed{4} & 1 & 0 & 0 & 20\\ 3 & 2 & 0 & 1 & 0 & 18\\ 1 & 0 & 0 & 0 & 1 & 5\end{bmatrix}\rightarrow\begin{bmatrix}\frac{1}{2} & 1 & \frac{1}{4} & 0 & 0 & 5\\ 2 & 0 & -\frac{1}{2} & 1 & 0 & 8\\ 1 & 0 & 0 & 0 & 1 & 5\end{bmatrix} \tag{2-7}$$

于是在新基 $\boldsymbol{B}_1$ 下的基变量 x_2、x_4 和 x_5 可用非基变量 x_1 和 x_3 表示为

$$\begin{cases}x_2=5-\frac{1}{2}x_1-\frac{1}{4}x_3\\ x_4=8-2x_1+\frac{1}{2}x_3\\ x_5=5-x_1\end{cases} \tag{2-8}$$

令 $x_1=x_3=0$，得相应 $\boldsymbol{B}_1$ 的基本可行解为

$$\boldsymbol{X}^{(1)}=(0,5,0,8,5)^{\mathrm{T}}$$

下面检验 $\boldsymbol{X}^{(1)}$ 是否为最优解。为此将目标函数 $S'=-2x_1-3x_2$ 用非基变量表示，得

$$S'=-2x_1-3\left(5-\frac{1}{2}x_1-\frac{1}{4}x_3\right)=-15-\frac{1}{2}x_1+\frac{3}{4}x_3 \tag{2-9}$$

显然，对应 $\boldsymbol{X}^{(1)}$ 的目标函数值 $S'=-15$。但是，S' 中 x_1 的系数仍为负，当 x_1 由 0 增大，S' 还会减小，所以 $\boldsymbol{X}^{(1)}$ 仍不是最优解，继续换基迭代。

应用上述方法，让 x_1 变为基变量，并让式(2-7)中列向量 $\boldsymbol{P}_1$ 入基。由最小比值法则，得 x_1 的值

$$\theta=\min\left\{\frac{5}{\frac{1}{2}},\frac{8}{2},\frac{5}{1}\right\}=\frac{8}{2}$$

因为 x_1 的值由式(2-8)中第二式确定，所以应把 x_4 换出基变量，且让 $\boldsymbol{P}_4$ 离基，又得新基 $\boldsymbol{B}_2=(\boldsymbol{P}_2,\boldsymbol{P}_1,\boldsymbol{P}_5)$。在式(2-7)的基础上再进行换基迭代，得

$$\begin{bmatrix}\frac{1}{2} & 1 & \frac{1}{4} & 0 & 0 & 5\\ \boxed{2} & 0 & -\frac{1}{2} & 1 & 0 & 8\\ 1 & 0 & 0 & 0 & 1 & 5\end{bmatrix}\rightarrow\begin{bmatrix}0 & 1 & \frac{3}{8} & -\frac{1}{4} & 0 & 3\\ 1 & 0 & -\frac{1}{4} & \frac{1}{2} & 0 & 4\\ 0 & 0 & \frac{1}{4} & -\frac{1}{2} & 1 & 1\end{bmatrix}$$

它所对应的基变量为 x_2、x_1 和 x_5，且有

$$\begin{cases}x_2=3-\frac{3}{8}x_3+\frac{1}{4}x_4\\ x_1=4+\frac{1}{4}x_3-\frac{1}{2}x_4\\ x_5=1-\frac{1}{4}x_3+\frac{1}{2}x_4\end{cases} \tag{2-10}$$

令 $x_3=x_4=0$，得基本可行解为

$$X^{(2)}=(4,3,0,0,1)^{\mathrm{T}}$$

再将式(2-10)中 x_1 代入式(2-9)的目标函数中，得

$$S'=-17+\frac{8}{5}x_3+\frac{1}{4}x_4$$

因为上式 S' 中的 x_3 和 x_4 的系数均为正值，所以 S' 无改进余地，$X^{(2)}$ 为最优解，$S'=-17$ 为最优值。

由此可知，原问题的最优解为 $x_1=4, x_2=3$，而最优值为 $S=17$。

从以上线性规划问题的解法不难看出，线性规划问题的求解过程实际上是从一个基本可行解到另一个基本可行解的迭代过程，也就是由可行域的一个顶点到另一个顶点的过渡过程。

2.6.2 单纯形法的基本思路

前面讲的求线性规划问题基本可行解的方法是只求部分基本可行解来达到最优解，单纯形法提供了一种这样的思路和准则。单纯形法的基本思路是有选择地取基本可行解，即从可行域的一个基本可行解出发，沿着可行域的边界移到另一个相邻的基本可行解，要求新基本可行解的目标函数值不比原目标函数值差。

单纯形法的基本过程如图 2-5 所示。

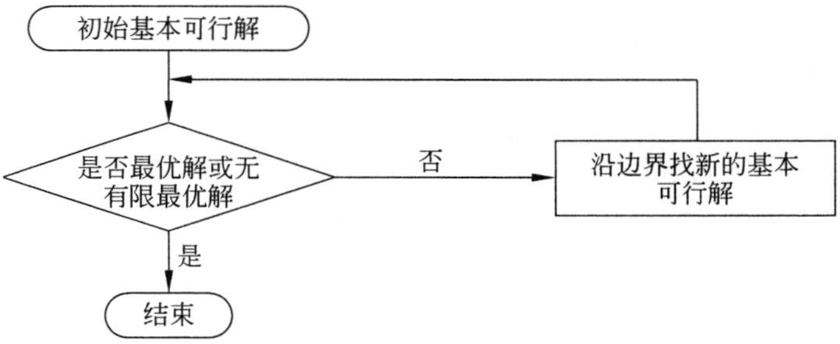

图 2-5　单纯形法的基本过程

由上节的讨论可知，对于线性规划的一个基，当非基变量确定以后，基变量和目标函数的值也随之确定。因此，一个基本可行解向另一个基本可行解的移动，以及移动时基变量和目标函数值的变化，可以分别由基变量和目标函数用非基变量的表达式来表示。同时，当可行解从可行域的一个基本可行解沿着可行域的边界移动到另一个相邻的基本可行解的过程中，所有非基变量中只有一个变量的值从 0 开始增加，而其他非基变量的值都保持 0 不变。

2.6.3 单纯形表

为了便于计算和检验，现介绍一种计算表，称为单纯形表，其作用与增广矩阵相似。为此，先来讨论单纯形法的矩阵表示。

设线性规划问题为

$$\min S=\boldsymbol{CX}$$
$$\begin{cases}\boldsymbol{AX}=\boldsymbol{b}\\ \boldsymbol{X}\geqslant\boldsymbol{0}\end{cases}$$

假定 $\boldsymbol{A}$ 的秩为 m，$\boldsymbol{B}$ 为线性规划问题的一个基，且 $\boldsymbol{A}=(\boldsymbol{B},\boldsymbol{N})$，其中

$$\boldsymbol{B}=(\boldsymbol{P}_1,\boldsymbol{P}_2,\cdots,\boldsymbol{P}_m),\boldsymbol{N}=(\boldsymbol{P}_{m+1},\boldsymbol{P}_{m+2},\cdots,\boldsymbol{P}_n)$$

对应于基 $\boldsymbol{B}$ 的基变量为 $\boldsymbol{X_B}$，非基变量为 $\boldsymbol{X_N}$，则约束条件 $\boldsymbol{AX}=\boldsymbol{b}$，可写成

$$\boldsymbol{BX_B}+\boldsymbol{NX_N}=\boldsymbol{b}$$

用 $\boldsymbol{B}^{-1}$ 左乘上式两边并移项，可得用非基变量表示基变量的形式

$$\boldsymbol{X_B}=\boldsymbol{B}^{-1}\boldsymbol{b}-\boldsymbol{B}^{-1}\boldsymbol{NX_N} \tag{2-11}$$

相应地，将目标函数 $S=\boldsymbol{CX}$ 中的系数 $\boldsymbol{C}$ 记为 $\boldsymbol{C}=(\boldsymbol{C_B},\boldsymbol{C_N})$，其中

$$\boldsymbol{C_B}=(c_1,c_2,\cdots,c_m),\quad \boldsymbol{C_N}=(c_{m+1},c_{m+2},\cdots,c_n)$$

那么目标函数可以记为

$$S=(\boldsymbol{C_B},\boldsymbol{C_N})\begin{pmatrix}\boldsymbol{X_B}\\ \boldsymbol{X_N}\end{pmatrix}=\boldsymbol{C_BX_B}+\boldsymbol{C_NX_N} \tag{2-12}$$

将式(2-11)代入式(2-12)，使目标函数用非基变量表示：

$$\begin{aligned}S&=\boldsymbol{C_BX_B}+\boldsymbol{C_NX_N}=\boldsymbol{C_B}(\boldsymbol{B}^{-1}\boldsymbol{b}-\boldsymbol{B}^{-1}\boldsymbol{NX_N})+\boldsymbol{C_NX_N}\\&=\boldsymbol{C_BB}^{-1}\boldsymbol{b}-(\boldsymbol{C_BB}^{-1}\boldsymbol{N}-\boldsymbol{C_N})\boldsymbol{X_N}\end{aligned} \tag{2-13}$$

若令 $\boldsymbol{X_N}=\boldsymbol{0}$，则目标函数

$$S=\boldsymbol{C_BB}^{-1}\boldsymbol{b}$$

且由式(2-11)，得基本解

$$\boldsymbol{X_B}=\boldsymbol{B}^{-1}\boldsymbol{b},\quad \boldsymbol{X_N}=\boldsymbol{0}$$

若 $\boldsymbol{X_B}\geqslant\boldsymbol{0}$，其基本解为基本可行解，这时基 $\boldsymbol{B}$ 即为可行基。

下面研究最优解及最优基的判别准则。

对于一个可行基 $\boldsymbol{B}$，若进一步满足

$$\boldsymbol{C_BB}^{-1}\boldsymbol{N}-\boldsymbol{C_N}\leqslant\boldsymbol{0}$$

即式(2-13)中的所有非基变量 $\boldsymbol{X_N}$ 的系数大于或等于 $\boldsymbol{0}$。令 $\boldsymbol{X_N}=\boldsymbol{0}$，可得线性规划问题的最优值为

$$S=\boldsymbol{C_BB}^{-1}\boldsymbol{b}$$

由式(2-13)可知，$\boldsymbol{C_BB}^{-1}\boldsymbol{b}$ 是最优值的充要条件是 $\boldsymbol{C_BB}^{-1}\boldsymbol{N}-\boldsymbol{C_N}\leqslant\boldsymbol{0}$，因为

$$\begin{aligned}\boldsymbol{C_BB}^{-1}\boldsymbol{A}-\boldsymbol{C}&=\boldsymbol{C_BB}^{-1}(\boldsymbol{B},\boldsymbol{N})-(\boldsymbol{C_B},\boldsymbol{C_N})\\&=(\boldsymbol{C_B},\boldsymbol{C_BB}^{-1}\boldsymbol{N})-(\boldsymbol{C_B},\boldsymbol{C_N})\\&=(\boldsymbol{0},\boldsymbol{C_BB}^{-1}\boldsymbol{N}-\boldsymbol{C_N})\end{aligned}$$

所以 $\boldsymbol{C_BB}^{-1}\boldsymbol{N}-\boldsymbol{C_N}\leqslant\boldsymbol{0}$ 的充分必要条件是 $\boldsymbol{C_BB}^{-1}\boldsymbol{A}-\boldsymbol{C}\leqslant\boldsymbol{0}$。因此，有以下判别定理。

定理 2.6 对于基 $\boldsymbol{B}$，若 $\boldsymbol{B}^{-1}\boldsymbol{b}\geqslant\boldsymbol{0}$ 且 $\boldsymbol{C_BB}^{-1}\boldsymbol{A}-\boldsymbol{C}\leqslant\boldsymbol{0}$，则对应于基 $\boldsymbol{B}$ 的基本可行解

$$\boldsymbol{X_B}=\boldsymbol{B}^{-1}\boldsymbol{b},\quad \boldsymbol{X_N}=\boldsymbol{0}$$

就是最优解，基 $\boldsymbol{B}$ 称为最优基，$\boldsymbol{C_BB}^{-1}\boldsymbol{A}-\boldsymbol{C}$ 称为检验数。目标函数的最优值为 $S=\boldsymbol{C_BB}^{-1}\boldsymbol{b}$。

为了求解方便，以下介绍单纯形表的基本构造。由

$$\begin{cases}S=\boldsymbol{C_BB}^{-1}\boldsymbol{b}-(\boldsymbol{C_BB}^{-1}\boldsymbol{N}-\boldsymbol{C_N})\boldsymbol{X_N}\\ \boldsymbol{AX}=\boldsymbol{b}\end{cases}$$

可得

$$\begin{cases} S+(\boldsymbol{C}_B\boldsymbol{B}^{-1}\boldsymbol{N}-\boldsymbol{C}_N)\boldsymbol{X}_N=\boldsymbol{C}_B\boldsymbol{B}^{-1}\boldsymbol{b} \\ \boldsymbol{B}^{-1}\boldsymbol{A}\boldsymbol{X}=\boldsymbol{B}^{-1}\boldsymbol{b} \end{cases}$$

又因为

$$\begin{aligned} \boldsymbol{C}_B\boldsymbol{B}^{-1}\boldsymbol{A}-\boldsymbol{C} &= \boldsymbol{C}_B\boldsymbol{B}^{-1}(\boldsymbol{B},\boldsymbol{N})-(\boldsymbol{C}_B,\boldsymbol{C}_N) \\ &= (\boldsymbol{C}_B\boldsymbol{B}^{-1}\boldsymbol{B},\boldsymbol{C}_B\boldsymbol{B}^{-1}\boldsymbol{N})-(\boldsymbol{C}_B,\boldsymbol{C}_N) \\ &= (\boldsymbol{0},\boldsymbol{C}_B\boldsymbol{B}^{-1}\boldsymbol{N}-\boldsymbol{C}_N) \end{aligned}$$

所以有

$$\begin{cases} S+(\boldsymbol{C}_B\boldsymbol{B}^{-1}\boldsymbol{A}-\boldsymbol{C})\boldsymbol{X}=\boldsymbol{C}_B\boldsymbol{B}^{-1}\boldsymbol{b} \\ \boldsymbol{B}^{-1}\boldsymbol{A}\boldsymbol{X}=\boldsymbol{B}^{-1}\boldsymbol{b} \end{cases}$$

把 S,$\boldsymbol{X}$ 看作变量,其增广矩阵为

$$\begin{bmatrix} 1 & \boldsymbol{C}_B\boldsymbol{B}^{-1}\boldsymbol{A}-\boldsymbol{C} & \boldsymbol{C}_B\boldsymbol{B}^{-1}\boldsymbol{b} \\ 0 & \boldsymbol{B}^{-1}\boldsymbol{A} & \boldsymbol{B}^{-1}\boldsymbol{b} \end{bmatrix}$$

称矩阵(S 在迭代求解过程中不参与运算,故将其列略去)

$$\begin{bmatrix} \boldsymbol{C}_B\boldsymbol{B}^{-1}\boldsymbol{b} & \boldsymbol{C}_B\boldsymbol{B}^{-1}\boldsymbol{A}-\boldsymbol{C} \\ \boldsymbol{B}^{-1}\boldsymbol{b} & \boldsymbol{B}^{-1}\boldsymbol{A} \end{bmatrix}$$

为对应于基 $\boldsymbol{B}$ 的单纯形表,记作 $T(\boldsymbol{B})$。

若记

$$\begin{aligned} &\boldsymbol{C}_B\boldsymbol{B}^{-1}\boldsymbol{b}=b_{00} \\ &\boldsymbol{C}_B\boldsymbol{B}^{-1}\boldsymbol{A}-\boldsymbol{C}=(b_{01},b_{02},\cdots,b_{0n}) \\ &\boldsymbol{B}^{-1}\boldsymbol{b}=(b_{10},b_{20},\cdots,b_{m0})^{\mathrm{T}} \\ &\boldsymbol{B}^{-1}\boldsymbol{A}=\boldsymbol{B}^{-1}(\boldsymbol{P}_1,\boldsymbol{P}_2,\cdots,\boldsymbol{P}_n)=(\boldsymbol{B}^{-1}\boldsymbol{P}_1,\boldsymbol{B}^{-1}\boldsymbol{P}_2,\cdots,\boldsymbol{B}^{-1}\boldsymbol{P}_n) \\ &\qquad=\begin{bmatrix} b_{11} & b_{12} & \cdots & b_{1n} \\ b_{21} & b_{22} & \cdots & b_{2n} \\ \vdots & \vdots & \ddots & \vdots \\ b_{m1} & b_{m2} & \cdots & b_{mn} \end{bmatrix} \end{aligned}$$

则

$$T(\boldsymbol{B})=\begin{bmatrix} \boldsymbol{C}_B\boldsymbol{B}^{-1}\boldsymbol{b} & \boldsymbol{C}_B\boldsymbol{B}^{-1}\boldsymbol{A}-\boldsymbol{C} \\ \boldsymbol{B}^{-1}\boldsymbol{b} & \boldsymbol{B}^{-1}\boldsymbol{A} \end{bmatrix}=\begin{bmatrix} b_{00} & b_{01} & b_{02} & \cdots & b_{0n} \\ b_{10} & b_{11} & b_{12} & \cdots & b_{1n} \\ b_{20} & b_{21} & b_{22} & \cdots & b_{2n} \\ \vdots & \vdots & \vdots & \ddots & \vdots \\ b_{m0} & b_{m1} & b_{m2} & \cdots & b_{mn} \end{bmatrix}=\left[\begin{array}{c:c} \mathbf{1} & \mathbf{2} \\ \hdashline \mathbf{3} & \mathbf{4} \end{array}\right]$$

式中:

1 是对应于基 $\boldsymbol{B}$ 的基本解的目标函数值;

2 是检验数,当它全部非正时,可获得最优解;

3 是基变量 $\boldsymbol{X}_B$ 的数值,此时非基变量 $\boldsymbol{X}_N=\boldsymbol{0}$;

4 是约束方程组中所有决策变量的系数。

例 2.8 设线性规划问题为

$$\max S = 3x_1 + x_2 + 2x_3$$

$$\begin{cases} x_1 - x_2 + 2x_3 \leqslant 6 \\ 2x_1 - 2x_2 \leqslant 4 \\ 2x_1 + x_2 + 3x_3 \leqslant 8 \\ x_1, x_2, x_3 \geqslant 0 \end{cases}$$

找出一个可行基，并写出该可行基的单纯形表。

解 化为标准型：

$$\min S' = -3x_1 - x_2 - 2x_3$$

$$\begin{cases} x_1 - x_2 + 2x_3 + x_4 = 6 \\ 2x_1 - 2x_2 + x_5 = 4 \\ 2x_1 + x_2 + 3x_3 + x_6 = 8 \\ x_1, x_2, \cdots, x_6 \geqslant 0 \end{cases}$$

其中

$$\boldsymbol{A} = \begin{bmatrix} 1 & -1 & 2 & 1 & 0 & 0 \\ 2 & -2 & 0 & 0 & 1 & 0 \\ 2 & 1 & 3 & 0 & 0 & 1 \end{bmatrix}, \quad \boldsymbol{b} = \begin{bmatrix} 6 \\ 4 \\ 8 \end{bmatrix}$$

$$\boldsymbol{C} = (-3, -1, -2, 0, 0, 0)$$

显然，在 $\boldsymbol{A}$ 中有一个 3 阶单位方阵，因为 $\boldsymbol{b} \geqslant \boldsymbol{0}$，所以它是一个可行基，记为

$$\boldsymbol{B} = (\boldsymbol{P}_4, \boldsymbol{P}_5, \boldsymbol{P}_6) = \begin{bmatrix} 1 & 0 & 0 \\ 0 & 1 & 0 \\ 0 & 0 & 1 \end{bmatrix}$$

又因为

$$\boldsymbol{C}_{\boldsymbol{B}} = (0, 0, 0), \quad \boldsymbol{B}^{-1} = \boldsymbol{B}$$

所以

$$\boldsymbol{C}_{\boldsymbol{B}}\boldsymbol{B}^{-1}\boldsymbol{b} = \boldsymbol{0}, \quad \boldsymbol{C}_{\boldsymbol{B}}\boldsymbol{B}^{-1}\boldsymbol{A} - \boldsymbol{C} = -\boldsymbol{C}$$

$$\boldsymbol{B}^{-1}\boldsymbol{b} = \boldsymbol{b}, \quad \boldsymbol{B}^{-1}\boldsymbol{A} = \boldsymbol{A}$$

于是对应于可行基 $\boldsymbol{B}$ 的单纯形表如表 2-5 所示。

表 2-5 例 2.8 单纯形表

		x_1	x_2	x_3	x_4	x_5	x_6
S'	0	3	1	2	0	0	0
x_4	6	1	−1	2	1	0	0
x_5	4	2	−2	0	0	1	0
x_6	8	2	1	3	0	0	1

注意：

(1) 当约束方程全部为"≤"，且 $\boldsymbol{b} \geqslant \boldsymbol{0}$ 时，在 $\boldsymbol{A}$ 中必有一个 m 阶单位方阵为可行基，这时单纯形表可直接写为

$$\begin{bmatrix} \mathbf{0} & -\boldsymbol{C} \\ \boldsymbol{b} & \boldsymbol{A} \end{bmatrix}$$

(2) 这里的检验数是将目标函数方程中的决策变量移至方程左端后的系数，因此，它同前面介绍的检验数符号相反。

2.6.4 由一个可行基求最优解的方法步骤

找到了一个可行基 $\boldsymbol{B}$，并且建立它的单纯形表，寻找最优解就可以在其单纯形表中进行，其方法步骤如下。

1. 解的判别

① 如果所有的检验数 $b_{0j}(j=1,2,\cdots,n)$ 都非正，则基 $\boldsymbol{B}$ 对应的基本可行解 $\boldsymbol{X}_B \geqslant \mathbf{0}$，$\boldsymbol{X}_N=\mathbf{0}$ 为最优解。

② 如果检验数 $b_{0j}(j=1,2,\cdots,n)$ 中有些为正数，如 $b_{0s}>0$，但 b_{0s} 对应的列向量

$$\boldsymbol{B}^{-1}\boldsymbol{P}_S=\begin{bmatrix} b_{1s} \\ b_{2s} \\ \vdots \\ b_{ms} \end{bmatrix} \leqslant \mathbf{0}$$

则目标函数有无限最小值，即无最优解。

事实上，不失一般性，设对应于可行基 $\boldsymbol{B}$ 的单纯形表如表 2-6 所示。

表 2-6 单纯形表的一般形式

		x_1	x_2	$\cdots$	x_m	x_{m+1}	$\cdots$	x_s	$\cdots$	x_n
S	b_{00}	0	0	$\cdots$	0	b_{0m+1}	$\cdots$	b_{0s}	$\cdots$	b_{0n}
x_1	b_{10}	1	0	$\cdots$	0	b_{1m+1}	$\cdots$	b_{1s}	$\cdots$	b_{1n}
x_2	b_{20}	0	1	$\cdots$	0	b_{2m+1}	$\cdots$	b_{2s}	$\cdots$	b_{2n}
$\vdots$	$\vdots$	$\vdots$	$\vdots$	$\ddots$	$\vdots$	$\vdots$	$\ddots$	$\vdots$	$\ddots$	$\vdots$
x_m	b_{m0}	0	0	$\cdots$	1	b_{mm+1}	$\cdots$	b_{ms}	$\cdots$	b_{mn}

这里 $\boldsymbol{B}=(\boldsymbol{P}_1,\boldsymbol{P}_2,\cdots,\boldsymbol{P}_m)$。由已知，$b_{0s}>0$，且 $b_{is}\leqslant 0(i=1,2,\cdots,m)$。

令非基变量 $x_s=\lambda>0$，其余非基变量 $x_{m+1}=\cdots=x_n=0$，则由上述单纯表中的约束方程，得

$$\boldsymbol{X}^{(1)}=\begin{bmatrix} b_{10} \\ b_{20} \\ \vdots \\ b_{m0} \\ 0 \\ \vdots \\ 0 \\ \vdots \\ 0 \end{bmatrix}+\begin{bmatrix} -b_{1s}\lambda \\ -b_{2s}\lambda \\ \vdots \\ -b_{ms}\lambda \\ 0 \\ \vdots \\ \lambda \\ \vdots \\ 0 \end{bmatrix}=\begin{bmatrix} b_{10}-b_{1s}\lambda \\ b_{20}-b_{2s}\lambda \\ \vdots \\ b_{m0}-b_{ms}\lambda \\ 0 \\ \vdots \\ \lambda \\ \vdots \\ 0 \end{bmatrix}$$

因为 $\lambda>0, b_{is}\leqslant 0$，所以 $b_{i0}-b_{is}\lambda\geqslant 0(i=1,2,\cdots,m)$，于是 $\boldsymbol{X}^{(1)}$ 是可行解。

将 $\boldsymbol{X}^{(1)}$ 代入目标函数

$$S=\boldsymbol{C_B B}^{-1}\boldsymbol{b}-(\boldsymbol{C_B B}^{-1}\boldsymbol{N}-\boldsymbol{C_N})\boldsymbol{X_N}$$

可得

$$S=\boldsymbol{C_B B}^{-1}\boldsymbol{b}-(b_{0m+1},\cdots,b_{0s},\cdots,b_{0n})\begin{bmatrix}0\\ \vdots\\ \lambda\\ \vdots\\ 0\end{bmatrix}=\boldsymbol{C_B B}^{-1}\boldsymbol{b}-b_{0s}\lambda$$

由于 $b_{0s}>0$，则当 $\lambda\to+\infty$ 时，$S\to-\infty$。

③ 如果检验数 $b_{0j}(j=1,2,\cdots,n)$ 中有些为正数，而且这些正数所对应的列向量中都有正分量，这时要进行换基迭代，转入下一步。

2. 换基迭代

换基迭代的整个过程将要在单纯形表上进行，具体步骤如下。

① 确定轴心项。只要有检验数 $b_{0j}>0$，对应的变量 x_j 就可作为入基变量，当有两个以上的检验数大于 0 时，一般选其中最大的一个 b_{0s}（也可先选择最小的一个），使其对应的 x_s 作为入基变量，其对应的系数列向量 $\boldsymbol{P}_s=(b_{1s},b_{2s},\cdots,b_{ms})^{\mathrm{T}}$ 为入基列。

为了确定离基变量和离基列，用 $\boldsymbol{P}_s$ 列中各个正分量 b_{is}，分别去除 b_{i0}，按最小比值法则，找出最小的商，设

$$\theta=\min_{b_{is}>0}\left\{\frac{b_{i0}}{b_{is}}\right\}=\frac{b_{r0}}{b_{rs}}$$

则确定 x_r 为离基变量。由于 b_{rs} 决定了基变量和基列的转移方向，称 b_{rs} 为轴心项，在单纯形表中将 b_{rs} 记以 $\boxed{b_{rs}}$。

注意：若同时有几个最小比值 θ，一般取基变量的下标最小者。

② 在基 $\boldsymbol{B}$ 的单纯形表中进行换基迭代，具体做法如下：

用轴心项 b_{rs} 遍除第 r 行的各元素，即

$$\bar{b}_{rj}=\frac{b_{rj}}{b_{rs}},\quad j=0,1,2,\cdots,n$$

这时轴心项变为 1；再用初等行变换，将第 5 列的其他元素变为 0，使第 s 列成为单位列向量；最后把基变量中的 x_r 换为 x_s，这样就得到了在新基 $\bar{\boldsymbol{B}}$ 下的单纯形表。

作为例子，对表 2-5 进行换基迭代。由表 2-5 可以看出，在检验数中，$b_{01}=3, b_{02}=1, b_{03}=2$，所以基 $\boldsymbol{B}$ 不是最优基。

因为 $b_{01}=3$，它是检验数中的最大者，所以确定非基变量 x_1 入基，并从第一列 $\boldsymbol{P}_1=(1,2,2)^{\mathrm{T}}$ 中寻找轴心项。

因为

$$\theta=\min\left\{\frac{6}{1},\frac{4}{2},\frac{8}{2}\right\}=\frac{4}{2}=\frac{b_{20}}{b_{21}}$$

所以 $b_{21}=2$ 为轴心项，记以$\boxed{2}$得表 2-7。

表 2-7　例 2.8 初始单纯形表

		x_1	x_2	x_3	x_4	x_5	x_6
S'	0	3	1	2	0	0	0
x_4	6	1	-1	2	1	0	0
x_5	4	$\boxed{2}$	-2	0	0	1	0
x_6	8	2	1	3	0	0	1

在表中作换基迭代，即调进 $\boldsymbol{P}_1$，换出 $\boldsymbol{P}_5$，并调入 x_1 换出 x_5，得到新的单纯形表，即表 2-8。

表 2-8　例 2.8 求解过程(1)

S'	-6	0	4	2	0	$-\frac{3}{2}$	0
x_4	4	0	0	2	1	$-\frac{1}{2}$	0
x_1	2	1	-1	0	0	$\frac{1}{2}$	0
x_6	4	0	$\boxed{3}$	3	0	-1	1

它所对应的可行基为 $\boldsymbol{B}_1=(\boldsymbol{P}_4,\boldsymbol{P}_1,\boldsymbol{P}_6)$，基本可行解 $\boldsymbol{X}^{(1)}=(2,0,0,4,0,4)^{\mathrm{T}}$，目标函数值为 $S'=-6$。

因为检验数中仍有正数，所以 $\boldsymbol{B}_1$ 还不是最优基，$\boldsymbol{X}^{(1)}$ 也不是最优解，应继续进行换基迭代。显然，应该让 x_2 入基，x_6 离基，轴心项是第 2 列中的元素$\boxed{3}$。

再作迭代运算，得表 2-9。

表 2-9　例 2.8 求解过程(2)

S'	$-\frac{34}{3}$	0	0	-2	0	$-\frac{1}{6}$	$-\frac{4}{3}$
x_4	4	0	0	2	1	$-\frac{1}{2}$	0
x_1	$\frac{10}{3}$	1	0	1	0	$\frac{1}{6}$	$\frac{1}{3}$
x_2	$\frac{4}{3}$	0	1	1	0	$-\frac{1}{3}$	$\frac{1}{3}$

这里可行基为 $\boldsymbol{B}_2=(\boldsymbol{P}_4,\boldsymbol{P}_1,\boldsymbol{P}_2)$，因为检验数全都小于或等于 0，所以 $\boldsymbol{B}_2$ 为最优基。基最优解为

$$\boldsymbol{X}^{(2)}=\left(\frac{10}{3},\frac{4}{3},0,4,0,0\right)^{\mathrm{T}}$$

最优值为

$$S'=-\frac{34}{3}$$

于是原线性规划问题最优解为

$$x_1=\frac{10}{3},\quad x_2=\frac{4}{3},\quad x_3=0$$

最优值为

$$S=\frac{34}{3}$$

例 2.9 求解线性规划问题

$$\max S=4x_1+x_2-x_3$$

$$\begin{cases}-x_1+x_2+x_3=6\\2x_1-4x_2\leqslant 14\\x_1,x_2,x_3\geqslant 0\end{cases}$$

解 引入松弛变量 x_4,将问题化为标准型:

$$\min S'=-4x_1-x_2+x_3$$

$$\begin{cases}-x_1+x_2+x_3=6\\2x_1-4x_2+x_4=14\\x_1,x_2,x_3,x_4\geqslant 0\end{cases}$$

该问题有初始可行基 $\boldsymbol{B}_1=(\boldsymbol{P}_3,\boldsymbol{P}_4)$,相应地,基变量 x_3,x_4 可用非基变量表示为

$$\begin{cases}x_3=6+x_1-x_2\\x_4=14-2x_1+4x_2\end{cases}$$

将目标函数用非基变量表示为

$$S'=6-3x_1-2x_2$$

将目标函数改写成方程形式,且并入约束方程组,得

$$\begin{cases}S'+3x_1+2x_2=6\\-x_1+x_2+x_3=6\\2x_1-4x_2+x_4=14\end{cases}$$

由此可得单纯形表 2-10。

表 2-10 例 2.9 求解过程

S'	6	3	2	0	0
x_3	6	−1	1	1	0
x_4	14	2	−4	0	1

因为其检验数 3、2 都大于 0,所以 $\boldsymbol{B}_1=(\boldsymbol{P}_3,\boldsymbol{P}_4)$不是最优基。显然,应把 x_1 换入基变量,让 $\boldsymbol{P}_1$ 入基,且让 x_4 换出基变量,$\boldsymbol{P}_4$ 离基,以第 1 列元素 2 为轴心项,换基迭代,得新单纯形表 2-11。

由于检验数 8>0,所以还不是最优解,应当让 $\boldsymbol{P}_2$ 入基,但 $\boldsymbol{P}_2=(-1,-2)^{\mathrm{T}}<\mathbf{0}$,故这个问题无最优解。

表 2-11　例 2.9 最终单纯形表

S'	-15	0	8	0	$-\frac{3}{2}$
x_3	13	0	-1	1	$\frac{1}{2}$
x_1	7	1	-2	0	$\frac{1}{2}$

例 2.10　求解线性规划问题。

$$\max S = 2x_1 + 4x_2$$

$$\begin{cases} x_1 + x_2 \leqslant 6 \\ x_1 + 2x_2 \leqslant 8 \\ x_1 \leqslant 4 \\ x_2 \leqslant 3 \\ x_1, x_2 \geqslant 0 \end{cases}$$

解　先将线性规划问题化为标准型：

$$\min S' = -2x_1 - 4x_2$$

$$\begin{cases} x_1 + x_2 + x_3 = 6 \\ x_1 + 2x_2 + x_4 = 8 \\ x_1 + x_5 = 4 \\ x_2 + x_6 = 3 \\ x_1, x_2, \cdots, x_6 \geqslant 0 \end{cases}$$

由此可得初始单纯形表，如表 2-12 所示。

表 2-12　例 2.10 初始单纯形表

S'	0	2	4	0	0	0	0
x_3	6	1	1	1	0	0	0
x_4	8	1	2	0	1	0	0
x_5	4	1	0	0	0	1	0
x_6	3	0	$\boxed{1}$	0	0	0	1

进行换基迭代，得新单纯形表 2-13 和表 2-14。

表 2-13　例 2.10 求解过程

S'	-12	2	0	0	0	0	-4
x_3	3	1	0	1	0	0	-1
x_4	2	$\boxed{1}$	0	0	1	0	-2
x_5	4	1	0	0	0	1	0
x_2	3	0	1	0	0	0	1

表 2-14　例 2.10 最终单纯形表

S'	-16	0	0	0	-2	0	0
x_3	1	0	0	1	-1	0	1
x_1	2	1	0	0	1	0	-2
x_5	2	0	0	0	-1	1	2
x_2	3	0	1	0	0	0	1

由于所有检验数非正,可得最优解为

$$\boldsymbol{X}^{(1)}=(2,3,1,0,2,0)^{\mathrm{T}}$$

最优值为

$$S'=-16$$

由于上述最终单纯形表中的非基变量 x_6 的检验数 $b_{06}=0$,且此列中 b_{16}、b_{36} 和 b_{46} 均大于 0,所以此线性规划问题还有其他最优解。例如,取轴心项为 $b_{16}=1$,即让 x_6 入基,x_3 离基,则得另一最优基的单纯形表如表 2-15 所示。

表 2-15　例 2.10 另一组最优解

S'	-16	0	0	0	-2	0	0
x_6	1	0	0	1	-1	0	1
x_1	4	1	0	2	-1	0	0
x_5	0	0	0	-2	1	1	0
x_2	2	0	1	-1	1	0	0

其最优解 $\boldsymbol{X}^{(2)}=(4,2,0,0,0,1)^{\mathrm{T}}$,最优值仍是 $S'=-16$。

根据本章定理 2.5,原问题的所有最优解为

$$a_1\begin{pmatrix}2\\3\end{pmatrix}+a_2\begin{pmatrix}4\\2\end{pmatrix},\quad a_1,a_2\geqslant 0,a_1+a_2=1$$

即这两点连线上的点都是最优解。

例 2.11　某工厂用 A_1、A_2、A_3 和 A_4 4 种资源,可以生产 B_1、B_2、B_3、B_4、B_5 和 B_6 这 6 种产品。已知现有资源量,单位产品所需各种资源数及单位产品可得利润如表 2-16 所示。

表 2-16　例 2.11 产品所需资源基本数据

		产　品						现有资源
		B_1	B_2	B_3	B_4	B_5	B_6	
资源	A_1	1	1	1	3	3	3	850
	A_2	2	0	0	5	0	0	700
	A_3	0	2	0	0	5	0	100
	A_4	0	0	3	0	0	6	300
单位利润/元		40	30	32	72	64	60	

如何组织生产才能使利润最大?

解 设用 x_1、x_2、x_3、x_4、x_5 和 x_6 分别表示 B_1、B_2、B_3、B_4、B_5 和 B_6 这 6 种产品的数量，那么这一问题的数学模型为

$$\max S = 40x_1 + 30x_2 + 32x_3 + 72x_4 + 64x_5 + 60x_6$$

$$\begin{cases} x_1 + x_2 + x_3 + 3x_4 + 3x_5 + 3x_6 \leqslant 850 \\ 2x_1 + 5x_4 \leqslant 700 \\ 2x_2 + 5x_5 \leqslant 100 \\ 3x_3 + 6x_6 \leqslant 300 \\ x_1, x_2, \cdots, x_6 \geqslant 0 \end{cases}$$

引进松弛变量化为标准形式，得

$$\min S' = -40x_1 - 30x_2 - 32x_3 - 72x_4 - 64x_5 - 60x_6$$

$$\begin{cases} x_1 + x_2 + x_3 + 3x_4 + 3x_5 + 3x_6 + x_7 = 850 \\ 2x_1 + 5x_4 + x_8 = 700 \\ 2x_2 + 5x_5 + x_9 = 100 \\ 3x_3 + 6x_6 + x_{10} = 300 \\ x_1, x_2, \cdots, x_{10} \geqslant 0 \end{cases}$$

显然，$\boldsymbol{B}_1 = (\boldsymbol{P}_7, \boldsymbol{P}_8, \boldsymbol{P}_9, \boldsymbol{P}_{10})$ 是一个可行基。对应于 $\boldsymbol{B}_1$ 的单纯形表如表 2-17 所示。

表 2-17 例 2.11 初始单纯形表

S'	0	40	30	32	72	64	60	0	0	0	0
x_7	850	1	1	1	3	3	3	1	0	0	0
x_8	700	2	0	0	5	0	0	0	1	0	0
x_9	100	0	2	0	0	5	0	0	0	1	0
x_{10}	300	0	0	3	0	0	6	0	0	0	1

进行换基迭代，得最终单纯形表如表 2-18 所示。

表 2-18 例 2.11 最终单纯形表

S'	−18 700	0	0	0	−28	−11	−4	0	−20	−15	−32
x_7	350	0	0	0	0.5	0.5	1	1	−0.5	−0.5	−1
x_1	350	1	0	0	2.5	0	0	0	0.5	0	0
x_2	50	0	1	0	0	2.5	0	0	0	0.5	0
x_3	100	0	0	1	0	0	2	0	0	0	1

对应的基本最优解为

$$x_1 = 350, \quad x_2 = 50, \quad x_3 = 100, \quad x_7 = 350, \quad x_4 = x_5 = x_6 = x_8 = x_9 = x_{10} = 0$$

其目标函数值 $S' = -18\ 700$。

原问题的最优解为 $x_1 = 350, x_2 = 50, x_3 = 100, x_4 = x_5 = x_6 = 0$，即生产 B_1 产品 350 件，B_2 产品 50 件，B_3 产品 100 件，完全不生产 B_4、B_5 和 B_6 产品。这时，最大利润为 $S = 18\ 700$ 元。

这个方案虽然是在资源条件许可下的最优方案，但有时根据市场需求和国家计划，必须

优先生产一些产品，这时就要把所得到的最优方案进行调整。其方法如下。

(1) 在上面的最优方案中，B_4、B_5 和 B_6 这 3 种产品根本不去生产。如果根据国家的需要，厂方必须在这个时期内生产出 30 件 B_6 产品，那么如何安排生产，使在满足国家需要情况下，仍能获得相对的最大利润？

要解决这个问题，不必从头计算，可以使用上面得到的最终单纯形表。

因为在检验数中 $b_{06}=4$，这时生产一件 B_6 产品，总收入将减少 4 元。因此，这时生产的总利润为

$$S=18\,700-4\times 30=18\,580(\text{元})$$

相应的生产计划为

$$B_1\ \text{产品}: x_1=350-30\times 0=350(\text{件})$$
$$B_2\ \text{产品}: x_2=50-30\times 0=50(\text{件})$$
$$B_3\ \text{产品}: x_3=100-30\times 2=40(\text{件})$$
$$B_6\ \text{产品}: x_6=0+30=30(\text{件})$$

(2) 在上面的最优方案中，最大利润可达到 18 700 元。如果国家规定的利润指标为 15 000 元，而生产什么产品由厂方根据市场变化自由安排。今由市场预测，得知产品 B_6 销售情况较好，厂方计划在满足利润指标 15 000 元的情况下去生产 B_6 产品，应如何制订生产计划？

要解决这个问题，仍可利用最终单纯形表进行换基迭代，使 x_6 入基，求出使总利润稍为减少的近似最优解，这种方法称为倒退单纯形法。

具体做法是，以 b_{46} 为轴心项，换基迭代，可得对应基($\boldsymbol{P}_7$, $\boldsymbol{P}_1$, $\boldsymbol{P}_2$, $\boldsymbol{P}_6$)的单纯形表如表 2-19 所示。

表 2-19　例 2.11 问题(2)单纯形表

S'	$-18\,500$	0	0	2	-28	-11	0	0	-20	-15	-30
x_7	300	0	0	-0.5	0.5	0.5	0	1	-0.5	-0.5	-1.5
x_1	350	1	0	0	2.5	0	0	0	0.5	0	0
x_2	50	0	1	0	0	2.5	0	0	0	0.5	0
x_6	50	0	0	0.5	0	0	1	0	0	0	0.5

这时，生产 B_1 产品 350 件，B_2 产品 50 件，B_6 产品 50 件，而不生产 B_3、B_4 和 B_5 产品。最大利润为 $S=18\,500$ 元(减少 200 元)。

类似地，还可以根据市场行情做出许多其他生产方案，以供决策者择优使用。

2.6.5　求初始可行基的方法

对于简单的线性规划问题，可以较容易地找到一个现成的可行基，可是在实际问题中，寻找第一个可行基及其对应的单纯形表存在两方面的困难：一是由于变量和约束方程很多，想要求出约束方程的秩并找出一个可行基是相当困难的；二是，即使能找到一个可行基 $\boldsymbol{B}$，也很难保证 $\boldsymbol{B}$ 是单位矩阵，当其阶数 m 很大时，$\boldsymbol{B}$ 的逆矩阵也相当难求。这里将要介绍的求初始可行基的方法(两阶段法)不仅能避免上述两个难点，而且很适于在计算机上求解。

设线性规划问题的标准型为

（Ⅰ）

$$\min S = c_1x_1 + c_2x_2 + \cdots + c_nx_n$$

$$\begin{cases} a_{11}x_1 + a_{12}x_2 + \cdots + a_{1n}x_n = b_1 \\ a_{21}x_1 + a_{22}x_2 + \cdots + a_{2n}x_n = b_2 \\ \qquad\vdots \\ a_{m1}x_1 + a_{m2}x_2 + \cdots + a_{mn}x_n = b_m \\ x_1, x_2, \cdots, x_n \geqslant 0 \end{cases}$$

不必假设系数矩阵 $\boldsymbol{A}$ 是满秩，也不考虑原问题是否存在可行基。给原规划问题加入人工变量 $y_1, y_2, \cdots, y_m$，并构造仅含人工变量且实现最小化的目标函数，即引入下面的辅助问题：

（Ⅱ）

$$\min Z = y_1 + y_2 + \cdots + y_m$$

$$\begin{cases} S - c_1x_1 - c_2x_2 - \cdots - c_nx_n = 0 \\ y_1 + a_{11}x_1 + a_{12}x_2 + \cdots + a_{1n}x_n = b_1 \\ y_2 + a_{21}x_1 + a_{22}x_2 + \cdots + a_{2n}x_n = b_2 \\ \qquad\vdots \\ y_m + a_{m1}x_1 + a_{m2}x_2 + \cdots + a_{mn}x_n = b_m \\ x_1, x_2, \cdots, x_n \geqslant 0, y_1, y_2, \cdots, y_m \geqslant 0 \end{cases}$$

在规则（Ⅱ）中，以 $S, y_1, y_2, \cdots, y_m$ 为基变量，则它们所对应的可行基 $\boldsymbol{B}$ 为一单位矩阵。于是

$$\boldsymbol{C} = (0,1,1,\cdots,1,0,0,\cdots,0)$$

$$\boldsymbol{C_B} = (0,1,1,\cdots,1)$$

$$\boldsymbol{A} = \begin{bmatrix} 1 & 0 & \cdots & 0 & -c_1 & -c_2 & \cdots & -c_n \\ 0 & 1 & \cdots & 0 & a_{11} & a_{12} & \cdots & a_{1n} \\ \vdots & \vdots & \ddots & \vdots & \vdots & \vdots & \ddots & \vdots \\ 0 & 0 & \cdots & 1 & a_{m1} & a_{m2} & \cdots & a_{mn} \end{bmatrix}$$

$$\boldsymbol{b} = (0, b_1, b_2, \cdots, b_m)^{\mathrm{T}}$$

$$\boldsymbol{C_B}\boldsymbol{B}^{-1}\boldsymbol{b} = (0,1,1,\cdots,1)\begin{bmatrix} 1 & 0 & \cdots & 0 \\ 0 & 1 & \cdots & 0 \\ \vdots & \vdots & \ddots & \vdots \\ 0 & 0 & \cdots & 1 \end{bmatrix}\begin{bmatrix} 0 \\ b_1 \\ b_2 \\ \vdots \\ b_m \end{bmatrix} = \sum_{i=1}^{m} b_i$$

$$\boldsymbol{B}^{-1}\boldsymbol{b} = \boldsymbol{b}, \boldsymbol{B}^{-1}\boldsymbol{A} = \boldsymbol{A}$$

$$C_B B^{-1} A - C = (0,1,1,\cdots,1)\begin{bmatrix} 1 & 0 & \cdots & 0 & -c_1 & -c_2 & \cdots & -c_n \\ 0 & 1 & \cdots & 0 & a_{11} & a_{12} & \cdots & a_{1n} \\ \vdots & \vdots & \ddots & \vdots & \vdots & \vdots & \ddots & \vdots \\ 0 & 0 & \cdots & 1 & a_{m1} & a_{m2} & \cdots & a_{mn} \end{bmatrix} -$$

$$(0,1,1,\cdots,1,0,0,\cdots,0)$$

$$=\left(0,0,\cdots,0,\sum_{i=1}^{m} a_{i1},\sum_{i=1}^{m} a_{i2},\cdots,\sum_{i=1}^{m} a_{in}\right)$$

所以，基 $\boldsymbol{B}$ 对应的单纯形表如表 2-20 所示。

表 2-20　两阶段法单纯形表的一般形式

		S	y_1	y_2	$\cdots$	y_m	x_1	x_2	$\cdots$	x_n
Z	$\sum_{i=1}^{m} b_i$	0	0	0	$\cdots$	0	$\sum_{i=1}^{m} a_{i1}$	$\sum_{i=1}^{m} a_{i2}$	$\cdots$	$\sum_{i=1}^{m} a_{in}$
S	0	1	0	0	$\cdots$	0	$-c_1$	$-c_2$	$\cdots$	$-c_n$
y_1	b_1	0	1	0	$\cdots$	0	a_{11}	a_{12}	$\cdots$	a_{1n}
y_2	b_2	0	0	1	$\cdots$	0	a_{21}	a_{22}	$\cdots$	a_{2n}
$\vdots$	$\vdots$	$\vdots$	$\vdots$	$\vdots$	$\ddots$	$\vdots$	$\vdots$	$\vdots$	$\ddots$	$\vdots$
y_m	b_m	0	0	0	$\cdots$	1	a_{m1}	a_{m2}	$\cdots$	a_{mn}

关于辅助问题的分析。

(1) 辅助问题一定有最优解，且最优值 $\min Z \geqslant 0$。

实际上，所构造的基 $\boldsymbol{B}$ 对应的基本可行解为

$$\boldsymbol{X}=(0,b_1,b_2,\cdots,b_m,0,0,\cdots,0)^{\mathrm{T}}$$

又因为 $y_i \geqslant 0(i=1,2,\cdots,m)$，$x_j=0(j=1,2,\cdots,n)$，所以

$$\min Z = y_1+y_2+\cdots+y_m \geqslant 0$$

即目标函数 Z 有界。因此，从所选基 $\boldsymbol{B}$ 开始，应用单纯形法，必可求得辅助问题的最优基 $\boldsymbol{B}^*$ 和最优解。

注意：在此应用单纯形法时，原规划问题的目标函数行不作为检验数，也不能作为轴心项，但参加行变换。

(2) 如果最优基 $\boldsymbol{B}^*$ 对应的目标函数值 $Z^*>0$，则原线性规划问题无可行解。

实际上，用反证法不难证实。如果原规划问题有可行解 $x_j=d_j(j=1,2,\cdots,n)$，则代入规划(Ⅱ)，得

$$S=S_0,\quad y_1=y_2=\cdots=y_m=0$$

且相应的目标函数值 $Z=0$。即规划(Ⅱ)有可行解

$$S=S_0,y_i=0,x_j=d_j\quad(i=1,2,\cdots,m,j=1,2,\cdots,n)$$

使 $Z=0$，此与 $\min Z=Z^*>0$ 矛盾，因此，规划式(Ⅰ)无可行解。

(3) 如果最优基 $\boldsymbol{B}^*$ 对应的目标函数值 $Z^*=0$ 则有 $y_1^*=y_2^*=\cdots=y_m^*=0$，这时分为下面两种情况。

① 若 $\boldsymbol{B}^*$ 对应的基变量全部为 x 变量，则在 $\boldsymbol{B}^*$ 的单纯形表中去掉 S 与 y 变量对应的

$m+1$ 列及辅助问题的目标函数行(第 1 行),就得到原规划问题的一个可行基对应的单纯形表。第一阶段结束。

② 若 $\boldsymbol{B}^*$ 对应的基变量中含有 y 变量,则用下面两种方法除去基变量中的 y 变量。

设在 $\boldsymbol{B}^*$ 对应的基变量中含有变量 y_r,它对应的方程为

$$y_r = b'_r - \sum_k b_{rk} y_k - \sum_j b_{rj} x_j$$

其中,y_r 为基变量,y_k,x_j 是非基变量。

若 x_j 的所有系数 $b_{rj}=0$,即

$$y_r = b'_r - \sum_k b_{rk} y_k$$

这表明原规划(Ⅰ)的约束方程组中第 r 个方程为多余方程,可将第 r 行划去。

若 x_j 的系数至少有一个 $b_{rs} \neq 0$,则以 b_{rs} 为轴心项进行换基迭代,可得新的最优基 $\bar{\boldsymbol{B}}^*$ 及其对应的单纯形表。经过有限次这样的换基迭代,一定可以全部去掉基变量 y,而变成全为 x 的基变量。这时就可按情况①处理。

例 2.12 解线性规划问题

$$\min S = -3x_1 + x_2 + x_3$$
$$\begin{cases} x_1 - 2x_2 + x_3 + x_4 = 11 \\ -4x_1 + x_2 + 2x_3 - x_5 = 3 \\ -2x_1 + x_3 = 1 \\ x_1, x_2, \cdots, x_5 \geqslant 0 \end{cases}$$

解 引入辅助规划问题

$$\min Z = y_1 + y_2 + y_3$$
$$\begin{cases} S + 3x_1 - x_2 - x_3 = 0 \\ y_1 + x_1 - 2x_2 + x_3 + x_4 = 11 \\ y_2 - 4x_1 + x_2 + 2x_3 - x_5 = 3 \\ y_3 - 2x_1 + x_3 = 1 \\ y_1, y_2, y_3 \geqslant 0, x_1, x_2, \cdots, x_5 \geqslant 0 \end{cases}$$

取现成基 $\boldsymbol{B}_1=(\boldsymbol{P}_1,\boldsymbol{P}_2,\boldsymbol{P}_3,\boldsymbol{P}_4)$,$S$、$y_1$、$y_2$ 和 y_3 为基变量,对应 $\boldsymbol{B}_1$ 的单纯形表如表 2-21 所示。

表 2-21 例 2.12 辅助问题初始单纯形表

Z	15	0	0	0	0	−5	−1	4	1	−1
S	0	1	0	0	0	3	−1	−1	0	0
y_1	11	0	1	0	0	1	−2	1	1	0
y_2	3	0	0	1	0	−4	1	2	0	−1
y_3	1	0	0	0	1	−2	0	[1]	0	0

换基迭代找辅助问题的最优基,换基过程如表 2-22～表 2-24 所示。

表 2-22　例 2.12 辅助问题求解过程(1)

Z	11	0	0	0	-4	3	-1	0	1	-1
S	1	1	0	0	1	1	-1	0	0	0
y_1	10	0	1	0	-1	[3]	-2	0	1	0
y_2	1	0	0	1	-2	0	1	0	0	-1
x_3	1	0	0	0	1	-2	0	1	0	0

表 2-23　例 2.12 辅助问题求解过程(2)

Z	1	0	-1	0	-3	0	1	0	0	-1
S	1	1	0	0	1	1	-1	0	0	0
x_4	10	0	1	0	-1	3	-2	0	1	0
y_2	1	0	0	1	-2	0	[1]	0	0	-1
x_3	1	0	0	0	1	-2	0	1	0	0

表 2-24　例 2.12 辅助问题最优解

Z	0	0	-1	-1	-1	0	0	0	0	0
S	2	1	0	1	-1	1	0	0	0	-1
x_4	12	0	1	2	-5	3	0	0	1	-2
x_2	1	0	0	1	-2	0	1	0	0	-1
x_3	1	0	0	0	1	-2	0	1	0	0

至此,检验数已无正数,目标函数值 $Z=0$,同时,基变量中又无 y 变量,于是划去 S 与 y 对应的列及 Z 行,可得原规划问题的一个单纯形表如表 2-25 所示。

表 2-25　原始问题初始单纯形表

S	2	1	0	0	0	-1
x_4	12	[3]	0	0	1	-2
x_2	1	0	1	0	0	-1
x_3	1	-2	0	1	0	0

继续换基迭代,对应的单纯形表如表 2-26 所示。

表 2-26　原始问题最优解

S	-2	0	0	0	$-1/3$	$-1/3$
x_1	4	1	0	0	$1/3$	$-2/3$
x_2	1	0	1	0	0	-1
x_3	9	0	0	1	$2/3$	$-4/3$

故原规划问题的最优解为

$$\boldsymbol{X}=(4,1,9,0,0)^{\mathrm{T}}$$

最优值为

$$S=-2$$

例 2.13 解线性规划问题

$$\min S = x_1 + x_2$$
$$\begin{cases} x_1 - x_2 \leqslant -2 \\ x_1 + x_2 \leqslant 1 \\ x_1, x_2 \geqslant 0 \end{cases}$$

解 化为标准型

$$\min S = x_1 + x_2$$
$$\begin{cases} -x_1 + x_2 - x_3 = 2 \\ x_1 + x_2 + x_4 = 1 \\ x_1, x_2, x_3, x_4 \geqslant 0 \end{cases}$$

引入辅助规划问题

$$\min Z = y_1 + y_2$$
$$\begin{cases} S - x_1 - x_2 = 0 \\ y_1 - x_1 + x_2 - x_3 = 2 \\ y_2 + x_1 + x_2 + x_4 = 1 \\ y_1, y_2, x_1, x_2, \cdots, x_4 \geqslant 0 \end{cases}$$

其单纯形表如表 2-27 所示。

表 2-27 例 2.13 辅助问题初始单纯形表

Z	3	0	0	0	0	2	−1	1
S	0	1	0	0	−1	−1	0	0
y_1	2	0	1	0	−1	1	−1	0
y_2	1	0	0	1	1	$\boxed{1}$	0	1

换基迭代得到最终单纯形表,如表 2-28 所示。

表 2-28 例 2.13 辅助问题最终单纯形表

Z	1	0	0	−2	−2	0	−1	−1
S	1	1	0	1	0	0	0	1
y_1	1	0	1	−1	−2	0	−1	−1
x_2	1	0	0	1	1	1	0	1

所有检验数已无正数,但 $Z=1>0$,所以原规划问题无可行解。

例 2.14 解线性规划问题

$$\min S = -x_1 + 2x_2 - 3x_3$$
$$\begin{cases} x_1 + x_2 + x_3 = 6 \\ -x_1 + x_2 + 2x_3 = 4 \\ 2x_2 + 5x_3 = 10 \\ x_1, x_2, x_3 \geqslant 0 \end{cases}$$

解 引入辅助规划问题

$$\min Z = y_1 + y_2 + y_3$$

$$\begin{cases} S + x_1 - 2x_2 + 3x_3 = 0 \\ y_1 + x_1 + x_2 + x_3 = 6 \\ y_2 - x_1 + x_2 + 2x_3 = 4 \\ y_3 + 2x_2 + 5x_3 = 10 \\ y_1, y_2, y_3, x_1, x_2, x_3 \geqslant 0 \end{cases}$$

求出其单纯形表,并进行换基迭代如表 2-29～表 2-31 所示。

表 2-29 例 2.14 辅助问题初始单纯形表

Z	20	0	0	0	0	0	4	6
S	0	1	0	0	0	1	−2	3
y_1	6	0	1	0	0	1	1	1
y_2	4	0	0	1	0	−1	[1]	2
y_3	10	0	0	0	1	0	2	5

表 2-30 例 2.14 辅助问题求解过程(1)

Z	4	0	0	−4	0	4	0	−2
S	8	1	0	2	0	−1	0	7
y_1	2	0	1	−1	0	2	0	−1
x_2	4	0	0	1	0	−1	1	2
y_3	2	0	0	−2	1	[2]	0	1

表 2-31 例 2.14 辅助问题求解过程(2)

Z	0	0	0	0	−2	0	0	−4
S	9	1	0	1	1/2	0	0	15/2
y_1	0	0	1	1	−1	0	0	[−2]
x_2	5	0	0	0	1/2	0	1	5/2
x_1	1	0	0	−1	1/2	1	0	1/2

至此,检验数中已无正数,已得辅助问题的最优基,这里 $Z=0$,故原规划问题有可行解,但是基变量中有变量 y_1 且 y_1 所在的行中,变量 x_3 的系数为 $-2(\neq 0)$,因此以 -2 为轴心项进行迭代,可把 y_1 变为非基变量,得到最终单纯形表,如表 2-32 所示。

表 2-32 例 2.14 辅助问题最终单纯形表

Z	0	0	−2	−2	0	0	0	0
S	9	1	$\frac{15}{4}$	$\frac{19}{4}$	$-\frac{13}{4}$	0	0	0

续表

Z	0	0	-2	-2	0	0	0	0
x_3	0	0	$-\frac{1}{2}$	$-\frac{1}{2}$	$\frac{1}{2}$	0	0	1
x_2	5	0	$\frac{5}{4}$	$\frac{5}{4}$	$-\frac{3}{4}$	0	1	0
x_1	1	0	$\frac{1}{4}$	$-\frac{3}{4}$	$\frac{1}{4}$	1	0	0

由此,得原规划问题的一个单纯形表如表 2-33 所示。

表 2-33　例 2.14 原始问题单纯形表

S	9	0	0	0
x_3	0	0	0	1
x_2	5	0	1	0
x_1	1	1	0	0

显然,这里可行基是最优基,最优解为 $\boldsymbol{X}=(1,5,0)^{\mathrm{T}}$,最优值为 $S=9$。

一般线性规划问题处理小结。

(1) 引入非负人工变量的目的是为了寻找初始基本可行解,并不需要每个约束都加一个人工变量,应尽可能控制非负人工变量的数量。

(2) 初始单纯形表对应的是线性规划模型的典型形式,这里的初始单纯形表中的检验数行和目标函数值都需要直接计算求得。

(3) 结果的解释:若 $y_1^*=y_2^*=\cdots=y_m^*=0$,则$(x_1^*,x_2^*,\cdots,x_n^*)^{\mathrm{T}}$为原问题的最优解或一个基本可行解;若 $y_1^*,y_2^*,\cdots,y_m^*$ 不全为 0 时,说明原问题无可行解。

(4) 求初始可行基还可以借助大 M 法,大 M 法的相关内容可参考其他教材。

思　考　题

(1) 试述单纯形法的基本思路与基本步骤。

(2) 非负人工变量的作用是什么,是否每一个约束都需要引入非负人工变量?

(3) 总结单纯形法计算过程中要注意的问题。

2.7　线性规划应用

2.7.1　线性规划建模

线性规划的应用中,十分重要的一步是建立数学模型。线性规划方法通过对实际问题进行分析,建立与之相应的线性规划模型,然后求解和分析,为决策提供依据,它所建立的模型是否能够恰当地反映实际问题中的主要矛盾,直接影响到所求得的解是否有意义,从而影响决策的质量。因此,建模是应用线性规划方法的第一步,也是最为重要的一步。

数学规划的建模有许多共同点，要遵循下列原则。

(1) 容易理解。建立的模型不但要求建模者理解，还应当让有关人员理解。这样便于考察实际问题与模型的关系，增加将来得到的结论在实际应用的信心。

(2) 容易查找模型中的错误。该原则的目的显然与原则①相关。常出现的错误有书写错误和公式错误等。

(3) 容易求解。对线性规划来说，容易求解问题主要是控制问题的规模，包括决策变量的个数和约束的个数尽量少。这条原则的实现往往会与原则①发生矛盾，在实现时需要对两条原则进行统筹考虑。

本节作为线性规划的应用，着重强调线性规划的建模，读者应理解：其中有些内容是不仅仅限于线性规划的。

2.7.2 线性规划建模举例

1. 生产计划问题

生产计划问题是企业生产过程中时常遇到的问题，生产计划问题中最简单的一种形式可以描述如下：

用若干种原材料（资源）生产某几种产品，原材料（或某种资源）供应有一定的限制，要求制订一个产品生产计划，使其在给定的资源限制条件下能得到最大收益。如果用 $B_1, B_2, \cdots, B_m$ 种资源生产 $A_1, A_2, \cdots, A_n$ 种产品，单位产品所需资源数（如原材料、人力、时间等）所得利润及可供应的资源总量已知，如表 2-34 所示。应如何组织生产才能使利润最大？

表 2-34　产品资源、利润情况表

		产品				可供应资源数
		A_1	A_2	$\cdots$	A_n	
资源	B_1	a_{11}	a_{12}	$\cdots$	a_{1n}	b_1
	B_2	a_{21}	a_{22}	$\cdots$	a_{2n}	b_2
	$\vdots$	$\vdots$	$\vdots$	$\ddots$	$\vdots$	$\vdots$
	B_m	a_{m1}	a_{m2}	$\cdots$	a_{mn}	b_m
单位产品利润		c_1	c_2	$\cdots$	c_n	

设 x_j 为生产 A_j 产品的计划数，则这类问题的数学模型常常为规范形式的线性规划问题。

这里，资源限制数显然满足 $b_i > 0, i = 1, 2, \cdots, m$。

$$\max S = c_1x_1 + c_2x_2 + \cdots + c_nx_n$$

$$\begin{cases} a_{11}x_1 + a_{12}x_2 + \cdots + a_{1n}x_n \leqslant b_1 \\ a_{21}x_1 + a_{22}x_2 + \cdots + a_{2n}x_n \leqslant b_2 \\ \quad\quad\quad\quad \vdots \\ a_{m1}x_1 + a_{m2}x_2 + \cdots + a_{mn}x_n \leqslant b_m \\ x_1, x_2, \cdots, x_n \geqslant 0 \end{cases}$$

模型中的不等式约束表示生产各种产品所需要的资源总数不能超过它的可供应数，决策变量的非负约束是产品计划生产数不能为负的实际反应。

类似这样的问题，可以采用问什么，设什么的方法设定决策变量，该问题的建模已在2.1节中有所介绍，但是有些问题会有一些稍微复杂的情况出现，下面举例说明几种产品的生产计划问题。

例2.15 某工厂生产 A、B 两种产品，均需经过两道工序，每生产1吨 A 产品需要经第一道工序加工2小时，第二道工序加工3小时；每生产1吨 B 产品需要经过第一道工序加工3小时，第二道工序加工4小时。可供利用的第一道工序工时为15小时，第二道工序工时为25小时。

生产产品 B 的同时可产出副产品 C，每生产1吨产品 B，可同时得到2吨产品 C 而不需要外加任何费用。副产品 C 一部分可以盈利，但剩下的只能报废，报废需要有一定的费用。

各项费用的情况为，每出售1吨产品 A 能盈利400元，每出售1吨产品 B 能盈利800元，每销售1吨副产品 C 能盈利300元，当剩余的产品 C 报废时，每吨损失费为200元。经过市场预测，在计划期内产品 C 的最大销量为5吨。

列出本问题的线性规划模型，决定如何安排 A、B 两种产品的产量，才能使工厂的总盈利最大。

解 此问题的难度是由于副产品 C 的出现而使问题复杂化了。如果只设 A、B、C 产品的产量分别为 x_1、x_2、x_3，则由于产品 C 的单位利润是在盈利300元（+300）或损失200元（−200）之间变化，因此目标函数中 x_3 的系数不是常数，目标函数成为非线性函数，但是如果把 C 的销售量和报废量区分开来，设作两个变量，则可以容易地建立问题的线性规划模型。

设 A、B 产品的产量分别为 x_1 和 x_2，C 产品的销售量和报废量分别为 x_3 和 x_4。根据问题的条件和限制容易建立下述线性规划模型，为了方便，取利润（损失）金额的单位为百元。

目标函数：

$$\max S = 4x_1 + 8x_2 + 3x_3 - 2x_4$$

约束条件：

产品 C 是产品 B 的副产品，1吨产品 B 产生2吨产品 C，即有 $2x_2 = x_3 + x_4$；

产品 A 的限制 $2x_1 + 3x_2 \leqslant 15$；

产品 B 的限制 $3x_1 + 4x_2 \leqslant 25$；

产品 C 的限制 $x_3 \leqslant 5$。

于是可得到如下线性规划模型：

$$\max S = 4x_1 + 8x_2 + 3x_3 - 2x_4$$

$$\begin{cases} 2x_2 - x_3 - x_4 = 0 \\ 2x_1 + 3x_2 \leqslant 15 \\ 3x_1 + 4x_2 \leqslant 25 \\ x_3 \leqslant 5 \\ x_1, x_2, x_3, x_4 \geqslant 0 \end{cases}$$

利用线性规划单纯形法求解可得：$\boldsymbol{x}^* = (3.75, 2.5, 5, 0)^{\mathrm{T}}$，最大利润为 $S^* = 50$ 百元，第二道加工工序有 3.75 小时的空闲。

求解过程略，读者可作为练习自己去求解。

例 2.16 某公司生产甲、乙、丙 3 种产品，都需要经过铸造、机加工和装配 3 个车间。甲、乙两种产品的铸件可以外协加工，也可以自行生产，但是产品丙必须本厂铸造才能保证质量。有关情况的数据如表 2-35 所示。公司为了获得最大利润，甲、乙、丙 3 种产品应该各生产多少件？甲、乙两种产品的铸造中，本公司铸造和外协加工各多少件？

表 2-35 例 2.16 已知数据

	工时与成本	产品			工时限制
		甲	乙	丙	
单件工时/小时	铸造	5	10	7	8 000
	机加工	6	4	8	12 000
	装配	3	2	2	10 000
单件成本/元·件$^{-1}$	自产铸件	3	5	4	—
	外协铸件	5	6	—	—
	机加工	2	1	3	—
	装配	3	2	2	—
单件产品售价/元		23	18	16	—

解 此问题的难点是由于产品甲和产品乙的铸件可以外协加工，也可自行生产。如果设甲、乙、丙产品的产量分别为 x_1、x_2 和 x_3，则由于产品甲和乙铸件来源不同造成单位利润不同，因此目标函数中 x_1 和 x_2 的系数不是常数，目标函数成为非线性函数，但是如果把它们区分开来，另设两个变量，则可以较容易地建立问题的线性规划模型。

设 x_1、x_2 和 x_3 分别为 3 道工序都由本公司加工的甲、乙、丙 3 种产品的件数，x_4 和 x_5 分别为由外协铸造再由本公司机加工和装配的甲、乙两种产品的件数。为了建立目标函数，首先计算各决策变量的获利系数：获利系数＝售价－成本（铸造、机加工、装配）。

x_1（3 道工序都由本公司加工的甲产品）：$x_1 = 23-(3+2+3)=15$（元）；

x_2（3 道工序都由本公司加工的乙产品）：$x_2 = 18-(5+1+2)=10$（元）；

x_3（3 道工序都由本公司加工的丙产品）：$x_3 = 16-(4+3+2)=7$（元）；

x_4（由外协铸造再由本公司机加工和装配的甲产品）：$x_4 = 23-(5+2+3)=13$（元）；

x_5（由外协铸造再由本公司机加工和装配的乙产品）：$x_5 = 18-(6+1+2)=9$（元）。

目标函数：$\max S = 15x_1 + 10x_2 + 7x_3 + 13x_4 + 9x_5$。

约束条件如下。

铸造的限制：$5x_1+10x_2+7x_3\leqslant 8000$；

机加工限制：$6x_1+4x_2+8x_3+6x_4+4x_5\leqslant 12\,000$；

装配的限制：$3x_1+2x_2+2x_3+3x_4+2x_5\leqslant 10\,000$；

无论如何，生产产品的计划数总是非负的，即 $x_1,x_2,\cdots,x_5\geqslant 0$。

由此得到线性规划模型：

$$\max S=15x_1+10x_2+7x_3+13x_4+9x_5$$

$$\begin{cases}5x_1+10x_2+7x_3\leqslant 8000\\6x_1+4x_2+8x_3+6x_4+4x_5\leqslant 12\,000\\3x_1+2x_2+2x_3+3x_4+2x_5\leqslant 10\,000\\x_1,x_2,\cdots,x_5\geqslant 0\end{cases}$$

利用线性规划单纯形法求解可得：$\boldsymbol{X}^*=(1600,0,0,600)^{\mathrm{T}}$，最大利润为 $S^*=29\,400$ 元，装配工时有 4000 小时的空闲。

求解过程从略。

2. 合理下料问题

下料问题是加工业中常见的一种问题，它的一般提法是，某种原材料有已知的固定规格，要切割成给定尺寸的若干种零件的毛坯，在各种零件数量要求给定的前提下，考虑设计切割方案使用料最少(浪费最小)。

合理下料问题有一维下料问题(线材下料)、二维下料问题(面材下料)和三维下料问题(积材下料)等，其中线材下料问题最简单。

例 2.17 某工厂要制作 100 套专用钢架，每套钢架需要用长为 2.9 米、2.1 米和 1.5 米的圆钢各一根。已知原料每根长 7.4 米，现考虑应如何下料，可使所用原料最省。

解 利用 7.4 米长的圆钢裁成 2.9 米、2.1 米、1.米的圆钢共有如表 2-36 所示的 8 种下料方案。

表 2-36 各种下料方案

	方案 1	方案 2	方案 3	方案 4	方案 5	方案 6	方案 7	方案 8
2.9 米圆钢/根	2	1	1	1	0	0	0	0
2.1 米圆钢/根	0	2	1	0	3	2	1	0
1.5 米圆钢/根	1	0	1	3	0	2	3	4
合计/m	7.3	7.1	6.5	7.4	6.3	7.2	6.6	6.0
剩余料头/m	0.1	0.3	0.9	0.0	1.1	0.2	0.8	1.4

一般情况下，可以设 $x_1,x_2,\cdots,x_8$ 分别为上面 8 种方案下料的原材料根数。根据目标的要求，可以建立两种形式的目标函数。

材料根数最少：

$$\min S=x_1+x_2+\cdots+x_8 \tag{2-14}$$

剩余料头最少：

$$\min S=0.1x_1+0.3x_2+0.9x_3+0x_4+1.1x_5+0.2x_6+0.8x_7+1.4x_8 \tag{2-15}$$

约束是要满足各种方案剪裁得到的 2.9 米、2.1 米、1.5 米 3 种圆钢各自不少于 100 根，即

2.9 米圆钢： $2x_1+x_2+x_3+x_4\geqslant 100$

2.1 米圆钢： $2x_2+x_3+3x_5+2x_6+x_7\geqslant 100$

1.5 米圆钢： $x_1+x_3+3x_4+2x_6+3x_7+4x_8\geqslant 100$

非负条件圆钢： $x_1,x_2,\cdots,x_8\geqslant 0$

进而考虑用料数量可建立如下的数学模型：

$$\min S=x_1+x_2+x_3+x_4+x_5+x_6+x_7+x_8$$

$$\begin{cases}2x_1+x_2+x_3+x_4\geqslant 100\\2x_2+x_3+3x_5+2x_6+x_7\geqslant 100\\x_1+x_3+3x_4+2x_6+3x_7+4x_8\geqslant 100\\x_1,x_2,\cdots,x_8\geqslant 0\end{cases}$$

利用线性规划单纯形法求解可得：$\boldsymbol{X}^*=(10,50,0,30,0,0,0,0)^{\mathrm{T}}$，最少使用的材料数为 90 根。

求解过程从略。

如果考虑废料数量，可建立如下的数学模型：

$$\min S=0.1x_1+0.3x_2+0.9x_3+0x_4+1.1x_5+0.2x_6+0.8x_7+1.4x_8$$

$$\begin{cases}2x_1+x_2+x_3+x_4\geqslant 100\\2x_2+x_3+3x_5+2x_6+x_7\geqslant 100\\x_1+x_3+3x_4+2x_6+3x_7+4x_8\geqslant 100\\x_1,x_2,\cdots,x_8\geqslant 0\end{cases}$$

利用线性规划单纯形法求解可得：$\boldsymbol{X}^*=(0,0,0,100,0,50,0,0)^{\mathrm{T}}$，最少的剩余料头为 10 米、2.9 米和 2.1 米的圆钢数正好是 100，而 1.5 米的圆钢数是 300。显然，这不是最优解，为什么会出现误差呢？仔细观察一下会发现，原因出现在方案 4 的剩余料头为 0，求解过程中目标函数最小对它失去了作用。由此提示人们，在实际使用线性规划解决问题时，隐含的逻辑错误往往很难发现，必须进行解的分析才能够找到问题。

例 2.18 某钢窗厂要制作 50 套相同规格的钢窗，这种钢窗每套需要用长为 1.5 米的料 2 根、1.45 米的料 2 根、1.3 米料 6 根和 0.35 米的料 12 根。已知供切割用的角钢长度为 8 米，应如何切割，才能使所用的角钢数最少？

解 看起来本题与例 2.17 完全类似，但是在考虑方案时，发现可能的方案太多了，如果直接计算，总可以用上述方法求得精确的解。但是，这样做（人工列方案）的代价是否太大？在序言中提到过，运筹学解决问题除要考虑精确度之外，还要考虑其复杂性、可行性等因素。在此借此例的讨论给读者一个提示。

根据数据情况，可以对此问题进行化简：

把 1 根 1.3 米的料与 2 根 0.35 米的料绑在一起考虑，看成一根 2 米的料；再简化一点，还可以把 1.45 米的料也视为 1.5 米。

显然，如此化简后问题变得非常简单了。有兴趣的读者可以自己计算两种情况的结果。需注意的是，任何问题的化简都是有条件的，必须深入分析数据才能够构造出比较理想的简化问题。本例之所以可以这样化简，是由于前一组合得到的长度恰是原材料的四分之一，后一种近似，每根的误差只有 0.05 米，在可以承受的范围内。

3. 合理配料问题

这类问题的一般提法是，由多种原料制成含有 m 种成分的产品，已知产品中所含各种成分的比例要求、各种原料的单位价格，以及各原料所含成分的数量。考虑的问题是，应如何配料，才能使产品的成本最低。

例 2.19 某公司计划要用 A、B、C 3 种原料混合调制出甲、乙、丙 3 种不同规格的产品，产品的规格要求、单位价格、原料的供应量、原料的单位价格等数据如表 2-37 所示。该公司应如何安排生产，才能使利润收入最大？

表 2-37 例 2.19 原始数据

		原料			产品单价/元
		A	B	C	
产品	甲	≥50%	≤35%	不限	150
	乙	≥40%	≤45%	不限	85
	丙	30%	50%	20%	65
原料供应量/吨		200	150	100	—
原料单价/元		60	35	30	—

解 本例的难点在于给出的数据非确定数值，而且各产品与原料的关系较为复杂。为了方便，设 x_{ij} 表示第 i 种($i=1$ 表示甲、$i=2$ 表示乙、$i=3$ 表示丙)产品中原料 j ($j=1$ 表示 A、$j=2$ 表示 B、$j=3$ 表示 C)的含量。这样在建立数学模型时，就要考虑如下变量。

对于甲：x_{11}, x_{12}, x_{13}；

对于乙：x_{21}, x_{22}, x_{23}；

对于丙：x_{31}, x_{32}, x_{33}；

对于原料 A：x_{11}, x_{21}, x_{31}；

对于原料 B：x_{12}, x_{22}, x_{32}；

对于原料 C：x_{13}, x_{23}, x_{33}。

目标函数：求利润最大，利润等于收入减原料支出。

考虑收入：甲为 $150(x_{11}+x_{12}+x_{13})$，乙为 $85(x_{21}+x_{22}+x_{23})$，丙为 $65(x_{31}+x_{32}+x_{33})$，总收入为这 3 项相加。

考虑支出：原料 A 为 $60(x_{11}+x_{21}+x_{31})$，原料 B 为 $35(x_{12}+x_{22}+x_{32})$，原料 C 为 $30(x_{13}+x_{23}+x_{33})$。

于是得到目标函数：

$$\begin{aligned}\max S &= 150(x_{11}+x_{12}+x_{13})+85(x_{21}+x_{22}+x_{23})+65(x_{31}+x_{32}+x_{33})- \\ &\quad 60(x_{11}+x_{21}+x_{31})-35(x_{12}+x_{22}+x_{32})-30(x_{13}+x_{23}+x_{33}) \\ &= 90x_{11}+115x_{12}+120x_{13}+25x_{21}+50x_{22}+55x_{23}+5x_{31}+30x_{32}+35x_{33}\end{aligned}$$

约束条件：规格要求 7 个，供应量限制 3 个和决策变量的非负条件。

规格要求：甲对原料 A 的规格要求：$x_{11}\geqslant 0.5(x_{11}+x_{12}+x_{13})$ 整理后得 $0.5x_{11}-$

$0.5x_{12}-0.5x_{13}\geqslant 0$。

甲对原料 B 的规格要求：$x_{12}\leqslant 0.35(x_{11}+x_{12}+x_{13})$ 整理后得 $-0.35x_{11}+0.65x_{12}-0.35x_{13}\leqslant 0$。

乙对原料 A 的规格要求：$x_{21}\geqslant 0.4(x_{21}+x_{22}+x_{23})$ 整理后得 $0.6x_{21}-0.4x_{22}-0.4x_{23}\geqslant 0$。

乙对原料 B 的规格要求：$x_{22}\leqslant 0.45(x_{21}+x_{22}+x_{23})$ 整理后得 $-0.45x_{21}+0.55x_{22}-0.45x_{23}\leqslant 0$。

丙对原料 A 的规格要求：$x_{31}=0.3(x_{31}+x_{32}+x_{33})$ 整理后得 $0.7x_{31}-0.3x_{32}-0.3x_{33}=0$。

丙对原料 B 的规格要求：$x_{32}=0.5(x_{31}+x_{32}+x_{33})$ 整理后得 $-0.5x_{31}+0.5x_{32}-0.5x_{33}=0$。

丙对原料 C 的规格要求：$x_{33}=0.2(x_{31}+x_{32}+x_{33})$ 整理后得 $-0.2x_{31}-0.2x_{32}+0.8x_{33}=0$。

供应量限制：原料 A：$x_{11}+x_{21}+x_{31}\leqslant 200$；原料 B：$x_{12}+x_{22}+x_{32}\leqslant 150$；原料 C：$x_{13}+x_{23}+x_{33}\leqslant 100$。

决策变量的非负条件：$x_{11},x_{12},x_{13},x_{21},x_{22},x_{23},x_{31},x_{32},x_{33}\geqslant 0$。

于是，可以得到下列线性规划模型：

$$\max S=90x_{11}+115x_{12}+120x_{13}+25x_{21}+50x_{22}+55x_{23}+5x_{31}+30x_{32}+35x_{33}$$

$$\begin{cases}0.5x_{11}-0.5x_{12}-0.5x_{13}\geqslant 0\\-0.35x_{11}+0.65x_{12}-0.35x_{13}\leqslant 0\\0.6x_{21}-0.4x_{22}-0.4x_{23}\geqslant 0\\-0.45x_{21}+0.55x_{22}-0.45x_{23}\leqslant 0\\0.7x_{31}-0.3x_{32}-0.3x_{33}=0\\-0.5x_{31}+0.5x_{32}-0.5x_{33}=0\\-0.2x_{31}-0.2x_{32}+0.8x_{33}=0\\x_{11}+x_{21}+x_{31}\leqslant 200\\x_{12}+x_{22}+x_{32}\leqslant 150\\x_{13}+x_{23}+x_{33}\leqslant 100\\x_{11},x_{12},x_{13},x_{21},x_{22},x_{23},x_{31},x_{32},x_{33}\geqslant 0\end{cases}$$

求解从略。

思 考 题

(1) 总结线性规划应用建模的规律。

(2) 思考自己身边有无可以用线性规划方法解决的问题，尝试建立该问题的线性规划模型。

本章小结

线性规划是实践中应用非常广泛的一种运筹学方法。本章首先根据实际问题引入线性规划的模型，介绍了线性规划模型的规范形式、标准形式及相互转化。对于只有两个变量的线性规划问题，可以用图解法求解，图解法可以直观地总结线性规划可行域和最优解的几种情况，图解法的结论可以推广到 n 维的一般情况。根据线性规划可行域及最优解的性质，求线性规划最优解的问题，从在可行域内无限个可行解中搜索的问题转化为在可行域的有限个基本可行解上搜索的问题。引入线性规划的基、基本解、基本可行解的概念，根据线性规划的基本定理，可以通过求解线性规划的基本可行解得到最优解。单纯形法提供求解较大规模线性规划问题的思路和方法，单纯形法的求解步骤可以用单纯形表来实现。实践中可以用线性规划方法解决的问题很多，建立问题的线性规划模型需要创造性思维。

本章的重点在于单纯形法的思路及其求解。单纯形法的思路比较简单，直观上容易理解，难点是如何将这一思路用数学的方法表示出来。单纯形表的计算实质是基本思路的表格化，关键是熟记计算的规则并熟练应用。

习 题 2

2.1 某工厂生产 A、B、$C$3 种产品。已知每生产 1 台 A 要投入 3 吨钢材、2 立方米木材、1000 工时、机床 1 台，每生产 1 台 B 需要 4 吨钢材、1 立方米木材、3000 工时和 2 台机床，每生产 1 台 C 需要 2 吨钢材，2 立方米木材，3000 工时和 4 台机床。工厂现有钢材 600 吨、木材 400 立方米、工时 30 万个、机床 200 台。这 3 种产品每台 A、B、C 产品能提供的收益分别为 2000 元、4000 元和 3000 元。这 3 种产品各生产多少台才能使工厂的总收益最大？

2.2 某车间用甲、乙、丙 3 台机床加工 A、B 两种零件。已知甲、乙、丙机床必须完成加工的零件数分别为 40 个、35 个和 45 个，而 A、B 两种零件的需要量分别为 50 个和 70 个。又知各种机床加工各种零件的加工成本如表 2-38 所示。如何分配这 3 台机床加工这两种零件才能使总的加工费用最小？

表 2-38 第 2.2 题零件的加工成本 单位：千元

机床	零件	
	A	B
甲	0.4	0.3
乙	0.3	0.5
丙	0.2	0.2

2.3 用图解法求解下列线性规划问题。

(1) $\max S=x_1+1.5x_2$

$$\begin{cases}2x_1+3x_2\leqslant 6\\x_1+4x_2\leqslant 4\\x_1,x_2\geqslant 0\end{cases}$$

(2) $\min S=6x_1+4x_2$

$$\begin{cases}2x_1+x_2\geqslant 1\\3x_1+4x_2\geqslant 1.5\\x_1,x_2\geqslant 0\end{cases}$$

(3) $\max S=2x_1+2x_2$

$$\begin{cases}x_1-x_2\geqslant -1\\ -0.5x_1+x_2\leqslant 2\\ x_1,x_2\geqslant 0\end{cases}$$

(4) $\max S=x_1+x_2$

$$\begin{cases}x_1-x_2\geqslant 0\\ 3x_1-x_2\leqslant -3\\ x_1,x_2\geqslant 0\end{cases}$$

2.4 将下列线性规划问题化为标准型。

(1) $\max S=5x_1-6x_2-7x_3$

$$\begin{cases}x_1+5x_2-3x_3\geqslant 15\\ 6x_1-5x_2+10x_3\leqslant 20\\ x_1+x_2+x_3=5\\ x_1,x_2,x_3\geqslant 0\end{cases}$$

(2) $\max S=2x_1-x_2+2x_3$

$$\begin{cases}3x_1+x_2+x_3=14\\ 2x_1+x_2-2x_3\leqslant 6\\ x_1,x_2\geqslant 0,x_3\text{ 无限制}\end{cases}$$

2.5 设线性规划问题为

$$\max S=3x_1+5x_2$$

$$\begin{cases}x_1+x_3=4\\ 2x_2+x_4=12\\ 3x_1+2x_2+x_5=18\\ x_j\geqslant 0,\quad j=1,2,\cdots,5\end{cases}$$

找出所有基本解,指出哪些是基本可行解,并分别代入目标函数,比较找出最优解。

2.6 若 $\boldsymbol{X}^{(1)}$ 和 $\boldsymbol{X}^{(2)}$ 同时为线性规划问题的最优解,证明在这两点连线上的所有点也是该线性规划问题最优解。

2.7 解线性规划问题。

$$\max S=2x_1+x_2$$

$$\begin{cases}x_1+x_2\leqslant 6\\ 2x_1+3x_2\leqslant 10\\ x_1,x_2\geqslant 0\end{cases}$$

2.8 用单纯形法解下列线性规划问题。

(1) $\min S=-x_1+2x_2+x_3$

$$\begin{cases}2x_1-x_2+x_3\geqslant -4\\ x_1+2x_2=6\\ x_1,x_2,x_3\geqslant 0\end{cases}$$

(2) $\max S=-x_1+2x_2+x_3$

$$\begin{cases}2x_1-x_2+x_3\geqslant -4\\ x_1+2x_2=6\\ x_1,x_2,x_3\geqslant 0\end{cases}$$

(3) $\min S=-x_1+2x_2$

$$\begin{cases}x_1-2x_2+x_3\leqslant -1\\ x_1+2x_2-x_3\leqslant -6\\ x_1,x_2,x_3\geqslant 0\end{cases}$$

(4) $\max S=x_1+2x_2+3x_3$

$$\begin{cases}x_1+2x_2+3x_3\leqslant 10\\ x_1+x_2\leqslant 5\\ x_1\leqslant 1\\ x_1,x_2,x_3\geqslant 0\end{cases}$$

2.9 用两阶段法求解下列线性规划问题。

(1) $\min S=4x_1+3x_3$

(2) $\min S=4x_1+3x_3$

$$\begin{cases}\frac{1}{2}x_1+x_2+\frac{1}{2}x_3-\frac{2}{3}x_4=2\\ \frac{3}{2}x_1+\frac{3}{4}x_3=3\\ x_1,x_2,x_3,x_4\geqslant 0\end{cases}$$

$$\begin{cases}\frac{1}{2}x_1+x_2+\frac{1}{2}x_3-\frac{2}{3}x_4=2\\ \frac{3}{2}x_1+\frac{3}{4}x_3=3\\ 3x_1-6x_2+4x_4=0\\ x_1,x_2,x_3,x_4\geqslant 0\end{cases}$$

(3) $\min S=2x_1+2x_2$

$$\begin{cases}-x_1+x_2\geqslant 1\\ x_1+x_2\leqslant -2\\ x_1,x_2\geqslant 0\end{cases}$$

2.10 某一求目标函数最小值的线性规划问题,用单纯形法求解时得到某一步的单纯形表如表 2-39 所示。

表 2-39 第 2.10 题数据

		x_1	x_2	x_3	x_4	x_5
S		c	-2	0	0	0
x_3	4	-1	3	1	0	0
x_4	1	a_1	-4	0	1	0
x_5	d	a_2	2	0	0	1

其中,x_3、x_4、x_5 均为人工变量,试问当 a_1、a_2、c 和 d 为何值时:

(1) 现有解为唯一最优解;

(2) 现有解为最优解,但最优解为无穷多个;

(3) 存在可行解,但目标函数无界。

2.11 福安商场是个中型的百货商场,它对售货员的需求经过统计分析如表 2-40 所示。

表 2-40 第 2.11 题每日售货员的需求情况表

星　期	所需售货员人数	星　期	所需售货员人数
星期一	15	星期五	31
星期二	24	星期六	28
星期三	25	星期日	28
星期四	19		

为了保证售货人员充分休息,售货人员每周工作 5 天,休息两天,并要求休息的两天是连续的。应该如何安排售货人员的作息,才能既满足工作需要,又使配备的售货人员的人数最少?

2.12 某工厂生产过程中需要长度为 3.1 米、2.5 米和 1.7 米的同种棒料毛坯分别为 200 根、100 根和 300 根。现有的原料为 9 米长棒材,应该如何下料才能使废料最少?

2.13 有 1、2、3、4 这 4 种零件均可在设备 A 或设备 B 上加工,已知在这两种设备上分别加工一个零件的费用如表 2-41 所示。又知设备 A 或 B 只要有零件加工均需要设备的启动费用，分别为 100 元和 150 元。现要求加工 1、2、3、4 零件各 3 件，应如何安排使总的费用最小？试建立线性规划模型。

表 2-41　第 2.13 题在两种设备上分别加工一个零件的费用　　单位：元

设　备	零　件			
	1	2	3	4
A	50	80	90	40
B	30	100	50	70

第3章 对偶理论与灵敏度分析

本章内容要点

- 线性规划的对偶问题的概念、理论及经济意义；
- 线性规划的对偶单纯形法；
- 线性规划的灵敏度分析。

本章核心概念

- 对偶问题(dual problem)；
- 对偶定义(dual definition)；
- 对偶定理(dual theorems)；
- 影子价格(shadow price)；
- 对偶单纯形法(dual simplex method)；
- 灵敏度分析(sensitivity analysis)。

■ **案例**

某工厂生产 A_1、A_2、A_3 3 种产品，这些产品都要在甲、乙、丙、丁 4 种设备上加工，根据设备性能和以往的生产情况知道单位产品的加工工时、各种设备的最大加工工时限制以及每种产品的单位利润如表 3-1 所示。假设工厂考虑不安排生产，而准备将所有设备出租，应该如何合理地确定各种设备的租金？

表 3-1 案例中设备加工工时以及每种产品的利润

		产品			最大加工工时限制
		A_1	A_2	A_3	
工时/小时	设备甲	2	1	3	70
	设备乙	4	2	2	80
	设备丙	3	0	1	15
	设备丁	2	2	0	50
单位利润/千元		8	10	2	—

3.1 线性规划的对偶问题

线性规划有一个有趣的特性，就是对于任何一个求极大的线性规划问题都存在一个与其匹配的求极小的线性规划问题，并且这一对线性规划问题的解之间还存在着密切的关系。线性规划的这个特性称为对偶性。这不仅仅是数学上具有的理论问题，也是实际问题内在的经济联系在线性规划中的必然反映。

本节将从经济意义上研究线性规划的对偶问题，通过对对偶问题的研究，从不同的角度对线性规划问题进行分析，从而利用有限的数据，得出更广泛的结果，间接地获得更多有用的信息，为企业经营决策提供更多的科学依据。另外，还将利用对偶性质给出求解线性规划的新方法——对偶单纯形法。

3.1.1 对偶问题的提出

例 3.1 某工厂用 $A_1, A_2, \cdots, A_m$ 种资源生产 $B_1, B_2, \cdots, B_n$ 种产品。现有资源数、单位产品所需原料消耗及单位产品利润如表 3-2 所示。如何组织生产才能使利润最大？

表 3-2 对偶问题的表述

		单位产品原料消耗				现有资源
		B_1	B_2	$\cdots$	B_n	
资源	A_1	a_{11}	a_{12}	$\cdots$	a_{1n}	b_1
	A_2	a_{21}	a_{22}	$\cdots$	a_{2n}	b_2
	$\vdots$	$\vdots$	$\vdots$	$\ddots$	$\vdots$	$\vdots$
	A_m	a_{m1}	a_{m2}	$\cdots$	a_{mn}	b_m
单位产品利润		c_1	c_2	$\cdots$	c_n	

解 若用 x_j 表示产品 $B_j(j=1,2,\cdots,n)$ 的生产数量，那么这一问题的线性规划模型为

$$\max S = c_1x_1 + c_2x_2 + \cdots + c_nx_n$$

$$\begin{cases} a_{11}x_1 + a_{12}x_2 + \cdots + a_{1n}x_n \leqslant b_1 \\ a_{21}x_1 + a_{22}x_2 + \cdots + a_{2n}x_n \leqslant b_2 \\ \qquad\qquad\vdots \\ a_{m1}x_1 + a_{m2}x_2 + \cdots + a_{mn}x_n \leqslant b_m \\ x_j \geqslant 0, \qquad j=1,2,\cdots,n \end{cases} \tag{3-1}$$

现在从另一角度来讨论这一问题。假设该厂的决策者决定不生产产品 $B_1, B_2, \cdots, B_n$，而将其所有资源 $A_1, A_2, \cdots, A_m$ 出租给其他单位，其原则是使别的单位愿意租赁，又使本厂仍能得到生产原来这些产品时可以得到的最大收益。为此，工厂的决策者必须给每种资源订出一个合理的价格，使在这种价格条件下，实现出租的目的。

设 $y_1, y_2, \cdots, y_m$ 分别表示出租资源 $A_1, A_2, \cdots, A_m$ 的单位价格，则原来生产单位产品 B_1 所用的资源，按现在的单价计算，其收益为

$$a_{11}y_1 + a_{21}y_2 + \cdots + a_{m1}y_m$$

为了使工厂的收益不减少，就要求在制定价格 $y_1, y_2, \cdots, y_m$ 时，使这个收益不低于原来生产单位产品 B_1 所得到的收益，因此，应有

$$a_{11}y_1 + a_{21}y_2 + \cdots + a_{m1}y_m \geqslant c_1$$

同理，对产品 $B_2, \cdots, B_n$，也可以列出类似的约束条件，即

$$a_{12}y_1 + a_{22}y_2 + \cdots + a_{m2}y_m \geqslant c_2$$
$$\vdots$$
$$a_{1n}y_1 + a_{2n}y_2 + \cdots + a_{mn}y_m \geqslant c_n$$

如果工厂的资源全部出租，其收入为

$$W = b_1y_1 + b_2y_2 + \cdots + b_my_m$$

为了达到出租目的，本厂只能在满足大于或等于所有产品利润前提下，使其总收入尽可能的小。因此，工厂要解决的问题就是如下的线性规划问题：

$$\min W = b_1y_1 + b_2y_2 + \cdots + b_my_m$$
$$\begin{cases} a_{11}y_1 + a_{21}y_2 + \cdots + a_{m1}y_m \geqslant c_1 \\ a_{12}y_1 + a_{22}y_2 + \cdots + a_{m2}y_m \geqslant c_2 \\ \quad\vdots \\ a_{1n}y_1 + a_{2n}y_2 + \cdots + a_{mn}y_m \geqslant c_n \\ y_i \geqslant 0, \qquad i = 1,2,\cdots,m \end{cases} \tag{3-2}$$

称式(3-1)和式(3-2)互为对偶的线性规划问题，即有时也称式(3-1)为原始问题，式(3-2)为对偶问题。

对比式(3-1)和式(3-2)，可以看到两者之间有下列关系：

(1) 对原始问题是求目标函数的最大值，对对偶问题是求目标函数的最小值；

(2) 原始问题中约束条件的个数等于对偶问题中变量的个数；

(3) 原始问题的收益系数成为对偶问题约束不等式右端的常数项；

(4) 原始问题中约束方程组每一行的系数成为对偶问题中约束方程组每一列的系数；

(5) 原始问题的约束条件都是“≤”，对偶问题的约束条件都是“≥”；

(6) 原始问题与其对偶问题可以互相转化。

这些关系如表 3-3 所示。

表 3-3　对称式对偶关系表

变　量	x_1	x_2	$\cdots$	x_n	原关系	min W
y_1	a_{11}	a_{12}	$\cdots$	a_{1n}	$\leqslant$	b_1
y_2	a_{21}	a_{22}	$\cdots$	a_{2n}	$\leqslant$	b_2
$\vdots$	$\vdots$	$\vdots$	$\ddots$	$\vdots$	$\vdots$	$\vdots$
y_m	a_{m1}	a_{m2}	$\cdots$	a_{mn}	$\leqslant$	b_m
对偶关系	$\geqslant$	$\geqslant$	$\cdots$	$\geqslant$		
max S	c_1	c_2	$\cdots$	c_n		

在这个表中，从正面看是原始问题，将它转 90°后看，就是对偶问题。

3.1.2　对偶规划的形式

互为对偶的线性规划问题还可用矩阵符号表示，即原始问题为求

$$\max S = \boldsymbol{CX}$$
$$\begin{cases}\boldsymbol{AX} \leqslant \boldsymbol{b} \\ \boldsymbol{X} \geqslant \boldsymbol{0}\end{cases}$$

相应的对偶问题为求

$$\min W = \boldsymbol{Yb}$$
$$\begin{cases}\boldsymbol{YA} \geqslant \boldsymbol{C} \\ \boldsymbol{Y} \geqslant \boldsymbol{0}\end{cases}$$

其中,$\boldsymbol{A}$ 是原始问题的系数矩阵($m \times n$),

$\boldsymbol{b}$ 是原始问题的右端常数列向量($m \times 1$),

$\boldsymbol{C}$ 是原始问题的目标函数行向量($1 \times n$),

$\boldsymbol{X}$ 是原始问题的决策变量列向量($n \times 1$),

$\boldsymbol{Y}$ 是对偶问题的决策变量行向量($1 \times m$)。

例 3.2 写出下述线性规划的对偶问题

$$\max S = 5x_1 + 8x_2$$
$$\begin{cases}3x_1 + x_2 \leqslant 18 \\ x_1 - x_2 \leqslant 5 \\ x_2 \leqslant 3 \\ x_1, x_2 \geqslant 0\end{cases}$$

解 按照原始问题和对偶问题的相应关系,可写出对偶问题如下:

$$\min W = 18y_1 + 5y_2 + 3y_3$$
$$\begin{cases}3y_1 + y_2 \geqslant 5 \\ y_1 - y_2 + y_3 \geqslant 8 \\ y_1, y_2, y_3 \geqslant 0\end{cases}$$

以上所介绍的原始问题与对偶问题之间的变换关系为对称形式,但是线性规划问题有时不以对称形式出现,例如在约束条件中既有"≥",也有"≤"和"=",在变量中既有非负要求也有无符号限制等。遇到这种非对称形式时,应如何从原始问题推导出它的对偶问题?通过具体例子予以说明。

例 3.3 写出下述线性规划的对偶问题

$$\max S = 3x_1 + 2x_2 + x_3$$
$$\begin{cases}x_1 + x_2 + x_3 = 12 & (1) \\ x_1 - x_2 + x_3 \leqslant 10 & (2) \\ 2x_1 + x_2 + x_3 \geqslant 14 & (3) \\ x_1, x_2 \geqslant 0, x_3 \text{ 符号不限}\end{cases}$$

解 将上述非对称形式化为对称形式:先将约束方程(1)分解成两个与它等价的不等式,即

$$x_1 + x_2 + x_3 \leqslant 12$$
$$x_1 + x_2 + x_3 \geqslant 12$$

将后面一个乘以−1,化为

$$-x_1-x_2-x_3\leqslant -12$$

因约束方程(2)符合对称形式,保留不变。

把约束方程(3)改写成

$$-2x_1-x_2-x_3\leqslant -14$$

对符号不限的变量 x_3 以两个非负变量 x_4 与 x_5 之差代替,即 $x_3=x_4-x_5$。这样,原始问题化为如下的对称形式:

$$\max S=3x_1+2x_2+x_4-x_5$$

$$\begin{cases}x_1+x_2+x_4-x_5\leqslant 12\\-x_1-x_2-x_4+x_5\leqslant -12\\x_1-x_2+x_4-x_5\leqslant 10\\-2x_1-x_2-x_4+x_5\leqslant -14\\x_1,x_2,x_4,x_5\geqslant 0\end{cases}$$

设 y_1',y_1'',y_2'和 y_3'为其对偶问题的变量,则对偶问题为

$$\min W=12y_1'-12y_1''+10y_2'-14y_3'$$

$$\begin{cases}y_1'-y_1''+y_2'-2y_3'\geqslant 3\\y_1'-y_1''-y_2'-y_3'\geqslant 2\\y_1'-y_1''+y_2'-y_3'\geqslant 1\\-y_1'+y_1''-y_2'+y_3'\geqslant -1\\y_1',y_1'',y_2',y_3'\geqslant 0\end{cases}$$

这样的对偶问题尚无法与原始问题对照,为使其与原始问题对应,需将目前的对偶问题进行一些转换,即设 $y_1=y_1'-y_1''$,$y_2=y_2'$,$y_3=-y_3'$,并将最后两式合并,得原始问题的对偶问题为

$$\min W=12y_1+10y_2+14y_3$$

$$\begin{cases}y_1+y_2+2y_3\geqslant 3\\y_1-y_2+y_3\geqslant 2\\y_1+y_2+y_3=1\\y_1\ \text{无符号限制},y_2\geqslant 0,y_3\leqslant 0\end{cases}$$

关于非对称形式的原始问题与对偶问题的关系,一般地,如表 3-4 所示。

表 3-4　一般对偶关系表

原始问题(或对偶问题)	对偶问题(或原始问题)
目标函数 max S 系数矩阵为 $\boldsymbol{A}$ 目标函数系数为 $\boldsymbol{C}$ 常数列向量为 $\boldsymbol{b}$	目标函数 min W 系数矩阵为 $\boldsymbol{A}^{\mathrm{T}}$ 常数列向量为 $\boldsymbol{C}^{\mathrm{T}}$ 目标函数系数为 $\boldsymbol{b}^{\mathrm{T}}$

续表

原始问题(或对偶问题)	对偶问题(或原始问题)
约束条件 $\begin{cases} m\ 个 \\ 小于或等于(\leqslant)型(第\ i\ 个) \\ 等于(=)型(第\ i\ 个) \\ 大于或等于(\geqslant)型(第\ i\ 个) \end{cases}$	对偶变量 $\begin{cases} m\ 个 \\ y_i \geqslant 0 \\ y_i\ 无符号限制 \\ y_i \leqslant 0 \end{cases}$
变量 x_j $\begin{cases} n\ 个 \\ \geqslant 0 \\ \leqslant 0 \\ 无符号限制 \end{cases}$	约束条件 $\begin{cases} n\ 个 \\ 大于或等于(\geqslant)型(第\ j\ 个) \\ 小于或等于(\leqslant)型(第\ j\ 个) \\ 等于(=)型(第\ j\ 个) \end{cases}$

例 3.4 写出下述线性规划的对偶问题

$$\min S = x_1 + 3x_2 - 2x_3$$

$$\begin{cases} x_1 + 2x_2 + 3x_3 \geqslant 5 \\ 2x_1 - x_2 \leqslant 2 \\ x_1 + x_2 - 2x_3 = 4 \\ x_1 \leqslant 0, x_2 \geqslant 0, x_3\ 无符号限制 \end{cases}$$

解 按照原始问题与对偶问题的相应关系,其对偶问题为

$$\max W = 5y_1 + 2y_2 + 4y_3$$

$$\begin{cases} y_1 - 2y_2 + y_3 \geqslant 1 \\ 2y_1 - y_2 + y_3 \leqslant 3 \\ 3y_1 - 2y_3 = -2 \\ y_1 \geqslant 0, y_2 \leqslant 0, y_3\ 无符号限制 \end{cases}$$

3.1.3 对偶问题的基本理论

在下面的讨论中,假定线性规划的原始问题与对偶问题分别求

$$\min S = \boldsymbol{CX}, \qquad 与 \qquad \max W = \boldsymbol{Yb}$$

$$\begin{cases} \boldsymbol{AX} \geqslant \boldsymbol{b} \\ \boldsymbol{X} \geqslant \boldsymbol{0} \end{cases} \qquad\qquad \begin{cases} \boldsymbol{YA} \leqslant \boldsymbol{C} \\ \boldsymbol{Y} \geqslant \boldsymbol{0} \end{cases}$$

定理 3.1 若 $\boldsymbol{X}^{(0)}$ 与 $\boldsymbol{Y}^{(0)}$ 分别为原始问题和对偶问题的任一可行解,则必有 $\boldsymbol{CX}^{(0)} \geqslant \boldsymbol{Y}^{(0)}\boldsymbol{b}$。

证 因为 $\boldsymbol{X}^{(0)}$ 与 $\boldsymbol{Y}^{(0)}$ 都是可行解,所以有 $\boldsymbol{AX}^{(0)} \geqslant \boldsymbol{b}$,$\boldsymbol{Y}^{(0)}\boldsymbol{A} \leqslant \boldsymbol{C}$。

对上述两式分别左乘 $\boldsymbol{Y}^{(0)}$ 和右乘 $\boldsymbol{X}^{(0)}$ 得

$$\boldsymbol{Y}^{(0)}\boldsymbol{AX}^{(0)} \geqslant \boldsymbol{Y}^{(0)}\boldsymbol{b}, \quad \boldsymbol{Y}^{(0)}\boldsymbol{AX}^{(0)} \leqslant \boldsymbol{CX}^{(0)}$$

因此

$$\boldsymbol{CX}^{(0)} \geqslant \boldsymbol{Y}^{(0)}\boldsymbol{AX}^{(0)} \geqslant \boldsymbol{Y}^{(0)}\boldsymbol{b}$$

即

$$\boldsymbol{CX}^{(0)} \geqslant \boldsymbol{Y}^{(0)}\boldsymbol{b}$$

这个定理说明,求最小值的原始问题任一可行解的目标函数值,总是不小于求最大值的对偶

问题任一可行解的目标函数值。

从定理 3.1 可直接推得下述结论。

推论 1 求最小值问题(原始问题)的任意一个可行解所对应的目标函数值是对偶问题目标函数最优值的一个上界。

推论 2 求最大值问题(对偶问题)的任意一个可行解所对应的目标函数值是原始问题目标函数最优值的一个下界。

推论 3 若原始问题可行,而目标函数无界(即 $\min S \to -\infty$),则对偶问题无可行解。

定理 3.2 若 $\boldsymbol{X}^*$ 与 $\boldsymbol{Y}^*$ 分别为原始问题和对偶问题的可行解,且有 $\boldsymbol{CX}^* = \boldsymbol{Y}^* \boldsymbol{b}$,则 $\boldsymbol{X}^*$ 和 $\boldsymbol{Y}^*$ 分别是原始问题和对偶问题的最优解。

证 设 $\boldsymbol{X}$ 为原始问题的任一可行解,则由定理 3.1,得

$$\boldsymbol{CX} \geqslant \boldsymbol{Y}^* \boldsymbol{b}$$

已知

$$\boldsymbol{CX}^* = \boldsymbol{Y}^* \boldsymbol{b}$$

所以

$$\boldsymbol{CX} \geqslant \boldsymbol{CX}^*$$

按定义 $\boldsymbol{X}^*$ 为原始问题的最优解,同理可证 $\boldsymbol{Y}^*$ 为对偶问题的最优解。

定理 3.3 (对偶定理)在互为对偶的线性规划问题中,如果其中一个有最优解,则另一个也有最优解,且它们的最优值相等。

证 假设互为对偶问题的原始问题为标准形式,即求

$$\min S = \boldsymbol{CX}$$

$$\begin{cases} \boldsymbol{AX} = \boldsymbol{b} \\ \boldsymbol{X} \geqslant \boldsymbol{0} \end{cases}$$

那么其对偶问题为

$$\max W = \boldsymbol{Yb}$$

$$\begin{cases} \boldsymbol{YA} \leqslant \boldsymbol{C} \\ \boldsymbol{Y} \text{ 无符号限制} \end{cases}$$

设 $\boldsymbol{X}^*$ 为原始问题的最优解,它对应的最优基为 $\boldsymbol{B}$,则相应基变量 $\boldsymbol{X}_{\boldsymbol{B}}^* = \boldsymbol{B}^{-1}\boldsymbol{b}$,最优值为

$$\min S = \boldsymbol{CX}^* = \boldsymbol{C_B B}^{-1} \boldsymbol{b}$$

检验数为

$$\boldsymbol{C_B B}^{-1} \boldsymbol{A} - \boldsymbol{C} \leqslant \boldsymbol{0}$$

令

$$\boldsymbol{Y}^* = \boldsymbol{C_B B}^{-1}$$

则

$$\boldsymbol{Y}^* \boldsymbol{A} \leqslant \boldsymbol{C}$$

这说明 $\boldsymbol{Y}^*$ 满足对偶问题的约束条件,所以 $\boldsymbol{Y}^*$ 是其一个可行解。将 $\boldsymbol{Y}^*$ 代入对偶问题的目标函数,得

$$W = \boldsymbol{C_B B}^{-1} \boldsymbol{b}$$

故

$$\boldsymbol{CX}^* = \boldsymbol{Y}^* \boldsymbol{b}$$

依定理 3.2,$\boldsymbol{Y}^*$ 是对偶问题的最优解。

同样可以证明,若对偶问题有一最优解,那么相对应的原始问题也有最优解。

推论 1 在互为对偶的线性规划问题中,若原始问题的最优基为 $\boldsymbol{B}$,则对偶问题的最优解为 $\boldsymbol{Y}^* = \boldsymbol{C}_B \boldsymbol{B}^{-1}$。

推论 2 设 $\boldsymbol{X}^*$ 为原始问题的一个可行解,相应的可行基为 $\boldsymbol{B}$,而 $\boldsymbol{Y}^* = \boldsymbol{C}_B \boldsymbol{B}^{-1}$ 为其对偶问题的可行解,则 $\boldsymbol{X}^*$ 和 $\boldsymbol{Y}^*$ 分别为它们的最优解。

实际上,因为 $\boldsymbol{Y}^*$ 为对偶问题的可行解,所以 $\boldsymbol{Y}^* \boldsymbol{A} \leqslant \boldsymbol{C}$,即 $\boldsymbol{C}_B \boldsymbol{B}^{-1} \boldsymbol{A} - \boldsymbol{C} \leqslant \boldsymbol{0}$。又因为 $\boldsymbol{X}^*$ 为原始问题的可行解,所以 $\boldsymbol{X}^*$ 为其最优解,$\boldsymbol{B}$ 为最优基,从而 $\boldsymbol{Y}^*$ 为最优解。

定理 3.4 若原始问题的最优解存在,则用单纯形法求解时,其对偶问题的最优解可同时在最优单纯形表上得到,且顺次等于松弛变量或剩余变量对应的检验数的相反数。

证 把原始问题改写为标准形式

$$\min S = \boldsymbol{CX}$$

$$\begin{cases} \boldsymbol{AX} - \boldsymbol{X}_m = \boldsymbol{b} \\ \boldsymbol{X} \geqslant \boldsymbol{0}, \boldsymbol{X}_m \geqslant \boldsymbol{0} \end{cases}$$

设 $\boldsymbol{B}$ 为其最优基,且 $\boldsymbol{A} = (\boldsymbol{B}, \boldsymbol{N})$,$\boldsymbol{X} = \begin{bmatrix} \boldsymbol{X}_B \\ \boldsymbol{X}_N \end{bmatrix}$,$\boldsymbol{C} = (\boldsymbol{C}_B, \boldsymbol{C}_N)$

则有

$$S = \boldsymbol{C}_B \boldsymbol{X}_B + \boldsymbol{C}_N \boldsymbol{X}_N$$

$$\boldsymbol{BX}_B + \boldsymbol{NX}_N - \boldsymbol{X}_m = \boldsymbol{b}$$

因为 $\boldsymbol{B}$ 可逆,所以

$$\boldsymbol{X}_B = \boldsymbol{B}^{-1}\boldsymbol{b} - \boldsymbol{B}^{-1}\boldsymbol{NX}_N + \boldsymbol{B}^{-1}\boldsymbol{X}_m$$

代入目标函数,得

$$S = \boldsymbol{C}_B \boldsymbol{B}^{-1}\boldsymbol{b} - (\boldsymbol{C}_B \boldsymbol{B}^{-1}\boldsymbol{N} - \boldsymbol{C}_N)\boldsymbol{X}_N + \boldsymbol{C}_B \boldsymbol{B}^{-1}\boldsymbol{X}_m$$

即

$$S + (\boldsymbol{C}_B \boldsymbol{B}^{-1}\boldsymbol{N} - \boldsymbol{C}_N)\boldsymbol{X}_N - \boldsymbol{C}_B \boldsymbol{B}^{-1}\boldsymbol{X}_m = \boldsymbol{C}_B \boldsymbol{B}^{-1}\boldsymbol{b}$$

于是有如表 3-5 所示的最优单纯形。

表 3-5 定理 3.4 证明

		$\boldsymbol{X}_B$	$\boldsymbol{X}_N$	$\boldsymbol{X}_m$
S	$\boldsymbol{C}_B\boldsymbol{B}^{-1}\boldsymbol{b}$	$\boldsymbol{0}$	$\boldsymbol{C}_B\boldsymbol{B}^{-1}\boldsymbol{N}-\boldsymbol{C}_N$	$-\boldsymbol{C}_B\boldsymbol{B}^{-1}$
$\boldsymbol{X}_B$	$\boldsymbol{B}^{-1}\boldsymbol{b}$	1	$\boldsymbol{B}^{-1}\boldsymbol{N}$	$-\boldsymbol{B}^{-1}$

显然,对偶问题的最优解 $\boldsymbol{Y}^* = \boldsymbol{C}_B \boldsymbol{B}^{-1}$ 恰为剩余变量 $\boldsymbol{X}_m$ 对应的检验数的相反数。

定理 3.5(互补松弛性) 若 $\boldsymbol{X}^*$ 与 $\boldsymbol{Y}^*$ 分别为原始问题和对偶问题的可行解,且 $\boldsymbol{X}_s$ 和 $\boldsymbol{Y}_s$ 分别为它们的松弛变量,则 $\boldsymbol{Y}^* \boldsymbol{X}_s = \boldsymbol{0}$ 和 $\boldsymbol{Y}_s \boldsymbol{X}^* = \boldsymbol{0}$,当且仅当 $\boldsymbol{X}^*$ 和 $\boldsymbol{Y}^*$ 分别为它们的最优解。

证 因为 $\boldsymbol{X}_s$ 和 $\boldsymbol{Y}_s$ 分别为它们的松弛变量,所以

$$\boldsymbol{AX}^* - \boldsymbol{X}_s = \boldsymbol{b}, \quad \boldsymbol{X}_s \geqslant \boldsymbol{0}$$

$$Y^*A + Y_s = C, \quad Y_s \geqslant 0$$

前者左乘 Y^*,后者右乘 X^*,得

$$Y^*AX^* - Y^*X_s = Y^*b$$

$$Y^*AX^* + Y_sX^* = CX^*$$

两式相减,得

$$Y_sX^* + Y^*X_s = CX^* - Y^*b$$

若 $Y^*X_s = 0$ 且 $Y_sX^* = 0$,则有

$$CX^* = Y^*b$$

根据定理 3.2,X^* 和 Y^* 分别为最优解。

若 X^* 和 Y^* 分别为最优解,则 $CX^* = Y^*b$,于是

$$Y_sX^* + Y^*X_s = 0$$

又因为 Y_s、X^*、Y^* 和 X_s 大于或等于 0,故有

$$Y_sX^* = 0, \quad Y^*X_s = 0$$

从互补松弛条件 $Y_sX^* = 0$,$Y^*X_s = 0$ 可看到以下关系:

(1) 若 X^* 中某一变量 $x_j^* > 0$,则必有松弛变量 $y_j = 0$。这意味着,若有原始变量为正,则相应的对偶约束在最优情况下为等式。

(2) 若 X_s 中某一松弛变量 $x_i > 0$,则相应的 $y_i^* = 0$。这意味着,若原始约束在最优情况下是严格不等式,则相应的对偶变量在最优情况下为 **0**。

完全类似地,可描述其他松弛条件的含义。

3.1.4 影子价格

在经济问题中,求原始规划 $\max S = CX$,$AX \leqslant b$,$X \geqslant 0$ 的最优解,就是求在有限资源条件下的最佳配置及最佳效益,那么此时相应的对偶规划 $\min W = Yb$、$YA \geqslant C$、$Y \geqslant 0$ 及变量 Y 的经济意义该如何解释呢?它对企业的经营管理能否提供一些有价值的信息?下面来进一步讨论这个问题。

设 B 是原始问题的最优基,X^* 和 Y^* 分别为原始问题和对偶问题的最优解,S^* 和 W^* 分别为它们的最优值,则有

$$S^* = W^* = C_BB^{-1}b = Y^*b = \sum_{i=1}^{m} y_i^* b_i$$

式中,b_i 是原规划问题的右端常数项,它代表第 i 种资源可以利用的数量,而对偶变量 y_i 可解释为每一个单位第 i 种资源对企业经营效益所做的贡献,或者说单位第 i 种资源在原生产安排的机会中所创造的"价值"。像这种针对原生产安排中的各单位资源所创造的"价值"称为某种资源的"影子价格"。值得指出的是,这种价格 y_i^* 不是资源的市场价格,而是对资源在生产中所做的贡献的估价。

影子价格是一种边际价格,实际上在

$$S^* = C_BB^{-1}b = Y^*b$$

中,对 S^* 求 b 的偏导数,得

$$\frac{\partial S^*}{\partial \boldsymbol{b}}=\boldsymbol{C}_B\boldsymbol{B}^{-1}=\boldsymbol{Y}^*$$

即

$$\frac{\partial S^*}{\partial b_i}=y_i^*$$

这说明在给定的生产条件下，b_i 每增加一个单位，目标函数值的增量是影子价格 y_i^*。

下面用具体例子对影子价格进行进一步分析。

例 3.5 某厂用甲、乙、丙 3 种原料生产 A、B 两种产品。根据单位产品的产值和 3 种原料的限量，建立了如下线性规划模型：

$$\max S=6x_1+5x_2 \quad \text{(产值)}$$

$$\begin{cases}2x_1+6x_2\leqslant 120 & \text{(原料甲)}\\4x_1+3x_2\leqslant 32 & \text{(原料乙)}\\x_1+x_2\leqslant 10 & \text{(原料丙)}\\x_1,x_2\geqslant 0\end{cases}$$

利用单纯形法求解，得最终单纯形表如表 3-6 所示。

表 3-6 例 3.5 最终单纯形表

S	-52	0	0	0	-1	-2
x_3	68	0	0	1	4	-18
x_1	2	1	0	0	1	-3
x_2	8	0	1	0	-1	4

显然，最优生产方案为产品 A 生产 2 个，产品 B 生产 8 个，最大产值可以达到 52。

对应于松弛变量 x_3、x_4、x_5 的检验数的相反数为相应对偶问题的最优解，即

$$y_1^*=0,\quad y_2^*=1,\quad y_3^*=2$$

这些数值就分别是原料甲、乙、丙的影子价格。

原料甲的影子价格 $y_1^*=0$，说明在一定范围内增加或减少这种原料，不改变企业的总产值。在这种情况下可以断定，在业已安排的生产计划中，原料甲还有剩余。事实上，在最优解为 $x_1=2$，$x_2=8$ 时，原料甲的用量为

$$2x_1+6x_2=2\times 2+6\times 8=52\text{(单位)}$$

该原料尚剩余 120－52＝68(单位)。

原料乙和丙的影子价格分别为 1 和 2，说明在现计划安排下，这两种原料都已用尽，并且适当增加这两种原料供应，工厂的总收入还会增加。例如，原料丙增加一个单位，总收入将增加 2 个单位。

总之，对于供大于求的原料，其影子价格为 0，对于稀缺紧俏的原料，其影子价格往往较大。影子价格不仅可以说明不同资源对总的经济效益会产生不同的影响，而且在市场经济条件下它对企业的经营管理还能提供一些有价值的信息。

(1) 影子价格告诉企业的经营管理者增加哪种资源，对提高效益有利。例如在上例中，当原料丙的市场价格低于它的影子价格 2 时，厂家可以购进这种原料进行生产。否则，厂家

买进这种原料就不合算。

(2) 影子价格可以告诉企业的经营管理者新的产品是否有利于投产。例如,在前面例子中,厂长打算生产一种新产品,已知单位产品耗用的3种原料分别是(2,3,2),而单位产品的售价是8,该产品在本厂是否可以生产?

从经营的角度讲,生产该项单位产品所创造的收入(即售价)应大于该产品所消耗3种原料的影子价格之和。由于

$$8>(0,1,2)\begin{bmatrix}2\\3\\2\end{bmatrix}=7$$

所以该项产品可考虑投产。如果该项产品的售价低于7,则不利投产。

(3) 当市场价格变动时,可从单纯形表中直接求出各资源的新的影子价格,从而看出各单位资源所创造的新的"价值"。例如,上例中产品 A,B 的售价由(6,5)变为(6,6),则新的影子价格为

$$\boldsymbol{Y}^{*}=\boldsymbol{C}_{\boldsymbol{B}}\boldsymbol{B}^{-1}=(0,6,6)\begin{bmatrix}1&4&-18\\0&1&-3\\0&-1&4\end{bmatrix}=(0,0,6)$$

这说明原料丙显得更为重要。

以上的影子价格分析在最优生产方案中才能体现出来,即是在最优基 $\boldsymbol{B}$ 不变的情况下进行的,它的进一步分析和应用,将在3.3节讨论。

思 考 题

(1) 是否每一个线性规划问题都能找到对应的有意义的对偶问题?

(2) 对于已求解的线性规划问题,其影子价格是否需要重新计算?影子价格的具体数据在哪里得到?

3.2 对偶单纯形法

对偶单纯形法并不是求解对偶问题的单纯形法,而是用对偶原理求解原线性规划问题最优解的一种方法,习惯上叫对偶单纯形法。

3.2.1 对偶单纯形法的基本思想

3.1节讲了对偶性定理,下面可以重新审视单纯形表计算的实质,根据对偶性定理的内容,在最优单纯形表中,b'列对应了原规划的最优解,而检验数行的后 m 个分量的相反数则对应了对偶规划的最优解,当用单纯形法的准则进行迭代计算时,b'列的值保持非负,对应原规划的一个基本可行解,而检验数行则有些检验数为正,对应了对偶规划的一个不可行的基本解,单纯形法迭代计算的过程就是在保持原规划的解可行的基础上,使对偶规划的解逐

步由不可行变为可行，最后当检验数全部非正时，原规划和对偶规划同时达到最优解。而原规划和对偶规划是相互的，同样的，也应该可以在保持对偶规划的基本解可行的基础上，通过逐步迭代求得原规划的最优解。这就是对偶单纯形法的基本思想。

对偶单纯形法的基本思想是，从原规划的一个基本解出发，此基本解不一定可行，但它对应着一个对偶可行解（检验数非正），所以也可以说是从一个对偶可行解出发；然后检验原规划的基本解是否可行，即是否有负的分量，如果有小于 **0** 的分量，则进行迭代，求另一个基本解，此基本解对应着另一个对偶可行解（检验数非正）。如果得到的基本解的分量皆非负，则该基本解为最优解。也就是说，对偶单纯形法在迭代过程中始终保持对偶解的可行性（即检验数非正），使原规划的基本解由不可行逐步变为可行，当同时得到对偶规划与原规划的可行解时，便得到原规划的最优解。

3.2.2 对偶单纯形法主要步骤

在单纯形法迭代过程中，始终要求 $\boldsymbol{B}^{-1}\boldsymbol{b}\geqslant\boldsymbol{0}$，这是为了保证解的可行性，$\boldsymbol{B}^{-1}\boldsymbol{b}\geqslant\boldsymbol{0}$ 称为原始问题基本解的可行性条件，在其被满足的前提下，若 $\boldsymbol{C_B B}^{-1}\boldsymbol{A}-\boldsymbol{C}\leqslant\boldsymbol{0}$ 不满足（实际上，这是对偶问题的可行性条件），可逐步换基迭代，直至得到所有检验数非正，从而得到原规划问题的最优解。

由于对偶问题的对称性，当对偶问题的可行性条件 $\boldsymbol{C_B B}^{-1}\boldsymbol{A}-\boldsymbol{C}\leqslant\boldsymbol{0}$ 满足，而原规划问题的可行性条件不满足，即 $\boldsymbol{B}^{-1}\boldsymbol{b}$ 中有负数时，也可以在保证 $\boldsymbol{C_B B}^{-1}\boldsymbol{A}-\boldsymbol{C}\leqslant\boldsymbol{0}$ 的条件下换基迭代，逐步改善原规划问题的可行性，直至得到 $\boldsymbol{B}^{-1}\boldsymbol{b}\geqslant\boldsymbol{0}$，从而得到原规划问题的最优解，这便是对偶单纯形法的基本思路。对偶单纯形法的方法步骤如下。

（1）将原始问题化为下列标准型，以便得到对偶问题的可行基。

$$\min S=\boldsymbol{CX}$$
$$\begin{cases}\boldsymbol{AX}=\boldsymbol{b}, & \boldsymbol{b}\text{ 列元素可以为负值}\\ \boldsymbol{X}\geqslant\boldsymbol{0}\end{cases}$$

建立初始单纯形表，当全部检验数 $\boldsymbol{C_B B}^{-1}\boldsymbol{A}-\boldsymbol{C}\leqslant\boldsymbol{0}$ 且 $\boldsymbol{B}^{-1}\boldsymbol{b}\geqslant\boldsymbol{0}$ 时，得最优解，计算终止。

（2）若在 $\boldsymbol{B}^{-1}\boldsymbol{b}$ 中有 $b_{i0}<0$，而其中某负数所对应的行向量元素全部非负，则原规划问题无可行解，否则转下一步。

（3）如果 $b_{i0}<0$，用 b_{i0} 所对应的行向量中的全部负元素 b_{ij}，去除检验数中与其对应的元素，按照最小比值法则，确定轴心项，即若

$$\theta=\min\left\{\frac{b_{0j}}{b_{ij}}(b_{ij}<0)\right\}=\frac{b_{0r}}{b_{ir}}$$

则 b_{ir} 为轴心项，这时，x_i 为离基变量，x_r 为入基变量。

（4）换基迭代，使轴心项所在的列为单位向量，从而得到对应于新基的单纯形表。

（5）如果在新单纯形表中，所有 $b_{i0}\geqslant 0$，得最优解，求解终止。若其中仍有负数，转入步骤(2)，直至求得所有 $b_{i0}\geqslant 0$ 为止。

例 3.6 用对偶单纯形法求解

$$\min S=x_1+2x_2+3x_3$$

$$\begin{cases}x_1 - x_2 + x_3 \geqslant 4 \\ x_1 + x_2 + 2x_3 \leqslant 8 \\ x_2 - x_3 \geqslant 2 \\ x_1, x_2, x_3 \geqslant 0\end{cases}$$

解 引入松弛变量化为如下标准型：

$$\min S = x_1 + 2x_2 + 3x_3 + 0x_4 + 0x_5 + 0x_6$$

$$\begin{cases}-x_1 + x_2 - x_3 + x_4 = -4 \\ x_1 + x_2 + 2x_3 + x_5 = 8 \\ -x_2 + x_3 + x_6 = -2 \\ x_1, x_2, \cdots, x_6 \geqslant 0\end{cases}$$

得出单纯形表，即表 3-7。

表 3-7 例 3.6 初始单纯形表

S	0	−1	−2	−3	0	0	0
x_4	−4	[−1]	1	−1	1	0	0
x_5	8	1	1	2	0	1	0
x_6	−2	0	−1	1	0	0	1

由于基本解不可行，需要求轴心项，进行换基迭代。因为 $\theta = \min\left\{\frac{-1}{-1}, \frac{-3}{-1}\right\} = 1$，所以，$b_{11} = -1$ 为轴心项，换基迭代得到表 3-8。

表 3-8 例 3.6 求解过程

S	4	0	−3	−2	−1	0	0
x_1	4	1	−1	1	−1	0	0
x_5	4	0	2	1	1	1	0
x_6	−2	0	[−1]	1	0	0	1

其基本解仍不可行，继续换基迭代，得到表 3-9。

表 3-9 例 3.6 最终单纯形表

S	10	0	0	−5	−1	0	−3
x_1	6	1	0	0	−1	0	−1
x_5	0	0	0	3	1	1	−2
x_2	2	0	1	−1	0	0	−1

原问题的最优解已达到，即 $x_1 = 6, x_2 = 2, x_3 = 0$，其最优值 $S = 10$。

从以上求解过程可以看到，用对偶单纯形法求解线性规划问题时，初始解可以是非可行解，只要检验数全部非正，就可换基迭代而不必引入人工变量，使计算简化，但是在单纯形表中一开始就做到使对偶问题是一个基本可行解也不容易。在后面将要介绍的整数规划和灵敏度分析中，有时需要用对偶单纯形法，它可使问题的处理得到简化。

3.2.3 对偶单纯形法的适用范围

对偶单纯形法适合于解如下形式的线性规划问题：

$$\min S = \sum_{j=1}^{n} c_j x_j, \quad c_j \geqslant 0$$

$$\begin{cases} \sum_{j=1}^{n} a_{ij} x_j \geqslant b_i, & i = 1,2,\cdots,m \\ x_j \geqslant 0, & j = 1,2,\cdots,n \end{cases}$$

在引入松弛变量化为标准型之后，约束等式两侧同乘-1，能够立即得到检验数全部非正的原规划基本解，可以直接建立初始对偶单纯形表进行求解，非常方便。

对于有些线性规划模型，如果在开始求解时，不能很快使所有检验数非正，最好还是采用单纯形法求解，因为这样可以免去为使检验数全部非正而做的许多工作。从这个意义上看，对偶单纯形法是单纯形法的一个补充。除此之外，在对线性规划进行灵敏度分析时，有时也要用到对偶单纯形方法来简化计算。

思　考　题

(1) 总结对偶单纯形法与单纯形法的区别。

(2) 对偶单纯形法适于求解线性规划问题的特征是什么？

3.3 灵敏度分析

线性规划的灵敏度分析又称优化后分析，它是对已求得最优解的线性规划问题进行分析，了解客观环境变化对最优解的影响。假设线性规划问题已求得最优解，然而由于种种原因，其系数 $\boldsymbol{A}$、$\boldsymbol{b}$、$\boldsymbol{C}$ 发生了变化，那么当这些系数中的一个或几个发生变化时，问题的最优解会有什么变化或者这些系数在一个什么范围内变化时，问题的最优解不变，这就是灵敏度分析所要研究和解决的问题。

灵敏度分析是以一个最优基 $\boldsymbol{B}$ 和最优解 $\boldsymbol{X}_B = \boldsymbol{B}^{-1}\boldsymbol{b}$ 作为分析的基础，并利用互为对偶问题的性质进行检验，用简便的方法求得系数变化后的最优解。下面举例说明。

例 3.7 某工厂用甲、乙两种原料生产 A、B、$C$3 种产品，每千件产品的原料消耗(吨/千件)和利润(万元/千件)及原料总量(吨)如表 3-10 所示。试制订一个生产方案，在现有条件下获利最大。

解 设 x_1、x_2、x_3 分别为 3 种产品的产量，那么上述问题的数学模型为

$$\max S = 3x_1 + 4x_2 + 10x_3$$

$$\begin{cases} x_1 + 2x_2 + 3x_3 \leqslant 20 \\ 3x_1 + 4x_2 + 12x_3 \leqslant 75 \\ x_1, x_2, x_3 \geqslant 0 \end{cases}$$

表 3-10　例 3.7 基本数据

		产　　品			原料总量
		A	B	C	
千件产品的原料消耗/吨	甲	1	2	3	20
	乙	3	4	12	75
单位利润/万元		3	4	10	

利用单纯形法可求得最优基 $\boldsymbol{B}=(\boldsymbol{P}_1,\boldsymbol{P}_3)$ 的单纯形表如表 3-11 所示。

表 3-11　例 3.7 最终单纯形表

S'	-65	0	$-\frac{4}{3}$	0	-2	$-\frac{1}{3}$
x_1	5	1	4	0	4	-1
x_3	5	0	$-\frac{2}{3}$	1	1	$\frac{1}{3}$

显然，最优方案是产品 A 和 C 各生产 5 千件，产品 B 不生产，最大利润为 65 万元。

这里

$$\boldsymbol{B}=(\boldsymbol{P}_1,\boldsymbol{P}_3)=\begin{bmatrix}1 & 3\\ 3 & 12\end{bmatrix},\quad \boldsymbol{B}^{-1}=\begin{bmatrix}4 & -1\\ -1 & \frac{1}{3}\end{bmatrix}$$

$$\boldsymbol{C}_{\boldsymbol{B}}=(-3,-10)$$

$$\boldsymbol{B}^{-1}\boldsymbol{A}=\begin{bmatrix}1 & 4 & 0 & 4 & -1\\ 0 & -\frac{2}{3} & 1 & -1 & \frac{1}{3}\end{bmatrix}$$

$$\boldsymbol{C}=(-3,-4,-10,0,0)$$

现就下面几种情况进行灵敏度分析。

3.3.1　目标函数系数的变化

首先讨论非基变量的目标函数系数的变化范围。

在上述例子中，假设产品 B 的利润受市场影响有波动，即目标函数中 x_2 的系数有变化，令 $c_2=4+\Delta c_2$（Δc_2 可正可负）。如果要使上面所得到的解仍为最优解，那么 c_2 应限制在什么范围之内？根据最优判别准则，应有 $\boldsymbol{C_B B}^{-1}\boldsymbol{A}-\boldsymbol{C}\leqslant\boldsymbol{0}$。事实上，只要保证 x_2 在最终单纯形表中的检验数小于或等于 $\boldsymbol{0}$ 即可。即

$$\boldsymbol{C_B B}^{-1}\boldsymbol{P}_2-(-c_2)\leqslant\boldsymbol{0}$$

即

$$(-3,-10)\begin{bmatrix}4 & -1\\ -1 & \frac{1}{3}\end{bmatrix}\begin{bmatrix}2\\ 4\end{bmatrix}+(4+\Delta c_2)=-\frac{4}{3}+\Delta c_2\leqslant 0$$

即

$$\Delta c_2 \leqslant \frac{4}{3}$$

也就是当 $c_2=4+\Delta c_2\leqslant 5\frac{1}{3}$时，所得最优解和最大利润都不变。

注意：在原最优生产方案中，产品 B 之所以没有安排生产，是由于其单位产品的利润相对较低，但是，当其利润有所增大，即每千件利润大于 $5\frac{1}{3}$万元，经营管理者就要对原生产方案进行调整。例如，如果 $\Delta c_2=\frac{7}{3}$，即 $c_2=6\frac{1}{3}$，这时，安排产品 B 和 C 进行生产，总利润还可以增大。

其次，讨论基变量的目标函数系数的变化范围。

假设 $c_1=3$ 有变化，令 $c_1=3+\Delta c_1$。因为 $-c_1$ 是 $\boldsymbol{C_B}$ 的分量，所以当 c_1 变化 Δc_1 时，就引起 $\boldsymbol{C_B}$ 的变化，从而影响非基变量检验数的改变。事实上，若要使原问题的最优解不变，就要保证检验数 $\boldsymbol{C_B B^{-1} A}-\boldsymbol{C}\leqslant\boldsymbol{0}$，即

$$\boldsymbol{C_B B^{-1} A}-\boldsymbol{C}=(-(3+\Delta c_1),-10)\begin{bmatrix}1 & 4 & 0 & 4 & -1\\ 0 & -\frac{2}{3} & 1 & -1 & \frac{1}{3}\end{bmatrix}$$
$$-(-(3+\Delta c_1),-4,-10,0,0)\leqslant\boldsymbol{0}$$

即

$$\left(0,-\frac{4}{3}-4\Delta c_1,0,-2-4\Delta c_1,-\frac{1}{3}+\Delta c_1\right)\leqslant\boldsymbol{0}$$

从而有

$$\begin{cases}-\frac{4}{3}-4\Delta c_1\leqslant 0\\ -2-4\Delta c_1\leqslant 0\\ -\frac{1}{3}+\Delta c_1\leqslant 0\end{cases}$$

解得

$$-\frac{1}{3}\leqslant\Delta c_1\leqslant\frac{1}{3}$$

即有

$$2\frac{2}{3}\leqslant c_1\leqslant 3\frac{1}{3}$$

这表明，当 c_1 在 $2\frac{2}{3}\leqslant c_1\leqslant 3\frac{1}{3}$之间变动时，其最优解仍为 $x_1=x_3=5$，$x_2=0$，但其最优值随 Δc_1 变化而变化。

注意：当基变量的目标函数系数变化时，其最优解不变的范围，一般来说有一个上限和一个下限。从经济意义上讲，这一点是显然的，因为 x_1 是基变量，所以在最优方案中要安排生产产品 A。当其单位产品利润降到一定程度时，就应减少其产量或不生产，而单位利

润增大到一定程度时，就要增加其产量。在这种情况下，原生产方案都要进行调整。

3.3.2 右端常数的变化

下面仍以上例来讨论这种类型的灵敏度分析。

假设 $b_1=20$ 有变化，令 $b_1=20+\Delta b_1$，那么 b_1 变化能有多大的幅度，仍能保持原最优基不变？因为 $\boldsymbol{b}$ 的改变与判别准则 $\boldsymbol{C_B B^{-1} A - C \leqslant 0}$ 无关，因此依对偶原理，要保持原最优基不变，只要保证 $\boldsymbol{X_B = B^{-1} b}$ 为可行解，即 $\boldsymbol{B^{-1} b \geqslant 0}$ 即可。据此，求 b_1 的变化范围。

因为

$$\boldsymbol{B}^{-1}=\begin{bmatrix} 4 & -1 \\ -1 & \frac{1}{3} \end{bmatrix},\quad \boldsymbol{b}=\begin{bmatrix} 20+\Delta b_1 \\ 75 \end{bmatrix}$$

所以

$$\boldsymbol{B}^{-1}\boldsymbol{b}=\begin{bmatrix} 4 & -1 \\ -1 & \frac{1}{3} \end{bmatrix}\begin{bmatrix} 20+\Delta b_1 \\ 75 \end{bmatrix}=\begin{bmatrix} 5+4\Delta b_1 \\ 5-\Delta b_1 \end{bmatrix}\geqslant \boldsymbol{0}$$

即有 $\begin{cases} 5+4\Delta b_1 \geqslant 0, \\ 5-\Delta b_1 \geqslant 0, \end{cases}$ 解得 $-\frac{5}{4} \leqslant \Delta b_1 \leqslant 5$。

即当 $18\frac{3}{4} \leqslant b_1 \leqslant 25$ 时，原最优基仍为最优基。

同样，假设原料乙有变化，即 $b_2=75+\Delta b_2$，按上述解法可得 $70 \leqslant b_2 \leqslant 80$，即原料乙的用量在 70～80 范围内变化时，原最优基不变。

注意，虽然常数项 $\boldsymbol{b}$ 在一定范围内变化可使最优基不变，但是最优解的值会发生变化。例如，令 $\boldsymbol{b}=\boldsymbol{b}+\Delta\boldsymbol{b}$，可使最优基不变，但它使最终表中原问题的解相应地变为

$$\boldsymbol{X}'_{\boldsymbol{B}}=\boldsymbol{B}^{-1}(\boldsymbol{b}+\Delta\boldsymbol{b})$$

3.3.3 增加新产品引起的变化分析

仍沿用上例，设该厂打算引进新产品 D。已知生产 D 产品 1000 件消耗原料甲 2 吨，原料乙 6 吨，可获利 8 万元。问该厂是否生产该产品和生产多少？

分析步骤如下：

① 设生产产品 D 为 x'_4 件，其消耗系数为 $\boldsymbol{P}'_4=(2,6)^{\mathrm{T}}$，它在最终表中的检验数为

$$\boldsymbol{C_B B}^{-1}\boldsymbol{P}'_4-c'_4=(-3,-10)\begin{bmatrix} 4 & -1 \\ -1 & \frac{1}{3} \end{bmatrix}\begin{bmatrix} 2 \\ 6 \end{bmatrix}-(-8)$$

$$=-6+8=2\geqslant 0$$

这说明生产产品 D 对该厂有利。

② 计算产品 D 在最终表中的列向量

$$\boldsymbol{B}^{-1}\boldsymbol{P}'_4=\begin{bmatrix} 4 & -1 \\ -1 & \frac{1}{3} \end{bmatrix}\begin{bmatrix} 2 \\ 6 \end{bmatrix}=\begin{bmatrix} 2 \\ 0 \end{bmatrix}$$

将①和②填入最终单纯形表中，如表 3-12 所示。

表 3-12　单纯形表

		x_1	x_2	x_3	x_4	x_5	x_4'
S'	-65	0	$-\frac{4}{3}$	0	-2	$-\frac{1}{3}$	2
x_1	5	1	4	0	4	-1	2
x_3	5	0	$-\frac{2}{3}$	1	-1	$\frac{1}{3}$	0

③ 将 x_4'作为入基变量，换基迭代，求出最优解，如表 3-13 所示。

表 3-13　最终单纯形表

		x_1	x_2	x_3	x_4	x_5	x_4'
S'	-80	-1	-4	-2	-4	0	0
x_4'	10	$\frac{1}{2}$	1	$\frac{3}{2}$	$\frac{1}{2}$	0	1
x_5	50	0	-2	3	-3	1	0

这时得最优解为 $x_1=x_2=x_3=0$，$x_4'=10$，$x_5=50$，即仅生产产品 D，其他产品都不生产，可获利 80 万元。

3.3.4　增加一个约束条件

假设该厂原生产过程用煤不限，但为了节约能源，今后用煤有了限制，设生产 A、B、C 3 种产品各 1000 件，分别需用煤为 4 吨、6 吨、10 吨，总限量为 70 吨，那么是否需要改变原来的最优方案？

一个新的约束条件是否影响最优解，可以利用最优解直接代入，如果最优解满足新增加的约束条件，则约束条件等于没增加，新的约束无效。如果最优解不满足新增加的约束条件，则约束是有效的。

该问题用煤的约束条件为

$$4x_1+6x_2+10x_3\leqslant 70$$

将最优解 $x_1=x_3=5$，$x_2=0$ 代入上式，则左端等于右端，满足约束条件，原最优解不变。

如果把用煤总量限制为 64 吨，即

$$4x_1+6x_2+10x_3\leqslant 64$$

显然，该约束条件有效，对其引进松弛变量 x_6，使上式变为

$$4x_1+6x_2+10x_3+x_6=64$$

在原最优单纯形表中增加一行一列，并把松弛变量 x_6 指定为新行的基变量，即有表 3-14。

因为 x_1 和 x_3 为基变量，所以必须对行进行初等变换，使 $\boldsymbol{P}_1$ 和 $\boldsymbol{P}_3$ 中的元素 4 和 10 变为 0，即有表 3-15。

表 3-14　增加约束后的单纯形表

S'	-65	0	$-\frac{4}{3}$	0	-2	$-\frac{1}{3}$	0
x_1	5	1	4	0	4	-1	0
x_3	5	0	$-\frac{2}{3}$	1	-1	$\frac{1}{3}$	0
x_6	64	4	6	10	0	0	1

表 3-15　求解过程

S'	-65	0	$-\frac{4}{3}$	0	-2	$-\frac{1}{3}$	0
x_1	5	1	4	0	4	-1	0
x_3	5	0	$-\frac{2}{3}$	1	-1	$\frac{1}{3}$	0
x_6	-6	0	$-\frac{10}{3}$	0	$\boxed{-6}$	$\frac{2}{3}$	1

用对偶单纯形法，求其最优解，得到表 3-16。

表 3-16　求解结果

S'	-63	0	$-\frac{2}{9}$	0	0	$-\frac{5}{9}$	$-\frac{1}{3}$
x_1	1	1	$\frac{16}{9}$	0	0	$-\frac{5}{9}$	$\frac{2}{3}$
x_3	6	0	$-\frac{1}{9}$	1	0	$\frac{2}{9}$	$-\frac{1}{6}$
x_4	1	0	$\frac{5}{9}$	0	1	$-\frac{1}{9}$	$-\frac{1}{6}$

这说明，增加新的约束条件后的最优方案是产品 A 生产 1000 件，产品 C 生产 6000 件，可得总利润 63 万元(比原方案减少 2 万元)。

思　考　题

(1) 为何要进行灵敏度分析?

(2) 灵敏度分析包括哪些类别，每一类别分别有什么现实意义?

本章小结

线性规划有一个有趣的特性，就是对于任何一个求极大的线性规划问题都存在一个与其匹配的求极小的线性规划问题，并且这一对线性规划问题的解之间还存在着密切的关系。线性规划的这个特性称为对偶性。这不仅仅是数学上具有的理论问题，也是实际问题内在的经济联系在线性规划中的必然反映。

本章首先引入了线性规划的对偶问题，分析了线性规划问题及对偶问题的特征及在形式上相互转换的规则。线性规划与其对偶问题有深刻的内在联系，对偶性定理说明了它们的关系。影子价格是对偶问题中引入的重要概念，影子价格有两种经济含义，并在现实经济生活中得到应用。对偶单纯形法是把单纯形法思想和对偶思想结合的方法，其求解步骤与单纯形法有一定的对应关系，对偶单纯形法有明确的适用范围，是单纯形法的重要补充。线性规划模型中的各个系数在现实生活中可能发生变化，因此需要分析当这些系数发生变化时对原问题解的最优性和可行性的影响，灵敏度分析主要包括 5 个类别，每个类别都有明确的现实经济意义。

习　题　3

3.1　写出下列问题的对偶问题。

（1）$\max S=-5x_1+2x_2$

$$\begin{cases}-x_1+x_2\leqslant -3\\2x_1+3x_2\leqslant 5\\x_1,x_2\geqslant 0\end{cases}$$

（2）$\min S=6x_1+3x_2$

$$\begin{cases}6x_1-3x_2+x_3\geqslant 2\\3x_1+4x_2+x_3\geqslant 5\\x_1,x_2,x_3\geqslant 0\end{cases}$$

（3）$\max S=5x_1+6x_2$

$$\begin{cases}x_1+2x_2=5\\-x_1+5x_2\geqslant 3\\x_1\ \text{无限制},x_2\geqslant 0\end{cases}$$

（4）$\max S=x_1+x_2$

$$\begin{cases}2x_1+x_2=5\\3x_1-x_2=6\\x_1,x_2\ \text{无符号限制}\end{cases}$$

3.2　对偶单纯形法求解下列线性规划问题。

（1）$\min S=x_1+x_2$

$$\begin{cases}2x_1+x_2\geqslant 4\\x_1+7x_2\geqslant 7\\x_1,x_2\geqslant 0\end{cases}$$

（2）$\min S=4x_1+12x_2+18x_3$

$$\begin{cases}x_1+3x_3\geqslant 3\\2x_2+2x_3\geqslant 5\\x_1,x_2,x_3\geqslant 0\end{cases}$$

（3）$\min S=3x_1+2x_2+x_3$

$$\begin{cases}x_1+x_2+x_3\leqslant 6\\x_1-x_3\geqslant 4\\x_2-x_3\geqslant 3\\x_1,x_2,x_3\geqslant 0\end{cases}$$

（4）$\min S=5x_1+2x_2+4x_3$

$$\begin{cases}3x_1+x_2+2x_3\geqslant 4\\6x_1+3x_2+5x_3\geqslant 10\\x_1,x_2,x_3\geqslant 0\end{cases}$$

3.3　已知线性规划问题：

$$\max S=x_1+2x_2+3x_3+4x_4$$

$$\begin{cases}x_1+2x_2+2x_3+3x_4\leqslant 20\\2x_1+x_2+3x_3+2x_4\leqslant 20\\x_1,x_2,x_3,x_4\geqslant 0\end{cases}$$

其对偶问题的最优解为 $y_1=1.2$，$y_2=0.2$，根据对偶理论求原问题最优解。

3.4　考虑有界变量的线性规划问题：

$$\max S = x_1 - x_2 + x_3 - x_4$$

$$\begin{cases} x_1 + x_2 + x_3 + x_4 = 8 \\ 0 \leqslant x_1 \leqslant 8 \\ -4 \leqslant x_2 \leqslant 4 \\ -2 \leqslant x_3 \leqslant 4 \\ 0 \leqslant x_4 \leqslant 10 \end{cases}$$

应用互补松弛性定理证明：$\boldsymbol{x}=(8,-4,4,0)^{\mathrm{T}}$ 为最优解。

3.5 下面是线性规划问题的最优单纯形表(求最大值,其约束条件均为"$\leqslant$"),其中 x_4、x_5 和 x_6 为松弛变量,如表 3-17 所示。

表 3-17 第 3.5 题数据

S'	-5	0	0	0	-4	0	-9
x_1	2	1	1	0	2	0	1
x_3	$\frac{3}{2}$	0	0	1	1	0	4
x_5	1	0	-2	0	1	1	6

(1) 写出对偶问题的最优解;

(2) 求$\frac{\partial S}{\partial b_1}$,解释这个数值的含义;

(3) 若能以代价$\frac{5}{2}$增添第一种资源一个单位,是否值得? 为什么?

(4) 如有人愿意购买第三种资源,应要价多少才合算? 为什么?

(5) 是否有其他最优解? 如有求出另一个最优解。

3.6 某工厂利用 3 种原料生产 5 种产品,有关数据如表 3-18 所示。

(1) 确定一种最优生产计划;

(2) 对目标函数的系数 c_1 作灵敏度分析;

表 3-18 第 3.6 题已知数据

		产品					原料限量
		A	B	C	D	E	
每件产品的原料消耗/千克	甲	1	2	1	0	1	10 000
	乙	1	0	1	3	2	24 000
	丙	1	2	2	2	2	21 000
单位利润/元		8	20	10	20	21	—

(3) 对约束条件常数项 b_2 作灵敏度分析;

(4) 若引进新产品 F,已知生产一件 F 用原料甲、乙、丙,质量分别为 1 千克、2 千克、1 千克,而每单位产品 F 可得利润 10 元,那么产品 F 是否有利于投产? 它的利润为多少时才有利投产？

(5) 如果又新增加煤耗不许超过 20 吨的限制，而生产每件 A、B、C、D、E 产品，分别需用煤 3 千克、2 千克、1 千克、2 千克、1 千克，是否需要改变原来的最优方案？

3.7 考虑如下线性规划：

$$\max S = -5x_1 + 5x_2 + 13x_3$$

$$\begin{cases} -x_1 + x_2 + 3x_3 \leqslant 20 \\ 12x_1 + 4x_2 + 10x_3 \leqslant 90 \\ x_1, x_2, x_3 \geqslant 0 \end{cases}$$

其最优单纯形表如表 3-19 所示。

表 3-19 第 3.7 题的单纯形表

$\boldsymbol{X_B}$	$\boldsymbol{b}$	5	−5	−13	0	0
		x_1	x_2	x_3	x_4	x_5
x_2	20	−1	1	3	1	0
x_5	10	16	0	−2	−4	1
$-S$	−100	0	0	−2	−5	0

回答如下问题：

(1) b_1 由 20→45，求新最优解；

(2) b_2 由 90→95，求新最优解；

(3) c_3 由 13→8，是否影响最优解，若影响，将新最优解求出来；

(4) c_2 由 5→6，回答与(3)相同的问题；

(5) 增加变量 x_6，$c_6=10$，$a_{16}=3$，$a_{26}=5$，对最优解是否有影响；

(6) 增加一个约束条件 $2x_1+3x_2+5x_3\leqslant 50$，求新最优解。

第4章 运输问题

本章内容要点

- 运输问题模型及有关概念；
- 运输问题的求解——表上作业法；
- 运输问题的应用——建模。

本章核心概念

- 运输问题(transportation problem)；
- 产销平衡(balance of production and sales)；
- 运输表(transportation tableaux)；
- 闭回路法(closed-loop method)；
- 位势 (potential)；
- 最小元素法(minimum element method)；
- 元素差额法(elemental balance method)。

■ **案例**

某公司从 A_1、A_2、A_3 3 个产地将物品运往 B_1、B_2、B_3、B_4 4 个销地，各产地的产量、各销地的销量和各产地运往各销地每件物品的运费如表 4-1 所示。应如何调运，可使得总运费最小？

表 4-1 运费表

		到销地的运费				产 量
		B_1	B_2	B_3	B_4	
产地	A_1	3	11	3	10	7
	A_2	1	9	2	8	4
	A_3	7	4	10	5	9
销量		3	6	5	6	20(产销平衡)

4.1 运输问题模型及有关概念

运输问题是一类重要而特殊的线性规划问题。由于这类线性规划问题在结构上的特殊性，可以用比单纯形法更有针对性，也更为简便的解法——表上作业法来求解。运输问题在实践中，特别是在企业管理上有着广泛的应用，这也是本书把运输问题单独作为一章进行介绍的理由。

4.1.1 运输问题的数学模型

设某种物资有 m 个产地 $A_1,A_2,\cdots,A_m$，其供应量分别为 $a_1,a_2,\cdots,a_m$ 个单位，联合供应 n 个销地 $B_1,B_2,\cdots,B_n$，其需求量分别为 $b_1,b_2,\cdots,b_n$ 个单位。又假设从产地 A_i 到销地 B_j 单位物资的运费(单价)为 c_{ij}，应怎样调运物资才能使运费用最少？

设 x_{ij} 表示从产地 A_i 到销地 B_j 的运输量，那么在产销平衡条件下，可将上述数字排列在表 4-2 中。

表 4-2　运输问题的描述

		到销地的运量						产量	到销地的单位运费					
		B_1	B_2	$\cdots$	B_j	$\cdots$	B_n		B_1	B_2	$\cdots$	B_j	$\cdots$	B_n
产地	A_1	x_{11}	x_{12}	$\cdots$	x_{1j}	$\cdots$	x_{1n}	a_1	c_{11}	c_{12}	$\cdots$	c_{1j}	$\cdots$	c_{1n}
	A_2	x_{21}	x_{22}	$\cdots$	x_{2j}	$\cdots$	x_{2n}	a_2	c_{21}	c_{22}	$\cdots$	c_{2j}	$\cdots$	c_{2n}
	$\vdots$	$\vdots$	$\vdots$	$\ddots$	$\vdots$	$\ddots$	$\vdots$	$\vdots$	$\vdots$	$\vdots$	$\ddots$	$\vdots$	$\ddots$	$\vdots$
	A_i	A_{i1}	x_{i2}	$\cdots$	x_{ij}	$\vdots$	$\vdots$	$\vdots$	c_{i1}	c_{i2}	$\cdots$	c_{xj}	$\cdots$	c_{in}
	$\vdots$	$\vdots$	$\vdots$	$\ddots$	$\vdots$	$\ddots$	$\vdots$	$\vdots$	$\vdots$	$\vdots$	$\ddots$	$\vdots$	$\ddots$	$\vdots$
	A_m	x_{m1}	x_{m2}	$\cdots$	x_{mj}	$\cdots$	x_{mn}	a_m	c_{m1}	c_{m2}	$\cdots$	c_{mj}	$\cdots$	c_{mn}
销量		b_1	b_2	$\cdots$	b_j	$\cdots$	b_n	—	—	—	—	—	—	—

由此可得数学模型如下：

$$\min S=\sum_{i=1}^{m}\sum_{j=1}^{n}c_{ij}x_{ij}$$

$$\begin{cases}\displaystyle\sum_{j=1}^{n}x_{ij}=a_i,(i=1,2,\cdots,m)\\ \displaystyle\sum_{i=1}^{m}x_{ij}=b_j,(j=1,2,\cdots,n)\\ x_{ij}\geqslant 0\end{cases}$$

显然，这是一个线性规划问题，用矩阵表示，有

$$\min S=\boldsymbol{CX}$$

$$\begin{cases}\boldsymbol{AX}=\boldsymbol{b}\\ \boldsymbol{X}\geqslant\boldsymbol{0}\end{cases}$$

其中，$\boldsymbol{b}=(a_1,a_2,\cdots,a_m,b_1,b_2,\cdots,b_n)^{\mathrm T}$

$$\begin{array}{ccccccccccccc} x_{11} & x_{12} & \cdots & x_{1n} & x_{21} & x_{22} & \cdots & x_{2n} & \cdots & x_{m1} & x_{m2} & \cdots & x_{mn}\end{array}$$

$$\boldsymbol{A}=\begin{pmatrix} 1 & 1 & \cdots & 1 & & & & & & & & & \\ & & & & 1 & 1 & \cdots & 1 & & & & & \\ & & & & & & & & \ddots & & & & \\ & & & & & & & & & 1 & 1 & \cdots & 1 \\ 1 & & & & 1 & & & & & 1 & & & \\ & 1 & & & & 1 & & & \ddots & & 1 & & \\ & & \ddots & & & & \ddots & & \ddots & & & \ddots & \\ & & & 1 & & & & 1 & \ddots & & & & 1 \end{pmatrix}$$

可以看出，系数矩阵 $\boldsymbol{A}$ 结构松散，零元素较多，它的每一列只有两个元素为 1，其余均为 0。

在产销平衡的运输问题中，因为 $\sum_{i=1}^{m} a_i = \sum_{j=1}^{n} b_j$，所以约束方程组的系数矩阵 $\boldsymbol{A}$ 的 $m+n$ 行线性相关。因此，$r(\boldsymbol{A}) \leqslant m+n-1$。另一方面，$\boldsymbol{A}$ 中至少有一个 $m+n-1$ 阶子式非奇异，例如，取 $\boldsymbol{A}$ 的第 2 行，第 3 行，…，第 $m+n$ 行与 $x_{11}, x_{12}, \cdots, x_{1n}; x_{21}, x_{31}, \cdots, x_{m1}$ 所对应的列，则它们交叉处元素构成一个 $m+n-1$ 阶子式，且

$$\boldsymbol{D}=\left|\begin{array}{ccc|cccc} & & & 1 & & & \\ & & & & 1 & & \\ & & & & & \ddots & \\ & & & & & & 1 \\ \hline 1 & & & 1 & 1 & \cdots & 1 \\ & 1 & & & & & \\ & & \ddots & & & & \\ & & 1 & & & & \end{array}\right| \neq \mathbf{0}$$

因此，$r(A)=m+n-1$。因而，该运输问题的基变量是 $m+n-1$ 个。

产销平衡问题的可行解一定存在。实际上，只要在运输表上找到每行元素之和等于 a_i，每列元素之和等于 b_j 且使 x_{ij} 非负，就得一个可行解（即一个调运方案）。

运输问题的最优解一定存在。实际上，运输问题的目标函数是求运费最省且系数 $c_{ij} \geqslant 0$，于是

$$S=\sum_{i=1}^{m} \sum_{j=1}^{n} c_{ij} x_{ij} \geqslant 0$$

由于目标函数 S 有下界，所以最小值一定存在。

4.1.2 运输问题的求解思路

运输问题是一种特殊的线性规划问题，在求解时依然可以采用单纯形法的思路，如图 4-1 所示。由于系数矩阵的特殊性，直接用线性规划单纯形法求解计算无法利用这些有利条件。人们在分析运输问题基本特征的基础上建立了针对运输问题的表上作业法，采用这一方法仍然像单纯形方法一样需要基本可行解、检验数以及基的转换等问题，即首先确定一个初始基本可行解，然后根据最优性判别准则来检查这个基本可行解是不是最优的，如果是则计算结束，如果不是则进行换基，直至求出最优解为止。

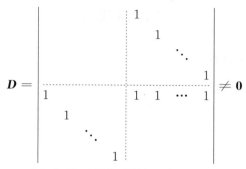

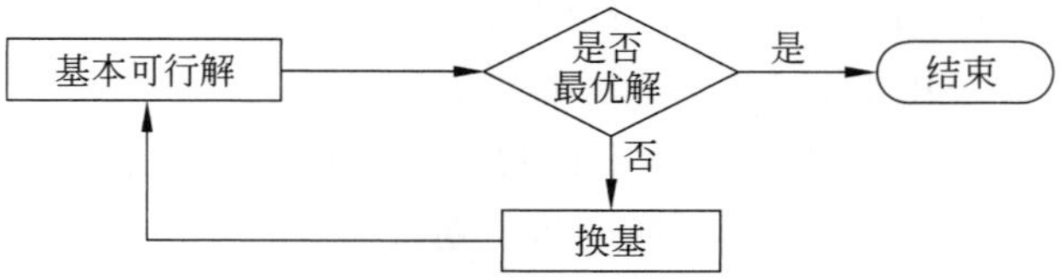

图 4-1　运输问题的求解思路

思　考　题

(1) 运输问题模型的特点有哪些?

(2) 求解运输问题时,运输问题模型的基变量有哪些特点?

(3) 运输问题的求解思路是什么?

4.2　运输问题求解

4.2.1　初始基本可行解的确定

在运输问题的约束方程组中,系数矩阵不含单位矩阵。若要按单纯形法求解,就要引入人工变量来求初始基本可行解。但是,由于运输问题的特殊性,可用比较简便的方法得到初始可行方案。现在介绍两种常用的方法:最小元素法和元素差额法。

1. 最小元素法

最小元素法的基本思想是就近供应。即先从运价表中的最小运价开始分配运输量,确定产销关系,然后按倒数第二小运价分配运量,一直到给出初始基本可行解为止。下面举例说明。

例 4.1　假设某产品有 A_1、A_2、A_3 3 个产地和 B_1、B_2、B_3、B_4 4 个销地,其供应量、需求量和单位产品运价如表 4-3 所示。

表 4-3　例 4.1 中 4 个销地的供应量及运价

		销地的销量				供应量	到销地的单位运费			
		B_1	B_2	B_3	B_4		B_1	B_2	B_3	B_4
产地	A_1				3	3	2	3	2	1
	A_2	2		4	1	7	10	8	5	4
	A_3	2	3			5	7	6	6	8
需求量		4	3	4	4	15	—	—	—	—

解　求其初始调运方案,方法步骤如下:

第 1 步,从运费表中找出最小运价为 1 的格,首先将 A_1 的产品供给 B_4。因为供应量 3 小于需求量 4,在表的(A_1,B_4)的交叉格内填上 3。由于 A_1 产品供应完毕,将 A_1 行的运价划掉,同时在 B_4 的需要量中减去 3。

第 2 步,在运费表中从未划去的元素中再找出最小运价 4,确定 A_2 供应 B_4 1 个单位,使 B_4 的需要得到满足,并将 B_4 列所对应的运价划去。

第 3 步,在运费表中再从未划去的元素中找出最小运价 5,这样一步一步地进行下去,直到运费表中所有元素划去为止。最后在产销平衡表上得到一个调运方案,如表 4-3 所示,这个方案的总运费为

$$S = 1\times 3 + 4\times 1 + 5\times 4 + 6\times 3 + 7\times 2 + 10\times 2 = 79$$

注意：

① 在产销平衡表上每填入一数，在运价表上就划去一行或一列，表中共有 m 行 n 列，总共可划 $m+n$ 条直线，但当运价表中只剩一个元素时，在产销平衡表上填此数时，应在运价表上同时划去一行一列。这时把运价表上所有元素都划去了，相应地在产销平衡表上填了$(m+n-1)$个数字，即给出了$(m+n-1)$个基变量。未填数的格子内的变量均为零，它们表示非基变量。这个例子中 $m=3,n=4,m+n-1=6$，作为初始方案要求填写数字的格也恰有 6 个。

② 当有几个格子的运价相等，又都成为最小运价时，可任选其中一个格子填写数字。

③ 当选定一最小元素后，若出现该元素所在行的产量等于其所在列的销量，这时在产销平衡表上填一个数，运价表就要划去一行一列。为了使调运方案中的填数格仍为$(m+n-1)$个，这时要在产销平衡表的相应行或列的任一空格上填写一个 0，这个填写 0 的格当作有数格看待。

2. 元素差额法

用最小元素法给定初始方案，只是从局部观点考虑就近供应，这可能造成总体不合理。元素差额法（又称 Vogel 法）是在最小元素法基础上加以改进而得到的一种求初始方案的方法。假设一产地的产品不能按最小运费就近供应，就考虑次小运费，这就有一个差额，差额越大，说明不能按最小运费调运时，运费增加越多，因而对差额最大处，应当采用最小运费调运。因此，元素差额法的工作步骤如下。

① 在运价表中分别计算出各行各列最小元素与次小元素的差额，并分别列于表的差额行的第一行和差额列的第一列。

如用例 4.1，可得表 4-4。

表 4-4　元素差额法求初始方案

		到销地的运量				供应量	到销地的运费				差额列		
		B_1	B_2	B_3	B_4		B_1	B_2	B_3	B_4			
产地	A_1	3	—	—	—	3	2	3	2	1	1	—	—
	A_2		—	3	4	7	10	8	5	4	1	1	3
	A_3	1	3	1		5	7	6	6	8	1	1	1
需求量		4	3	4	4	差额行	5	3	3	3	—		
							3	2	1	4			
							3	2	1				

表 4-4 中 B_1 列为最大差额所在列，B_1 列中最小元素为 2，可确定 A_1 的产品先供应 B_1。由于 A_1 产品供应完，将 A_1 所在行的运价划去。

② 在运价表中计算未被划去的各行各列最小元素与次小元素的差额，并分别列于表的差额行的第 2 行和差额列的第 2 列。

在表 4-4 中，B_4 列为最大差额列，B_4 列中剩下的最小元素为 4，可确定 A_2 的产品尽量

满足 B_4 的需要，因为 B_4 的需要可满足，所以划去 B_4 所在的列。重复上述步骤，直到得到初始解，即在产销平衡表中得到一个调运方案为止。这个方案的总运费为

$$S=2\times3+5\times3+4\times4+7\times1+6\times3+6\times1=68$$

显然，元素差额法给出的调运方案，其运费比最小元素法要少。一般来说，元素差额法所给出的解更接近最优解。实际上，本例给出的解就是最优解。

4.2.2 基本可行解的最优性检验

1. 闭回路法

和单纯形法一样，一个初始方案是否为最优，也要用检验数来判别，其检验数可用闭回路法求得。

闭回路就是从调运方案中的任意一个空格出发，沿水平或铅垂方向前进，当遇到一个适当的填数格时，便转向 90°继续前进，这样经过若干次前进和转向，最后必然回到原来出发的那个空格，形成一个闭回路，如图 4-2 所示。

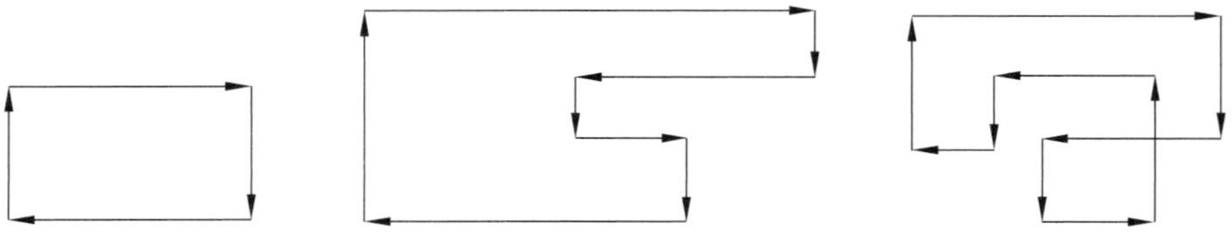

图 4-2 闭回路示意图

根据定义可以看出闭回路的一些明显特点。

① 闭回路均为一个封闭折线，它的每一条边都为水平或垂直的。

② 闭回路的每一条边(水平的或垂直的)均有且仅有两个闭回路的顶点(变量格)。

关于闭回路有如下的一些重要结论：

① 设 $x_{ab}, x_{ac}, x_{dc}, x_{de}, \cdots, x_{st}$ 是一个闭回路，那么该闭回路中变量所对应的系数列向量 $\boldsymbol{p}_{ab}, \boldsymbol{p}_{ac}, \boldsymbol{p}_{dc}, \boldsymbol{p}_{de}, \cdots, \boldsymbol{p}_{st}$ 线性相关。

② 若变量组 $x_{ab}, x_{cd}, x_{ef}, \cdots, x_{st}$ 中包含一个部分组构成闭回路，那么该变量组所对应的系数列向量 $\boldsymbol{p}_{ab}, \boldsymbol{p}_{cd}, \boldsymbol{p}_{ef}, \cdots, \boldsymbol{p}_{st}$ 线性相关。

根据上述结论以及线性规划基变量的特点，可以得到下面重要定理及其推论。

定理 4.1 变量组 $x_{ab}, x_{cd}, x_{ef}, \cdots, x_{st}$ 所对应的系数列向量 $\boldsymbol{p}_{ab}, \boldsymbol{p}_{cd}, \boldsymbol{p}_{ef}, \cdots, \boldsymbol{p}_{st}$ 线性无关的充分必要条件是这个变量组中不包含闭回路。

推论 产销平衡运输问题的 $m+n-1$ 个变量构成基变量的充分必要条件是它不含闭回路。

这个推论给出了运输问题基本解的重要性质，也为寻求基本可行解提供了依据。

例 4.2 采用最小元素法得到的运输方案如表 4-5 所示，基于该方案寻求闭回路。

其中，空格 x_{11} 的闭回路是 $x_{11}\rightarrow x_{14}\rightarrow x_{24}\rightarrow x_{21}\rightarrow x_{11}$。

空格 x_{12} 的闭回路是 $x_{12}\rightarrow x_{32}\rightarrow x_{31}\rightarrow x_{21}\rightarrow x_{24}\rightarrow x_{14}\rightarrow x_{12}$。

为了计算检验数，人为规定：在闭回路中，将奇数次转弯格(或叫拐点)上的运价标正

表 4-5 例 4.2 初始运输方案

		到销地的运费				供应量
		B_1	B_2	B_3	B_4	
产地	A_1				3	3
	A_2	2		4	1	7
	A_3	2	3			5
需求量		4	3	4	4	

号，偶数次转弯格上的运价标负号，它们的代数和称为对应于某一空格的检验数，记为 λ_{ij}，仍按例 4.1 空格 x_{11} 的检验数为

$$\lambda_{11}=(1+10)-(4+2)=5$$

空格 x_{12} 的检验数为

$$\lambda_{12}=(6+10+1)-(7+4+3)=3$$

用闭回路法计算的检验数可作如下解释：空格 x_{11} 表示在初始调运方案中，A_1 与 B_1 没有供销关系。现在考虑 A_1 调运给 B_1 一个单位产品，则运费增加 2；但为了保持产销平衡，A_1 应减少供应 B_4 一个单位，相应运费减少 1；同样 A_2 再供应给 B_4 一个单位，运费增加 4；A_2 再减少一个单位供应 B_1，其运费减少 10。这样在闭回路上产销保持平衡，而总运费的变化为 $\lambda_{11}=5$，即在空格 x_{11} 处由 A_1 调运给 B_1 一个单位产品，则总运费减少 5 个单位。

可以证明，初始方案中每个空格的闭回路均存在且唯一，因而每个空格的检验数也存在且唯一，于是有下面的最优方案判别法则。

对调运方案中的每个空格画一条闭回路，求出检验数，如果所有检验数非正，则这一方案为最优方案；若检验数中有正数，则要对方案进行调整。

因为 $\lambda_{11}>0$，所以用最小元素法得到的初始调运方案不是最优方案。

2. 位势法

用闭回路法判断一个方案是否最优，需要通过寻找每个空格的闭回路，再根据闭回路求出每个空格的检验数。当一个运输问题的产地和销地很多时，用这个方法比较麻烦。下面介绍一种比较简便的方法求其检验数。现在仍然用由最小元素法得到的初始调运方案予以说明。

在运价表中，把有相应的调运数的那些运费加上圈，如表 4-6 所示，再把同一行（或同一列）的各数加上或减去一个相等的数（称为位势），使圈中数字逐步都变成 0，这时表中其他各数便是检验数的相反数。具体做法如下。

表 4-6 位势法检验方案(1)

		到销地的运费				操　作
		B_1	B_2	B_3	B_4	
产地	A_1	2	3	2	①	−1
	A_2	⑩	8	⑤	④	−4
	A_3	⑦	⑥	6	8	
操作		−6	−6	−1		

把第 1 行各数减 1,第 2 行各数减 4;

再把第 1、2、3 列分别减去 6,6,1;

最后把第 3 行减 1,第 2 列加 1,得到表 4-7。

表 4-7　位势法检验方案(2)

		到销地的运费			
		B_1	B_2	B_3	B_4
产地	A_1	−5	−3	0	⓪
	A_2	⓪	−1	⓪	⓪
	A_3	⓪	⓪	4	7

于是各空格的检验数为 $\lambda_{11}=5,\lambda_{12}=3,\lambda_{13}=0,\lambda_{22}=1,\lambda_{33}=-4,\lambda_{34}=-7$。

下面用位势法来求元素差额法所得到的调运方案的检验数。最后由表 4-8 得到表 4-9。

表 4-8　位势法检验元素差额法方案(1)

		到销地的运费			
		B_1	B_2	B_3	B_4
产地	A_1	②	3	2	1
	A_2	10	8	⑤	④
	A_3	⑦	⑥	⑥	8

表 4-9　位势法检验元素差额法方案(2)

		到销地的运费			
		B_1	B_2	B_3	B_4
产地	A_1	⓪	2	1	1
	A_2	4	3	⓪	⓪
	A_3	⓪	⓪	⓪	3

即各空格的检验数为 $\lambda_{12}=-2,\lambda_{13}=-1,\lambda_{14}=-1,\lambda_{21}=-4,\lambda_{22}=-3,\lambda_{34}=-3$。因为所有检验数非正,所以此调运方案为最优方案。

一般来说,用元素差额法所得到的初始调运方案更接近最优方案。

4.2.3　方案的调整

如果所得到的初始调运方案经判别不是最优方案,像单纯形法一样,需要换基迭代,求出新的基本可行解,这一过程称为方案的调整,其方法步骤如下:

首先,在所有正的检验数中找出一个值最大的检验数,以它对应的非基变量为换入基变量;其次,以此空格为出发点,画一个闭回路;第三,在闭回路上,人们称奇数次转弯处的最小调运量为调整数。在奇数次转弯处减去调整数，在偶数次转弯处加上调整数，便得到新的调运方案。

现将用最小元素法得到的初始方案列表调整如表 4-10 所示。

表 4-10 闭回路方法调整方案(1)

		旧方案到销地的运费				新方案到销地的运费				供应量
		B_1	B_2	B_3	B_4	B_1	B_2	B_3	B_4	
产地	A_1	$^{+2}$			3^{-2}	$^{+1}2$			1^{-1}	3
	A_2	$^{-2}2$		4	1^{+2}			4^{-1}	3^{+1}	7
	A_3	2	3			$^{-1}2$	3	$^{+1}$		5
需求量		4	3	4	4	4	3	4	4	

最后得表 4-11。

表 4-11 闭回路方法调整方案(2)

		到销地的运费				供应量
		B_1	B_2	B_3	B_4	
产地	A_1	3				3
	A_2			3	4	7
	A_3	1	3	1		5
需求量		4	3	4	4	

表 4-11 即为最优调运方案。

注意：每次调整后，必须重新计算检验数，这里从略。

4.2.4 产销不平衡问题的处理

对于产销不平衡的运输问题，采取虚设产地或销地的办法，转化为平衡运输问题求解。若供过于求，则虚设一个销地；若求大于供则虚设一个产地。由于是虚设，规定通往虚设产地或销地之运价为 0。下面举例说明。

例 4.3 设有运输问题如表 4-12 所示，求最佳调运方案。

表 4-12 例 4.3 数据

		到销地的运费			供应量
		B_1	B_2	B_3	
产地	A_1	3	2	2	2
	A_2	4	6	3	9
	A_3	6	5	7	18
需求量		8	9	10	27 \ 29

解 问题属于供过于求，虚设一个销地 B_4，其需要量为 2。用元素差额法求初始方案，用位势法求其检验数，用闭回路调整，得到表 4-13。

表 4-13 例 4.3 求解过程

		到销地的运费				供应量	单价			
		B_1	B_2	B_3	B_4		B_1	B_2	B_3	B_4
产地	A_1		$^{-1}2$	$^{+1}$		2	3	2	2	0
	A_2			9		9	4	6	3	0
	A_3	8	$^{+1}7$	1^{-1}	2	18	6	5	7	0
需求量		8	9	10	2					

注意：在用元素差额法求初始调运方案时，应将运价表中 B_4 一列的零运价除外，然后再用元素差额法来编制调运方案及进行调整，最后得最佳调运方案如表 4-14 所示。

表 4-14 例 4.3 求解结果

		到销地的运费				供应量
		B_1	B_2	B_3	B_4	
产地	A_1		1	1		2
	A_2			9		9
	A_3	8	8		2	18
需求量		8	9	10	2	

此方案总运费为

$$S=2\times1+2\times1+3\times9+5\times8+6\times8=119$$

思 考 题

（1）同等条件下，求初始基本可行解，应选用最小元素法还是差额元素法？

（2）如何理解运输问题中非基变量检验数的概念？

（3）位势法求检验数时，第一个位势选取的值不同，会否影响最后求出的各检验数的结果？

4.3 运输问题的应用

例 4.4 有 A_1、A_2、A_3 这 3 个生产某种物资的产地，5 个地区 B_1、B_2、B_3、B_4、B_5 对这种物资有需求。现要将这种物资从 3 个产地运往 5 个需求地区，各产地的产量、各需求地区的需要量和各产地运往各地区每单位物资的运费如表 4-15 所示，其中，B_2 地区的 115 个单位必须满足。应如何调运可使总运输费用最小?

表 4-15　例 4.4 运费及其他情况表

		到需求地区的运费					产量 a_i
		B_1	B_2	B_3	B_4	B_5	
生产地	A_1	10	15	20	20	40	50
	A_2	20	40	15	30	30	100
	A_3	30	35	40	55	25	130
需求量 b_j		25	115	60	30	70	(产销不平衡)

解　由于产量小于需求量,因此设一虚设产地 A_4,它的产量为

$$(25+115+60+30+70)-(50+100+130)=20$$

与这一项有关的运费一般为 0。

又因为其中 B_2 地区的 115 个单位必须满足,即不能有物资从 A_4 运往 B_2 地区,于是取相应的运费为 M(M 是一个充分大的正数),以保证在求最小运费的前提下,该变量的值为 0。

可以建立产销平衡的运费表,如表 4-16 所示。

表 4-16　产销平衡的运费表

		到需求地区的运费					产量 a_i
		B_1	B_2	B_3	B_4	B_5	
生产地	A_1	10	15	20	20	40	50
	A_2	20	40	15	30	30	100
	A_3	30	35	40	55	25	130
	A_4	0	$^*M$	0	0	0	20
需求量 b_j		25	115	60	30	70	300(产销平衡)

计算过程从略。

例 4.5　某研究院有 B_1、B_2、B_3 3 个区。每年取暖分别需要用煤都要由 A_1、A_2 两处煤矿负责供应,价格、质量均相同,具体如表 4-17 所示。由于需求大于供给,经院研究决定 B_1 区供应量可减少 0~900 个单位,B_2 区必须满足需求量,B_3 区供应量不少于 1600 个单位,试求总费用为最低的调运方案。

解　根据题意以及给定的数据可以看到,这是一个产销不平衡的运输问题,需求量大于生产量。由于 B_1 区供应量可减少 0~900 个单位,B_2 区必须满足需求量,B_3 区供应量不少于 1600 个单位,可以把 B_1 区和 B_3 区分别设为两个区:一个为必须满足需求量的区域,另一个为可以调整供应量的区域。这样,原问题化为5个需求区域 B_1、B_1'、B_2、B_3、B_3' 的问题,同时

表 4-17　例 4.5 取暖用煤的运输价格表

		到需求地区的运费			产量 a_i
		B_1	B_2	B_3	
煤矿	A_1	175	195	208	1500
	A_2	160	182	215	4000
需求量 b_j		3500	1100	2400	

增加一个虚设的产地 A_3。在运费方面，取 M 代表一个很大的正数，使必须满足需求量区域的相应变量 x_{31}、x_{33}、x_{34} 运费的取值为 M，可调整需求量区域的相应变量 x_{32}、x_{35} 运费的取值为 0，作出产销平衡的运价表，如表 4-18 所示。

表 4-18　例 4.5 取暖用煤的产销平衡运输价格表

		到需求地区的运费					产量 a_i
		B_1	B_1'	B_2	B_3	B_3'	
煤矿	A_1	175	175	195	208	208	1500
	A_2	160	160	182	215	215	4000
	A_3	M	0	M	M	0	1500
需求量 b_j		2600	900	1100	1600	800	

计算过程从略。

例 4.6　某公司生产一种规格的设备，由于生产与季节有关系，生产能力与成本有差异，如表 4-19 所示。

表 4-19　例 4.6 某种规格设备各季节的生产能力与成本

季　度	第 1 季 度	第 2 季 度	第 3 季 度	第 4 季 度
单位生产能力	500	700	600	200
单位成本	9.8	10.5	10.3	10.6

该厂年初签订的合同规定：当年每个季度末分别需要提供 200、300、500、400 台这种规格的设备。如果生产出来的设备当季不交货，每台每积压一个季度需储存、维护等费用为 0.15 万元。试求在完成合同的前提下，使该厂全年生产总费用为最小的决策方案。

解　此问题看起来与运输无关，通过分析可以建立运输问题模型来求解。

首先，建立这个问题的线性规划模型。

设 x_{ij} 为第 i 季度生产的第 j 季度交货的设备数目，那么应满足下列约束条件：

交货：$x_{11}=200$

$x_{12}+x_{22}=300$

$x_{13}+x_{23}+x_{33}=500$

$x_{14}+x_{24}+x_{34}+x_{44}=400$

生产：$x_{11}+x_{12}+x_{13}+x_{14}\leqslant 500$

$x_{22}+x_{23}+x_{24}\leqslant 700$

$x_{33}+x_{34}\leqslant 600$

$x_{44}\leqslant 200$

以及各变量的非负约束条件。

关于目标函数的系数为

x_{ij}为第 i 季度生产的第 j 季度交货的设备数目，那么它的系数应是

c_{ij} = 第 i 季度每台的生产成本 $+0.15\times(j-i)$（储存、维护等费用）

计算可得

$$c_{11}=9.8, c_{12}=9.95, c_{13}=10.1, c_{14}=10.25$$
$$c_{22}=10.5, c_{23}=10.65, c_{24}=10.8$$
$$c_{33}=10.3, c_{34}=10.45$$
$$c_{44}=10.6$$

于是得到目标函数：

$$\min S=9.8x_{11}+9.95x_{12}+10.1x_{13}+10.25x_{14}+10.5x_{22}+10.65x_{23}$$
$$+10.8x_{24}+10.3x_{33}+10.45x_{34}+10.6x_{44}$$

把第 i 季度生产的设备数目看作第 i 个生产厂的产量；把第 j 季度交货的设备数目看作第 j 个销售点的销量；成本加储存、维护等费用看作运费。由于产大于销，虚构一个销地，可构造下列产销平衡问题，如表 4-20 所示。

表 4-20　例 4.6 某种规格设备各季节的生产、交货费用表

		到交货时的费用					生产能力
		第 1 季度	第 2 季度	第 3 季度	第 4 季度	虚设交货	
生产	第 1 季度	9.8	9.95	10.1	10.25	0	500
	第 2 季度	M	10.5	10.65	10.8	0	700
	第 3 季度	M	M	10.3	10.45	0	600
	第 4 季度	M	M	M	10.6	0	200
交货量		200	300	500	400	600	2000（平衡）

计算过程从略。

例 4.7　某公司有 A_1、A_2 两个分厂生产某种产品，分别供应 B_1、B_2、B_3 三个地区的销售公司销售。假设两个分厂的产品质量相同。假设有两个中转站 T_1、T_2，并且物资的运输允许在各产地、各销地及各转运站之间，即可以在 A_1、A_2、B_1、B_2、B_3、T_1、T_2 之间相互转运。有关数据如表 4-21 所示。

试求总费用为最少的调运方案。

解　从表 4-21 可以看出，从 A_1 到 B_2 直接运费单价为 11；但从 A_1 经 A_2 到 B_2，运价为 $1+9=10$；而从 A_1 经 T_2 到 B_2 只需 $1+5=6$；若从 A_1 到 A_2 再经 B_1 到 B_2 仅仅需 $1+1+1=3$。可见转运问题比一般运输问题复杂。现在把此转运问题化成一般运输问题，要做如下处理。

① 由于问题中的所有产地、中转站、销地都可以看成产地，也可以看成销地，因此整个问题可以看成一个有 7 个产地、7 个销地的扩大的运输问题。

表 4-21　例 4.7 产地、销地及中转站的有关数据及运费

			到终点的运费							产量
			产地		中转站		销地			
			A_1	A_2	T_1	T_2	B_1	B_2	B_3	A_i
起点	产地	A_1		1	2	1	3	11	3	7
		A_2	1		3	5	1	9	2	9
	中转站	T_1	2	3		1	2	8	4	
		T_2	1	5	1		4	5	2	
	销地	B_1	3	1	2	4		1	4	
		B_2	11	9	8	5	1		2	
		B_3	3	2	4	2	4	2		
销量		b_j					4	7	5	

② 对扩大了的运输问题建立运费表，将表中不可能的运输方案用任意大的正数 M 代替。

③ 所有中转站的产量等于销量，也即流入量等于流出量。由于运费最少时不可能出现一批物资来回倒运的现象，所以每个中转站的转运量不会超过 16，可以规定 T_1、T_2 的产量和销量均为 16。实际的转运量为

$$\sum_{j=1}^{n} x_{ij} \leqslant s_i, i=1,2,\cdots,m$$

$$\sum_{i=1}^{m} x_{ij} \leqslant d_j, j=1,2,\cdots,n$$

这里，s_i 表示 i 点的流出量，d_j 表示 j 点的流入量，对中转点来说，按上面规定 $s_i=d_j=16$。

这样可以在每个约束条件中增加一个松弛变量 x_{ii}，x_{ii} 相当于一个虚构的中转站，其意义就是自己运给自己。$(16-x_{ii})$就是每个中转站的实际转运量，x_{ii} 的对应运价 $c_{ii}=0$。

④ 扩大了的运输问题中原来的产地与销地由于也具有转运作用，所以同样在原来的产量与销量的数字上加上 16，即两个分厂的产量改为 23、25，销量均为 16；3 个销地的每天销量改为 20、23、21，产量均为 16，同时引进 x_{ii} 为松弛变量。

于是可以得到带有中转站的产销平衡运输表，如表 4-22 所示。

表 4-22　例 4.7 带有中转站的产销平衡运输表

			到终点的运费							产量
			产地		中转站		销地			
			A_1	A_2	T_1	T_2	B_1	B_2	B_3	A_i
起点	产地	A_1	0	1	2	1	3	11	3	23
		A_2	1	0	3	5	1	9	2	25

续表

			到终点的运费							产量
			产地		中转站		销地			
			A_1	A_2	T_1	T_2	B_1	B_2	B_3	A_i
起点	中转站	T_1	2	3	0	1	2	8	4	16
		T_2	1	5	1	0	4	5	2	16
	销地	B_1	3	1	2	4	0	1	4	16
		B_2	11	9	8	5	1	0	2	16
		B_3	3	2	4	2	4	2	0	16
销量		b_j	16	16	16	16	20	23	21	128(平衡)

计算过程从略。

思考题

试总结书中涉及的运输问题建模的规律。

本章小结

运输问题是一类特殊的线性规划问题,在经济管理领域有广泛的应用,也是目前企业提升核心竞争力,提高物流配送效率的热点问题。

运输问题的模型在结构上有其自身的特点,可以用比单纯形法更有针对性,也更为简便的解法——表上作业法来求解。初始基本可行解可以用最小元素法和元素差额法来确定;基本可行解的最优性检验原理与单纯形法一样,方法有闭回路法和位势法;其中闭回路法思路简单,含义清晰,可以与单纯形法检验数的概念建立直接联系,缺点是变量个数较多时,寻找闭回路和计算都比较麻烦,位势法计算相对简单,但对含义的理解较抽象。方案调整可以采用闭回路方法在闭回路上实现运量的调整,进而得到新的可行方案,其实质与单纯形法中的换基迭代是一致的,当所有检验数都小于或等于零时求得运输问题的最优方案。

习题 4

4.1 判断表 4-23 和表 4-24 给出的调运方案能否作为用表上作业法求解时的初始解,为什么?

4.2 某公司生产某种产品有 3 个产地 A_1、A_2、A_3,要把产品运送到 4 个销售点 B_1、B_2、B_3、B_4 去销售。各产地的产量、各销地的销量和各产地运往各销地每吨产品的运费如表 4-25 所示。

表 4-23　第 4.1 题调运方案 1

		到销地的运费				产量
		B_1	B_2	B_3	B_4	
产地	A_1	0	15			15
	A_2			15	10	25
	A_3	5				5
销　量		5	15	15	10	

表 4-24　第 4.1 题调运方案 2

		到销地的运费					产　　量
		B_1	B_2	B_3	B_4	B_5	
产地	A_1	150			250		400
	A_2		200	300			500
	A_3			250		50	300
	A_4	90	210				300
	A_5				80	20	100
销　量		240	410	550	330	70	

表 4-25　第 4.2 题某产品运输数据表

		到销地的运费				产量
		B_1	B_2	B_3	B_4	
产地	A_1	5	11	8	6	750
	A_2	10	19	7	10	210
	A_3	9	14	13	15	600
销量		350	420	530	260	1560(产销平衡)

应如何调运，可使得总运输费最小?

(1) 分别用最小元素法和元素差额法求初始基本可行解。

(2) 在上面最小元素法求得的初始基本可行解基础上，用两种方法求出各非基变量的检验数。

(3) 进一步求解这个问题。

4.3　用表上作业法求解表 4-26～表 4-28 所示运输问题。

(1)

表 4-26　第 4.3 题运输问题数据表 1

		到销地的运费				产量
		B_1	B_2	B_3	B_4	
产地	A_1	8	4	7	2	90
	A_2	5	8	3	5	100
	A_3	7	7	2	9	120
销　量		70	50	110	80	

(2)

表 4-27　第 4.3 题运输问题数据表 2

		到销地的运费				产量
		B_1	B_2	B_3	B_4	
产地	A_1	18	14	17	12	100
	A_2	5	8	13	15	100
	A_3	17	7	12	9	150
销　量		50	70	60	80	

(3)

表 4-28　第 4.3 题运输问题数据表 3

		到销地的运费					产　量
		B_1	B_2	B_3	B_4	B_5	
产地	A_1	8	6	3	7	5	20
	A_2	5	—	8	4	7	30
	A_3	6	3	9	6	8	30
销　量		25	25	20	10	20	

4.4　某公司在 3 个地方的分厂 A_1、A_2、A_3 生产同一种产品，需要把产品运送到 4 个销售点 B_1、B_2、B_3、B_4 去销售。各分厂的产量、各销地的销量和各分厂运往各销地每箱产品的运费如表 4-29 所示。

应如何调运，可使得总运输费最小？

4.5　某厂考虑安排某件产品在今后 4 个月的生产计划，已知各月工厂的情况如表 4-30 所示。

试建立运输问题模型，求使总成本最少的生产计划。

表 4-29　第 4.4 题某产品运输数据表

		到销地的运费				产量
		B_1	B_2	B_3	B_4	
产地	A_1	21	17	23	25	300
	A_2	10	15	30	19	400
	A_3	23	21	20	22	500
销量		400	250	350	200	

表 4-30　第 4.5 题各月工厂的情况

项　　目	第 1 个月	第 2 个月	第 3 个月	第 4 个月
单件生产成本	10	12	14	16
每月需求量	400	800	900	600
正常生产能力	700	700	700	700
加班能力	0	200	200	0
加班单件成本	15	17	19	21
库存费用	3	3	3	3

4.6　设某产品有 3 个产地 A_1、A_2、A_3 及 3 个销地 B_1、B_2、B_3，其供应量、需求量和单位产品的运输成本如表 4-31 所示，求运费最少的调运方案。

表 4-31　第 4.6 题单位运费表

		到销地的运费			供　应　量
		B_1	B_2	B_3	
产地	A_1	4	8	8	56
	A_2	16	24	16	82
	A_3	8	16	24	77
需求量		72	102	41	215

4.7　设有运输问题如表 4-32 所示，求最佳调运方案。

表 4-32　第 4.7 题单位运费表

		到销地的运费			供　应　量
		B_1	B_2	B_3	
产地	A_1	2	3	1	1
	A_2	4	2	5	9
	A_3	6	3	7	20
需求量		8	7	10	30 / 25

第5章 整数规划

本章内容要点

- 整数规划相关概念；
- 整数规划问题的一般特点；
- 分支定界法求解过程；
- 割平面法求解过程；
- 0-1 规划的求解方法；
- 指派问题法求解过程。

本章核心概念

- 整数规划(integer programming)；
- 分支定界方法(branch and bound algorithm method)；
- 割平面方法(cutting plane method)；
- 匈牙利方法(Hungarian method)；
- 0-1 规划(0-1 programming)；
- 指派问题(assignment problem)。

■ 案例

经济管理当中经常存在人员指派问题，企业中有 4 个人可以胜任 4 项不同工作的任意一项，但是完成工作的效率有所不同，如表 5-1 所示。

表 5-1 案例工作时间表

任　务	甲	乙	丙	丁
A	10	12	13	15
B	15	10	15	22
C	15	15	14	17
D	20	15	13	16

为了使得企业获得最好的经济效益，应该如何指派这 4 个人完成 4 项不同工作？

用单纯形法求解线性规划问题，其最优解往往是分数或小数。但对于某些实际问题，常要求全部或部分变量的最优解必须是整数。例如，所求的解是人数，机器台数或工厂个数等；又如决策某个方案的取与舍，电路的连通与切断，逻辑运算中涉及的是与非等；再如某种机器有限种运行方式的选择，人员配备的若干组合方案的选取等。这些涉及用整数值来作为取值范围，由于它们的求解过程中的特殊性而构成数学规划的一个分支，称之为整数规划。

在一个线性规划问题中，若要求全部变量取整数值，称为纯整数规划问题。若要求部分变量取整数值，称为混合整数规划问题。有一类整数规划问题，其决策变量只取 0 或 1 值，由于计算上的特殊性，称之为 0-1 规划。

整数规划具有广泛的应用领域，如管理决策、人员组织、生产调度、区域布局、资本预算、资源规划等。在工程和科学计算方面，计算机设计、系统可靠性、编码系统设计等也都提出不少整数规划的问题。

本章介绍整数规划建模中常使用的一些处理方法及最基本的整数规划解法。在最后一节，将介绍一个特殊的整数规划问题——指派问题的解法。

5.1 整数规划问题的提出

5.1.1 问题特征

整数规划问题的一个明显特征是它的变量是离散的，因而在经典连续数学中的理论和基本方法一般无法直接用于求解整数规划问题。

求解整数规划问题，初看起来好像很简单，比如把带有分数或小数的解进行"收尾"或"去尾"处理就可以了。事实上，这样处理有时行得通，有时却行不通。例如，某公司根据市场需要，用线性规划的方法得到一个方案是增加甲产品的工厂 3.7 个，乙产品的工厂 1.5 个。如果用凑整方法求其解，则有 4 个近似方案：(4,1)、(4,2)、(3,1)、(3,2)，显然，这 4 个方案之间差别很大。对原线性规划问题来说，它们有的是可行解，有的则不是可行解；或虽是可行解，但不一定是最优解。因此，对求最优整数解的问题，有必要另行研究。

5.1.2 整数规划建模中常用的处理方法

对于整数规划问题，除考虑到它的某些或全部决策变量有整数限制外，没有特殊的建模难点。比较特殊的是 0-1 变量的使用，它可以把一些不易用数学公式表示的条件，处理成易于表达的数学式。下面介绍一个关于投资问题的数学规划背景及几个 0-1 变量设置问题。

1. 资本预算问题

决策者要对若干潜在的投资方案作出选择，决定是取还是舍。

设共有 n 个投资方案，$c_j(j=1,2,\cdots,n)$为第 j 个投资方案的投资收益，整个投资过程共分为 m 个阶段，b_i 为第 i 阶段的投资总量，a_{ij}为第 i 阶段第 j 项投资方案所需要的资金。目标是在各阶段资金限制下使整个投资的总收益最大。

这类问题是典型的决策问题。设决策变量 x_j 为对第 j 个方案的取($x_j=1$)或舍($x_j=0$)，可得到下列整数规划问题(0-1 规划)。

$$\max S=\sum_{j=1}^{n}c_jx_j$$

$$\begin{cases}\sum_{j=1}^{n}a_{ij}x_j\leqslant b_i, & i=1,2,\cdots,m\\ x_j=0 \text{ 或 } 1, & j=1,2,\cdots,n\end{cases}\tag{5-1}$$

式(5-1)的约束 $\sum_{j=1}^{n} a_{ij}x_j \leqslant b_i (i=1,2,\cdots,m)$ 反映了第 i 个时期资金增长量的平衡。

这里 a_{ij} 代表第 i 时期内第 j 项投资的净资金流量：

① $a_{ij}>0$，表示需附加资金；

② $a_{ij}<0$，表示该项投资在第 i 时期内产生资金。

右端项 b_i 表示第 i 时期外源资金流量的增长量：

① $b_i>0$，表示有附加资金的数量；

② $b_i<0$，表示要抽回资金的数量。

2. 指示变量

指示变量常用于指示不同情况的出现。例如，某产品生产涉及两类成本：一类为产品的边际成本费用 c_1，即再生产一个单位的产品需有 c_1 费用的投入；另一类为固定成本费用 c_2，如装配线的固定投资等，它与生产产品的数量无关，只要生产就必须全数投入。设 x 为产品数量，c 为总成本费用，于是成本费用如下：

当 $x=0$ 时，$c=0$；

当 $x>0$ 时，$c=c_1x+c_2$。

显然，变成了一个非线性的分段函数，为了便于计算，可以引入指标变量 y，即

$$y=\begin{cases}0, & x>0\\1, & x=0\end{cases}$$

于是得到线形函数 $c=c_1x+c_2y$。

例 5.1 仓库位置问题：有 m 个仓库，经营者需要决定动用哪些仓库才能满足 n 个客户的需求，还要进一步决定从各仓库分别向不同客户运送货物的数量，使总的费用最少。

设 f_i 表示动用仓库 i 的固定运营费，c_{ij} 表示从仓库 i 到客户 j 运送单位货物量的费用 $(i=1,2,\cdots,m;j=1,2,\cdots,n)$。设置变量 x_{ij} 为从仓库 i 向客户 j 运送货物的数量，指示变量

$$y_i=\begin{cases}1, & \text{表示动用仓库 } i\\0, & \text{表示不动用仓库 } i\end{cases}$$

规定约束条件：

(1) 每个客户对货物的需求量 d_j，必须从各动用仓库中得到满足。

(2) 不动用的仓库不能对任何客户供货。

这里，第(2)个约束的处理可用下面的不等式：

$$\sum_{j=1}^{n} x_{ij} \leqslant y_i M_i$$

其中，M_i 为可能从仓库 i 中取出货物的上限数，一个较简单的取法为

$$M_i=\sum_{j=1}^{n} d_j, \quad i=1,2,\cdots,m$$

可以看出，当 $y_i=0$ 时，即不动用仓库 i，$x_{ij}\leqslant 0$，$j=1,2,\cdots,n$，又由于 $x_{ij}\geqslant 0$，故这时从第 i 个仓库到第 j 个客户的运量必有 $x_{ij}=0$；当 $y_i=1$ 时，即动用仓库 i，运量不会在这里受

到限制。

根据上述分析，容易得到下列数学模型：

$$\min \sum_{i=1}^{m}\sum_{j=1}^{n} c_{ij}x_{ij} + \sum_{i=1}^{m} f_i y_i$$

$$\begin{cases} \sum_{i=1}^{m} x_{ij} = d_j, & j=1,2,\cdots,n \\ \sum_{j=1}^{n} x_{ij} - y_i \sum_{j=1}^{n} d_j \leqslant 0, & i=1,2,\cdots,m \\ x_{ij} \geqslant 0, & i=1,2,\cdots,m, j=1,2,\cdots,n \\ y_i = 0 \text{ 或 } 1, & i=1,2,\cdots,m \end{cases}$$

3. 线性规划模型的附加条件

在许多实际问题中，线性规划模型中的约束条件允许一定范围的放宽或对个别因素有进一步限制时，常可通过引入0-1变量来处理。下面分3种情况介绍建模思路。

（1）不同时成立的约束条件。设某个模型问题中的约束条件不必同时成立，有 m 个线性不等式约束：

$$\sum_{j=1}^{n} a_{ij}x_j \leqslant b_i, \quad i=1,2,\cdots,m \tag{5-2}$$

对每个约束进入一个指示变量 y_i，并得到每个约束左端的一个上界 $M_i(i=1,2,\cdots,n)$，建立下列不等式：

$$\sum_{j=1}^{n} a_{ij}x_j + M_i y_i \leqslant b_i + M_i, \quad i=1,2,\cdots,m \tag{5-3}$$

显然，当 $y_i=1$ 时，式(5-2)与式(5-3)等价；当 $y_i=0$ 时，式(5-3)是恒成立，相当于除去了这个限制。

在实际问题中，如果至少有 k 个约束成立时，只需附加下列约束：

$$\sum_{i=1}^{m} y_i \geqslant k$$

（2）最优解中非零分量个数的限制。在许多实际问题中，对最优解中的非零分量个数有所限制。类似上述分析可对每个决策变量 x_i 找到其上界 M_i，并引入指示变量 y_i。附加式(5-4)为

$$x_i - M_i y_i \leqslant 0, \quad i=1,2,\cdots,n \tag{5-4}$$

$$\sum_{i=1}^{m} y_i \leqslant k \tag{5-5}$$

可以看出，式(5-4)等价于

$$x_i > 0 \Leftrightarrow y_i = 1$$

$$x_i = 0 \Leftrightarrow y_i = 0$$

式(5-5)说明，非零分量至多有 k 个。

（3）离散的资源变化。实际问题中常出现下列情况：不等式约束：

$$\sum_{j=1}^{n} a_j x_j \leqslant b_i, \quad i=1,2,\cdots,k \tag{5-6}$$

表示右端的值可以有 k 个等级的违背，而 $b_0<b_1<b_2<\cdots<b_k$，这里 b_0 为最低的限制，在这个限制下，无须付出代价；其余的限制 $b_i(i=1,2,\cdots,k)$ 各需相应付出代价 $c_i(i=1,2,\cdots,k)$，自然有 $c_1<c_2<\cdots<c_k$。

在这种情况下，可以引入 0-1 变量 y_i 来把上述情况模型化：用式(5-7)和式(5-8)取代式(5-6)，得

$$\sum_{j=1}^{n} a_j x_j - \sum_{i=0}^{k} b_i y_i \leqslant 0 \tag{5-7}$$

$$\sum_{i=1}^{k} y_i = 1 \tag{5-8}$$

在目标函数上需增加一项(求 min 函数时)

$$\sum_{i=1}^{k} c_i y_i \tag{5-9}$$

由此不难看出，式(5-7)以及式(5-8)决定了式(5-6)中的一个式子成立，而式(5-9)表明把相应的代价加到目标函数中。注意，式(5-9)应在目标函数求最小时使用。请读者思考为什么？在求目标函数最大时该如何处理？

思　考　题

(1) 整数规划问题有什么特点？

(2) 引入指标变量在现行规划建模中有什么作用？

5.2 分支定界法

本章主要讨论线性整数规划问题，设整数规划问题为

$$\max S = \boldsymbol{CX}$$

$$\begin{cases} \boldsymbol{AX} \leqslant \boldsymbol{b} & (\text{或 } \boldsymbol{Ax}=\boldsymbol{b}) \\ \boldsymbol{x} \geqslant \boldsymbol{0}, & x_i(i=1,2,\cdots,n)\text{ 为整数} \end{cases}$$

前文叙述了整数规划问题的特征，于是在求解问题上就自然形成了两个基本的途径：一个是先忽略整数要求，按连续情况求解，然后对解进行整数处理。虽然该方法存在不足，但由于缺乏更好的方法，所以仍是一种可参考的思路；另一个是基于如下考虑：离散情况下的解大多是有限的，因此找出所有的解，再进行比较，这种想法也是自然的，称为穷举法或枚举法。

枚举法在实际中常常是行不通的，因为这个有限的数量往往大得惊人，在允许的时限内，无法求得它们的全部解，更不要说比较了。例如 0-1 规划中的背包问题，设有 60 个变量，其可能的解有 $2^{60}=1.6529\times10^{18}$ 个，如果用计算机每秒处理 1 亿个数据，需要 360 多年。

分支定界法是在20世纪60年代初提出来的，可用于求解纯整数型或混合型的整数规划问题。由于该方法便于用计算机求解，它是目前解整数规划问题的重要方法。下面说明分支定界法的基本思路和步骤。

设有整数规划问题（Ⅰ）为

（Ⅰ）

$$\max S=\sum_{j=1}^{n}c_jx_j$$

$$\begin{cases}\sum_{j=1}^{n}a_{ij}x_j=b_i, & i=1,2,\cdots,m\\ x_j\geqslant 0 \text{ 且 } x_j \text{ 是整数}\end{cases}$$

与它对应的线性规划问题（Ⅱ）（又称为松弛问题）为

（Ⅱ）

$$\max S=\sum_{j=1}^{n}c_jx_j$$

$$\begin{cases}\sum_{j=1}^{n}a_{ij}x_j=b_i, & i=1,2,\cdots,m\\ x_j\geqslant 0 \text{ 且 } x_j \text{ 无整数限制}\end{cases}$$

显然，问题（Ⅰ）的可行解集是问题（Ⅱ）的可行解集的子集。因而，问题（Ⅰ）的最优值≤问题（Ⅱ）的最优值。

第1步，对线性规划问题（Ⅱ）求解，其结果有下列3种情形：

(1) 问题（Ⅱ）无可行解，这时问题（Ⅰ）也无可行解，停止计算；

(2) 问题（Ⅱ）有整数最优解，且符合问题（Ⅰ）的整数条件，这时问题（Ⅱ）的最优解就是问题（Ⅰ）的最优解，停止计算；

(3) 问题（Ⅱ）有最优解，而其解不全为整数。这时问题（Ⅱ）的最优解不是问题（Ⅰ）的可行解。但是，问题（Ⅱ）的目标函数最优值（设为$\bar{S}$），是问题（Ⅰ）的最优目标函数值S^*的上界（求最小值时，为其下界）。

第2步，分支与定界。

设线性规划问题（Ⅱ）的最优解为

$$\boldsymbol{X}^*=(x_1^*,x_2^*,\cdots,x_n^*)^{\mathrm{T}}$$

其中，$x_j^*(j=1,2,\cdots,n)$不是整数，则必有

$$[x_j^*]<x_j^*<[x_j^*]+1$$

其中，$[x_j^*]$表示小于x_j^*的最大整数。由此构造两个约束条件：

$$x_j\leqslant[x_j^*] \quad \text{和} \quad x_j\geqslant[x_j^*]+1$$

将其分别加入问题（Ⅱ），从而得到问题（Ⅱ）的两支子线性规划问题（Ⅲ）和（Ⅳ），即

(Ⅲ) $\max S = \sum_{j=1}^{n} c_j x_j$

$$\begin{cases} \sum_{j=1}^{n} a_{ij} x_j = b_i \\ x_j \leqslant [x_j^*] \\ x_j \geqslant 0 \end{cases}$$

(Ⅳ) $\max S = \sum_{j=1}^{n} c_j x_j$

$$\begin{cases} \sum_{j=1}^{n} a_{ij} x_j = b_i \\ x_j \geqslant [x_j^*] + 1 \\ x_j \geqslant 0 \end{cases}$$

对问题(Ⅲ)和问题(Ⅳ)求解。如果子问题有最优解,但其解不全为整数,则选取最优目标函数值的最大者(若目标函数求最小时,选最小者)作为新的上界;如果子问题中有最优整数解,且其目标函数值小于新的上界,则其值可作为新的下界,(原问题(Ⅰ)的下界可看作0)记作 $\underline{S}$。

第 3 步,剪枝。在继续分支的过程中,各分支的最优目标函数值如果有小于 $\underline{S}$,则称这个分支已被"查清",将该分支剪掉,不再计算。因为再算下去不会得到更好的目标函数值。

若有目标函数值大于下界 $\underline{S}$,且不符合整数条件,则重复第 2 步,直到找到 S^*。

例 5.2 求解问题(Ⅰ):

(Ⅰ) $\max S = 5x_1 + 8x_2$

$$\begin{cases} x_1 + x_2 \leqslant 6 \\ 5x_1 + 9x_2 \leqslant 45 \\ x_1, x_2 \geqslant 0 \text{ 且为整数} \end{cases}$$

(Ⅱ) $\max S = 5x_1 + 8x_2$

$$\begin{cases} x_1 + x_2 \leqslant 6 \\ 5x_1 + 9x_2 \leqslant 45 \\ x_1, x_2 \geqslant 0 \end{cases}$$

解

(1) 设问题(Ⅰ)的松弛问题为问题(Ⅱ),不受整数约束,利用单纯形法求解问题(Ⅱ),得最优解为

$$x_1 = 2.25, \quad x_2 = 3.75 \quad \text{且 } S_0 = 41.25$$

其可行解域如图 5-1 所示。显然原问题(Ⅰ)的可行域是问题(Ⅱ)的可行域的一个子集,整数最优解应出现在可行域的整数点上,$S_0 = 41.25$ 为其上界。

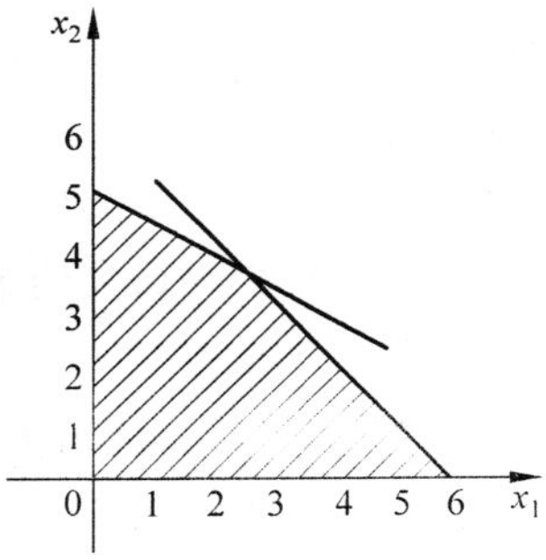

图 5-1 Ⅱ可行域

(2) 分支与定界。因 x_1、x_2 都是小数,可任选一个进行分支。今选 $x_2 = 3.75$,对问题(Ⅱ)增加约束条件:

$$x_2 \leqslant [3.75] = 3 \quad \text{和} \quad x_2 \geqslant [3.75] + 1 = 4$$

则问题(Ⅱ)分解为两个子问题(Ⅲ)和问题(Ⅳ)(即两支)。

(Ⅲ) $\max S = 5x_1 + 8x_2$

$$\begin{cases} x_1 + x_2 \leqslant 6 \\ 5x_1 + 9x_2 \leqslant 45 \\ x_2 \leqslant 3 \\ x_1, x_2 \geqslant 0 \end{cases}$$

(Ⅳ) $\max S = 5x_1 + 8x_2$

$$\begin{cases} x_1 + x_2 \leqslant 6 \\ 5x_1 + 9x_2 \leqslant 45 \\ x_2 \geqslant 4 \\ x_1, x_2 \geqslant 0 \end{cases}$$

求解线性规划问题(Ⅲ)和问题(Ⅳ),得到如下最优解:

问题(Ⅲ) $x_1 = 3, x_2 = 3$ 且 $S_1 = 39$

问题(Ⅳ) $x_1 = 1.8, x_2 = 4$ 且 $S_2 = 41$

问题(Ⅲ)都是整数解,该问题已经查清。然而问题(Ⅲ)虽都是整数解,但 $S_1 < S_2$。这里 $S_1 = 39$ 可作为新的下界,$S_2 = 41$ 可作为新的上界。

值得指出的是,增加了约束条件 $x_2 \leqslant 3$ 和 $x_2 \geqslant 4$ 之后,虽然缩小了可行解的范围,但原问题(Ⅰ)的整数可行解没有变,这是因为在 $3 < x_2 < 4$ 内没有整数解,如图 5-2 所示。

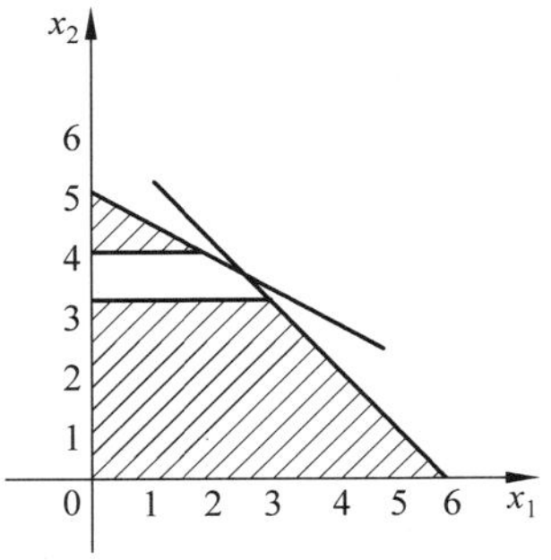

图 5-2 Ⅲ和Ⅳ可行域

(3) 重复步骤(2),继续对问题(Ⅳ)进行分解。因为在问题(Ⅳ)中 $x_1 = 1.8$,对问题(Ⅳ)增加约束条件:

$$x_1 \leqslant [1.8] = 1 \quad \text{和} \quad x_1 \geqslant [1.8] + 1 = 2$$

将问题(Ⅳ)再分解为两个子问题(Ⅴ)和问题(Ⅵ):

(Ⅴ) $\max S = 5x_1 + 8x_2$

$$\begin{cases} x_1 + x_2 \leqslant 6 \\ 5x_1 + 9x_2 \leqslant 45 \\ x_2 \geqslant 4 \\ x_1 \leqslant 1 \\ x_1, x_2 \geqslant 0 \end{cases}$$

(Ⅵ) $\max S = 5x_1 + 8x_2$

$$\begin{cases} x_1 + x_2 \leqslant 6 \\ 5x_1 + 9x_2 \leqslant 45 \\ x_2 \geqslant 4 \\ x_1 \geqslant 2 \\ x_1, x_2 \geqslant 0 \end{cases}$$

求解问题(Ⅴ)和问题(Ⅵ),得问题(Ⅴ)的最优解为

$$x_1 = 1, x_2 = 4\frac{4}{9} \quad \text{且} \quad S_3 = 40\frac{5}{9}$$

问题(Ⅵ)无可行解,这个子问题也已查清。

因为在问题(Ⅴ)中有 $x_2 = 4\frac{4}{9}$,且 $S_1 < S_3 < S_2$,则作为新的上界。继续对问题(Ⅴ)进行分解,对问题(Ⅴ)增加约束条件:

$$x_2 \leqslant 4 \quad \text{和} \quad x_2 \geqslant 5$$

则问题(Ⅴ)又分解为两个子问题(Ⅶ)和问题(Ⅷ):

(Ⅶ) $\max S = 5x_1 + 8x_2$

$$\begin{cases} x_1 + x_2 \leqslant 6 \\ 5x_1 + 9x_2 \leqslant 45 \\ x_2 \geqslant 4 \\ x_1 \leqslant 1 \\ x_2 \leqslant 4 \\ x_1, x_2 \geqslant 0 \end{cases}$$

(Ⅷ) $\max S = 5x_1 + 8x_2$

$$\begin{cases} x_1 + x_2 \leqslant 6 \\ 5x_1 + 9x_2 \leqslant 45 \\ x_2 \geqslant 4 \\ x_1 \leqslant 1 \\ x_2 \geqslant 5 \\ x_1, x_2 \geqslant 0 \end{cases}$$

求解线性规划问题(Ⅶ)和问题(Ⅷ),得到如下最优解:

问题(Ⅶ) $x_1 = 1, x_2 = 4$ 且 $S_5 = 37$;

问题(Ⅷ) $x_1 = 0, x_2 = 5$ 且 $S_6 = 40$。

问题(Ⅶ)和问题(Ⅷ)都是整数解,均属查清。但 $S_5 < S_1$(下界),故将该枝剪去;又 $S_1 < S_6 < S_3$(上界),所以 S_6 为原问题(Ⅰ)的最优值,它对应的解为其最优解。计算终止。

综上所述，求解的全过程可用如图 5-3 所示的树状图表示。图中的 B_0 从问题（Ⅱ）开始，依次编号。

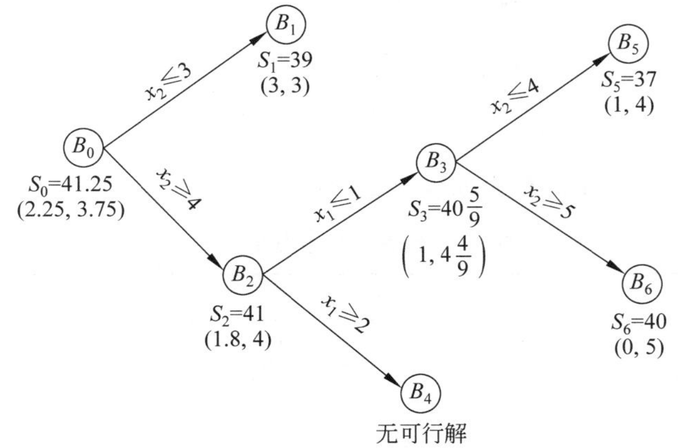

图 5-3　求解树状结构图

思　考　题

（1）整数规划问题和对应的线性规划问题，两者的可行域有什么关系？

（2）简述分支定界方法求解的一般步骤。

（3）用图形的方式说明分支定界方法的求解思路。

5.3　割平面法

割平面法是求解整数规划问题最早提出的一种方法。它的基本思想是，首先不考虑变量是整数的条件，但增加特定的约束条件(称为割平面)，使得在原凸可行域中切掉一部分，被切割掉的这部分不包含任何的整数可行解。这样经过有限次的切割，最终可得到某个顶点的坐标恰好是整数，并且是问题的最优解。

割平面算法的基本类型有纯整数型和混合型。本节仅讨论纯整数型的割平面算法，它的基本要求是：每一个约束条件的所有系数及右端常数项都必须是整数。下面先讨论线性规划问题存在整数解的必要条件。

设有整数规划问题为

（Ⅰ）

$$\max S=\sum_{j=1}^{n} c_j x_j$$

$$\begin{cases}\sum\limits_{j=1}^{n} a_{ij}x_j=b_i, \quad i=1,2,\cdots,m \\ x_j \geqslant 0 \text{ 且是整数}\end{cases}$$

与其对应的线性规划问题为

（Ⅱ）

$$\max S=\sum_{j=1}^{n}c_jx_j$$

$$\begin{cases}\sum_{j=1}^{n}a_{ij}x_j=b_i,(i=1,2,\cdots,m)\\ x_j\geqslant 0\end{cases}$$

用单纯形法求得最终单纯形表如表 5-2 所示。

表 5-2　线性规划最终单纯形表

		x_1	$\cdots$	x_i	$\cdots$	x_m	x_{m+1}	$\cdots$	x_n
S	b_{00}	0	$\cdots$	0	$\cdots$	0	b_{0m+1}	$\cdots$	b_{0n}
x_1	b_{10}	1					b_{1m+1}	$\cdots$	b_{1n}
$\vdots$	$\vdots$		$\ddots$				$\vdots$		$\vdots$
x_i	b_{i0}			1			b_{im+1}	$\cdots$	b_{in}
$\vdots$	$\vdots$				$\ddots$		$\vdots$		$\vdots$
x_m	b_{m0}					1	$b_{m,m+1}$	$\cdots$	b_{mn}

为了表述方便，这里恰好用 $x_1,x_2,\cdots,x_m$ 作为基变量。

如果 $b_{i0}(i=1,2,\cdots,m)$全是整数，显然它是原问题的最优解。

如果 $b_{i0}(i=1,2,\cdots,m)$不全为整数，不妨设 b_{i0}不是整数，则它对应于单纯形表中第 i 个方程

$$x_i+\sum_{j=m+1}^{n}b_{ij}x_j=b_{i0}\tag{5-10}$$

称为割平面的来源行。

令

$$b_{ij}=[b_{ij}]+f_{ij},b_{i0}=[b_{i0}]+f_{i0}$$

其中，$0\leqslant f_{ij}<1$，　$0<f_{i0}<1$，于是式(5-10)可写成

$$x_i+\sum_{j=m+1}^{n}[b_{ij}]x_j+\sum_{j=m+1}^{n}f_{ij}x_j=[b_{i0}]+f_{i0}$$

即

$$x_i+\sum_{j=m+1}^{n}[b_{ij}]x_j-[b_{i0}]=f_{i0}-\sum_{j=m+1}^{n}f_{ij}x_j\tag{5-11}$$

为了使 $x_i(i=1,2,\cdots,m)$是整数，上式右端必须是整式。又注意到 $f_{ij}\geqslant 0,x_j\geqslant 0$，则有

$$f_{i0}-\sum_{j=m+1}^{n}f_{ij}x_j\leqslant f_{i0}<1$$

为小于 1 且不大于 0 的整数，所以有

$$f_{i0}-\sum_{j=m+1}^{n}f_{ij}x_j\leqslant 0\tag{5-12}$$

由上述分析可得如下重要结论：

如果线性规划问题(Ⅱ)有整数解,则它必须满足条件式(5-12),此不等式称为割平面不等式。

在式(5-12)中加入松弛变量 y_i,则有

$$f_{i0}-\sum_{j=m+1}^{n} f_{ij}x_j+y_i=0$$

即

$$-\sum_{j=m+1}^{n} f_{ij}x_j+y_i=-f_{i0} \tag{5-13}$$

称此方程为割平面方程。

可以证明:割平面式(5-12)割去了对应线性规划问题的最优解,但未割去原整数规划问题的任意一个整数可行解。

下面举例说明割平面法的求解步骤。

例 5.3 用割平面法求解。

(Ⅰ)

$$\max S=7x_1+9x_2$$

$$\begin{cases}-\dfrac{1}{3}x_1+x_2\leqslant 2\\ x_1+\dfrac{1}{7}x_2\leqslant 5\\ x_1,x_2\geqslant 0,\text{且为整数}\end{cases}$$

解 把问题(Ⅰ)约束条件中的系数化为整数,加上松弛变量,去掉整数约束,则得对应的线性规划问题为

(Ⅱ)

$$\max S=7x_1+9x_2$$

$$\begin{cases}-x_1+3x_2+x_3=6\\ 7x_1+x_2+x_4=35\\ x_1,x_2,x_3,x_4\geqslant 0\end{cases}$$

(1) 用单纯形法求其解,得最终单纯形表如表 5-3 所示。

表 5-3 例 5.3 线性规划问题最终单纯形表

S	-63	0	0	$-\frac{28}{11}$	$-\frac{15}{11}$
x_1	$\frac{9}{2}$	1	0	$-\frac{1}{22}$	$\frac{3}{22}$
x_2	$\frac{7}{2}$	0	1	$\frac{7}{22}$	$\frac{1}{22}$

其解 $x_1=\frac{9}{2}$,$x_2=\frac{7}{2}$,不满足整数要求。

(2) 引进以 x_2 所在行为来源行的割平面:

$$\frac{1}{2} \leqslant \frac{7}{22}x_3 + \frac{1}{22}x_4 \tag{5-14}$$

在一张单纯形表上，往往产生几个割平面不等式。这里要问，哪一个割平面效果更好？下面给出两条经验规则：

① f_{i0} 的值越大，效果越好；

② f_{i0} 与 $\sum_{j=m+1}^{n} f_{ij}$ 的比值越大，效果越好。

上述引进 x_2 为来源行就是根据规则②得来的。

将上述割平面不等式加入松弛变量 y_1，得割平面方程：

$$\frac{1}{2} - \frac{7}{22}x_3 - \frac{1}{22}x_4 + y_1 = 0$$

即

$$y_1 - \frac{7}{22}x_3 - \frac{1}{22}x_4 = -\frac{1}{2} \tag{5-15}$$

把这个割平面方程放在前面得到的最终单纯形表的最后一行，并增加一列 y_1 写在最后一列，得到表 5-4。

表 5-4　增加割平面行后的单纯形表(1)

S	-63	0	0	$-\frac{28}{11}$	$-\frac{15}{11}$	0
x_1	$\frac{9}{2}$	1	0	$-\frac{1}{22}$	$\frac{3}{22}$	0
x_2	$\frac{7}{2}$	0	1	$\frac{7}{22}$	$\frac{1}{22}$	0
y_1	$-\frac{1}{2}$	0	0	$\left[-\frac{7}{22}\right]$	$-\frac{1}{22}$	1

利用对偶单纯形法求解，得最终单纯形表如表 5-5 所示。

表 5-5　单纯形第一次求解

S	-59	0	0	0	-1	-8
x_1	$\frac{32}{7}$	1	0	0	$\frac{1}{7}$	$-\frac{1}{7}$
x_2	3	0	1	0	0	1
y_3	$\frac{11}{7}$	0	0	1	$\frac{1}{7}$	$-\frac{22}{7}$

以 x_1 行为来源行，得割平面为

$$\frac{4}{7} - \frac{1}{7}x_4 - \frac{6}{7}y_1 \leqslant 0$$

引进松弛变量 y_2，得相应的割平面方程为

$$y_2 - \frac{1}{7}x_4 - \frac{6}{7}y_1 = -\frac{4}{7}$$

将其加在上面单纯形表的最后一行，并再增加一列 y_2，得到表 5-6。

换基迭代,得到表 5-7。

表 5-6　增加割平面行后的单纯形表(2)

S	-59	0	0	0	-1	-8	0
x_1	$\frac{32}{7}$	1	0	0	$\frac{1}{7}$	$-\frac{1}{7}$	0
x_2	3	0	1	0	0	1	0
x_3	$\frac{11}{7}$	0	0	1	$\frac{1}{7}$	$-\frac{22}{7}$	0
y_2	$-\frac{4}{7}$	0	0	0	$-\frac{1}{7}$	$-\frac{6}{7}$	1

表 5-7　单纯形第二次求解

S	-55	0	0	0	0	-2	-7
x_1	4	1	0	0	0	-1	1
x_2	3	0	1	0	0	1	0
x_3	1	0	0	1	0	-4	1
x_4	4	0	0	0	1	6	-7

即原规划问题的最优解为 $x_1=4, x_2=3$。最优值为 $S=55$。

割平面法是高莫瑞(R. E. Gomory)于 1958 年提出来的,他证明了整数规划问题加进有限个割平面方程后总能得到该问题的最优解。但割平面法在执行过程中,往往收敛很慢,如果将该算法与分支定界法配合使用,一般能收到较好的效果。

思　考　题

(1) 一张单纯形表上如果产生多个割平面不等式,应该怎样从中选择?

(2) 相对于分支定界方法,割平面方法有什么优点?

(3) 简述割平面方法的求解原理。

5.4　0-1 规划及隐枚举法

在整数规划中,如果所有决策变量 x_i 只限于取 0 和 1 两个值,则称它为 0-1 规划问题。0-1 规划的一个典型例子就是“背包问题”。

一个旅行者,为了准备旅行的必备物品,要在背包里装一些最有用的东西。但是他最多只能携带质量为 b 的物品。而每件物品都只能整件携带,于是他给每件物品规定了一定的“价值”,以表示其有用程度。如果共有 m 件物品,第 i 件物品质量为 a_i,其价值为 c_i。问题就变成:在携带的物品总质量不超过 b 的条件下,携带哪些物品,可使总价值最大。

首先引进变量 x_i,规定

$$x_i=\begin{cases}1, & \text{当携带第 } i \text{ 件物品时}\\ 0, & \text{当不携带第 } i \text{ 件物品时}\end{cases}$$

问题的数学形式可写成

$$\max \sum_{i=1}^{m} c_i x_i, \quad m \text{ 为正整数}$$

$$\begin{cases} \sum_{i=1}^{m} a_i x_i \leqslant b \\ x_i = 0 \text{ 或 } 1 \end{cases}$$

这是一个典型的 0-1 规划问题。

求解 0-1 规划问题的一种明显方法就是穷举法(显枚举法),即检查变量取值 0 或 1 的每种组合,看其是否满足给定的约束条件,然后再比较目标函数值的大小,从而求得最优解。如果变量个数是 n,就需要检查 2^n 个所有可能的变量组合。对于变量个数 n 相当大时,利用穷举法几乎是不可能的。因此希望设计一种方法,使在达到最优解之前,只需检查所有可能的变量组合的一部分即可,这就是隐枚举法(或部分枚举法)。下面举例说明。

例 5.4 求解

$$\max S = 4x_1 - 2x_2 + 3x_3$$

$$\begin{cases} -2x_1 + 3x_2 - x_3 \leqslant 2 & (1) \\ 4x_1 + x_2 + x_3 \leqslant 4 & (2) \\ x_1 + x_2 \leqslant 1 & (3) \\ x_1, x_2, x_3 = 0, 1 \end{cases}$$

解 因为变量 x_1、x_2、x_3 只取 0 或 1,所以利用二进制加法运算,可得这 3 个变量的所有可能的组合数组。即(0,0,0),(0,0,1),(0,1,0),(0,1,1),…,(1,1,1)。从中任选一组(一般先取较小的),例如:

$$(x_1, x_2, x_3) = (0,0,1)$$

代入目标函数,得 $S=3$。由于所求的是最大化问题,当然希望 $S \geqslant 3$(3 是 S 的下界),于是很自然地可增加一个约束条件:

$$4x_1 - 2x_2 + 3x_3 \geqslant 3 \qquad (*)$$

这个条件称为过滤性约束条件。这样原问题的约束条件就变成 4 个。若用显枚举法,3 个变量共有 $2^3=8$ 个解,原来 3 个约束条件,共需 24 次运算。现在增加了过滤性条件(*),似乎要增加运算次数,但按下述方法进行,就可减少运算次数。具体计算如表 5-8 所示。

表 5-8 例 5.4 求解表

x_1	x_2	x_3	目标函数值		是否满足约束			最优值下界
			S(0)	是否≥下界	(1)	(2)	(3)	
0	0	0	0	×				
0	0	1	3	√	√	√	√	3
0	1	0	−2	×				
0	1	1	1	×				
1	0	0	4	√	√	√	√	4
1	0	1	7	√	√	×		
1	1	0	2	×				
1	1	1	5	√	√	×		

于是得最优解：

$$(x_1, x_2, x_3)=(1,0,0) \quad 且 \quad \max S=4$$

注意：

(1) 表中第2列对应着变量 $\boldsymbol{X}$ 的目标函数值，若以后的约束条件均被满足，则应及时改变最优值的下界，即过滤性条件，然后继续做下去。当某检验条件通不过时，即画“×”，以后各列都不必计算。在变量 $\boldsymbol{X}$ 的所有可能的值都检验过之后，计算表就算完成。表中最后一列最下面那个下界，就是所求的最优值，它所在行对应的 $\boldsymbol{X}$ 就是所求的最优解。

(2) 为了简化计算，常把目标函数的系数按递增(不减)的次序排列。如在上例中，改写 S 为

$$S=4x_1-2x_2+3x_3=-2x_2+3x_3+4x_1$$

因为系数−2、3和4是递增的，变量(x_2, x_3, x_1)也按下述顺序取值：(0,0,0)，(0,0,1)，(0,1,0)，…，(1,1,1)。这样，将会使目标函数的最优值较早出现，使以后的计算量得到减少。按此法计算例1，其过程如表5-9所示。

表 5-9　例 5.4 改进算法求解表

x_3	x_2	x_1	目标函数值		是否满足约束			最优值下界
			S(0)	是否≥下界	(1)	(2)	(3)	
0	0	0	0	√	√	√	√	0
0	0	1	4	√	√	√	√	4
0	1	0	3	×				
0	1	1	7	√	√	×		
1	0	0	−2	×				
1	0	1	2	×				
1	1	0	1	×				
1	1	1	5	√	√	×		

显然，最优解仍是 $x_1=1, x_2=x_3=0$ 且 $S=4$，但计算已得到简化。

思　考　题

(1) 0-1规划中的目标函数在利用隐枚举方法求解时起到了什么作用？

(2) 如何减少0-1规划问题的计算量？

5.5　指派问题

5.5.1　指派问题的数学模型

所谓指派问题是指这样一类问题：有 n 项任务，恰好有 n 个人可以分别去完成其中任何一项，由于任务的性质和每个人的技术专长各不相同，因此，各个人去完成不同任务的效率也不一样。于是提出问题：应当指派哪个人去完成哪项任务，才能使总的效率最高？

类似的指派问题还有：n 台机床加工 n 项任务；n 条航线安排 n 艘船或 n 架客机去航行或飞行等，先看一个具体例子。

例 5.5 某公司有 B_1、B_2、B_3、B_4 4 项不同任务，恰有 A_1、A_2、A_3、A_4 4 个人去完成各项不同的任务。由于任务性质及每人的技术水平不同，他们完成各项任务所需时间如表 5-10 所示。怎样才能使这项工程花费的总时数最少？

表 5-10 工作时间表

任务		B_1	B_2	B_3	B_4
人员	A_1	2	15	13	4
	A_2	10	4	14	15
	A_3	9	14	16	13
	A_4	7	8	11	9

解 设

$$x_{ij}=\begin{cases}1, & \text{指派第 } i \text{ 人去完成第 } j \text{ 项任务时}\\ 0, & \text{不指派第 } i \text{ 人去完成第 } j \text{ 项任务时}\end{cases}$$

其中 $i,j=1,2,3,4$。

按照每个人仅承担一项任务的要求，则有约束：

$$\sum_{j=1}^{4}x_{ij}=1,\quad i=1,2,3,4$$

再依每项任务只能有一人承担的要求，则有约束：

$$\sum_{i=1}^{4}x_{ij}=1,\quad j=1,2,3,4$$

问题的目标函数是

$$\begin{aligned}\min S=&2x_{11}+15x_{12}+13x_{13}+4x_{14}+\\&10x_{21}+4x_{22}+14x_{23}+15x_{24}+\\&9x_{31}+14x_{32}+16x_{33}+13x_{34}+\\&7x_{41}+8x_{42}+11x_{43}+9x_{44}\end{aligned}$$

一般地，指派问题的数学模型为

$$\min S=\sum_{i=1}^{n}\sum_{j=1}^{n}c_{ij}x_{ij}$$

$$\begin{cases}\sum_{j=1}^{n}x_{ij}=1, & i=1,2,\cdots,n\\ \sum_{i=1}^{n}x_{ij}=1, & j=1,2,\cdots,n\\ x_{ij}=0,1\end{cases}$$

其中，目标函数的系数 $c_{ij}\geqslant 0(i,j=1,2,\cdots,n)$。

通常，把这些数写成矩阵形式

$$
\boldsymbol{C}=\begin{bmatrix} c_{11} & c_{12} & \cdots & c_{1n} \\ c_{21} & c_{22} & \cdots & c_{2n} \\ \vdots & \vdots & \ddots & \vdots \\ c_{n1} & c_{n2} & \cdots & c_{nn} \end{bmatrix}
$$

$\boldsymbol{C}$ 称为系数矩阵或效益矩阵。

满足约束条件的可行解也可写成矩阵形式,称为解矩阵。如例 5.5 的系数矩阵和解矩阵分别为

$$
\boldsymbol{C}=\begin{bmatrix} 2 & 15 & 13 & 4 \\ 10 & 4 & 14 & 15 \\ 9 & 14 & 16 & 13 \\ 7 & 8 & 11 & 9 \end{bmatrix},\quad \boldsymbol{X}_{ij}=\begin{bmatrix} 0 & 0 & 0 & 1 \\ 0 & 1 & 0 & 0 \\ 1 & 0 & 0 & 0 \\ 0 & 0 & 1 & 0 \end{bmatrix}
$$

解矩阵中各行各列的元素之和都是 1。

由以上分析可知,指派问题是 0-1 规划问题的特殊情形,也是运输问题的特殊情形(发点与收点相等)。指派问题可用 0-1 规划或运输问题的解法求解,但是它又有其自身的特点,因而有更为简便的解法,即匈牙利法。

5.5.2 匈牙利法

这种方法是匈牙利数学家狄·康尼格(D. Konig)首先提出的。它的基本思想是在效益矩阵的任何行或列中,加上或减去一个常数,使得在不同行不同列中至少有一个为 0 的元素,从而得到与这些零元素相对应的一个最优分配方案。该方法的理论基础是下述定理。

定理 5.1 如果从效益矩阵 $\boldsymbol{C}$ 的每一行元素中分别减去(或加上)一个常数 a_i,从每一列分别减去(或加上)一个常数 b_j,得到一个新的效益矩阵 $\boldsymbol{C}'$,其中每个元素 $c'_{ij}=c_{ij}-a_i-b_j$,则以 $\boldsymbol{C}'$为系数矩阵的最优解与以 $\boldsymbol{C}$ 为系数矩阵的最优解相同。

证 事实上,新的目标函数为

$$
\begin{aligned}
S' &= \sum_{i=1}^{n}\sum_{j=1}^{n} c'_{ij}x_{ij} = \sum_{i=1}^{n}\sum_{j=1}^{n}(c_{ij}-a_i-b_j)x_{ij} \\
&= \sum_{i=1}^{n}\sum_{j=1}^{n} c_{ij}x_{ij} - \sum_{i=1}^{n}a_i\sum_{j=1}^{n}x_{ij} - \sum_{j=1}^{n}b_j\sum_{i=1}^{n}x_{ij} \\
&= \sum_{i=1}^{n}\sum_{j=1}^{n} c_{ij}x_{ij} - \sum_{i=1}^{n}a_i - \sum_{j=1}^{n}b_j
\end{aligned}
$$

上式表明,新目标函数等于原目标函数减去(或加上)两个常数。因此,当新目标函数达到最小值时,相应地,原目标函数也达到最小值。

下面用例 5.5 来具体说明匈牙利法的计算步骤。

第 1 步,从效益矩阵的每行减去各行中的最小元素,再从每列中减去各列的最小元素,得

$$
\boldsymbol{C}=\begin{pmatrix}2 & 15 & 13 & 4\\ 10 & 4 & 14 & 15\\ 9 & 14 & 16 & 13\\ 7 & 8 & 11 & 9\end{pmatrix}\begin{matrix}-2\\-4\\-9\\-7\end{matrix}\rightarrow\begin{pmatrix}0 & 13 & 7 & 0\\ 6 & 0 & 6 & 9\\ 0 & 5 & 3 & 2\\ 0 & 1 & 0 & 0\end{pmatrix}=\boldsymbol{C}'
$$

$$
\qquad\qquad -4 \quad -2
$$

这里$\boldsymbol{C}'$称为初始缩减矩阵。把各行各列所减去的数之总和称为缩减量，本题的缩减量为

$$
S=2+4+9+7+4+2=28
$$

注意：如果某行(或列)有零元素，就不必再减。

第 2 步，试制一个指派方案，以寻求最优解。

经过第 1 步变换后，系数矩阵中每行每列都已有了零元素，还需要找出 n 个独立的零元素，即找出 n 个位于不同行不同列的零元素来。若能找出，则以这些零元素对应的元素位置为 1，其余为 0，便得到一个解矩阵，从而得到最优解。

寻找 n 个独立零元素的方法如下：

(1) 从第一行开始检查。若某一行只有一个零元素，就对这个零元素打上△号，然后划去△所在列的其他零元素，记作∅。

(2) 从第一列开始检查，若某列只有一个零元素，就对这个零元素打上△号(不考虑已划去的零元素)，然后再划去△所在行的其他零元素，记作∅。

(3) 重复(1)、(2)两步，直到所有零元素打上△号或被划去。

现用例 5.5 得到的$\boldsymbol{C}'$矩阵按上述步骤运算，最后得

$$
\begin{pmatrix}\varnothing & 13 & 7 & \triangle\\ 6 & \triangle & 6 & 9\\ \triangle & 5 & 3 & 9\\ \varnothing & 1 & \triangle & \varnothing\end{pmatrix}
$$

从而得最优解为

$$
\boldsymbol{X}=\begin{pmatrix}0 & 0 & 0 & 1\\ 0 & 1 & 0 & 0\\ 1 & 0 & 0 & 0\\ 0 & 0 & 1 & 0\end{pmatrix}
$$

这表示 A_1 去完成任务 B_4，A_2 去完成任务 B_2，A_3 去完成任务 B_1，A_4 去完成任务 B_3 所需总时间最少，这时可得

$$
\min S=c_{14}+c_{22}+c_{31}+c_{43}=28
$$

注意：

(1) 如果在矩阵中能得到位于不同行不同列的 $n(=4)$个△，那么就完成了求最优解的过程。

(2) 如果矩阵中的所有零元素或打上△号，或被划去(∅)，而不是每一行都有打△号的零元素，那么解题过程还没有完成。如下述例 5.6，这时应转第 3 步。

例 5.6 求缩减矩阵为$\boldsymbol{C}'$的分配问题的最优解。

$$C'=\begin{pmatrix}0&8&2&5\\11&0&5&4\\2&3&0&0\\0&11&4&5\end{pmatrix}\rightarrow\begin{pmatrix}\triangle&8&2&5\\11&\triangle&5&4\\2&3&\triangle&\varnothing\\\varnothing&11&4&5\end{pmatrix}$$

第 3 步，作覆盖所有零元素的最少数量的直线，以确定系数矩阵中最多的独立元素数。具体方法步骤如下：

(1) 对没有△的行打√号；

(2) 在已打√号的行上对有零元素的列打√号；

(3) 再对打√号的列上有△的行打√号；

(4) 重复步骤(2)、(3)直到得不出新的打√的行、列为止；

(5) 对没有打√的行画横线，对所有打√的列画纵线，这就得到覆盖所有零元素的最少直线数。

在上述例 5.6 的 C' 中依次进行上列各项工作：按步骤(1)，在第 4 行打√号；按步骤(2)在第 1 列打√号；按步骤(3)，在第 1 行打√号。然后按步骤(5)，在第 2、3 行画横线，在第一列画纵线，得到覆盖所有零元素的最少直线，如下：

$$\xrightarrow{\text{第 3 步}}\begin{pmatrix}\triangle&8&2&5\\11&\triangle&5&4\\2&3&\triangle&\varnothing\\\varnothing&11&4&5\end{pmatrix}\begin{matrix}\surd\\\\\\\surd\end{matrix}$$
$$\surd$$

第 4 步，修改缩减矩阵，使每行每列都至少有一个△元素。具体方法如下：

(1) 在第 3 步得到的矩阵中，对没有被直线覆盖的部分找出最小元素；

(2) 在打√号行的各元素中都减去这最小元素；

(3) 在打√号列的各元素中都加上这最小元素。

从而得到一个新的缩减矩阵。如果它已有 n 个不同行不同列的零元素，则求解过程已完成，如果还没有得到 n 个零元素，则返回第 3 步重复进行。

在上述第 3 步结果中，没有被直线覆盖的部分最小元素是 2；在打√号行的各元素都减去 2；在打√号列的各元素都加上 2，便得

$$\xrightarrow{\text{第 4 步}}\begin{pmatrix}0&6&0&3\\13&0&5&4\\4&3&0&0\\0&9&2&3\end{pmatrix}\rightarrow\begin{pmatrix}\varnothing&6&\triangle&3\\13&\triangle&5&4\\4&3&\varnothing&\triangle\\\triangle&9&2&3\end{pmatrix}$$

至此，已经出现 $n(=4)$ 个不同行不同列的△元素，解题过程完成。最优解的矩阵形式是

$$(x_{ij})=\begin{pmatrix}0&0&1&0\\0&1&0&0\\0&0&0&1\\1&0&0&0\end{pmatrix}$$

5.5.3 一般情况的处理

(1) 上面仅限于对极小化问题的研究。至于对极大化问题,即目标函数为求

$$\max S=\sum_{i=1}^{n}\sum_{j=1}^{n}c_{ij}x_{ij}$$

则目标函数等价于求

$$\min S'=\sum_{i=1}^{n}\sum_{j=1}^{n}(-c_{ij})x_{ij}$$

这样一来效益矩阵中元素全成了非正值,而匈牙利法严格要求每个元素大于或等于0。为了能用匈牙利法求解,可作一新矩阵,使每个元素为

$$c'_{ij}=M-c_{ij}$$

其中,M 是足够大的常数(例如可取 c_{ij} 中最大的元素作为 M)。这时 $c'_{ij}\geqslant 0$,符合匈牙利法的要求。

(2) 使用匈牙利方法求解指派问题时,若试派不合适,可能出现虽有个独立零元素,但试派不成功的情况,如例5.7所示。

例 5.7 设一个指派问题的系数矩阵如下:

$$\begin{pmatrix}0&0&1&1&1&1&1&1\\1&0&0&0&1&1&1&1\\1&0&0&0&0&1&1&1\\1&0&0&0&0&1&1&1\\1&1&1&1&1&0&0&0\\1&1&1&1&1&0&0&0\\1&1&1&1&1&0&0&1\\0&1&1&1&1&0&1&1\end{pmatrix}$$

解 矩阵中每行、每列均有0,可直接指派

$$\begin{pmatrix}\triangle&\varnothing&1&1&1&1&1&1\\1&\triangle&\varnothing&\varnothing&1&1&1&1\\1&\varnothing&\varnothing&\varnothing&\triangle&1&1&1\\1&\varnothing&\triangle&\varnothing&\varnothing&1&1&1\\1&1&1&1&1&\varnothing&\varnothing&\triangle\\1&1&1&1&1&\varnothing&\varnothing&\varnothing\\1&1&1&1&1&\varnothing&\triangle&1\\\varnothing&1&1&1&1&\triangle&1&1\end{pmatrix}\begin{matrix}\surd\\\surd\\\surd\\\surd\\\surd\\\surd\\\surd\\\surd\end{matrix}$$
$$\begin{matrix}\surd&\surd&\surd&\surd&\surd&\surd&\surd&\surd\end{matrix}$$

每行、每列都至少有2个0,从左上角开始,选第1行第一列0元素画三角,按算法进行。得到三角的个数 $m=7<n=8$。在进行算法第4步,得到覆盖所有零元素的直线数为8。于是重新试派。

为了避免重复前次试派的失败,首先选第1行第2列的0元素画三角,以下按算法进行

$$\begin{pmatrix} \varnothing & \triangle & 1 & 1 & 1 & 1 & 1 & 1 \\ 1 & \varnothing & \triangle & \varnothing & 1 & 1 & 1 & 1 \\ 1 & \varnothing & \varnothing & \triangle & \varnothing & 1 & 1 & 1 \\ 1 & \varnothing & \varnothing & \varnothing & \triangle & 1 & 1 & 1 \\ 1 & 1 & 1 & 1 & 1 & \varnothing & \varnothing & \triangle \\ 1 & 1 & 1 & 1 & 1 & \triangle & \varnothing & \varnothing \\ 1 & 1 & 1 & 1 & 1 & \varnothing & \triangle & 1 \\ \triangle & 1 & 1 & 1 & 1 & \varnothing & 1 & 1 \end{pmatrix}$$

得到最优解，$x_{12}=x_{23}=x_{34}=x_{45}=x_{58}=x_{66}=x_{77}=x_{81}=1$，其余 $x_{ij}=0$。

(3) 在实际中，常遇到人和任务不相等的情况，一般处理方法是补充虚拟的人或任务，使人和任务相同。下面用两个例题来介绍这个过程。

例 5.8 设需要指派甲、乙、丙、丁 4 个人完成 5 项任务 A、B、C、D、E。每人完成各项任务的时间如表 5-11 所示。

表 5-11 例 5.8 数据

任　　务	A	B	C	D	E
甲	5	9	11	22	17
乙	24	23	11	5	18
丙	14	7	8	20	12
丁	4	22	16	3	25

由于任务数多于人数，故规定其中 1 人可兼完成 2 项任务外，其余 3 人每人只能完成剩下的 3 项任务之一。试确定使总花费时间最少的指派方案。

解 虚设 1 人为戊，此人所对应的任务将是甲、乙、丙、丁中某人完成的第 2 项任务，因此，把戊完成 A、B、C、D、E 任务所需时间设为各人完成该项任务所需的最少时间。于是得到下列系数矩阵

$$\boldsymbol{C}=\begin{pmatrix} 5 & 9 & 11 & 22 & 17 \\ 24 & 23 & 11 & 5 & 18 \\ 14 & 7 & 8 & 20 & 12 \\ 4 & 22 & 16 & 3 & 25 \\ 4 & 7 & 8 & 3 & 12 \end{pmatrix}$$

先变换 $\boldsymbol{C}$，使之每行、每列至少有一个 0，按照算法得到矩阵

$$\begin{matrix} \begin{pmatrix} \triangle & 4 & 5 & 17 & 7 \\ 19 & 18 & 5 & \triangle & 8 \\ 7 & \triangle & \varnothing & 13 & \varnothing \\ 1 & 19 & 12 & \varnothing & 17 \\ 1 & 4 & 4 & \varnothing & 4 \end{pmatrix} & \begin{matrix} \\ \checkmark \\ \\ \checkmark \\ \checkmark \end{matrix} \\ \begin{matrix} \quad & \quad & \quad & \quad\quad\quad\checkmark & \quad \end{matrix} & \end{matrix}$$

选出未被直线覆盖的元素中最小者 1，根据算法得到新的矩阵

$$
\begin{array}{c}
\begin{pmatrix}
\triangle & 4 & 5 & 18 & 7 \\
18 & 17 & 4 & \triangle & 7 \\
7 & \triangle & \varnothing & 14 & \varnothing \\
\varnothing & 18 & 11 & \varnothing & 16 \\
\varnothing & 3 & 3 & \varnothing & 3
\end{pmatrix}
\begin{array}{c}
\surd \\ \surd \\ \\ \surd \\ \surd
\end{array} \\
\begin{array}{ccccc}
\surd & & & \surd &
\end{array}
\end{array}
$$

选出未被直线覆盖的元素中最小者 3，根据算法得到新的矩阵

$$
\begin{array}{c}
\begin{pmatrix}
\triangle & 1 & 2 & 21 & 4 \\
21 & 14 & 1 & \triangle & 4 \\
10 & \triangle & \varnothing & 17 & \varnothing \\
\varnothing & 15 & 8 & \varnothing & 13 \\
\varnothing & \varnothing & \triangle & \varnothing & \varnothing
\end{pmatrix}
\begin{array}{c}
\surd \\ \surd \\ \\ \surd \\
\end{array} \\
\begin{array}{ccccc}
\surd & & & \surd &
\end{array}
\end{array}
$$

选出未被直线覆盖的元素中最小者 1，根据算法得到新的矩阵

$$
\begin{pmatrix}
\triangle & \varnothing & 1 & 22 & 3 \\
22 & 13 & \triangle & \varnothing & 3 \\
11 & \triangle & \varnothing & 18 & \varnothing \\
\varnothing & 14 & 7 & \triangle & 12 \\
1 & \varnothing & \varnothing & 1 & \triangle
\end{pmatrix}
$$

对新得到的矩阵再试派，得到 5 个独立 0 元素。于是得到最优解，$x_{11}=x_{23}=x_{32}=x_{44}=x_{55}=1$。即甲完成任务 A，乙完成任务 C，丙完成任务 B 和 E，丁完成任务 D，总用时为 $5+11+7+3+12=38$。这里 x_{55} 对应的 12 是丙完成 E 的时间，故丙兼任两项任务。

例 5.9 从甲、乙、丙、丁、戊 5 中选 4 个人完成 4 项任务 A、B、C、D。规定每人只能单独完成一项任务。每人完成不同任务的工作时间如表 5-12 所示。

表 5-12 例 5.9 工作时间表

任务	甲	乙	丙	丁	戊
A	10	2	3	15	9
B	5	10	15	2	4
C	15	5	14	7	15
D	20	15	13	6	8

另外，由于某种原因，甲必须分配一项任务，丁不能承担任务 D。求满足这些条件，并使总用时最少的指派方案。

解 为了使任务与人的数量相等，需引入一项虚拟任务 E。每人完成 E 所需的时间在没有其他要求时，可设为 0，因为任何人轮空的可能都是相同的。为了不使甲轮空，即甲不能对应任务 E，而要求丁不能对应任务 D，可以取相应的完成时间充分大，手算时可直接取为 ∞，即得系数矩阵

$$
\begin{pmatrix}
10 & 2 & 3 & 15 & 9 \\
5 & 10 & 15 & 2 & 4 \\
15 & 5 & 14 & 7 & 15 \\
20 & 15 & 13 & \infty & 8 \\
\infty & 0 & 0 & 0 & 0
\end{pmatrix}
$$

变换上述矩阵使每行、每列至少有一个 0，按照算法得到新的矩阵

$$
\begin{array}{c}
\begin{pmatrix}
5 & \triangle & 1 & 13 & 7 \\
\triangle & 8 & 13 & \varnothing & 2 \\
7 & \varnothing & 9 & 2 & 10 \\
9 & 7 & 5 & \infty & \triangle \\
\infty & \varnothing & \triangle & \varnothing & \varnothing
\end{pmatrix}
\begin{matrix} \surd \\ \\ \surd \\ \\ \\ \end{matrix} \\
\begin{matrix} & \surd & & & \end{matrix}
\end{array}
$$

选出未被直线覆盖的元素中最小者 1，根据算法得到新的矩阵

$$
\begin{pmatrix}
4 & \varnothing & \triangle & 12 & 6 \\
\triangle & 9 & 13 & \varnothing & 2 \\
6 & \triangle & 8 & 1 & 9 \\
9 & 8 & 5 & \infty & \triangle \\
\infty & 1 & \varnothing & \triangle & \varnothing
\end{pmatrix}
$$

于是得到最优解，$x_{13}=x_{21}=x_{32}=x_{45}=x_{54}=1$。即甲完成任务 B，乙完成任务 C，丙完成任务 A，戊完成任务 D，丁轮空。总用时为 5+5+3+8=21。

思 考 题

(1) 分派问题中，如果目标函数是求最大，采用匈牙利方法得到的缩减量与最优值之间有什么关系？

(2) 如果任务数多于人数，并且要求每人只完成一项工作，应该如何建立分派模型？

本章小结

整数规划是一类特殊的线性规划问题，用于解决决策变量部分或全部为整数的情况。本章中介绍的分支定界方法和割平面方法是目前研究较为成熟、应用较为广泛的两种方法。这两种方法都是从对应的线性规划问题出发，在分支定界方法中，采用分支、剪枝、定界等方法，逐渐缩小可行区域、边界范围，进而得到整数规划的最优解；在割平面方法中，通过增加约束条件的方法，逐渐缩小线性规划问题的可行区域，进而求得对应整数规划问题的最优解。这两种方法适用于解决纯整数规划问题和混合整数规划问题。

0-1 规划是整数规划的一种特殊情况，它的特点是，决策变量只能取 0 和 1 两个逻辑变量值。因此 0-1 规划较一般整数规划问题具有更好的解决方法，本章介绍的隐枚举方法通

过增加一个过滤性条件，在枚举法的基础上大大减少了计算工作量。

指派问题是一种特殊的 0-1 规划问题，也是一种特殊的运输问题。匈牙利方法是目前这一问题最有效的解决方法。但是需要注意的是，该方法只能求解目标函数为最小化，人数和任务数相等的情况，对于其他情况需要进行转换。

习　题　5

5.1　某集团公司要向国外派出若干项目的考察组，现有候选的考察组 6 个，记为 A_j ($j=1,2,\cdots,6$)，各组的人数为 n_j，考察工作所需费用为 c_j，预期创造的成果折合成标准分数为 r_j。由于总人数要限制在 N 之内，总费用限制在 C 之内，所以只能选派其中若干的考察组。要求各考察组不能拆散，同时有下列限制：

(1) A_1 与 A_2 中至多派 1 组；

(2) A_2 与 A_6 中至少派 1 组；

(3) A_3 与 A_5 要么同时派出，要么都不派出。

试建立满足上述条件，并且使考察成果的预期总标准分最高的数学模型。

5.2　用分支定界法求下面整数规划问题：

(1) $\max S=20x_1+10x_2$

$$\begin{cases}5x_1+4x_2\leqslant 24\\2x_1+5x_2\leqslant 13\\x_1,x_2\geqslant 0\text{ 且为整数}\end{cases}$$

(2) $\min S=-3x_1+2x_2$

$$\begin{cases}2x_1+x_2\leqslant 55\\5x_1+4x_2\leqslant 62\\x_2\geqslant 0\end{cases}$$

5.3　用割平面法求解。

(1) $\max S=x_1+x_2$

$$\begin{cases}2x_1+x_2\leqslant 6\\4x_1+5x_2\leqslant 20\\x_1,x_2\geqslant 0\text{ 且为整数}\end{cases}$$

(2) $\min S=x_1-3x_2$

$$\begin{cases}-x_1+2x_2\leqslant 6\\x_1+x_2\leqslant 5\\x_1,x_2\geqslant 0\text{ 且为整数}\end{cases}$$

5.4　求解下列 0-1 规划问题：

(1) $\max S=3x_1-2x_2+5x_3$

$$\begin{cases}x_1+2x_2-x_3\leqslant 2\\x_1+4x_2+x_3\leqslant 4\\x_1+x_2\leqslant 3\\4x_2+x_3\leqslant 6\\x_1,x_2,x_3=0\text{ 或 }1\end{cases}$$

(2) $\max S=20x_1+40x_2+20x_3+15x_4+30x_5$

$$\begin{cases}5x_1+4x_2+3x_3+7x_4+8x_5\leqslant 25\\x_1+7x_2+9x_3+4x_4+6x_5\leqslant 23\\8x_1+10x_2+2x_3+x_4+10x_5\leqslant 24\\x_j=0\text{ 或 }1\text{ 且 }j=1,2,\cdots,5\end{cases}$$

5.5 一个指派问题的系数矩阵如下：

$$C=\begin{bmatrix}15 & 18 & 21 & 24\\ 19 & 23 & 22 & 18\\ 26 & 17 & 16 & 19\\ 19 & 21 & 23 & 17\end{bmatrix}$$

求解此问题。

5.6 游泳队要派人参加 200 米混合泳接力，现有 5 名运动员个人项目的预赛成绩如表 5-13 所示。试找出一个组合使预期的接力成绩最好。

表 5-13 第 5.6 题预赛成绩表 单位：秒

运动员		甲	乙	丙	丁	戊
泳姿	仰泳	37.7	32.9	33.8	37.0	35.4
	蛙泳	43.3	33.1	42.2	34.7	41.8
	蝶泳	33.3	28.5	38.9	30.4	33.6
	自由泳	29.2	26.4	29.4	28.5	31.1

5.7 第 5.6 题中若甲为队长，必须参加比赛，那么组队情况是否有变化，如何变化？

5.8 某车间新购进 5 部不同的机器，计划分配给 5 个工人操作。由于机器性能与工人的技术水平不同，机器运转后，每天所创造的价值也不同，有关数据如表 5-14 所示。

表 5-14 第 5.8 题机器每天创造的价值 单位：千元

工人		甲	乙	丙	丁	戊
机器	A	4	2	3	4	3
	B	6	4	5	5	6
	C	7	6	7	6	8
	D	7	8	8	6	7
	E	7	9	8	6	8

怎样做分配方案才能使创造的总价值最多？

5.9 某运输队有 4 辆汽车，要完成 5 项运输任务，要求有一辆汽车要完成两项任务，其余各完成一项任务，各车的运费如表 5-15 所示。

表 5-15 第 5.9 题各车的运费 单位：元

任务		A	B	C	D	E
汽车	1	110	125	143	105	128
	2	132	197	218	162	207

续表

任务		A	B	C	D	E
汽车	3	87	286	107	95	78
	4	114	155	198	128	243

(1) 求运输费用最少的运输方案。

(2) 设表中的数据为运输得到的利润,求利润最高的运输方案。

第6章 目标规划

本章内容要点

- 目标规划的基本特征、基本概念和模型；
- 目标规划一般建模方法；
- 目标规划的图解法、几何意义；
- 单纯形法求解目标规划。

本章核心概念

- 目标规划(goal programming)；
- 偏差变量(deviational variables)；
- 目标约束(goal constraints)；
- 绝对约束(absolute constraints)；
- 优先因子(priority symbol)；
- 权系数(weight number)。

■ **案例**

某公司用一条生产线生产两种产品 A 和 B，每周生产线运行时间为 60 小时，生产一台 A 产品需要 4 小时，生产一台 B 产品需要 6 小时。根据市场预测，A、B 产品平均销售量分别为每周 9 台和 8 台，它们销售利润分别为 12 万元和 18 万元。在制订生产计划时，经理考虑下述 4 项目标：

首先，产量不能超过市场预测的销售量；

其次，工人加班时间最少；

第三，希望总利润最大；

最后，要尽可能满足市场需求，当不能满足时，市场认为 B 产品的重要性是 A 产品的 2 倍。试建立这个问题的数学模型。

6.1 目标规划的数学模型

6.1.1 目标规划问题的提出

线性规划问题是指在一组约束条件下，求一目标函数的最大或最小问题，这被称为单目标规划。而在实际经济活动中，目标往往不止一个。例如，企业在生产过程中，不仅要考虑产值最大，而且要考虑市场需求、经济效益、原材料消耗、环境保护等一系列目标，在这些目标中，它们相互排斥，彼此矛盾。若要对此类规划问题进行决策，找出最佳方案，线性规划就显得无能为力了。为适应实际问题决策的需要，20 世纪 60 年代初，人们提出了解决多目标优化问题的数学方法——目标规划。

下面从具体实例引进多目标线性规划的有关概念及数学模型。

例 6.1 某工厂生产 A、B 两种机床，在一个周期内有效工时为 1400 小时，平均每生产一台产品 A 为 20 小时，一台产品 B 为 10 小时。市场预测在一个周期内，A 的需求量为 60 台，B 为 100 台，每台利润 A 为 300 元，B 为 120 元，试求利润最大的生产计划。

解 这是一个线性规划问题，其数学模型为

$$\max S = 300x_1 + 120x_2$$

$$\begin{cases} 20x_1 + 10x_2 \leqslant 1400 \\ x_1 \leqslant 60 \\ x_2 \leqslant 100 \\ x_1, x_2 \geqslant 0 \end{cases}$$

用单纯形法可求得最优解为 $x_1 = 60$，$x_2 = 20$，最优值为 $S = 20\,400$(元)。

但实际问题并不这么简单，如果考虑到企业的内部潜力及市场的需求，现在要求制订满足下列目标的生产计划。

第一目标：尽量完成本周期的利润指标 24 000 元。

第二目标：生产量不超过最大销售量。

第三目标：用工总时数最好不超过 1400 小时，不得已时，超过量越小越好。

这就变成一个目标规划问题，它是从线性规划发展起来的，因而它的目标函数，约束条件也只能是线性的。

6.1.2 目标规划模型的基本概念

1. 偏差变量 d^+ 与 d^-

d^+：表示决策值超过目标值的部分，称为正偏差量。

d^-：表示决策值未达到目标值的部分，称为负偏差变量。

2. 绝对约束和目标约束

绝对约束是指对某种资源的使用上受到的严格限制。如线性规划问题中的等式或不等式约束，就是绝对约束。

在目标规划中，任何一个约束条件，可根据实际需要，将其作为优化目标来处理，即对它们引入偏差变量，并把它们置于同目标函数一样的地位。这类约束称为目标约束。如上面例子中的第一目标，在给定目标值(24 000)和加入正负偏差变量之后，可变为目标约束，即有

$$300x_1 + 120x_2 + d_1^- - d_1^+ = 24\,000$$

这个目标约束表明，在实现规定的利润指标时，可能出现下列情况之一：

$d_1^+ > 0, d_1^- = 0$，表示超额完成；

$d_1^+ = 0, d_1^- > 0$，表示没有完成；

$d_1^+ = 0, d_1^- = 0$，表示恰好完成。

因此,对于偏差变量 d_1^+ 和 d_1^-,恒有 $d_1^+ \cdot d_1^- = 0$。

本例中对总工时的约束条件 $20x_1 + 10x_2 \leqslant 1400$,可变换为目标约束:

$$20x_1 + 10x_2 + d_2^- - d_2^+ = 1400$$

类似地,可得产量的目标约束为

$$x_1 + d_3^- - d_3^+ = 60$$

$$x_2 + d_4^- - d_4^+ = 100$$

3. 目标规划中的目标函数

若原线性规划问题中的目标函数变为目标约束条件,那么对满足目标约束与绝对约束的解,应如何判别它的优劣呢?从决策者的要求来分析,他总希望将来得到的结果与规定的指标值之间的偏差量越小越好。而偏差量是通过偏差变量 d^+ 与 d^- 来表示的,因此,目标规划中的目标函数就表示为偏差变量的函数。一般情况下,决策者可根据不同情况、不同要求来构造目标函数,其基本形式有以下 3 种:

(1) 要求恰好达到规定的目标值,即正负偏差变量要尽可能小。这时构造的目标函数为

$$\min Z = d^+ + d^-$$

(2) 要求超过规定的目标值。这时超过量可以不限,但必须使负偏差量尽可能小。于是构造的目标函数为

$$\min Z = d^-$$

(3) 要求小于规定的目标值,即允许达不到目标值。这时正偏差变量要尽可能小。这里构造的目标函数为

$$\min Z = d^+$$

4. 目标函数的优先级与权系数

由于优化目标的量纲和取值范围各不相同,若把它们所对应的偏差变量置于同一个目标函数中进行优化,显然是不妥当的。因此,在目标规划中,按照经营目标的轻重缓急划分优先级。把各个目标分别安排在不同的优先级上进行处理。比如,需要最先满足的目标,赋予它优先因子 P_1,次重要的目标赋予它优先因子 P_2……并规定:$P_k >> P_{k+1}$,表示 P_k 比 P_{k+1} 有更大的优先权。即首先保证 P_1 级目标的实现,而 P_2 级目标是在实现 P_1 级目标的基础上考虑的,以此类推。值得指出的是,目标的优先级是一个定性概念,不同优先级之间无法从数量上进行比较。对于同属一个优先级的不同目标,可按其重要程度冠以不同的权系数,权系数是一种可用数量来衡量的指标。

下面用前例说明目标规划的目标函数及其数学模型。根据题意可得以下结论。

第一优先级:要求完成利润指标,赋予它优先因子 P_1,故取 $P_1 d_1^-$ 最小。

第二优先级:要求生产量不超过销售量(市场需求量)。故取 $P_2 d_3^+$ 与 $P_2 d_4^+$ 最小,但是,单位产品 A 的利润与单位产品 B 的利润之比为 300 : 120=2.5 : 1。因此,就销售而言,销售 A 应优先于销售 B。以它们的利润比值为权系数,取 $2.5P_2 d_3^+ + P_2 d_4^+$ 为最小值。

第三优先级:加班时数尽可能减到最小,故取 $P_3 d_2^+$ 为最小值。

于是得极小值化的数学模型为

$$\min f(d)=P_1 d_1^- + 2.5P_2 d_3^+ + P_2 d_4^+ + P_3 d_2^+$$

$$\begin{cases} 300x_1+120x_2+d_1^- - d_1^+ = 24\,000 \\ 20x_1+10x_2+d_2^- - d_2^+ = 1400 \\ x_1 + d_3^- - d_3^+ = 60 \\ x_2 + d_4^- - d_4^+ = 100 \\ x_1, x_2 \geqslant 0, d_i^-, d_i^+ \geqslant 0 (i=1,2,3,4) \end{cases}$$

6.1.3 目标规划模型的一般形式

一般地，设目标规划问题有 L 个目标，K 个优先级（$K \leqslant L$）。ω_{kl}^-，ω_{kl}^+分别为赋予 P_k 优先因子的第 l 个目标约束的正负偏差变量的权系数，为第 l 个目标的预期目标值，则目标规划问题的数学模型可表述为

$$\min f(d)=\sum_{k=1}^{K}\sum_{l=1}^{L} P_k(\omega_{kl}^- d_l^- + \omega_{kl}^+ d_l^+)$$

目标约束：

$$\sum_{j=1}^{n} c_{ij} x_j + d_l^- - d_l^+ = g_l, \quad l=1,2,\cdots,L$$

绝对约束：

$$\sum_{j=1}^{n} a_{ij} x_j \leqslant (\geqslant, =) b_i, \quad i=1,2,\cdots,m$$

非负约束：

$$x_j \geqslant 0, \quad j=1,2,\cdots,n$$

$$d_l^-, d_l^+ \geqslant 0, \quad l=1,2,\cdots,L$$

建立目标规划问题的数学模型，一般应按以下步骤进行：

(1) 按照实际问题所提出的各个目标与条件，列出目标的优先级。

(2) 根据决策者的需要，将全部或部分约束转化为目标约束，这时只需要给绝对约束加上偏差变量即可。

(3) 给各个目标赋予相应的优先因子 P_k，对同一优先因子中各偏差变量，按其不同的重要程度，赋予相应的权系数。

(4) 对要求恰好达到目标值的目标，则取正负偏差变量，即 $d_l^- + d_l^+$；对要求超过目标值的，则只取负偏差变量 d_l^-；对要求不超过目标值的，则只取正偏差变量 d_l^+，从而构造一个实现极小化的目标函数。

在数学模型中的目标值、优先级、权系数等，都具有一定的主观性，可通过社会调查或专家评定的办法给出。

思　考　题

(1) 如何理解绝对约束和目标约束？

(2) 如何正确理解目标规划的目标函数？

6.2 目标规划的图解法

对只有两个决策变量(不计偏差变量)的目标规划问题,可用图解法来分析求解。虽然实际中的决策变量远远超过两个,但是,通过图解法的求解过程,有助于理解目标规划的基本概念。

考虑开篇案例的目标规划模型:

$$\min f(d)=P_1(d_1^+ + d_2^+)+P_2d_3^+ + P_3d_4^- + P_4(d_1^- + 2d_2^-)$$

$$\begin{cases}x_1+d_1^- - d_1^+ = 9\\ x_2+d_2^- - d_2^+ = 8\\ 4x_1+6x_2+d_3^- - d_3^+ = 60\\ 12x_1+18x_2+d_4^- - d_4^+ = 180\\ x_1,x_2,d_i^-,d_i^+ \geqslant 0,\quad i=1,2,3,4\end{cases}$$

下面,通过算例来说明图解法的一般过程并通过图解示例,了解目标规划中优先因子,正、负偏差变量及权系数等的几何意义。

对于开篇案例,可以通过以下几个步骤完成。

① 先在平面直角坐标系的第一象限内,作出与各约束条件所对应的直线,然后在这些直线旁分别标上其所代表的约束 $G\text{-}i(i=1,2,3,4)$。图中 x、y 分别表示开篇案例中的 x_1 和 x_2;各直线移动使函数值变大、变小的方向用+、−表示 d_i^+ 和 d_i^-,如图 6-1 所示。

② 根据目标函数的优先因子来分析求解。首先考虑第一级具有 P_1 优先因子的目标的实现,在目标函数中要求实现 $\min(d_1^+ + d_2^+)$,取 $d_1^+ = d_2^+ = 0$。图 6-2 中阴影部分即表示出该最优解集合的所有点。

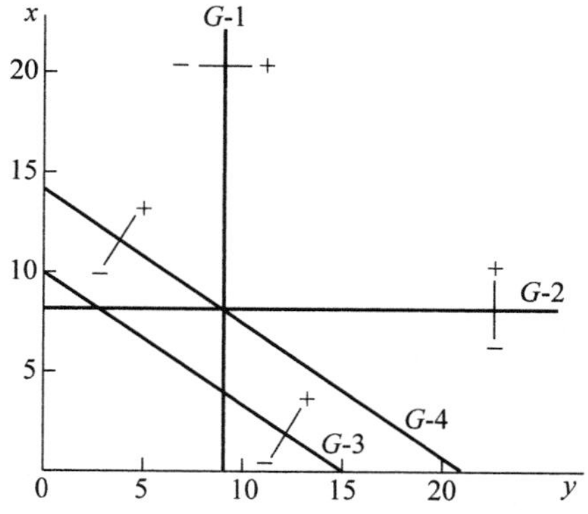

图 6-1　案例图示

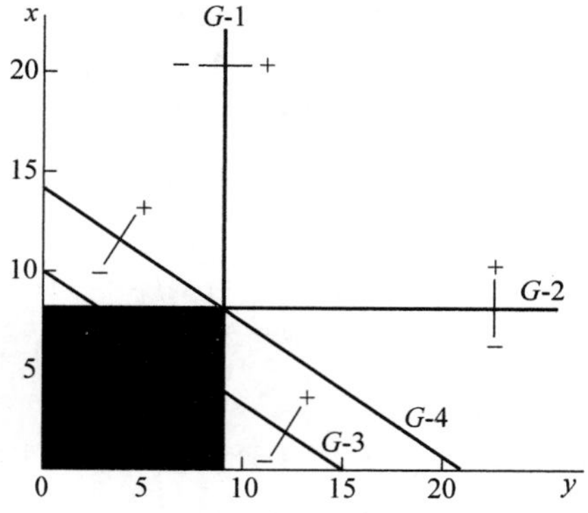

图 6-2　案例 P_1 目标可行域

③ 进一步在第一级目标的最优解集合中找出满足第二优先级要求 $\min(d_3^+)$ 的最优解。取 $d_3^+=0$,可得到图 6-3 中阴影部分即是满足第一、第二优先级要求的最优解集合。

④ 第三优先级要求 $\min(d_4^-)$,根据图示可知,d_4^- 不可能取 0 值,当取使 d_4^- 最小的值 72 得到图 6-4 所示的黑色粗线段,其表示满足第一、第二及第三优先级要求的最优解集合。

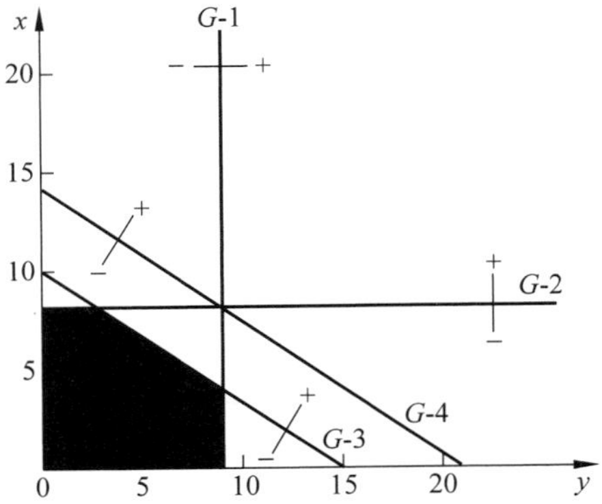

图 6-3 案例一、二级目标可行域

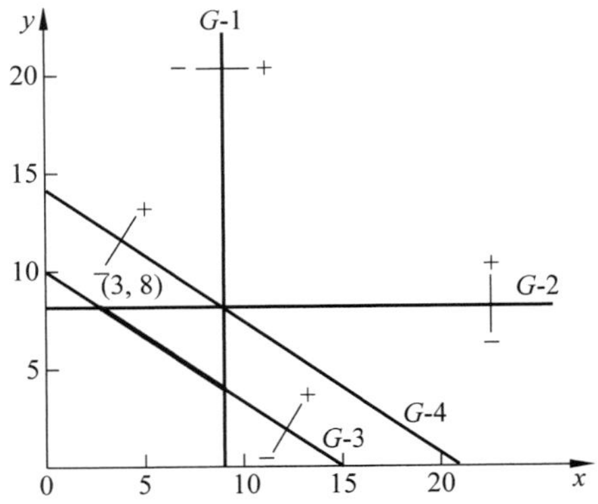

图 6-4 案例三级目标可行域

⑤ 考虑第四优先级要求 $\min(d_1^- + 2d_2^-)$，即要在黑色粗线段中找出最优解。由于 d_1^- 的权因子小于 d_2^-，因此在这里可以考虑取 $d_2^- = 0$。于是解得 $d_1^- = 6$，最优解为 A 点 $x=3$，$y=8$。

虽然这组解没有满足决策者的所有目标，但是已经是符合决策者各优先级思路的最好结果了。

注意：

(1) 目标规划具有多目标优化的特点，因此，它的解的定义与线性规划不同，称

$$\boldsymbol{V} = (x_1, x_2, \cdots, x_n, d_1^-, \cdots, d_L^-, d_1^+, \cdots, d_L^+)$$

为目标规划的决策向量，称 $x_j (j=1,2,\cdots,n)$ 为有效变量。当 x_j 有确定值时，便可与 g_i 一起确定 d_i^- 或 d_i^+ 的值。

(2) 如果 $\boldsymbol{V}^*$ 满足目标规划所有的约束条件，则称 $\boldsymbol{V}^*$ 为目标规划的可行解。

对于可行解 $\boldsymbol{V}^*$，若有 $f(d)=0$，则称 $\boldsymbol{V}^*$ 为目标规划的最优解；若有 $f(d)\neq 0$，但其部分偏差变量取值为 0，则称 $\boldsymbol{V}^*$ 为次优解，若其全部偏差变量不为 0，则称 $\boldsymbol{V}^*$ 为劣解。

如在本例中，对于 $x_1=3, x_2=8$，得目标函数：

$$\min f(d) = P_4(d_1^- + 2d_2^-)(d_1^- = 6)$$

各个目标实现情况：

第 1 约束：$3<9(d_1^+=0, d_1^-=6)$；

第 2 约束：$8=8(d_2^+=0, d_2^-=0)$；

第 3 约束：$4\times 3+6\times 8=60(d_3^+=0, d_3^-=0)$；

第 4 约束：$12\times 3+18\times 8=180=180(d_4^+=0, d_4^-=0)$。

以上说明，所得到解是次优解，即在现有条件下，该厂无法实现所制定的全部目标，可以看出，第一目标、第二目标和第三目标已基本达到，第四目标没有完成。

例 6.1 的图解法读者可以自行完成。

例 6.2 某工厂计划生产甲、乙两种产品，已知生产单位产品所需的原料数、利润及原料的计划供应能力，如表 6-1 所示。

表 6-1　例 6.2 数据

		原料				利润/万元
		自产原料		外购原料		
		A	B	C	D	
产品	甲	2	1	4	0	2
	乙	2	2	0	4	3
原料供应能力		12	8	16	12	

工厂经营管理的目标如下。

P_1：利润达到 12 万元，并力求超过。

P_2：甲乙两种产品比例尽可能接近 1∶1。

P_3：自产原料 A 充分利用且尽量不超，自产原料 B 超过量尽可能小，A 的重要性 3 倍于 B。

解　先来建立目标规划的数学模型。

设甲、乙两种产品的产量分别为 x_1 和 x_2，引入偏差变量，得目标约束如下。

第 1 目标约束：

$$2x_1+3x_2+d_1^- - d_1^+ =12$$

第 2 目标约束：

$$x_1-x_2+d_2^- - d_2^+ =0$$

第 3 目标约束：

$$2x_1+2x_2+d_3^- - d_3^+ =12$$

$$x_1+2x_2+d_4^- - d_4^+ =8$$

绝对约束，即外购原料约束为

$$4x_1 \leqslant 16$$

$$4x_2 \leqslant 12$$

根据题意，第一优先级应取 $P_1d_1^-$ 最小；第二优先级，希望甲，乙两种产品的产量只可能接近 1∶1，即希望 d_2^- 与 d_2^+ 越小越好，故得 $P_2(d_2^- + d_2^+)$最小；第三优先级要求原料 A 充分利用且尽量不超。而原料 B 要求超过量尽可能小，且原料 A 的重要性是原料 B 的 3 倍，故取 $3P_3(d_3^+ +)+P_3d_4^+$ 最小。

由此，可建立如下目标规划的数学模型：

$$\min f(d)=P_1d_1^- + P_2(d_2^+ + d_2^-)+3P_3d_3^+ + P_3d_4^+$$

$$\begin{cases}4x_1 \leqslant 16 \\ 4x_2 \leqslant 12 \\ 2x_1+3x_2+d_1^- - d_1^+ =12 \\ x_1-x_2+d_2^- - d_2^+ =0 \\ 2x_1+2x_2+d_3^- - d_3^+ =12 \\ x_1+2x_2+d_4^- - d_4^+ =8 \\ x_1,x_2,d_i^-,d_i^+ \geqslant 0, \quad i=1,2,3,4\end{cases}$$

下面用图解法求目标规划的解。

在直角坐标系内，绘出各目标约束方程和绝对约束方程的直线，如图 6-5 所示。

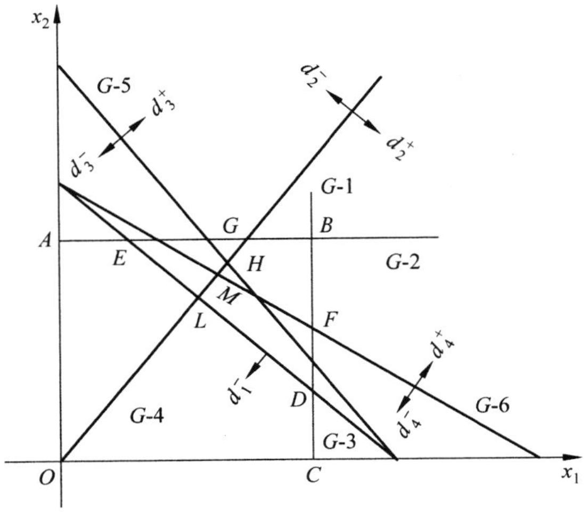

图 6-5　例 6.2 图解

从绝对约束条件 G-1 和 G-2 可知，只有 O、A、B、C 点才是可行解。

优先因子 P_1 对应的直线 G-3 表示 $2x_1+3x_2=12$，由于目标函数要求 $d_1^-=0$，故应取直线 G-3 右上的点，这样使问题解的范围缩小到△BED 的范围内。

P_2 优先因子对应直线 G-4，由于目标函数要求 $d_2^-=d_2^+=0$，使解的范围缩小到线段 LG。

最后考虑 P_3 优先因子对应的直线图 6-2 中 G-5 和 G-6。对直线 G-5，由于目标函数要求对 $d_3^-=d_3^+=0$，所以，问题解的范围缩小为点 H。但是直线 G-6，在目标函数中要求 $d_4^+=0$，本来应取线段 LM。由于 $P_3(+d_3^+)$ 的权系数大于 $P_3d_4^+$ 的权系数，其解应取点 H。解方程

$$\begin{cases}x_1-x_2=0\\2x_1+2x_2=12\end{cases}$$

得 $x_1=3$，$x_2=3$，为次优解。这时，企业所获利润为 $S=15$ 万元。

思　考　题

(1) 总结目标规划图解法与一般线性规划图解法的区别。

(2) 从图解法的角度解释为什么目标规划会得到次优解。

6.3　目标规划的单纯形法

目标规划问题与线性规划问题在数学模型上有相似的结构，所以可用单纯形法求解，但是，在目标规划问题的数学模型中，其目标函数带有优先因子 P_k 及正负偏差变量 d_i，因此，在初始单纯形表中，可以把 P_k 看作具有不同数量级的若干很大的数，并按优先

级的次序把检验数行写成一个矩阵，再由检验数矩阵依次判别解的情况。而目标函数中的正负偏变量可看作线性规划问题中的松弛变量和剩余变量，一般可把负偏差变量 d_k^- 看作初始基本可行基，填入初始表中。下面以例 6.1 的数学模型为例，具体说明求解的方法步骤。

$$\min f(d)=P_1d_1^- + 2.5P_2d_3^+ + P_2d_4^+ + P_3d_2^+$$

$$\begin{cases}300x_1+120x_2+d_1^- - d_1^+ = 24\,000\\ 20x_1+10x_2+d_2^- - d_2^+ = 1400\\ x_1+d_3^- - d_3^+ = 60\\ x_2+d_4^- - d_4^+ = 100\\ x_1,x_2 \geqslant 0;d_i^-,d_i^+ \geqslant 0, \qquad i=1,2,3,4\end{cases}$$

第 1 步，建立初始单纯形表。

若以负偏差变量 d_1^-,d_2^-,d_3^-,d_4^- 为基变量，则它们所对应的基 $\boldsymbol{B}$ 为一单位矩阵，于是有

$$T(\boldsymbol{B})=\begin{bmatrix}\boldsymbol{C_B B^{-1} b} & \boldsymbol{C_B B^{-1} A - C}\\ \boldsymbol{B^{-1} b} & \boldsymbol{B^{-1} A}\end{bmatrix}=\begin{bmatrix}\boldsymbol{C_B b} & \boldsymbol{C_B A - C}\\ \boldsymbol{b} & \boldsymbol{A}\end{bmatrix}$$

在上述数学模型中，有

$$\boldsymbol{C}=(0,0,P_1,0,0,0,0,P_3,2.5P_2,P_2)$$

$$\boldsymbol{C_B}=(P_1,0,0,0)$$

$$\boldsymbol{b}=(24\,000,1400,60,100)^{\mathrm{T}}$$

$$\boldsymbol{A}=\begin{bmatrix}300 & 120 & 1 & 0 & 0 & 0 & -1 & 0 & 0 & 0\\ 20 & 10 & 0 & 1 & 0 & 0 & 0 & -1 & 0 & 0\\ 1 & 0 & 0 & 0 & 1 & 0 & 0 & 0 & -1 & 0\\ 0 & 1 & 0 & 0 & 0 & 1 & 0 & 0 & 0 & -1\end{bmatrix}$$

$$\boldsymbol{C_B b}=24\,000P_1$$

$$\boldsymbol{C_B A - C}=(300P_1,120P_1,0,0,0,0,-P_1,-P_3,-2.5P_2,-P_2)$$

为了计算方便，将检验数行（$\boldsymbol{C_B b}$，$\boldsymbol{C_B A - C}$）中的 $\boldsymbol{C_B A - C}$ 表为矩阵形式，相应的目标函数值 $\boldsymbol{C_B b}$ 用列向量表示。这样，以 d_1^-,d_2^-,d_3^-,d_4^- 为基变量的初始单纯形表如表 6-2 所示。

表 6-2　例 6.1 单纯形表

		x_1	x_2	d_1^-	d_2^-	d_3^-	d_4^-	d_1^+	d_2^+	d_3^+	d_4^+
P_1	24 000	300	120	0	0	0	0	−1	0	0	0
P_2	0	0	0	0	0	0	0	0	0	−2.5	−1
P_3	0	0	0	0	0	0	0	0	−1	0	0
d_1^-	24 000	300	120	1	0	0	0	−1	0	0	0
d_2^-	1400	20	10	0	1	0	0	0	−1	0	0
d_3^-	60	[1]	0	0	0	1	0	0	0	−1	0
d_4^-	100	0	1	0	0	0	1	0	0	0	−1

第 2 步，检验。

检验时，要从检验数矩阵的第一行开始，先满足优先级 P_1，然后依次满足 P_2、P_3 等。其判别准则有两条。

(1) 如果各优先级 $P_1, P_2, \cdots, P_k$ 行的全体检验数均非正，则相应的单纯形表为最终表，其解为最优解。

(2) 如果优先级中前 $P_1, P_2, \cdots, P_i$ 行的全体检验数均非正，而 P_{i+1} 行中有正数，且这个正检验数所在的列上，前几行有负数，则相应单纯形表的解为次优解(或满意解)。

第 3 步，确定轴心项，换基迭代。

先从 P_1 优先级所在的行开始，选取正检验数中一个最大的数，以确定入基变量。再用与线性规划相同的方法确定轴心项(即 θ 法则)，用方框做记号，得相应的离基变量，由此，换基迭代。在本例中得表 6-3。

表 6-3　求解过程(1)

		x_1	x_2	d_1^-	d_2^-	d_3^-	d_4^-	d_1^+	d_2^+	d_3^+	d_4^+
P_1	6000	0	120	0	0	-300	0	-1	0	300	0
P_2	0	0	0	0	0	0	0	0	0	-2.5	-1
P_3	0	0	0	0	0	0	0	0	-1	0	0
d_1^-	6000	0	120	1	0	-300	0	-1	0	300	0
d_2^-	200	0	10	0	1	-20	0	0	-1	$\boxed{20}$	0
x_1	60	1	0	0	0	1	0	0	0	-1	0
d_4^-	100	0	1	0	0	0	1	0	0	0	-1

第 4 步，重复第 2 步和第 3 步，直至得到最优解或次优解，表 6-4 是逐步迭代得到的单纯形表。

表 6-4　求解过程(2)

		x_1	x_2	d_1^-	d_2^-	d_3^-	d_4^-	d_1^+	d_2^+	d_3^+	d_4^+
P_1	3000	0	-30	0	-15	0	0	-1	15	0	0
P_2	25	0	$\frac{5}{4}$	0	$\frac{1}{8}$	$-\frac{5}{2}$	0	0	$-\frac{1}{8}$	0	-1
P_3	0	0	0	0	0	0	0	0	-1	0	0
d_1^-	3000	0	-30	1	-15	0	0	-1	$\boxed{15}$	0	0
d_3^+	10	0	$\frac{1}{2}$	0	$\frac{1}{20}$	-1	0	0	$-\frac{1}{20}$	1	0
x_1	70	1	$\frac{1}{2}$	0	$\frac{1}{20}$	0	0	0	$-\frac{1}{20}$	0	0
d_4^-	100	0	1	0	0	0	1	0	0	0	-1
P_1	0	0	0	-1	0	0	0	0	0	0	0
P_2	50	0	1	$\frac{1}{120}$	0	$-\frac{5}{2}$	0	$-\frac{1}{120}$	0	0	-1
P_3	200	0	-2	$\frac{1}{15}$	-1	0	0	$-\frac{1}{15}$	0	0	0

续表

		x_1	x_2	d_1^-	d_2^-	d_3^-	d_4^-	d_1^+	d_2^+	d_3^+	d_4^+
d_2^+	200	0	-2	$\frac{1}{15}$	-1	0	0	$-\frac{1}{15}$	1	0	0
d_3^+	20	0	$\boxed{\frac{2}{5}}$	$\frac{1}{300}$	0	-1	0	$-\frac{1}{300}$	0	1	0
x_1	80	1	$\frac{2}{5}$	$\frac{1}{300}$	0	0	0	$-\frac{1}{300}$	0	0	0
d_4^-	100	0	1	0	0	0	1	0	0	0	-1
P_1	0	0	0	-1	0	0	0	0	0	0	0
P_2	0	0	0	0	0	$-\frac{21}{10}$	0	0	0	$-\frac{2}{5}$	-1
P_3	300	0	0	$\frac{1}{12}$	-1	$-\frac{4}{5}$	0	$-\frac{1}{12}$	0	$\frac{4}{5}$	0
d_2^+	300	0	0	$\frac{1}{12}$	-1	$-\frac{4}{5}$	0	$-\frac{1}{12}$	1	$\frac{4}{5}$	0
x_2	50	0	1	$\frac{1}{120}$	0	$-\frac{2}{5}$	0	$-\frac{1}{120}$	0	$\frac{2}{5}$	0
x_1	60	1	0	0	0	1	0	0	0	-1	0
d_4^-	50	0	0	$-\frac{1}{120}$	0	$\frac{2}{5}$	1	$\frac{1}{120}$	0	$-\frac{2}{5}$	-1

在表 6-4 中，发现优先级 P_3 行中还有正检验数$\frac{1}{12}$和$\frac{4}{5}$，并且这两个正检验数所在列的前两行元素中都有负检验数，这时，可判定上表就是最终单纯形表。如果此时再进行换基迭代，势必破坏 P_3 优先级前边的优先级目标，这是不允许的。

最终表对应的基解为 $x_1=60$，$x_2=50$，$d_2^+=300$，$d_4^-=50$，其余变量皆为 0。以下再用单纯形法求解前面的例 6.2。

$$\min S=P_1d_1^-+P_2(d_2^++d_2^-)+3P_3(d_3^++d_3^-)+P_3d_4^+$$

$$\begin{cases}4x_1\leqslant 16\\4x_2\leqslant 12\\2x_1+3x_2+d_1^--d_1^+=12\\x_1-x_2+d_2^--d_2^+=0\\2x_1+2x_2+d_3^--d_3^+=12\\x_1+2x_2+d_4^--d_4^+=8\\x_1,x_2,d_i^-,d_i^+\geqslant 0,\quad i=1,2,3,4\end{cases}$$

在前两个方程中引入松弛变量 x_3 和 x_4，且以 x_3、x_4、d_1^-、d_2^-、d_3^-、d_4^- 为基变量建立初始单纯形，如表 6-5 所示。

表 6-5　例 6.2 单纯形表

		x_1	x_2	x_3	x_4	d_1^-	d_2^-	d_3^-	d_4^-	d_1^+	d_2^+	d_3^+	d_4^+
P_1		2	3	0	0	0	0	0	0	-1	0	0	0
P_2		1	-1	0	0	0	0	0	0	0	-2	0	0
P_3		6	6	0	0	0	0	0	0	0	0	-6	-1

续表

		x_1	x_2	x_3	x_4	d_1^-	d_2^-	d_3^-	d_4^-	d_1^+	d_2^+	d_3^+	d_4^+
x_3	16	4	0	1	0	0	0	0	0	0	0	0	0
x_4	12	0	4	0	1	0	0	0	0	0	0	0	0
d_1^-	12	2	3	0	0	1	0	0	0	−1	0	0	0
d_2^-	0	1	−1	0	0	0	1	0	0	0	−1	0	0
d_3^-	12	2	2	0	0	0	0	1	0	0	0	−1	0
d_4^-	8	1	2	0	0	0	0	0	1	0	0	0	−1

换基迭代过程略,得最终表 6-6。

表 6-6　例 6.2 求解结果

		x_1	x_2	x_3	x_4	d_1^-	d_2^-	d_3^-	d_4^-	d_1^+	d_2^+	d_3^+	d_4^+
P_1		0	0	0	0	−1	0	0	0	0	0	0	0
P_2		0	0	0	0	0	−1	0	0	0	−1	0	0
P_3		0	0	0	$-\frac{4}{9}$	0	−5	0	0	0	5	−6	0
x_3	4	0	0	1	−1	0	−4	0	0	0	4	0	0
x_2	3	0	1	0	$\frac{1}{4}$	0	0	0	0	0	0	0	0
x_1	3	1	0	0	$\frac{1}{4}$	0	1	0	0	0	−1	0	0
d_4^+	1	0	0	0	$\frac{3}{4}$	0	1	0	−1	0	−1	0	1
d_3^-	0	0	0	0	−1	0	−2	1	0	0	2	−1	0
d_1^+	3	0	0	0	$\frac{5}{3}$	−1	2	0	0	1	−2	0	0

在最终表中,P_1、P_2 行的检验数皆非正,目标完全实现。P_3 优先级目标未能完全达到,因为 P_3 行中有正检验数 5,而 5 所在的列的前两行元素中有负检验数,这时得到的次优解(满意解)为 $x_1=3,x_2=3,x_3=4,x_4=0,d_1^+=3,d_4^+=1$,其余变量取值为 0,满意值 $S=15$。

注意:在迭代过程中,$\boldsymbol{C_B b}$ 的值可以暂不计算。

思　考　题

(1) 总结目标规划单纯形法求解与一般线性规划单纯形法的区别。

(2) 检验过程中若 P_{i+1} 行中有正数,且该检验数所在列的前几行有负数,此时不能进行换基迭代,为什么?

本章小结

目标规划(goal programming)是美国学者 Charnes 等在 1952 年提出来的。目标规划法就是用“优先等级”的思想来解决互相矛盾的多目标决策问题的技术,在较高级目标得到满足之后，才考虑较低级目标，这符合人们处理问题要分清轻重缓急保证重点的思考方式，在实践中的应用十分广泛。

本章首先通过案例引入了目标规划的模型及相关概念，其中正负偏差变量、目标约束、目标规划的函数与一般线性规划模型有较大区别。对于只有两个变量的目标规划问题，可以用图解法来求解，其求解步骤与线性规划基本类似，区别在于目标的实现是逐级实现的。目标规划的模型与线性规划模型没有本质的区别，只要加以改进，就可以用单纯形法求解目标规划问题。

习 题 6

6.1 某厂生产 A、B 两种产品。该厂有 140 名工人，每生产一件产品 A，需要两个人工；生产一件产品 B，需要一个人工。由于原料限制，每日 A 的产量不超过 60 件，B 的产量不超过 100 件。每件 A、B 产品的利润分别为 300 元和 120 元。要求制订生产方案，依次满足下列指标：

P_1：利润大于 25 000 元；

P_2：劳动量不超过 140 个人工，产品 A 不超过 60 件；B 不超过 100 件。

建立其数学模型。

6.2 某公司生产甲、乙、丙 3 种产品，原料消耗、单位成本及其他有关数据如表 6-7 所示。

表 6-7 第 6.2 题数据

		原料的单位消耗		单位成本/元	需要量
		A	B		
产品	甲	10	4	25	80 以上
	乙	6	8	25	
	丙	8	12	30	100
原料限量/千克		1500	1600		

要求制订生产计划，依次满足以下目标：

P_1：甲的产量大于或等于 80；

P_2：丙的产量等于 100；

P_3：原料 A 的消耗不超过 1500 千克；

P_4：总成本限制在 30 000 元以下；

P_5：原料 B 的消耗不超过 1600 千克。

建立此问题的数学模型。

6.3 用图解法找出目标规划的次优解。

$$\min f(d) = P_1 d_1^- + P_2 d_2^+ + 5P_3 d_3^- + P_3 d_4^-$$

$$\begin{cases} x_1 + x_2 + d_1^- - d_1^+ = 80 \\ x_1 + x_2 + d_2^- - d_2^+ = 90 \\ x_1 + d_3^- - d_3^+ = 60 \\ x_2 + d_4^- - d_4^+ = 40 \\ x_1, x_2, d_i^-, d_i^+ \geqslant 0 \end{cases}$$

6.4 应用单纯形法解目标规划。

$$\min f(d) = P_1 d_1^- + 2P_2 d_2^- + P_2 d_3^- + P_3 d_1^+$$

$$\begin{cases} x_1 + x_2 + d_1^- - d_1^+ = 400 \\ x_1 + d_2^- - d_2^+ = 240 \\ x_2 + d_3^- - d_3^+ = 300 \\ x_1, x_2, d_i^-, d_i^+ \geqslant 0 \end{cases}$$

第7章　动态规划

本章内容要点

- 多阶段决策问题的特点；
- 动态规划的基本概念、基本原理和求解思路；
- 离散型动态规划求解方法；
- 连续型动态规划求解方法；
- 动态规划方法应用举例。

本章核心概念

- 动态规划(dynamic programming)；
- 多阶段决策过程(multiple-stage decision process)；
- K-后部子过程(K-step sub-process)；
- 贝尔曼最优性原理(Bellman principle of optimality)；
- 阶段(stage)；
- 状态变量(state variable)；
- 可能状态集合(possible state set)；
- 决策变量(decision variable)；
- 允许决策集合(permissible decision set)；
- 策略(strategy)；
- 最优策略(optimal strategy)；
- 状态转移方程(state transition equation)；
- 阶段指标(stage indicator function)；
- 递推公式(recurrence equation)；
- 边界条件(boundary condition)；
- 离散型变量(discrete type variation)；
- 连续型变量(continuous type variation)。

■　案例

某运输公司拟将一大型设备从下列交通网络的 A 点运输到 F 点，试用动态规划求从 A 到 F 的最短路径，如图 7-1 所示。

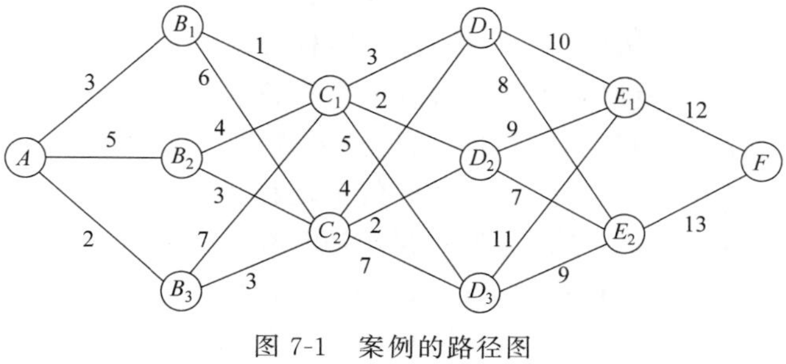

图 7-1　案例的路径图

7.1 多阶段决策过程的最优化

动态规划(dynamic programming)是运筹学的一个重要分支,它是分析解决多阶段决策过程最优化问题的一种方法。这种方法是由美国数学家贝尔曼(R. Bellman)等在20世纪50年代初提出的。他们针对多阶段决策问题的特点,提出了解决这类问题的最优化原理,并成功地解决了生产管理、工程技术等方面的许多实际问题,从而建立了运筹学的一个新分支,即动态规划。1957年,贝尔曼发表了动态规划方面的第一本专著《动态规划》。

动态规划模型的类型根据多阶段决策过程的不同可有很多种,例如,根据决策变量时间上的变化可分为连续型与离散型两种;根据决策过程性质可分为确定型与随机型两类;根据决策的相互关系可以分为时间的(即决策过程具有时间变化的动态型)与空间的(即决策过程没有时间变化的静态型);此外还有阶段的个数是有限的与无限的,确定的与不确定的等等。由于实际问题常常是复合的,因而动态规划模型的类型也会有很多种组合。下面主要研究动态与静态确定型的决策过程,不过由此而建立的概念、理论和方法,也是整个动态规划的基本内容。

7.1.1 多阶段决策问题

动态规划是把多阶段决策问题作为研究对象。所谓多阶段决策问题,是指这样一类活动过程:根据问题本身的特点,将求解的全过程划分为若干相互联系的阶段(即将问题划分为许多个相互联系的子问题),在每一阶段都需要做出决策,并且在当前阶段的决策确定以后再转移到下一个阶段。在这类多阶段决策过程中,各阶段的联系反映为一种状态的联系,往往前一个阶段的状态和决策会影响到后一个阶段的状态和决策,从而影响整个过程。人们把这样的决策过程称作多阶段决策过程(multi-stage decision process),如图7-2所示。

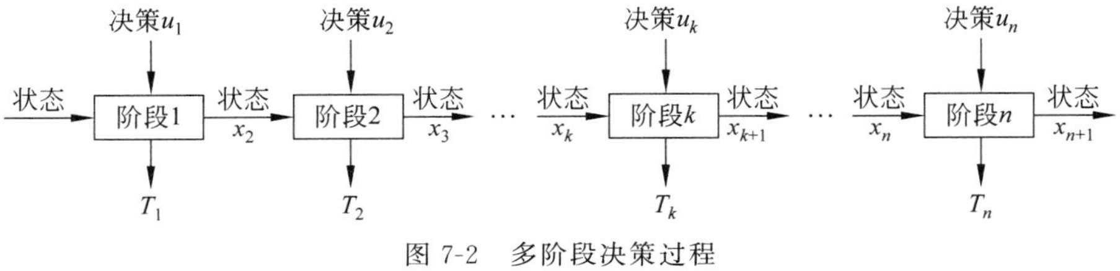

图7-2 多阶段决策过程

各个阶段所确定的决策构成了一个决策序列,称为策略。一般来说,由于每一阶段可供选择的决策往往不止一个,所以对于整个过程就会有许多可供选择的策略。若一个策略有一个对应的量化指标来确定其所对应的活动过程的效果,那么不同的策略就会有不同的效果。在所有可供选择的策略中,对应效果最好的策略称为最优策略。把一个问题划分成若干相互联系的阶段选取其最优策略,这类问题就是多阶段决策问题。

多阶段决策过程最优化的目标是要达到整个活动过程总体效果最优的目的。由于各段决策间有机地联系着,本段决策的执行将影响到下一段的决策,以至于影响总体效果,所以决策者在每段决策时不应仅考虑本阶段最优，还应考虑对最终目标的影响，从而做出对全局来讲是最优的决策。动态规划就是符合这种要求的一种决策方法。

由上述可知，动态规划方法与“时间”关系很密切，随着时间过程的发展而决定各时段的决策，产生一个决策序列，这就是“动态”的意思。然而它也可以处理与时间无关的静态问题，只要在问题中人为地引入“时段”因素，就可以将其转化为一个多阶段决策问题。在本章中将介绍这种处理方法。

7.1.2 多阶段决策问题举例

属于多阶段决策类的问题很多，举例如下。

(1) 工厂生产过程。由于市场需求是一随着时间而变化的因素，因此，为了取得全年最佳经济效益，就要在全年的生产过程中，逐月或者逐季度地根据库存和需求情况决定生产计划安排。

(2) 设备更新问题。一般企业用于生产活动的设备，刚买来时故障少，经济效益高，即使转让，处理价值也高。随着使用年限的增加，就会逐渐变为故障多，维修费用增加，可正常使用的工时减少，加工质量下降，经济效益差，并且，使用的年限越长、处理价值也越低。自然，如果卖掉旧的买进新的，还需要付出更新费。因此，就需要综合权衡决定设备的使用年限，使总的经济效益最好。

(3) 连续生产过程的控制问题。生产过程中，常包含一系列完成生产过程的设备，前一道工序设备的输出是后一道工序设备的输入，因此，应该如何根据各工序的运行工况，控制生产过程中各设备的输入和输出，以使总产量最大。

以上所举问题的发展过程都与时间因素有关，因此在这类多阶段决策问题中，阶段的划分常取时间段来表示，并且各个阶段上的决策往往也与时间因素有关，这就使它具有“动态”的含义，所以把处理这类动态问题的方法称为动态规划方法。

人们在实际中常常会遇到许多不包含时间因素的一类“静态”决策问题，就其本质而言是一次决策问题，是非动态决策问题。但是，可以人为地引入阶段的概念当作多阶段决策问题，于是应用动态规划方法加以解决。例如：

(1) 资源分配问题。某工业部门或公司，拟对其所属企业进行稀缺资源分配，为此需要制订出收益最大的资源分配方案。这种问题原本要求一次确定出对各企业的资源分配量，它与时间因素无关，不属动态决策，但是可以人为地规定一个资源分配的阶段和顺序，从而使其变成一个多阶段决策问题。

(2) 运输网络问题。图 7-3 所示的运输网络中，点间连线上的数字表示两地距离(也可是运费、时间等)，要求从 v_1 至 v_{10} 的最短路线。

这种运输网络问题也是静态决策问题。但是，按照网络中点的分布，可以把它分为 4 个阶段，而作为多阶段决策问题来研究。

此外，某些整数规划和非线性规划问题。也可以当作多阶段决策问题，应用动态规划方法求解。

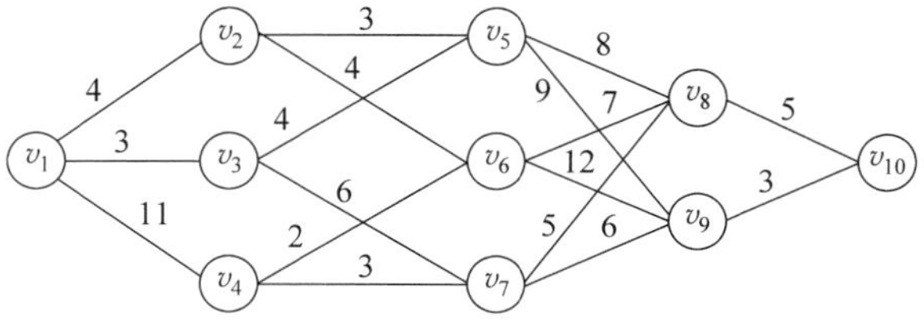

图 7-3　最短路径问题

7.1.3　动态规划求解的多阶段决策问题的特点

通常多阶段决策过程的发展是通过状态的一系列变换来实现的。一般情况下，系统在某个阶段的状态转移除与本阶段的状态和决策有关外，还可能与系统过去经历的状态和决策有关。因此，问题的求解就比较困难复杂。而适合于用动态规划方法求解的只是一类特殊的多阶段决策问题，即具有“无后效性”的多阶段决策过程。所谓无后效性，又称马尔可夫性，是指系统从某个阶段往后的发展，仅由本阶段所处的状态及其往后的决策所决定，与系统以前经历的状态和决策(历史)无关。

具有无后效性的多阶段决策过程的特点是系统过去的历史，只能通过现阶段的状态去影响系统的未来，当前的状态就是过程往后发展的初始条件。

为了衡量执行了某个决策之后达到目的的程度，通常人们在决策前预先规定了各种衡量决策效果的判据指标，称为目标函数或效应函数。多阶段决策过程的目标函数值是由多次决策的效应综合形成的。

7.1.4　动态规划方法导引

例 7.1　为了说明动态规划的基本思想方法和特点，下面以图 7-3 所示为例讨论求最短路问题的方法。

解　第 1 种方法称作全枚举法或穷举法。它的基本思想是列举出所有可能发生的方案和结果，再对它们一一进行比较，求出最优方案。这里从 v_1 到 v_{10} 的路程可以分为 4 个阶段。第 1 段的走法有 3 种，第 2，3 两段的走法各有两种，第 4 段的走法仅一种，因此共有 $3\times2\times2\times1=12$条可能的路线，分别算出各条路线的距离，最后进行比较，可知最优路线是 $v_1\rightarrow v_3\rightarrow v_7\rightarrow v_9\rightarrow v_{10}$，最短距离是 18。

显然，当组成交通网络的结点很多时，用穷举法求最优路线的计算工作量将会十分庞大，而且其中包含着许多重复计算。

第 2 种方法即所谓“局部最优路径”法，是说某人从 k 出发，他并不顾及全线是否最短，只是选择当前最短途径，“逢近便走”，错误地以为局部最优会致整体最优，在这种想法指导下，所取决策必是 $v_1\rightarrow v_3\rightarrow v_5\rightarrow v_8\rightarrow v_{10}$，全程长度是 20；显然，这种方法的结果常是错误的。

第 3 种方法是动态规划方法。动态规划方法寻求该最短路问题常使用逆推(从后向前)的方法，它的基本思想是，首先将问题划分为若干个阶段，每次的选择总是综合后继过程的最优进行考虑，在各段所有可能状态的最优后继过程都已求得的情况下，全程的最优路线便也随之得到。

用逆推方法求解最短路径问题，如图 7-4 所示。

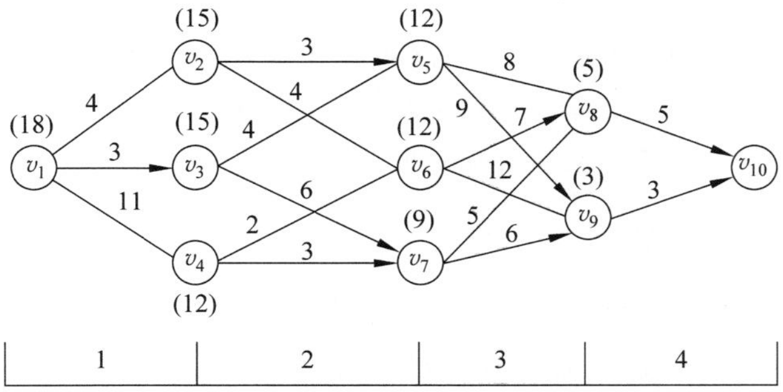

图 7-4　最短路径问题的逆推方法求解过程

为了找出所有可能状态的最优后继过程，动态规划方法总是从过程的最后阶段开始考虑，然后逆着实际过程发展的顺序，逐段向前递推计算直至始点 v_1。

具体说，此问题先从 v_{10} 开始。因为 v_{10} 是终点，再无后继过程，故可以接着考虑第 4 阶段上所有可能状态 v_8、v_9 的最优后续过程。因为从 v_8、v_9 到 v_{10} 的路线是唯一的，所以 v_8、v_9 的最优决策和最优后继过程就是到 v_{10}，它们的最短距离分别是 5 和 3。

接着考虑阶段 3 上可能的状态 v_5、v_6、v_7 到 v_{10} 的最优决策和最优后继过程。在状态 v_5 上，虽然到 v_8 是 8，到 v_9 是 9，但是综合考虑后继过程整体最优，取最优决策是到 v_9，最优后继过程是 $v_5 \rightarrow v_9 \rightarrow v_{10}$，最短距离是 12。同理，状态 v_6 的最优决策是至 v_8；v_7 的最优决策是到 v_9。

同样，当阶段 3 上所有可能状态的最优后继过程都已求得后，便可以开始考虑阶段 2 上所有可能状态的最优决策和最优后继过程。如 v_2 的最优决策是到 v_5，最优路线是 $v_2 \rightarrow v_5 \rightarrow v_9 \rightarrow v_{10}$，最短距离是 15；同理，状态 v_3 的最优决策是至 v_5；v_4 的最优决策是到 v_7。

最后可以得到从初始状态 v_1 的最优决策是到 v_3 最优路线是 $v_1 \rightarrow v_3 \rightarrow v_7 \rightarrow v_9 \rightarrow v_{10}$，全程的最短距离是 18。图 7-4 中带箭头的实线表示各点到 v_{10} 的最优路线，每点上方括号内的数字表示该点到终点的最短路距离。

综上所述，全枚举法虽可找出最优方案，但不是个好算法，局部最优法则完全是个错误方法，只有动态规划方法属较科学有效算法。动态规划的基本思路是，把一个比较复杂的问题分解为一系列同类型的便于求解的子问题。整个求解过程分为两个阶段，先按整体最优的思想逆序地求出各个子问题中所有可能状态的最优决策与最优路线，然后再顺序地求出整个问题的最优策略和最优路线。在动态规划计算过程中，系统地删去了所有中间非最优的方案组合，从而使计算工作量比穷举法大为减少。

思　考　题

(1) 可用动态规划求解的多阶段决策过程有什么特点？

(2) 求解多阶段决策问题时，动态规划方法的优点在哪里？

7.2 动态规划的基本概念和求解思路

按照一般思路，动态规划可逆序求解，又可顺序求解。对于许多问题，逆序求解比较容易理解和处理，因而本教材主要介绍逆序求解方法。建议读者首先熟练掌握逆序求解方法，在此基础上，顺序求解方法是不难理解和掌握的。

7.2.1 动态规划的基本概念

使用动态规划方法解决多阶段决策问题，首先要将实际问题写成动态规划模型，同时也为了今后叙述和讨论方便，这里需要对动态规划的下述基本术语进一步加以说明和定义。需要说明的是，以下有关讨论所使用的符号、字符只是为了叙述方便而采用的，实际运算、建模中使用的符号，只要不产生矛盾，完全是任意的。

1. 阶段和阶段变量

动态规划求解问题时，首先要把所给问题恰当地划分为若干个相互联系又有区别的子问题，称为多段决策问题的阶段。一个阶段，就是一个需要作出决策的子问题。阶段划分要考虑问题求解的方便，以及决策过程的发展顺序，通常是按决策进行的时间或空间上先后顺序进行的。用以描述阶段的变量叫作阶段变量，一般以 k 表示阶段变量。阶段数等于多段决策过程从开始到结束所需做出决策的数目，图 7-4 所示的最短路径问题就是一个 4 阶段决策过程。

2. 状态、状态变量和可能状态集

用以描述事物(或系统)在某特定的时间与空间域中所处位置及运动特征的量，称为状态。在动态规划求解多阶段决策问题的过程中，状态是各阶段状况的连接，其变化往往是由前一阶段的状态与前一阶段的决策所决定的，反映状态变化的量叫作状态变量。状态变量必须包含在给定的阶段上确定全部允许决策所需要的信息。实际上，按照过程进行的先后，每个阶段的状态可分为初始状态和终止状态，或称输入状态和输出状态，阶段 k 的初始状态记作 s_k，终止状态记为 s_{k+1}。为了方便，通常定义阶段的状态即指其初始状态，它的终止状态即为后一阶段的状态(初始状态)。

一般情况下，阶段状态有多种可能，即状态变量的取值有一定的范围或允许集合，称为可能状态集，或可达状态集。可能状态集实际上是关于状态的约束条件，通常可能状态集用相应阶段状态 s_k 的大写字母 S_K 表示。具体的状态是可能状态集中的一个元素，表示为 $s_k \in S_K$。可能状态集可以是一离散取值的集合，也可以为一连续的取值区域，要视具体问题而定。在图 7-3 所示的最短路径问题中，第 1 阶段状态只有 1 个为 v_1，状态变量 s_1 的状态集合 $S_1=\{v_1\}$；第 2 阶段则有 3 个状态：v_2、v_3 和 v_4，状态变量 s_2 的状态集合 $S_2=\{v_2, v_3, v_4\}$；第 3 阶段也有 3 个状态：v_5、v_6 和 v_7，状态变量 s_3 的状态集合 $S_3=\{v_5, v_6, v_7\}$；第 4 阶段则有 2 个状态：v_8、v_9，状态变量 s_4 的状态集合 $S_4=\{v_8, v_9\}$。

3. 决策、决策变量和允许决策集合

确定系统过程发展的方案或措施称为决策。决策的实质是关于状态转换的选择，是决策者从给定阶段状态出发对下一阶段状态作出的选择。

用以描述决策变化的量称为决策变量，和状态变量有相同之处，即决策变量可以用一个数，一组数或一个向量来描述。决策常常受到状态的影响，是状态变量的函数，记为 $u_k = u_k(s_k)$，表示在 k 阶段状态为 s_k 时的决策变量。

决策变量的取值往往也有一定的允许范围，称为允许决策集合。决策变量 $u_k(s_k)$ 的允许决策集用 $U_k(s_k)$ 表示。同样，具体的决策是允许决策集合中的一个元素，表示为 $u_k(s_k) \in U_k(s_k)$，允许决策集合实际是决策的约束条件。

4. 策略和允许策略集合

策略(policy)也叫决策序列。策略有全过程策略和 k 部子策略之分，全过程策略是指具有 n 个阶段的全部过程，由依次进行的 n 个阶段决策构成的决策序列，简称策略，表示为 $p_{1,n}\{u_1, u_2, \cdots, u_n\}$。从 k 阶段到第 n 阶段，依次进行的阶段决策构成的决策序列称为 k 部子策略，表示为 $p_{k,n}\{u_k, u_{k+1}, \cdots, u_n\}$，显然 $k=1$ 时的 k 部子策略就是全过程策略。

在实际问题中，由于在各个阶段可供选择的决策有许多个，因此，它们的不同组合就构成了许多可供选择的决策序列(策略)，由它们组成的集合，称为允许策略集合，记作 $P_{1,n}$，从允许策略集中，找出具有最优效果的策略称为最优策略。

5. 状态转移方程

当系统在阶段 k 处于状态 s_k 时，执行决策 $u_k(s_k)$ 的结果是系统状态的转移，即系统由阶段 k 的初始状态 s_k 转移到终止状态 s_{k+1}(阶段 $k+1$ 的初始状态)，或者说系统由阶段 k 的状态 s_k 转移到了阶段 $k+1$ 的状态 s_{k+1}。多阶段决策过程的发展就是用阶段状态的相继演变来描述的。

对于具有无后效性的多阶段决策过程，系统由阶段 k 到阶段 $k+1$ 的状态转移完全由阶段 k 的状态 s_k 和决策 $u_k(s_k)$ 所确定，与系统过去的状态 $s_1, s_2, \cdots, s_{k-1}$ 及其决策 $u_1(s_1)$，$u_2(s_2), \cdots, u_{k-1}(s_{k-1})$ 无关。系统状态的这种转移，可以用数学公式描述为

$$s_{k+1} = T_k(s_k, u_k(s_k)) \tag{7-1}$$

通常称式(7-1)为多阶段决策过程的状态转移方程。有些问题的状态转移方程不一定存在数学表达式，但是它们的状态转移，还是有一定规律可循的。

6. 指标函数

动态规划模型中用来衡量策略、子策略决策效果的某种数量指标，就称为指标函数(有时称为效应)。它是定义在全过程或各子过程或各阶段上的确定数量函数。对不同问题，指标函数可以是诸如费用、成本、产值、利润、产量、耗量、距离、时间、效用等。例如，图 7-3 的指标就是运费(也可以是距离)。指标函数根据其内涵差别分为阶段指标函数与过程指标函数。

① 阶段指标函数(也称阶段效应)。如果使用 $g_k(s_k,u_k)$表示第 k 阶段处于 s_k 状态且所作决策为 $u_k(s_k)$时的阶段数量效果,则 $g_k(s_k,u_k)$就是第 k 段指标函数,可以简记为 g_k。图 7-3 的g_k 值就是从状态 s_k 到状态 s_{k+1}的运费(或距离)。如 $g_2(v_2,v_5)=3$,即从 v_2 到 v_5 的运费(或距离)为 3。

② 过程指标函数(也称过程目标函数)。为了方便,用 $R_k(s_k,u_k)$表示第 k 子过程的过程指标函数。如图 7-4 的 $R_k(s_k,u_k)$表示处于第 k 阶段 s_k 状态且所作决策为 u_k 时,从 s_k 点到终点 v_{10}的距离。由此可见,$R_k(s_k,u_k)$不仅跟当前状态 s_k 有关,还跟该子过程策略 $p_k(s_k)$有关,因此它是 s_k 和 $p_k(s_k)$的函数,严格说来,应表示为 $R_k(s_k,p_k(s_k))$。不过实际应用中往往表示为 $R_k(s_k,u_k)$或 $R_k(s_k)$。过程指标函数 $R_k(s_k)$通常是描述所实现的全过程或 k 后部子过程效果优劣的数量指标,它是由各阶段的阶段指标函数 $g_k(s_k,u_k)$累积形成的,适于用动态规划求解的问题的过程指标函数(即目标函数),必须具有关于阶段指标的可分离形式。对于 k 部子过程的指标函数可以表示为

$$\begin{aligned} R_{k,n} &= R_{k,n}(s_k,u_k,s_{k+1},u_{k+1},\cdots,s_n,u_n) \\ &= g_k(s_k,u_k) \oplus g_{k+1}(s_{k+1},u_{k+1}) \oplus \cdots \oplus g_n(s_n,u_n) \end{aligned} \tag{7-2}$$

式中,$\oplus$表示某种运算,可以是加法、乘法或其他的计算规则构成的运算。

在多阶段决策问题中,常见的过程目标函数形式之一是取各阶段效应之和的形式,即

$$R_k = \sum_{i=k}^{n} g_k(s_k,u_k) \tag{7-3}$$

有些多阶段决策问题(如系统可靠性问题),其目标函数是取各阶段效应的连乘积形式,如:

$$R_k = \prod_{i=k}^{n} g_k(s_k,u_k) \tag{7-4}$$

总之,具体问题的目标函数表达形式需要视具体问题而定。

7. 最优解

动态规划中常用 $f_k(s_k)$表示 k 子过程指标函数 $R_k(s_k,p_k(s_k))$在 s_k 状态下的最优值,即

$$f_k(s_k) = \underset{p_k \in P_k(s_k)}{\mathrm{opt}} \{R_k(s_k,p_k(s_k))\}, \quad k=1,2,\cdots,n$$

称 $f_k(s_k)$为第 k 子过程上的最优指标函数;与它相对应的子策略称为 s_k 状态下的最优子策略,记为 $p_k^*(s_k)$;而构成该子策略的各段决策称为该过程上的最优决策,记为 $u_k^*(s_k)$,$u_{k+1}^*(s_{k+1}),\cdots,u_n^*(s_n)$;有

$$p_k^*(s_k) = \{u_k^*(s_k),u_{k+1}^*(s_{k+1}),\cdots,u_n^*(s_n)\}, \quad k=1,2,\cdots,n$$

简记为

$$p_k^* = \{u_k^*,u_{k+1}^*,\cdots,u_n^*\}, \quad k=1,2,\cdots,n$$

特别地,当 $k=1$ 且 s_1 取值唯一时,$f_1(s_1)$就是整个问题的最优值,而 p_1^* 就是最优策略。例 7.1 只有唯一始点 v_1,即 s_1 取值唯一,故 $f_1(s_1)=18$ 就是例 7.1 的最优值,而

$$p_1^* = \{v_3,v_7,v_9,v_{10}\}$$

就是例 7.1 的最优策略。

若 s_1 取值不唯一,则问题的最优值记为 f_0^*,有

$$f_0^* = \mathop{\text{opt}}_{s_1 \in S_1} \{f_1(s_1)\} = f_1(s_1 = s_1^*)$$

最优策略即为 $s_1 = s_1^*$ 状态下的最优策略：

$$p_1^*(s_1 = s_1^*) = \{u_1^*(s_1^*), u_2^*, \cdots, u_n^*\}$$

把最优策略和最优值统称为问题的最优解。

按上述定义，所谓最优决策 $u_k^*(k=1,2,\cdots,n)$，是指它们在全过程上整体最优（即所构成的全过程策略为最优），而不一定在各阶段上局部最优（单独最优）。

8. 多阶段决策问题的数学模型（动态规划数学模型形式）

综上所述，适于应用动态规划方法求解的一类多阶段决策问题，即具有无后效性的多阶段决策问题的数学模型呈以下形式：

$$f = \mathop{\text{opt}}_{u_1 \sim u_n} R = R(s_1, u_1, s_2, u_2, \cdots, s_n, u_n)$$

$$\begin{cases} s_{k+1} = T_k(s_k, u_k) \\ s_k \in S_k \\ u_k \in U_k \\ k = 1,2,\cdots,n \end{cases} \tag{7-5}$$

式中，opt 表示最优化，视具体问题取 max 或 min。

上述数学模型说明了对于给定的多阶段决策过程，求取一个（或多个）最优策略或最优决策序列 $\{u_1^*, u_2^*, \cdots, u_n^*\}$，使之既满足式(7-5)给出的全部约束条件，又使式(7-5)所示的目标函数取得极值，并且同时指出执行该最优策略时，过程状态演变序列即最优路线 $\{s_1^*, s_2^*, \cdots, s_n^*, s_{n+1}^*\}$。

7.2.2 动态规划的最优化原理与基本方程

1. 最优化原理（贝尔曼最优化原理）

作为一个全过程的最优策略具有这样的性质：对于最优策略过程中的任意状态而言，无论其过去的状态和决策如何，余下的诸决策必构成一个最优子策略。

该原理的具体解释是，若某一全过程最优策略为

$$p_1^*(s_1) = \{u_1^*(s_1), u_2^*(s_2), \cdots, u_k^*(s_k), \cdots u_n^*(s_n)\}$$

则对上述策略中所隐含的任一状态 $s_k(k=1,2,\cdots,n)$ 而言，第 k 子过程上对应于该 s_k 状态的最优策略必然包含在上述全过程最优策略 p_1^* 中，即为

$$p_k^*(s_k) = \{u_k^*(s_k), u_{k+1}^*(s_{k+1}), \cdots, u_n^*(s_n)\}$$

正如 7.1 节所述，基于上述原理，对于动态规划提出了一种逆序递推求解方法。该方法的关键在于给出一种递推关系。一般把这种递推关系称为动态规划的基本方程。

2. 动态规划基本方程

动态规划基本方程包括边界条件（终端条件）和递推公式两部分。

在例 7.1 中，用逆序方法求解最短路线的计算公式可以概括写成

$$
\begin{cases} f_5(s_5)=0 \\ f_k(s_k)=\min\limits_{u_k\in U_k(s_k)}\{g_k(s_k,u_k(s_k))+f_{k+1}(s_{k+1})\}, \quad k=4,3,2,1 \end{cases} \tag{7-6}
$$

其中，$g_k(s_k,u_k(s_k))$在这里表示从状态 s_k(第 k 阶段所在位置)到由决策 $u_k(s_k)$(第 k 阶段所走的路段)所决定的状态 s_{k+1}(第 $k+1$ 阶段所在位置)之间的距离，$f_{k+1}(s_{k+1})$为从 s_{k+1} 到终点的最小费用(或最短距离)。$f_5(s_5)=0$ 是边界条件，表示全过程到第 4 阶段终点结束(由于状态 s_k 均指阶段开始时的初始状态，因此实际求解时，最后阶段 n 的终止状态一般记为$n+1$ 阶段的状态，于是阶段数会多一个)。

一般情况下，对于 n 个阶段的决策过程，假设只考虑指标函数是"和"与"积"的形式，第 k 阶段和第 $k+1$ 阶段间的基本方程(包括边界条件和递推公式)可表示如下：

当过程指标函数为下列"和"的形式时，

$$
f_k(s_k)=\mathop{\mathrm{opt}}\limits_{p_k\in p_k(s_k)}\{R_k(s_k,p_k(s_k))\}=\sum_{i=k}^{n}g_i(s_i,u_i)
$$

相应的动态规划基本方程为

$$
\begin{cases} f_{n+1}(s_{n+1})=\alpha \\ f_k(s_k)=\mathop{\mathrm{opt}}\limits_{u_k\in U_k}\{g_k(s_k,u_k(s_k))+f_{k+1}(u_{k+1}(s_{k+1}))\}, \quad k=n,n-1,\cdots,2,1 \end{cases} \tag{7-7}
$$

当过程指标函数为下列"积"的形式时，

$$
f_k(s_k)=\mathop{\mathrm{opt}}\limits_{p_k\in p_k(s_k)}\{R_k(s_k,p_k(s_k))\}=\prod_{i=k}^{n}g_i(s_i,u_i)
$$

相应的函数基本方程为

$$
\begin{cases} f_{n+1}(s_{n+1})=\beta \\ f_k(s_k)=\mathop{\mathrm{opt}}\limits_{u_k\in U_k}\{g_k(s_k,u_k(s_k))\cdot f_{k+1}(u_{k+1}(s_{k+1}))\}, k=n,n-1,\cdots,2,1 \end{cases} \tag{7-8}
$$

可以看出，和、积函数的基本方程中边界条件(又称终端条件，即 $f_{n+1}(s_{n+1})$的取值)是不同的。实际问题中 α、β 要视具体情况而定，一般情况下常常 $\alpha=0,\beta=1$。

7.2.3 动态规划方法的基本步骤

由于动态规划具有局部考虑决策，而目标为全局性最优的特征，因此求解过程中必须有"思前想后"的过程。在逆序法求解时，常常考虑三大过程：动态规划建模、逆序求解基本方程、回溯求得最优策略。

1. 动态规划的建模

本书 7.1 节介绍的只是一种形式上的动态规划模型，实际求解不方便。一般来说，要用函数基本方程逆推求解，首先要有效地建立易于递推求解的动态规划模型，然后再递推求解，最后得出结论。

把一个实际问题用动态规划方法来求解，必须首先根据问题的要求。把它构造成动态规划的递推模型，这是非常重要的一步。正确地建立一个动态规划递推模型，往往问题也就解决了一大半。建立合理、有效的动态规划递推模型，一般需要以下几个步骤。

① 将实际问题恰当地分割成 n 个子问题(n 个阶段)，通常是根据时间或空间而划分

的。在经由静态的数学规划模型转换为动态规划模型时,常取静态规划中变量的个数 n。

② 正确地定义状态变量 s_k,使它既能正确地描述过程的状态,又能满足无后效性。动态规划中的状态与一般控制系统中通常所说的状态的概念是有所不同的,动态规划中的状态变量必须具备 3 个特征:要能够正确地描述受控过程的变化特征;要满足无后效性(即如果在某个阶段状态已经给定,那么在该阶段以后,过程的发展不受前面各段状态的影响),如果所选的变量不具备无后效性,就不能作为状态变量来构造动态规划的模型;要满足可知性(即所规定的各段状态变量的值,可以直接或间接地测算得到)。

一般在动态规划模型中,状态变量大都选取那种可以进行累进的量。此外,在与静态规划模型的对应关系上,通常根据经验,线性与非线性规划中约束条件的个数,相当于动态规划中状态变量 s_k 的维数。而前者约束条件所表示的内容,常就是状态变量 s_k 所代表的内容。

③ 正确地定义决策变量 u_k 及各阶段的允许决策集合 $U_k(s_k)$。根据经验,一般将问题中待求的量,选作动态规划模型中的决策变量。或者在把静态规划模型(如线性与非线性规划)转换为动态规划模型时,常取前者的变量 x_j 为后者的决策变量 u_k。

④ 能够正确地写出状态转移方程,至少要能正确反映状态转移规律。如果给定第 k 阶段状态变量 s_k 的值,则该段的决策变量 u_k 一经确定,第 $k+1$ 段的状态变量 s_{k+1} 的值也就完全确定,即有 $s_{k+1}=T_k(s_k,u_k)$。

⑤ 根据题意,正确地构造出目标与变量的函数关系——目标函数,目标函数应满足下列性质:可分性(即对于所有 k 后部子过程,其目标函数仅取决于状态 s_k 及其以后的决策 $u_k,u_{k+1},\cdots,u_n$,就是说它是定义在全过程和所有后部子过程上的数量函数);要满足递推关系(即 $R_{k,n}(s_k,u_k,s_{k+1},u_{k+1},\cdots,s_{n+1})=\varphi_k[s_k,u_k,R_{k+1}(s_{k+1},\cdots,s_{n+1})]$);函数 $\varphi_k[s_k,u_k,R_{k+1}(s_{k+1},\cdots,s_{n+1})]$ 对其变元 R_{k+1} 来说要严格单调。

⑥ 写出动态规划函数基本方程,包括边界条件和递推公式。

通过以上过程,可以建立起易于递推求解的、合理、有效的动态规划递推模型。

2. 逆序求解动态规划基本方程

完成了动态规划递推模型,下一步是针对这个动态规划基本方程进行求解运算。逆序方法是从边界条件(终端条件)开始,逐次取 $k=n,n-1,\cdots,2,1$,对递推公式进行计算。

这一步计算,是动态规划求解过程的主要工作量。

在实际计算中,常见 3 种情况:一种是对于特殊的网络求最优路径,可以直接在网络图上,直观地使用标号法(见 7.3.1 节)求解;对于离散型的动态规划问题,常使用列表格的方法求解;当阶段指标与递推公式可表示为解析显函数时,对于规模较大,特别是连续型的动态规划问题,常直接使用函数求优的方法。

当递推运算到 $k=1$ 时,$f_1(s_1)$ 即是整个问题的最优值。

3. 回溯求得最优策略

上一环节求到了最优值,由于在计算过程中,主要关注的是最优值的递推求解,每一步的决策还隐含在求解过程中。因此,需要从 $k=1$ 开始,逐步向后归纳出前一环节各步所选择的决策,得到决策序列,即最优策略。

上一环节和本环节得到的最优值和最优策略就构成了问题的最优解。

7.2.4　动态规划求解方法的学习建议

动态规划求解问题是一个学习难点，要学好、掌握会有一定的困难，主要问题是求解的思路、基本概念不易理解。一个有效的方法是在学习概念、思路的基础上，通过例题深入理解、认识这些难点问题。根据经验，可以采用下面的方式。

第 1 步，把例题作为习题独立来做。先看问题，深入内容，充分理解问题的条件、情况及求解目标。

第 2 步，针对该动态规划问题建模。按照求解思路建立合理、有效的动态规划递推模型，在阶段划分的基础上，写出“四大要素、一个方程”：

动态规划的四大要素：

① 状态变量及其可能集合 $s_k \in S_k$；

② 决策变量及其允许集合 $u_k \in U_k$；

③ 状态转移方程 $s_{k+1} = T_k(s_k, u_k)$；

④ 阶段效应 $g_k(s_k, u_k)$。

动态规划基本方程（加法）：

$$\begin{cases} f_{n+1}(s_{n+1}) = a, & \text{边界条件} \\ f_k(s_k) = \text{opt}\{g_k(s_k, u_k) + f_{k+1}(s_{k+1})\}, & k = n, n-1, \cdots, 1 \end{cases}$$

这一步在开始时会感到困难，但是一定要下决心去思考，在思考过程中深入理解前文讲到的概念和理论。

第 3 步，解基本方程得到最优值。整理思路递推求解动态规划基本方程。

第 4 步，求最优策略。回溯第 3 步的递推过程，求最优决策序列。

第 5 步，对照分析成败。看书中的求解方法，对比自己的求解过程，充分理解教材中的论述。分析自己求解与教材叙述的相同和不同之处，总结理解上的问题，并积累动态规划问题的求解经验。

思　考　题

（1）试述动态规划方法的基本思想、动态规划的基本方程的结构，正确写出动态规划基本方程的关键步骤。

（2）试解释状态、决策、策略、最优策略、状态转移方程、指标函数、最优值函数、边界条件等概念。

（3）试述动态规划的“最优化原理”以及同动态规划基本方程之间的关系。

7.3　离散型动态规划问题

7.3.1　求解最短路径问题的标号法

为进一步阐明动态规划方法的基本思路，下面详细地介绍只适用于例 7.1 这类最短路径问题的特殊解法——标号法。标号法是借助网络图通过分段标号来求出最优路线的一种简便、直观的方法。通常标号法采取“逆序求解”的方法来寻找问题的最优解，即从最后阶段开始，逐次向阶段数小的方向推算，最终求得全局最优解。

标号法的一般步骤如下。

① 从最后一段标起，该段各状态(即各始点)到终点的距离用数字分别标在各点上方的方格内，并用粗箭线连接各点和终点。

② 向前递推，给前一阶段的各个状态标号。每个状态上方方格内的数字表示该状态到终点的最短距离，即为该状态到该阶段已标号的各终点的段长，再分别加上对应终点上方的数字而取其最小者。将刚标号的点沿着最短距离所对应的已标号的点用粗箭线连接起来，表示出各刚标号的点到终点的最短路线。

③ 逐次向前递推，直到将第一阶段的状态(即起点)也标号，起点方格内的数字就是起点到终点的最短距离，从起点开始连接终点的粗箭线就是最短路线。

例 7.2 网络图 7-5 表示某城市的局部道路分布图。一货运汽车从 S 出发，最终到达目的地 E。其中 $A_i(i=1,2,3)$，$B_j(j=1,2)$ 和 $C_k(k=1,2)$ 是可供汽车选择的途经站点，各点连线上的数字表示两个站点间的距离。此汽车应走哪条路线，使所经过的路程距离最短？

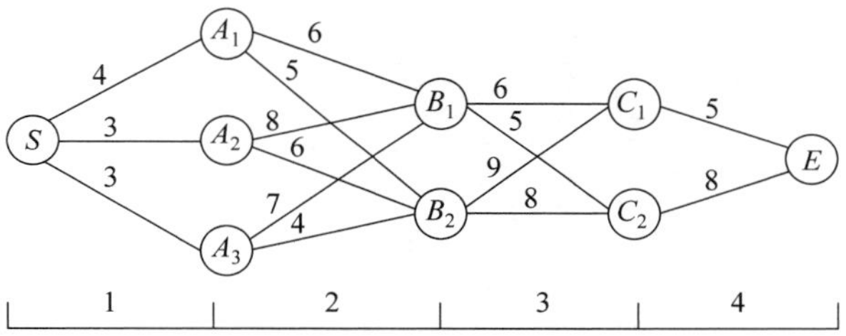

图 7-5 某城市的局部道路分布图

解 用标号法来求解例 7.2。

第 1 步，先考虑第 4 阶段，即 $k=4$，该阶段共有两个状态：C_1、C_2，设 $f_4(C_1)$ 和 $f_4(C_2)$ 分别表示 C_1、C_2 到 E 的最短距离，显然有 $f_4(C_1)=5$ 和 $f_4(C_2)=8$，边界条件 $f_5(E)=0$。

第 2 步，即 $k=3$，该阶段共有两个状态：B_1 和 B_2。

从 B_1 出发有两种决策：$B_1 \to C_1$，$B_1 \to C_2$。记 $d_3(B_1,C_1)$ 表示 B_1 到 C_1 的距离，即这里的每一种决策的阶段指标函数就是距离，所以，$B_1 \to C_1$ 的阶段指标函数为 $d_3(B_1,C_1)=6$，$B_1 \to C_2$ 的阶段指标函数为 $d_3(B_1,C_2)=5$。因此，有 $f_3(B_1)=\min\{d_3(B_1,C_1)+f_4(C_1),d_3(B_1,C_2)+f_4(C_2)\}=\min(6+5,5+8)=11$。那么，从 B_1 出发到 E 的最短路线是 $B_1 \to C_1 \to E$，对应的决策 $u_3(B_1)=C_1$。

从 B_2 出发也有两种决策：$B_2 \to C_1$，$B_2 \to C_2$。同理，有 $f_3(B_2)=\min\{d_3(B_2,C_1)+f_4(C_1),d_3(B_2,C_2)+f_4(C_2)\}=\min(9+5,8+8)=14$，那么，从 B_2 出发到 E 的最短路线是 $B_2 \to C_1 \to E$，且 $u_3(B_2)=C_1$。

第 3 步，即 $k=2$，该阶段共有 3 个状态：A_1、A_2 和 A_3。

从 A_1 出发有两种决策：$A_1 \to B_1$，$A_1 \to B_2$。则 $f_2(A_1)=\min\{d_2(A_1,B_1)+f_3(B_1)$,

$d_2(A_1,B_2)+f_3(B_2)\}=\min\{6+11,5+14\}=17$,即 A_1 到 E 的最短路线为 $A_1\to B_1\to C_1\to E$,且 $u_3(A_1)=B_1$。

从 A_2 出发也有两种决策：$A_2\to B_1$,$A_2\to B_2$。此时,$f_2(A_2)=\min\{d_2(A_2,B_1)+f_3(B_1),d_2(A_2,B_2)+f_3(B_2)\}=\min\{8+11,6+14\}=19$,即 A_2 到 E 的最短路线为 $A_2\to B_1\to C_1\to E$,且 $u_3(A_2)=B_1$。

从 A_3 出发也有两种决策：$A_3\to B_1$,$A_3\to B_2$。此时,$f_2(A_3)=\min\{d_2(A_3,B_1)+f_3(B_1),d_2(A_3,B_2)+f_3(B_2)\}=\min\{7+11,4+14\}=18$,即 A_3 到 E 的最短路线为 $A_3\to B_1\to C_1\to E$ 和 $A_3\to B_2\to C_1\to E$,分别对应的 $u_2(A_3)=B_1$ 和 $u_2(A_3)=B_2$。

第 4 步,即 $k=1$,该阶段只有一个状态 S,从 S 出发有 3 种决策：$S\to A_1$,$S\to A_2$,$S\to A_3$。那么,$f_1(S)=\min\{d_1(S,A_1)+f_2(A_1),d_1(S,A_2)+f_2(A_2),d_1(S,A_3)+f_3(A_3)\}=\min\{4+17,3+19,3+18\}=21$,即 S 到 E 的最短路线为 $S\to A_1\to B_1\to C_1\to E$,且 $u_1(S)=A_1$,和 $S\to A_3\to B_1\to C_1\to E$,$S\to A_3\to B_2\to C_1\to E$,且 $u_1(S)=A_3$。

那么,从 S 到 E 共有 3 条最短路线：$S\to A_1\to B_1\to C_1\to E$,此时,$u_1(S)=A_1$;$S\to A_3\to B_1\to C_1\to E$ 和 $S\to A_3\to B_2\to C_1\to E$,此时,$u_1(S)=A_3$。最短距离为 21。

结果如图 7-6 所示。

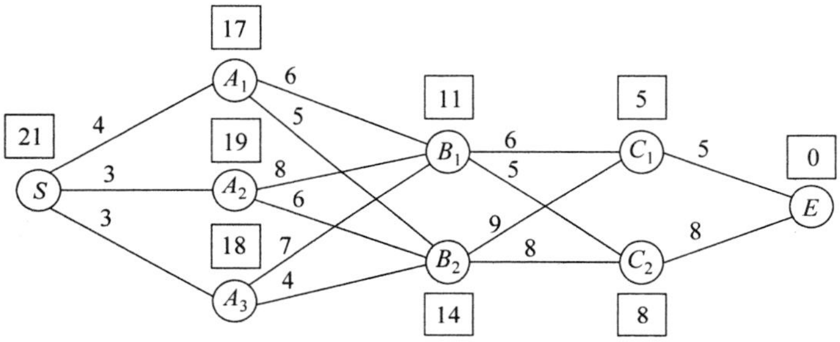

图 7-6　某城市局部道路求最短路径的标号法求解过程

每个状态上方的方格内的数字表示该状态到 E 的最短距离,首尾相连的粗箭线构成每一状态到 E 的最短路线。因此,标号法不但给出起点到终点的最短路线和最短距离,同时也给出每一状态到终点的最短路线及其最短距离。如,A_1 到 E 的最短路线是 $A_1\to B_1\to C_1\to E$,最短距离是 17。

标号法仅适用于求解像最短路线问题那样可以用网络图表示的多阶段决策问题。但不少多阶段决策问题不能用网络图表示。此时,应该用函数基本方程来递推求解。

7.3.2　离散型动态规划求解方法

最短路径问题实质上是一个离散型的动态规划问题,对于一般的离散型问题,如果可以用网络图来表示,显然上述标号法是有效的,但问题不便于表示为网络图形式时,标号法就失去作用。根据动态规划递推求解方法的基本思路,可以求解一般性的动态规划问题,包括最短路径问题。

离散型问题的递推公式往往无法表示为解析式,因此运算过程使用表格较为方便。

例 7.3　用求解一般离散型问题的方法,重新求解例 7.2。

解　第 1 步，动态规划建模。

阶段 k：将问题分成 5 个阶段，如图 7-7 所示。

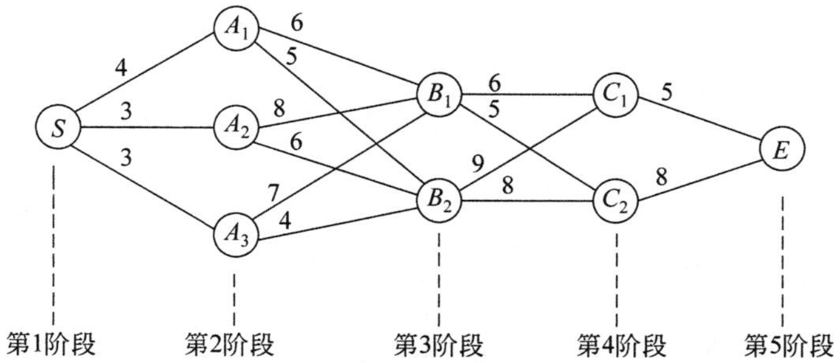

图 7-7　动态规划建模示意图

状态 s_k：为第 k 阶段所在的具体地点，可能状态集为该阶段的所有可能位置。例如，$S_2=\{A_1,A_2,A_3\}$，$s_2=A_3$ 表示第 2 阶段考虑出发的位置为 A_3，等等。这里状态变量取字符值而不是数值。

决策 u_k：决策定义为到达下一站所选择的路段，允许决策集合为从所处位置（状态 s_k）出发的可能路段。例如，目前的状态是 $s_2=A_3$，这时决策允许集合包含 2 个决策，它们是

$$U_2(s_2)=U_2(A_3)=\{A_3\rightarrow B_1,A_3\rightarrow B_2\}$$

状态转移方程：决策的选择即确定了下一阶段的出发位置，也就是下一阶段的状态。

阶段指标函数 $g_k(s_k,u_k)$：见网络图相应路段上的标示。

动态规划基本方程：最优指标函数 $f_k(s_k)$表示从目前状态 s_k（位置）到 E 的最短路径。

$$\begin{cases}f_5(s_5)=0\\ f_k(s_k)=\min\{g_k(s_k,u_k)+f_{k+1}(s_{k+1})\}\end{cases}$$

其中，终端条件为 $f_5(s_5)=f_5(E)=0$ 其含义是从 E 到 E 的最短路径为 0。

第 2 步，递推求解动态规划基本方程。

$k=4$ 阶段的递推方程为

$$f_4(s_4)=\min_{u_4\in U_4(s_4)}\{g_4(s_4,u_4)+f_5(s_5)\}$$

从 $f_5(s_5)$ 到 $f_4(s_4)$ 的递推过程用表 7-1 表示。

表 7-1　例 7.3 求解过程表(1)

s_4	$U_4(s_4)$	s_5	$g_4(s_4,u_4)$	$g_4(s_4,u_4)+f_5(s_5)$	$f_4(s_4)$	最优决策 u_4^*
C_1	$C_1\rightarrow E$	E	5	$5+0=5^*$	5	$C_1\rightarrow E$
C_2	$C_2\rightarrow E$	E	8	$8+0=8^*$	8	$C_2\rightarrow E$

其中 * 表示最优值，在表 7-1 中，由于决策允许集合 $U_4(s_4)$ 中的决策是唯一的，因此这个值就是最优值。

$k=3$ 阶段的递推方程为

$$f_3(s_3)=\min_{u_3\in U_3(s_3)}\{g_3(s_3,u_3)+f_4(s_4)\}$$

从 $f_4(s_4)$ 到 $f_3(s_3)$ 的递推过程用表格表示，如表 7-2 所示。

表 7-2　例 7.3 求解过程表(2)

s_3	$U_3(s_3)$	s_4	$g_3(s_3,u_3)$	$g_3(s_3,u_3)+f_4(s_4)$	$f_3(s_3)$	最优决策 u_3^*
B_1	$B_1 \to C_1$	C_1	6	$6+5=11^*$	11	$B_1 \to C_1$
	$B_1 \to C_2$	C_2	5	$5+8=13$		
B_2	$B_2 \to C_1$	C_1	9	$9+5=14^*$	14	$B_2 \to C_1$
	$B_2 \to C_2$	C_2	8	$8+8=16$		

$k=2$ 阶段的递推方程为

$$f_2(s_2)=\min_{u_2 \in U_2(s_2)}\{g_2(s_2,u_2)+f_3(s_3)\}$$

从 $f_3(s_3)$ 到 $f_2(s_2)$ 的递推过程如表 7-3 所示。

表 7-3　例 7.3 求解过程表(3)

s_2	$U_2(s_2)$	s_3	$g_2(s_2,u_2)$	$g_2(s_2,u_2)+f_3(s_3)$	$f_2(s_2)$	最优决策 u_2^*
A_1	$A_1 \to B_1$	B_1	6	$6+11=17^*$	17	$A_1 \to B_1$
	$A_1 \to B_2$	B_2	5	$5+14=19$		
A_2	$A_2 \to B_1$	B_1	8	$8+11=19^*$	19	$A_2 \to B_1$
	$A_2 \to B_2$	B_2	6	$6+14=20$		
A_3	$A_3 \to B_1$	B_1	7	$7+11=18^*$	18	$A_3 \to B_1$
	$A_3 \to B_2$	B_2	4	$4+14=18^*$		$A_3 \to B_2$

$k=1$ 阶段的递推方程为

$$f_1(s_1)=\min_{u_1 \in U_1(s_1)}\{g_1(s_1,u_1)+f_2(s_2)\}$$

从 $f_2(s_2)$ 到 $f_1(s_1)$ 的递推过程用表格表示，如表 7-4 所示。

表 7-4　例 7.3 求解过程表(4)

s_1	$U_1(s_1)$	s_2	$g_1(s_1,u_1)$	$g_1(s_1,u_1)+f_2(s_2)$	$f_1(s_1)$	最优决策 u_1^*
S	$S \to A_1$	A_1	4	$4+17=21^*$	21	$S \to A_1$
	$S \to A_2$	A_2	3	$3+19=22$		
	$S \to A_3$	A_3	3	$3+18=21^*$		$S \to A_3$

从表达式 $f_1(s_1)$ 可以看出，从 S 到 E 的最短路径长度为 21。

第 3 步，回溯求最优策略。

由 $f_1(s_1)$ 向 $f_4(s_4)$ 回溯，沿着 4 个表格巡查，可得到 3 条最短路径为

$$S \to A_1 \to B_1 \to C_1 \to E$$

$$S \to A_3 \to B_1 \to C_1 \to E$$

$$S \to A_3 \to B_2 \to C_1 \to E$$

例 7.4 某企业准备资金 600 万元，计划对 A、B、C 3 个项目进行投资，每个项目至少投资 100 万元。投资以 100 万元为单位，各项目的投资效益与投入该项目的资金有关。3 个项目 A、B、C 的投资效益和投入资金的关系如表 7-5 所示。如何对 3 个项目进行投资分配，可使总投资效益最大。

表 7-5 各项目的投入资金与投资效益关系表 单位：万元

投入资金	项目		
	A	B	C
100	18	16	15
200	32	34	31
300	48	52	53
400	68	63	65

解 第 1 步，建立动态规划模型。

阶段 k：每投资一个项目作为一个阶段。

状态变量 x_k：考虑投资第 k 个项目前的资金数。

决策变量 d_k：第 k 个项目的投资资金数。

决策允许集合 D_k：$D_k=\{d_k: 100\leqslant d_k\leqslant x_k\}$。

状态转移方程：$x_{k+1}=x_k-d_k$。

阶段指标：$v_k(x_k,d_k)$ 如表 7-5 所示。

递推方程：$f_k(x_k)=\max\{v_k(x_k,d_k)+f_{k+1}(x_{k+1})\}$；终端条件：$f_4(x_4)=0$。

第 2 步，递推求解动态规划基本方程，计算过程如表 7-6～表 7-8 所示。

$k=4, f_4(x_4)=0$。

$k=3, 100\leqslant d_3\leqslant x_3, x_4=x_3-d_3$。

表 7-6 例 7.4 求解过程表(1)

x_3	$D_3(x_3)$	x_4	$v_3(x_3,d_3)$	$v_3(x_3,d_3)+f_4(x_4)$	$f_3(x_3)$	d_3^*
100	100	0	15	$15+0=15^*$	15	100
200	200	0	31	$31+0=31^*$	31	200
300	300	0	53	$53+0=53^*$	53	300
400	400	0	65	$65+0=65^*$	65	400

$k=2, 100\leqslant d_2\leqslant x_2, x_3=x_2-d_2$。

表 7-7 例 7.4 求解过程表(2)

x_2	$D_2(x_2)$	x_3	$v_2(x_2,d_2)$	$v_2(x_2,d_2)+f_3(x_3)$	$f_2(x_2)$	d_2^*
200	100	100	16	$16+15=31$	31	100
300	100	200	16	$16+31=47$	49	200
	200	100	34	$34+15=49^*$		

续表

x_2	$D_2(x_2)$	x_3	$v_2(x_2,d_2)$	$v_2(x_2,d_2)+f_3(x_3)$	$f_2(x_2)$	d_2^*
400	100	300	16	$16+53=69^*$	69	100
	200	200	34	$34+31=65$		
	300	100	52	$52+15=67$		
500	100	400	16	$16+65=81$	87	200
	200	300	34	$34+53=87^*$		
	300	200	52	$52+31=83$		
	400	100	63	$63+15=78$		

$k=1, 100\leqslant d_1\leqslant x_1, x_2=x_1-d_1$。

表 7-8 例 7.4 求解过程表(3)

x_1	$D_1(x_1)$	x_2	$v_1(x_1,d_1)$	$v_1(x_1,d_1)+f_2(x_2)$	$f_1(x_1)$	d_1^*
600	100	500	18	$18+87=105^*$	105	100
	200	400	32	$32+69=101$		
	300	300	48	$48+49=97$		
	400	200	68	$68+31=99$		

得到最优值为 $f_1(x_1)=105$。

第 3 步,回溯求最优策略。

最优解为 $x_1=600, d_1^*=100, x_2=x_1-d_1=500, d_2^*=200, x_3=x_2-d_2^*=300, d_3=300, x_4=x_3-d_3=0$,即项目 A 投资 100 万元,项目 B 投资 200 万元,项目 C 投资 300 万元,最大效益为 105 万元。

思 考 题

(1) 试述用动态规划求解最短路问题的标号法的思路和步骤。

(2) 试述离散型动态规划问题的求解思路、方法和步骤。体会在建模过程中阶段、状态、决策状态转移方程、指标函数、最优值函数、边界条件及基本方程的意义和各概念的相互关系、作用。

7.4 连续型动态规划问题

上面例题的状态变量和决策变量都只能取离散的整数值,并且取值范围有限,计算中可以使用列表格的方法求得最优决策。但是,当状态变量和决策变量的取值范围很大,或者这些变量取值连续时,用列举的方法就比较困难或者根本不可能了。这时,如果动态规划基本方程可以表示为显式的解析函数，就可以直接通过对函数求极值的方法进行处理。

7.4.1 静态连续变量的优化问题

例 7.5 某公司有资金 10 万元，若投资于项目 i ($i=1,2,3$) 的投资额为 x_i 时，其收益分别为 $g_1(x_1)=4x_1$，$g_2(x_2)=9x_2$，$g_3(x_3)=2x_3^2$。应如何分配投资数额才能使总收益最大？

解 这是一个与时间无明显关系的静态最优化问题，容易建立非线性静态规划模型：

$$\max S = 4x_1 + 9x_2 + 2x_3^2$$

$$\begin{cases} x_1 + x_2 + x_3 = 10 \\ x_1, x_2, x_3 \geqslant 0 \end{cases}$$

为了应用动态规划方法求解，可以人为地赋予它“时段”的概念：将投资项目排序，首先考虑对项目 1 投资，然后考虑对项目 2 投资……即把问题划分为 3 个阶段，每个阶段只决定对一个项目应投资的金额。这样把一个含有 3 个变量的问题转化为一个 3 阶段决策过程。下面的关键问题是如何正确选择状态变量，使各子过程之间具有递推关系。

通常可以把决策变量 u_k 定为原静态问题中的变量 x_k，即设

$$u_k = x_k, \quad k=1,2,3$$

状态变量和决策变量有密切关系，状态变量一般为累计量或随递推过程变化的量。这里可以把每阶段可供使用的资金定为状态变量 s_k，初始状态 $s_1=10$。u_1 为分配于第一种项目的资金数，则当第 1 阶段 $k=1$ 时，有

$$\begin{cases} s_1 = 10 \\ u_1 = x_1 \end{cases}$$

第 2 阶段 $k=2$ 时，状态变量 s_2 为余下可投资于其余两个项目的资金数，即

$$\begin{cases} s_2 = s_1 - u_1 \\ u_2 = x_2 \end{cases}$$

一般地，第 k 段时

$$\begin{cases} s_k = s_{k-1} - u_{k-1} \\ u_k = x_k \end{cases}$$

于是有

第 1 步，动态规划建模。

阶段 k：本例中取 1、2 和 3。

状态变量 s_k：第 k 阶段可以投资于第 k 个项目到第 3 个(最后一个)项目的资金数。

决策变量 x_k：决定给第 k 个项目投资的资金数。

状态转移方程：$s_{k+1}=s_k-u_k$。

阶段指标函数：$g_1(x_1)=4x_1$，$g_2(x_2)=9x_2$，$g_3(x_3)=2x_3^2$。

最优指标函数 $f_k(s_k)$：当可投资金数为 s_k 时，投资第 k 到第 3 项所得的最大收益数。

基本方程：

$$\begin{cases} f_k(s_k) = \max\limits_{0 \leqslant x_k \leqslant s_k} \{g_k(x_k) + f_{k+1}(s_{k+1})\}, \quad k=3,2,1 \\ f_4(s_4) = 0 \end{cases}$$

第 2 步，递推求解动态规划基本方程。

$k=3$ 时，

$$f_3(s_3)=\max_{0\leqslant x_3\leqslant s_3}\{2x_3^2\}$$

这是一个简单的函数求极值问题，易知当 $x_3^*=s_3$ 时，取得极大值 $2s_3^2$，即

$$f_3(s_3)=\max_{0\leqslant x_3\leqslant s_3}\{2x_3^2\}=2s_3^2$$

$k=2$ 时

$$f_2(s_2)=\max_{0\leqslant x_2\leqslant s_2}\{9x_2+f_3(s_3)\}=\max_{0\leqslant x_2\leqslant s_2}\{9x_2+2s_3^2\}=\max_{0\leqslant x_2\leqslant s_2}\{9x_2+2(s_2-x_2)^2\}$$

这是一个非线性规划问题。

令

$$h_2(s_2,x_2)=9x_2+2\cdot(s_2-x_2)^2$$

用经典解析方法求其极值点。

由

$$\frac{\mathrm{d}h_2}{\mathrm{d}x_2}=9+4\cdot(s_2-x_2)\cdot(-1)=0$$

解得

$$x_2=s_2-\frac{9}{4}$$

而

$$\frac{\mathrm{d}^2h_2}{\mathrm{d}x_2^2}=4>0$$

所以 $x_2=s_2-\dfrac{9}{4}$ 是极小点，极大值只可能在 $[0,s_2]$ 端点取得

$$f_2(0)=2s_2^2\quad f_2(s_2)=9s_2$$

当 $f_2(0)=f_2(s_2)$时，解得 $s_2=9/2$。

当 $s_2>9/2$时，$f_2(0)>f_2(s_2)$，此时　$x_2^*=0$

$s_2<9/2$时，$f_2(0)<f_2(s_2)$，此时　$x_2^*=s_2$

$k=1$ 时，

$$f_1(s_1)=\max_{0\leqslant x_1\leqslant s_1}\{4x_1+f_2(s_2)\}$$

考虑上述的两种可能：

当 $f_2(s_2)=9s_2$ 时，

$$\begin{aligned}f_1(10)&=\max_{0\leqslant x_1\leqslant 10}\{4x_1+9s_1-9x_1\}\\&=\max_{0\leqslant x_1\leqslant 10}\{9s_1-5x_1\}=9s_1,\quad x_1=0\end{aligned}$$

但此时，

$$s_2=s_1-x_1=10-0=10>9/2$$

与 $s_2<9/2$矛盾，所以舍去。

当 $f_2(s_2)=2s_2^2$ 时，

$$f_1(10) = \max_{0 \leqslant x_1 \leqslant 10} \{4x_1 + 2(s_1 - x_1)^2\}$$

令

$$h_1(s_1, x_1) = 4x_1 + 2(s_1 - x_1)^2$$

由

$$\frac{dh_1}{dx_1} = 4 + 4(s_1 - x_1)(-1) = 0$$

解得

$$x_1 = s_1 - 1$$

而

$$\frac{d^2 h_1}{dx_1^2} = 1 > 0$$

所以 $x_1 = s_1 - 1$ 是极小点。极大值只可能在[0,10] 端点取得。

比较[0,10]两个端点：

$x_1 = 0$ 时，$f_1(10) = 200$，$x_1 = 10$ 时，$f_1(10) = 40$。

所以，$f_1(10) = 200$ 就是所求的最大收益。于是，$x_1^* = 0$。

第 3 步，回溯求最优策略。

再由状态转移方程回溯(顺推)，$s_2 = s_1 - x_1^* = 10 - 0 = 10$

因为

$$s_2 > 9/2$$

所以

$$x_2^* = 0, s_3 = s_2 - x_2^* = 10 - 0 = 10$$

所以

$$x_3^* = s_3 = 10$$

最优投资方案为全部资金投于第 3 个项目，可得最大收益 200 万元。

7.4.2 机器负荷分配问题

例 7.6 有某种机床，可以在高低两种不同的负荷下进行生产，在高负荷下生产时，产品的年产量为 g，与年初投入生产的机床数量 u_1 的关系为 $g = g(u_1) = 8u_1$，这时，年终机床完好台数将为 au_1(a 为机床完好率，$0 < a < 1$，设 $a = 0.7$)。在低负荷下生产时，产品的年产量为 h，和投入生产的机床数量 u_2 的关系为 $h = h(u_2) = 5u_2$，相应地，机床完好率为 b($0 < b < 1$，设 $b = 0.9$)，一般情况下 $a < b$。

假设某厂开始有 $x_1 = 1000$ 台完好的机床，现要制订一个 5 年生产计划，问每年开始时如何重新分配完好的机床在两种不同的负荷下生产的数量，以使在 5 年内产品的总产量为最高。

解 根据题意，本题的决策允许集合应该是一个整数集合，但由于决策允许集合中可取的决策数量很大，一一列举计算量很大，不妨认为状态变量和决策变量都是连续的，得到最优解后，再进行取整处理。

第 1 步，动态规划建模。

阶段：设阶段变量 k 表示年度，因此，阶段总数 $k = 5$。

状态变量 s_k：表示第 k 年度初拥有的完好机床台数，同时也是第 $k-1$ 年度末时的完好机床数量。

决策变量 u_k：表示第 k 年度中分配于高负荷下生产的机床台数，于是 s_k-u_k 便为该年度中分配于低负荷下生产的机床台数。

在第 k 阶段的允许决策集合为 $U_k(s_k)=\{u_k|0\leqslant u_k\leqslant s_k\}$。

这里 s_k 与 u_k 均取连续变量，当它们有非整数数值时。可以这样理解：如 $s_k=0.6$，就表示一台机器在 k 年度中正常工作时间只占 6/10；$u_k=0.4$ 时就表示一台机床在 k 年度只有 4/10 的时间于高负荷下工作。

状态转移方程：$s_{k+1}=au_k+b(s_k-u_k)=0.7u_k+0.9(s_k-u_k)$， $k=1,2,\cdots,6$。

阶段指标函数：设 $g_k(s_k,u_k)$ 为第 k 年度的产量，则 $g_k(s_k,u_k)=8u_k+5(s_k-u_k)$。

动态规划基本方程：

令 $f_k(s_k)$ 表示由第 k 年的状态 s_k 出发，采取最优分配方案到第 5 年度结束这段时间的产品产量，根据最优化原理有以下递推关系：

$$\begin{cases} f_6(s_6)=0 \\ f_k(s_k)=\max\limits_{u_k\in U_k}\{[8u_k+5(s_k-u_k)]+f_{k+1}[0.7u_k+0.9(s_k-u_k)]\}, \quad k=5,4,3,2,1 \end{cases}$$

第 2 步，递推求解动态规划基本方程。

$k=5$ 时，有

$$f_5(s_5)=\max_{0\leqslant u_5\leqslant s_5}\{[8u_5+5(s_5-u_5)]+f_6(s_k)\}=\max_{0\leqslant u_5\leqslant s_5}\{[8u_5+5(s_5-u_5)]\}$$

显然，当 $u_5^*=s_5$ 时，$f_5(s_5)$ 有最大值，相应地，有 $f_5(s_5)=8s_5$

$k=4$ 时，有

$$\begin{aligned} f_4(s_4)&=\max_{0\leqslant u_4\leqslant s_4}\{[8u_4+5(s_4-u_4)]+f_5[0.7u_4+0.9(s_4-u_4)]\} \\ &=\max_{0\leqslant u_4\leqslant s_4}\{[8u_4+5(s_4-u_4)]+8[0.7u_4+0.9(s_4-u_4)]\} \\ &=\max_{0\leqslant u_4\leqslant s_4}\{13.6u_4+12.2(s_4-u_4)\} \end{aligned}$$

因此，当 $u_4^*=s_4$ 时，有最大值 $f_4(s_4)=13.6s_4$。

$k=3$ 时，有

$$f_3(s_3)=\max_{0\leqslant u_3\leqslant s_3}\{[8u_3+5(s_3-u_3)]+f_4(s_4)\}=\max_{0\leqslant u_3\leqslant s_3}\{17.55u_3+17.22(s_3-u_3)\}$$

可见，当 $u_3^*=s_3$ 时，$f_3(s_3)$ 有最大值 $f_3(s_3)=17.55s_3$。

$k=2$ 时，有

$$\begin{aligned} f_2(s_2)&=\max_{0\leqslant u_2\leqslant s_2}\{[8u_2+5(s_2-u_2)]+f_3(s_3)\} \\ &=\max_{0\leqslant u_2\leqslant s_2}\{[8u_2+5(s_2-u_2)]+17.55[0.7u_2+0.9(s_2-u_2)]\} \\ &=\max_{0\leqslant u_2\leqslant s_2}\{[20.25u_2+20.8(s_2-u_2)]\} \end{aligned}$$

此时，当取 $u_2^*=0$ 时有最大值，即 $f_2(s_2)=20.8s_2$，其中 $s_2=0.7u_1+0.9(s_1-u_1)$。

$k=1$ 时，有

$$f_1(s_1)=\max_{0\leqslant u_1\leqslant s_1}\{8u_1+5(s_1-u_1)+20.8[0.7u_1+0.9(s_1-u_1)]\}$$

$$= \max_{0 \leqslant u_1 \leqslant s_1} \{22.55u_1 + 23.7(s_1 - u_1)\}$$

当取 $u_1^* = 0$ 时，$f_1(s_1)$有最大值，即 $f_1(s_1) = 23.7s_1$，因为 $s_1 = 1000$，故 $f_1(s_1) = 23\,700$ 个产品。

第 3 步，回溯求最优策略。

按照上述计算顺序寻踪得到下述计算结果：

$u_1^* = 0$，　$s_1 = 1000$，　$g_1(s_1, u_1) = 5000$，　$f_1(s_1) = 23\,700$ (个)

$u_2^* = 0$，　$s_2 = 900$，　$g_2(s_2, u_2) = 4500$，　$f_2(s_2) = 20.8s_2 = 18\,720$ (个)

$u_3^* = s_3$，　$s_3 = 810$，　$g_3(s_3, u_3) = 6480$，　$f_3(s_3) = 17.55s_3 = 14\,216$ (个)

$u_4^* = s_4$，　$s_4 = 567$，　$g_4(s_4, u_4) = 4536$，　$f_4(s_4) = 13.6s_4 = 7711$ (个)

$u_5^* = s_5$，　$s_5 = 397$，　$g_5(s_5, u_5) = 3176$，　$f_5(s_5) = 13.6s_5 = 3176$ (个)

$s_6 = 0.7u_5 + 0.9(s_5 - u_5) = 0.7x_5 = 278$ 台

上面所讨论的最优决策过程是所谓始端状态 s_1 固定，终端状态 s_6 自由。如果终端也附加上一定的约束条件，那么计算结果将会与之有所差别。

例 7.7 进一步考虑例 7.6，若规定在第 5 个年度结束时，完好的机床数量为 500 台(上面只有 278 台)，问应该如何安排 5 年的生产，使之在满足这一终端要求的情况下产量最高？

解 在上例分析的基础上，注意由状态转移方程

$$s_{k+1} = au_k + b(s_k - u_k) = 0.7u_k + 0.9(s_k - u_k)$$

有

$$s_6 = 0.7s_5 + 0.9(s_5 - s_5) = 500$$

于是可以得到

$$u_5 = 4.5s_5 - 2500$$

显而易见，由于固定了终端的状态 s_6，第 5 年的决策变量 u_5 的允许决策集合 $U_5(s_5)$也有了约束，上式说明 $U_5(s_5)$已退化为一个点，即第 5 年投入高负荷下生产的机床数只能由式 $u_5 = 4.5s_5 - 2500$ 作出一种决策，故

当 $k = 5$ 时，有

$$\begin{aligned} f_5(s_5) &= \max_{0 \leqslant u_k \leqslant s_5} \{8u_5 + 5(s_5 - u_5)\} \\ &= 8(4.5u_5 - 2500) + 5(s_5 - 4.5u_5 + 2500) \\ &= 18.5s_5 - 7500 \end{aligned}$$

当 $k = 4$ 时，有

$$\begin{aligned} f_4(s_4) &= \max_{0 \leqslant u_4 \leqslant s_4} \{[8u_4 + 5(s_4 - u_4)] + f_5(s_5)\} \\ &= \max_{0 \leqslant u_4 \leqslant s_4} \{8u_4 + 5(s_4 - u_4) + 18.5u_5 - 7500\} \\ &= \max_{0 \leqslant u_4 \leqslant s_4} \{8u_4 + 5(s_4 - u_4) + 18.5[0.7u_4 + 0.9(s_4 - u_4)] - 7500\} \\ &= \max_{0 \leqslant u_4 \leqslant s_4} \{21.7s_4 - 0.75u_4 - 7500\} \end{aligned}$$

显然，只有取 $u_4^* = 0$ 时，$f_4(s_4)$有最大值，即 $f_4(s_4) = 21.7s_4 - 7500$。

同理，当 $k = 3$ 时，有

$$
\begin{aligned}
f_3(s_3) &= \max_{0\leqslant u_3\leqslant s_3}\{[8u_3+5(s_3-u_3)]+f_4(s_4)\}\\
&= \max_{0\leqslant u_3\leqslant s_3}\{[8u_3+5(s_3-u_3)]+21.7[0.7u_3+0.9(s_3-u_3)]-7500\}\\
&= \max_{0\leqslant u_3\leqslant s_3}\{-1.3u_3+24.5s_3-7500\}
\end{aligned}
$$

可知，当 $u_3^*=0$ 时，$f_3(s_3)$有最大值 $f_3(s_3)=24.5s_3-7500$。

当 $k=2$ 时，有

$$
\begin{aligned}
f_2(s_2) &= \max_{0\leqslant u_2\leqslant s_2}\{[8u_2+5(s_2-u_2)]+f_3(s_3)\}\\
&= \max_{0\leqslant u_2\leqslant s_2}\{[8u_2+5(s_2-u_2)]+24.5[0.7u_2+0.9(s_2-u_2)]-7500\}\\
&= \max_{0\leqslant u_2\leqslant s_2}\{-1.9u_2+27.1s_2-7500\}
\end{aligned}
$$

此时，当取 $u_2^*=0$ 时有最大值，即 $f_2(s_2)=27.1s_2-7500$。

当 $k=1$ 时，有

$$
\begin{aligned}
f_1(s_1) &= \max_{0\leqslant u_1\leqslant s_1}\{8u_1+5(s_1-u_1)+f_2(s_2)\}\\
&= \max_{0\leqslant u_1\leqslant s_1}\{8u_1+5(s_1-u_1)+27.1[0.7u_1+0.9(s_1-u_1)]-7500\}\\
&= \max_{0\leqslant u_1\leqslant s_1}\{-2.4u_1+29.4s_1-7500\}
\end{aligned}
$$

只有取 $u_1^*=0$ 时，$f_1(s_1)$有最大值，即 $f_1(s_1)=29.4s_1-7500$。

由此可见，为了使下一个五年计划开始的一年有完好的机床 500 台，其最优策略应该为，在前 4 年中，都应该把全部机床投入低负荷下生产，在第 5 年，只能把部分完好机投入高负荷下生产。根据最优策略，从始端向终端递推计算出各年的状态，即算出每年年初的完好机床台数，因为 $s_1=1000$ 台，于是有

$$
\begin{aligned}
&s_1=1000(\text{台}), && u_1^*=0;\\
&s_2=0.7u_1^*+0.9(s_1-u_1^*)=0.9s_1=900(\text{台}), && u_2^*=0;\\
&s_3=0.7u_2^*+0.9(s_2-u_2^*)=0.9s_2=810(\text{台}), && u_3^*=0;\\
&s_4=0.7u_3^*+0.9(s_3-u_3^*)=0.9s_3=729(\text{台}), && u_4^*=0;\\
&s_5=0.7u_4^*+0.9(s_4-u_4^*)=0.9s_4=656(\text{台}), && u_5^*=4.5s_5-2500=452(\text{台});
\end{aligned}
$$

说明第 5 年里有 452 台投入高负荷下生产，还有 656－452＝204 台投入低负荷下生产，否则不能保证 $s_6=0.7u_5+0.9(s_5-u_5)=500$(台)。

在上述最优决策下，5 年里所得最高产量为

$$
f_1(s_1)=29.4s_1-7500=29\,400-7500=21\,900(\text{个})
$$

可见，附加了终端约束条件以后，其最高产量 $f_1(s_1)$比终端自由时要低一些。

动态规划模型建立后，对基本方程分段求解，没有固定的解法，必须根据具体问题的特点，结合数学技巧灵活求解，如动态规划模型中的状态变量与决策变量若被限定只能取离散值，则可采用离散变量的分段穷举法。当动态规划模型中状态变量与决策变量为连续变量，就要根据方程的具体情况灵活选取连续变量的求解方法。如经典解析方法、线性规划方法、非线性规划法或其他数值计算方法等。还有连续变量的离散化解法和高维问题的降维法及疏密格子点法等。

思 考 题

(1) 试述连续型动态规划问题求解的思路、方法和步骤。

(2) 体会在建模过程中阶段、状态、决策状态转移方程、指标函数、最优值函数、边界条件及基本方程的意义和各概念的相互关系、作用。

(3) 讨论离散型动态规划问题与连续型动态规划问题在求解思路、方法和步骤方面的异同。

7.5 动态规划方法应用举例

动态规划方法对于求解多阶段决策过程最优化问题是比较有效的。它提供了系统的计算过程,借以确定怎样组合这些决策才能使总效益达到最优。但是动态规划与其说是一门十分有用的理论,不如说是一种作为求解问题的十分有用的推算方法和手段。其所使用的特定模型必须根据不同的实际问题分别导出,以适应每一独特场合。正确建立解决各个实际问题的动态规划模型往往要比计算来得困难。因为根据实际问题构成动态规划模型本身,就是一项具有高度技术性的工作,它取决于个人的实际经验、灵活性与独创性。因此,对于初学者来说,欲自如地应用动态规划方法求解实际问题,最好的办法莫过于多接触各种各样的动态规划的应用,并研究其共同特征。因此,下面再介绍若干动态规划方法的应用实例,以期加深对它的理解与掌握。

7.5.1 背包问题

背包问题的一般提法是,一位旅行者携带背包去登山,已知他所能承受的背包重量限度为 a,现有 n 种物品可供他选择装入背包,第 i 种物品的单件重量为 a_i,其价值(可以是表明本物品对登山的重要性的数量指标)是携带数量 x_i 的函数 $c_i(x_i)$ $(i=1,2,\cdots,n)$,旅行者应如何选择携带各种物品的件数,以使总价值最大?

背包问题等同于车、船、飞机、潜艇、人造卫星等工具的最优装载问题,还可以用于解决机床加工中零件最优加工、下料问题、投资决策等,有广泛的实用意义。

设 x_i 为第 i 种物品装入的件数,则背包问题可归结为如下形式的整数规划模型:

$$\max S=\sum_{i=1}^{n}c_i(x_i)$$

$$\begin{cases}\sum\limits_{i=1}^{n}a_ix_i\leqslant a\\ x_i\geqslant 0\ \text{且为整数},i=1,2,\cdots,n\end{cases}$$

下面进行一般性的背包问题动态规划建模。

阶段 k:将可装入物品按 $1,2,\cdots,n$ 排序,每段装一种物品,共划分为 n 个阶段,即 $k=1,2,\cdots,n$。

状态变量 s_k：在第 k 段开始时，背包中还允许装入后 $n-k+1$ 种物品的总重量。

决策变量 x_k：装入第 k 种物品的件数。允许决策集合为

$$D_k(s_k)=\{x_k \mid 0\leqslant x_k\leqslant[s_k/a_k],x_k\text{ 为整数}\}$$

其中，$[s_k/a_k]$表示不超过 s_k/a_k 的最大整数。

状态转移方程：$s_{k+1}=s_k-a_kx_k$。

动态规划基本方程：最优指标函数 $f_k(s_k)$表示在背包中允许装入后 $n-k+1$ 种物品的总重量不超过 s_k，采用最优策略只装后 $n-k+1$ 种物品时的最大使用价值，则可得到动态规划的基本方程为

$$\begin{cases}f_{n+1}(s_{n+1})=0\\ f_k(s_k)=\max\limits_{x_k=0,1,\cdots,[s_k/a_k]}\{c_k(x_k)+f_{k+1}(s_k-a_kx_k)\}, \quad k=1,2,\cdots,n\end{cases}$$

例 7.8 有一辆最大货运量为 10 吨的卡车，用以装载 3 种货物，每种货物的单位重量及相应单位价值如表 7-9 所示。应如何装载可使总价值最大?

表 7-9 每种货物的单位重量及相应单位价值表

货物编号(i)	1	2	3
单位重量(a_i)/吨	3	4	5
单位价值(c_i)/万元	4	5	6

解 第 1 步，设第 i 种货物装载的件数为 $x_i(i=1,2,3)$，则问题可表为

$$\begin{cases}\max S=4x_1+5x_2+6x_3\\ 3x_1+4x_2+5x_3\leqslant 10\\ x_i\geqslant 0\text{ 且为整数}, \quad i=1,2,3\end{cases}$$

此问题可按前述方式建立动态规划模型，由于决策变量取离散值，所以可以用列表法求解(略，读者可以作为练习完成)。下面用解析方法求解，由于已经给出模型，下面可从第 2 步开始。

第 2 步，递推求解动态规划基本方程。

边界条件：$f_4(x_4)=0$

$k=3$ 时，

$$f_3(s_3)=\max_{0\leqslant x_3\leqslant[s_3/5],\text{整数}}\{6x_3+f_4(s_4)\}=\max_{0\leqslant x_3\leqslant[s_3/5],\text{整数}}\{6x_3\}=6[0.2s_3], \quad x_3^*=[0.2s_3]$$

由于 $0\leqslant s_3\leqslant 10$，$x_3$ 的取值有 3 种可能：$\begin{cases}2, & s_3=10\\ 1, & 5\leqslant s_3\leqslant 9\\ 0, & 0\leqslant s_3\leqslant 4\end{cases}$

$k=2$ 时，

$$\begin{aligned}f_2(s_2)&=\max_{0\leqslant x_2\leqslant[s_2/4],\text{整数}}\{5x_2+f_3(s_3)\}\\&=\max_{0\leqslant x_2\leqslant[s_2/4],\text{整数}}\{5x_2+6[0.2(s_2-4x_2)]\}\end{aligned}$$

$$=5[0.25s_2]+6[0.2(s_2-4[0.25s_2])], \quad x_2^*=[0.25s_2]$$

由于 $0\leqslant s_2\leqslant 10$，$x_2$ 的取值有 3 种可能：

$$\begin{cases}当\ 8\leqslant s_2\leqslant 10, x_2=2, f_2(s_2)=10+6[0.2(s_2-8)] \\ 当\ 4\leqslant s_2\leqslant 7, x_2=1, f_2(s_2)=5+6[0.2(s_2-4)] \\ 当\ 0\leqslant s_2\leqslant 3, x_2=0, f_2(s_2)=0+6[0.2(s_2-0)]\end{cases}$$

$k=1$ 时，注意 $s_1=10$

$$f_1(s_1)=\max_{0\leqslant x_1\leqslant[s_1/3],整数}\{4x_1+f_2(s_2)\}$$

x_1 有 4 种可能的取值：

$$\begin{cases}s_2=1, f_2(s_2)=0, f_1(10)=12, & x_1=3 \\ s_2=4, f_2(s_2)=5, f_1(10)=13, & x_1=2 \\ s_2=7, f_2(s_2)=5, f_1(10)=9, & x_1=1 \\ s_2=10, f_2(s_2)=10, f_1(10)=10, & x_1=0\end{cases}$$

由于 $s_1=10$，则 $x_1^*=2, f_1(s_1)=13$。

第 3 步，回溯求最优策略。

按照 $k=1,2,3$ 的顺序求得最优策略：$s_1=10, x_1=2; s_2=4, x_2=1; s_3=0, x_3=0$。于是，最优解为，第 1 种货物装 2 件，第 2 种货物装 1 件，第 3 种货物不装，总价值为13 万元。

当约束条件不止一个时，就是多维背包问题，其解法与一维背包问题类似，只是状态变量是多维的。

7.5.2 生产与存储问题

一个工厂生产某种产品，在已知市场需求情况、本身的生产能力、生产成本费用、仓库存储容量以及存储费用等情况下，为了根据实际需要制订生产计划，必须确定不同时期的生产量和库存量。这样的问题也是一个多阶段决策问题。

可以把计划分为几个时期，把不同的时期看作不同的阶段。在实践中，如果在某一个阶段上，增大生产批量，则可以降低成本费用，但是因为超过了该时期的市场需求量，就需要存储一部分产品，因而会由于增加库存费用或库存量的限制，使得生产受到限制。如果按市场不同时期的需求来确定不同时期的产量，虽然可以免去了上述困难，但是却会增加每件产品的生产成本费用。所以不同时期的生产批量，不仅影响着该时期的生产成本和库存情况，同时还影响着后面几个时期的产量和库存。因此，正确制订生产计划，确定各个时期的生产批量，使在几个时期内的费用之和最小，这就是生产与存储问题的最优化目标，其约束条件是在满足市场对该产品的需要量的同时，使库存在整个计划期末达到要求。

例 7.9 某企业生产某种产品，每月月初按订货单发货，生产的产品随时入库，由于空间的限制，仓库最多能够储存产品 90 千件。在上半年(1—6 月)其生产成本 C_k 和产品订单的需求数量 r_k 情况如表 7-10 所示。已知上一年年底库存量为 40 千件，要求 6 月底库存量仍能够保持 40 千件。

如何安排这 6 个月的生产量，使既能满足各月的订单需求，同时生产成本最低。

表 7-10　生产成本和产品订单的需求数量情况表

月份(k)	1	2	3	4	5	6
生产成本/万元·千件$^{-1}$	2.1	2.8	2.3	2.7	2.0	2.5
需求量/千件	35	63	50	32	67	44

解　第 1 步,动态规划建模。

阶段 k:月份,$k=1,2,\cdots,7$;

状态变量 x_k:第 k 个月初(发货以前)的库存量;

决策变量 d_k:第 k 个月的生产量;决策允许集合:

$$\begin{aligned}D_k(x_k)&=\{d_k \mid d_k\geqslant 0, r_{k+1}\leqslant x_{k+1}\leqslant H\}\\&=\{d_k \mid d_k\geqslant 0, r_{k+1}\leqslant x_k-r_k+d_k\leqslant H\},\quad H=90\end{aligned}$$

状态转移方程:$x_{k+1}=x_k-r_k+d_k$;

阶段指标:$v_k(x_k,d_k)=c_kd_k$;

动态规划基本方程:

$$\begin{cases}f_7(x_7)=0, \quad x_7=40\\ f_k(x_k)=\min\limits_{d_k\in D_k(x_k)}\{v_k(x_k,d_k)+f_{k+1}(x_{k+1})\}\end{cases}$$

第 2 步,递推求解动态规划基本方程。

对于 $k=6$,根据状态转移方程 $x_6-r_6+d_6=x_7=40$

因此有 $d_6=x_7+r_6-x_6=40+44-x_6=84-x_6, 84-x_6\geqslant 0$

也是唯一的决策。因此递推方程为

$$f_6(x_6)=\min_{d_6=84-x_6}\{c_6d_6+f_7(x_7)\}=2.5d_6=2.5(84-x_6)=210-2.5x_6$$

对于 $k=5$,允许决策集合与递推方程为

$$\begin{aligned}D_5(x_5)&=\{d_5 \mid d_5\geqslant 0, r_6\leqslant x_5-r_5+d_5\leqslant H, 84-x_6\geqslant 0\}\\&=\{d_5 \mid d_5\geqslant 0, 111-x_5\leqslant d_5\leqslant 151-x_5\}\end{aligned}$$

$$\begin{aligned}f_5(x_5)&=\min_{d_5\in D_5(x_5)}\{c_5d_5+f_6(x_6)\}\\&=\min_{d_5\in D_5(x_5)}\{2.0d_5+210-2.5(x_5-r_5+d_5)\}\\&=\min_{d_5\in D_5(x_5)}\{-0.5d_5-2.5x_5+377.5\}\end{aligned}$$

由于 d_5 系数为负,故取上界,即

$$f_5(x_5)=302-2x_5 \quad d_5^*=151-x_5$$

对于 $k=4$,允许决策集合与递推方程为

$$\begin{aligned}D_4(x_4)&=\{d_4 \mid d_4\geqslant 0, r_5\leqslant x_4-r_4+d_4\leqslant H\}\\&=\{d_4 \mid d_4\geqslant 0, 99-x_4\leqslant d_4\leqslant 122-x_4\}\end{aligned}$$

由于 $x_4\leqslant H(H=90)$,故 $99-x_4\geqslant 0$

$$=\{d_4 \mid 99-x_4\leqslant d_4\leqslant 122-x_4\}$$

$$f_4(x_4)=\min_{d_4\in D_4(x_4)}\{c_4d_4+f_5(x_5)\}$$

$$=\min_{d_4\in D_4(x_4)}\{2.7d_4+302-2(x_4-r_4+d_4)\}$$

$$=\min_{d_4\in D_4(x_4)}\{0.7d_4-2x_4+366\}$$

由于 d_4 系数为正，故取下界，即

$$f_4(x_4)=435.3-2.7x_4 \quad d_4^*=99-x_4$$

对于 $k=3$，允许决策集合与递推方程为

$$D_3(x_3)=\{d_3\mid d_3\geqslant 0,r_4\leqslant x_3-r_3+d_3\leqslant H\}$$

$$=\{d_3\mid d_3\geqslant 0,82-x_3\leqslant d_3\leqslant 140-x_3\}$$

$$f_3(x_3)=\min_{d_3\in D_3(x_3)}\{c_3d_3+f_4(x_4)\}$$

$$=\min_{d_3\in D_3(x_3)}\{2.3d_5+435.3-2.7(x_3-r_3+d_3)\}$$

$$=\min_{d_3\in D_3(x_3)}\{-0.4d_3-2.7x_3+570.3\}$$

由于 d_3 系数为负，故取上界，即

$$f_3(x_3)=514.3-2.3x_3 \quad d_3^*=140-x_3$$

对于 $k=2$，允许决策集合与递推方程为

$$D_2(x_2)=\{d_2\mid d_2\geqslant 0,r_3\leqslant x_2-r_2+d_2\leqslant H\}$$

$$=\{d_2\mid d_2\geqslant 0,113-x_2\leqslant d_2\leqslant 153-x_2\}$$

$$=\{d_2\mid 113-x_2\leqslant d_2\leqslant 153-x_2\}$$

由于 $x_2\leqslant H(H=90)$，故 $113-x_2\geqslant 0$

$$f_2(x_2)=\min_{d_2\in D_2(x_2)}\{c_2d_2+f_3(x_3)\}$$

$$=\min_{d_2\in D_2(x_2)}\{2.8d_2+514.3-2.3(x_2-r_2+d_2)\}$$

$$=\min_{d_2\in D_2(x_2)}\{0.5d_2-2.3x_2+659.2\}$$

由于 d_4 系数为正，故取下界，即

$$f_2(x_2)=715.7-2.8x_2 \quad d_2^*=113-x_2$$

对于 $k=1$，允许决策集合与递推方程为

$$D_1(x_1)=\{d_1\mid d_1\geqslant 0,r_2\leqslant x_1-r_1+d_1\leqslant H\}$$

$$=\{d_1\mid d_1\geqslant 0,98-x_1\leqslant d_1\leqslant 125-x_1\}$$

由于 $x_1=40$，则

$$D_1(x_1)=\{d_1\mid 58\leqslant d_1\leqslant 85\}$$

$$f_1(x_1)=\min_{d_1\in D_1(x_1)}\{c_1d_1+f_2(x_2)\}$$

$$=\min_{d_1\in D_1(x_1)}\{2.1d_1+715.7-2.8(x_1-r_1+d_1)\}$$

$$=\min_{d_1\in D_1(x_1)}\{-0.7d_1-2.8x_1+813.7\}$$

由于 d_1 系数为负，故取上界，即

$$f_1(x_1)=642.2 \quad d_1^*=85$$

第 3 步，回溯求最优策略。

将以上结果总结成表 7-11 所示。

表 7-11　最优情况表

k	1	2	3	4	5	6
c_k	2.1	2.8	2.3	2.7	2.0	2.5
r_k	35	63	50	32	67	44
x_k	40	90	50	90	67	84
d_k	85	$113-x_2=23$	$140-x_3=90$	$99-x_4=9$	$151-x_5=84$	$84-x_6=0$

7.5.3　随机型限期采购问题

例 7.10　某部门欲采购一批原料，原料价格在 5 周内可能有所变动，已预测得该种原料今后 5 周内取不同单价的概率如表 7-12 所示。试确定该部门在 5 周内购进这批原料的最优策略，使采购价格的期望值最小。

表 7-12　某种原料今后 5 周内取不同单价的概率

原材料单价/元	概　　率	原材料单价/元	概　　率
500	0.3	700	0.4
600	0.3		

解　在本章开始处，曾介绍动态规划问题有 4 种类型，本例与前面所讨论的确定型问题不同，状态的转移不能完全确定，而按某种已知的概率分布取值，即属于随机型动态规划问题。

第 1 步，动态规划建模。

阶段 k：可按采购期限(周)分为 5 段，$k=1,2,\cdots,5$。

状态变量 s_k：第 k 周的原料实际价格。

决策变量 u_k：第 k 周如采购则 $u_k=1$，若不采购则 $u_k=0$。

另外用 S_{kE} 表示：当第 k 周决定等待，而在以后采购时的采购价格期望值。

最优指标函数 $f_k(s_k)$：第 k 周实际价格为 s_k 时，从第 k 周至第 5 周采取最优策略所花费的最低期望价格。

动态规划逆序递推关系式为

$$\begin{cases} f_k(s_k)=\min\{s_k,S_{kE}\}, & s_k\in D_k \text{ 且 } k=4,3,2,1 \\ f_5(s_5)=s_5, & s_5\in D_5 \end{cases}$$

$D_k=\{500,600,700\}$为状态集合。

第 2 步，递推求解动态规划基本方程。

当 $k=5$ 时，因为若前 4 周尚未购买，则无论本周价格如何，该部门都必须购买，所以

$$f_5(s_5)=\begin{cases} 500 & \text{当 } s_5=500 \quad u_5^*=1(\text{采购}) \\ 600 & \text{当 } s_5=600 \quad u_5^*=1(\text{采购}) \\ 700 & \text{当 } s_5=700 \quad u_5^*=1(\text{采购}) \end{cases}$$

当 $k=4$ 时，由于

$$S_{4E}=0.3f_5(500)+0.3f_5(600)+0.4f_5(700)$$

$$=0.3\times 500+0.3\times 600+0.4\times 700=610$$

所以

$$f_4(s_4)=\min_{s_4\in D_4}\{s_4,S_{4E}\}=\min\{s_4,610\}=\begin{cases}500 & 当\ s_4=500 & u_4^*=1(采购)\\600 & 当\ s_4=600 & u_4^*=1(采购)\\610 & 当\ s_4=700 & u_4^*=0(等待)\end{cases}$$

当 $k=3$ 时，由于

$$\begin{aligned}S_{3E}&=0.3f_4(500)+0.3f_4(600)+0.4f_4(700)\\&=0.3\times 500+0.3\times 600+0.4\times 610=574\end{aligned}$$

所以

$$f_3(s_3)=\min_{s_3\in D_3}\{s_3,S_{3E}\}=\min\{s_3,574\}=\begin{cases}500 & 当\ s_3=500 & u_3^*=1(采购)\\574 & 当\ s_3=600\ 或\ 700 & u_3^*=0(等待)\end{cases}$$

当 $k=2$ 时，同理

$$\begin{aligned}S_{2E}&=0.3f_3(500)+0.3f_3(600)+0.4f_3(700)\\&=0.3\times 500+0.3\times 574+0.4\times 574=551.8\end{aligned}$$

所以

$$f_2(s_2)=\min_{s_2\in D_2}\{s_2,S_{2E}\}=\min\{s_2,551.8\}=\begin{cases}500 & 当\ s_2=500 & u_2^*=1(采购)\\551.8 & 当\ s_2=600\ 或\ 700 & u_2^*=0(等待)\end{cases}$$

当 $k=1$ 时

$$\begin{aligned}S_{1E}&=0.3f_2(500)+0.3f_2(600)+0.4f_2(700)\\&=0.3\times 500+0.3\times 551.8+0.4\times 551.8=536.26\end{aligned}$$

所以

$$f_1(s_1)=\min_{s_1\in D_1}\{s_1,S_{1E}\}=\min\{s_1,536.26\}=\begin{cases}500 & 当\ s_1=500 & u_1^*=1(采购)\\536.26 & 当\ s_1=600\ 或\ 700 & u_1^*=0(等待)\end{cases}$$

最优值，即 5 周的采购最小期望价格：

$$\begin{aligned}S_E&=0.3f_1(500)+0.3f_1(600)+0.4f_1(700)\\&=0.3\times 500+(0.3+0.4)\times 536.26=525.382\end{aligned}$$

第 3 步，回溯求最优策略。

按照顺序可得到最优采购策略为，若第 1～3 周原料价格为 500，则立即采购，否则在以后的几周内再采购；若第 4 周价格为 500 或 600，则立即采购，否则等第 5 周再采购；而第 5 周时无论当时价格为多少都必须采购。

按照以上策略进行采购，最优期望价格为 525.382 元。

思　考　题

（1）总结动态规划问题的求解思路、方法和步骤的共同点。体会在一般建模过程中阶段、状态、决策状态转移方程、指标函数、最优值函数、边界条件及基本方程的意义和各概念的相互关系、作用。

（2）对各种不同类型的动态规划问题的基本方程递推求解方法进行比较和分析，讨论它们之间的异同之处。

本章小结

20 世纪 50 年代初，美国数学家贝尔曼等在研究多阶段决策过程的优化问题时，提出了著名的最优化原理(principle of optimality)，把多阶段过程转化为一系列单阶段问题，逐个求解，创立了解决这类过程优化问题的新方法——动态规划。

虽然动态规划主要用于求解以时间划分阶段的动态过程的优化问题，但是一些与时间无关的静态规划(例如线性规划、非线性规划)，只要人为地引进时间因素，把它视为多阶段决策过程，也可以用动态规划方法方便地求解。

动态规划是一种将问题实例分解为更小的、相似的子问题。它的关键就在于，对于重复出现的子问题，只在第一次遇到时加以求解，并把答案保存起来，让以后再遇到时直接引用，不必重新求解，从而避免计算重复的子问题，以解决最优化问题的算法策略。动态规划是对解最优化问题的一种途径、一种方法，对不同的问题，有各具特色的解题方法，而不存在一种万能的动态规划算法，可以解决各类最优化问题。因此，读者在学习时除了要正确理解基本的概念和方法，还必须具体问题具体分析，以丰富的想象力建立模型，用创造性的技巧求解。

习 题 7

7.1 设某工厂自国外进口一部精密机床，由制造厂家至出口港有 3 个港口可供选择，而进口港又有 3 个可供选择，进口后可以经由两个城市到达目的地，其间的运输成本如图 7-8 中各线段旁数字所示，试求运费最低的路线。

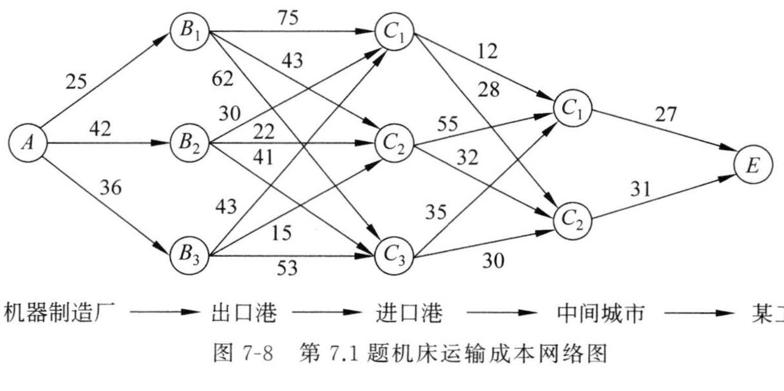

图 7-8 第 7.1 题机床运输成本网络图

7.2 要求从城市 1 到城市 12 建立一条客运线，各段路线所能获得的利润如表 7-13 所示，从城市 2 出发，只能直接到达城市 5、6、7、8。从城市 1 到城市 12 应该走怎样的路线，才能取得最大利润？

表 7-13　第 7.2 题城市间客运路线表

出发城市	到达城市										
	2	3	4	5	6	7	8	9	10	11	12
1	5	4	2								
2				8	10	5	7				
3				6	3	8	10				
4				8	9	6	4				
5								8	4	3	
6								5	2	7	
7								4	6	10	
8								12	5	2	
9											7
10											3
11											6

7.3　某厂有 100 台机床，能够加工两种零件，要安排下面 4 个月的任务，根据以往经验，知道这些机床用来加工第一种零件，一个月以后损坏率为 1/3。而在加工第二种零件时，一个月后损坏率为 1/10，又知道，机床加工第一种零件时一个月的收益为 10 万美元，加工第二种零件时每个月的收益为 7 万美元。现在要安排 4 个月的任务，怎样分配机器的任务，能使总收益为最大？

7.4　某公司有 4 名营业员要分配到 3 个销售点，如果 m 个营业员分配到第 n 个销售点时，每月所得利润如表 7-14 所示。该公司应该如何分配这 4 位营业员，从而使其所获利润最大？

表 7-14　第 7.4 题营业员数与获利情况表　　单位：千元/月

m		0	1	2	3	4
n	1	0	16	25	30	32
n	2	0	12	17	21	22
n	3	0	10	14	16	17

7.5　某市一工业局接省经委一对外加工任务，现有 6 千吨材料拟分配给可以接受该项任务的甲、乙、丙 3 家工厂，为计算简便起见，仅以千吨为单位进行分配，据事先了解，各厂在分得该种材料之后，可为国家净创外汇如表 7-15 所示。另外，每家工厂至少分得 1 千吨材料。

（1）拟分配给各厂各多少材料，可使国家获得的外汇为最多？

（2）各厂所创外汇分别为多少？

表 7-15　第 7.5 题工厂分得材料后可创外汇数量表　　单位：万美元

材料的质量/千吨		1	2	3	4
工厂	甲	4	7	10	13
	乙	5	9	11	13
	丙	4	6	11	14

7.6　某车队用一种 4 吨的卡车为外单位进行长途运输，除去司机自带燃料油、水、生活用具等重 0.5 吨外，余下可装货物，现有 A、B、C、D 这 4 种货物可运，其每种每件的重量以及各运输 1、2、3、4 或 5 件货物，由甲地至乙地所获得的运输利润如表 7-16 所示。各种货物装多少件，可由司机决定，采用何种装载方案可以使车队获利最多？试述用动态规划求解最短路问题的方法和步骤。

表 7-16　第 7.6 题带不同数量的货物所得运输利润

货　物	每件货物的质量/吨	带不同数量的货物，所得运输费用				
		1	2	3	4	5
A	0.3	2	3	8	16	23
B	0.2	1	2	4	7	12
C	0.4	4	8	15	24	30
D	0.6	4	9	23	36	42

7.7　某厂根据上级主管部门的指令性计划，要求其下一年度的第一、二季度 6 个月交货任务如表 7-17 所示，表中数字为月底交货量。

表 7-17　第 7.7 题 1—6 月份交货任务表　　单位：件

月　　份	1	2	3	4	5	6
交货量	100	200	500	300	200	100

该厂的生产能力为每月 400 件，仓库的存储能力为每月 300 件，已知，每件产品的生产费用为 1000 元，在进行生产的月份，工厂要支出经常费用 40000 元，仓库保管费为每件每月 100 元，设年初及 6 月底交货后无库存，该厂应该如何决策(即每个月各生产多少件产品)，才能既满足交货任务，又使总费用为最少？

7.8　某个地方加工厂生产任务因季节性变化而颇不稳定，为了降低生产成本，合适的办法是聘用季度合同工。但是，熟练的工人难以聘到，而新手培训费用又高。因此，厂长不想在淡季辞退工人，不过他又不想在生产没有需要时保持高峰的工资支出，同时还反对在生产供货旺季时，让正常班的工人加班加点。由于所有业务是按客户订货单来组织生产的，也不允许在淡季积累存货。所以，关于应该采用多高的聘用工人水准问题使得厂长左右为难。

经过若干年对于生产所需的劳动力情况的统计，发现在一年四季中，劳动力的需要量的最低水平如表 7-18 所示。

超过这些水平的任何聘用则造成浪费，其代价大约每季度每人为 2000 元。又根据估计，聘用费与解聘费使得一个季度到下一个季度改变聘用水准的总费用是 200 乘上两个聘用水准之差的平方。由于有少数为全时聘用人员，因而聘用水准可能取分数值，并且，上述费用数据也在分数的基础上适用。该厂厂长需要确定每个季度的聘用水平，以使总费用达到极小。

表 7-18　第 7.8 题一年四季中劳动力需要量的最低水平表　　单位：人

季　节	春 1	夏 1	秋 1	冬 1	春 2	…
需求量	225	220	240	200	225	…

7.9　某面粉厂按照签定的合同，在本月底需要向某食品厂提供甲种粉 20 吨，下个月底要提供 140 吨，生产费用取决于销售部门与用户所订的合同。合同约定：

第 1 个月每吨为

$$c_1(x_1)=7500+(x_1-50)^2$$

第 2 个月每吨为

$$c_2(x_2)=7500+(x_2-40)^2$$

其中，x_1 和 x_2 分别为第 1 个月和第 2 个月面粉生产的吨数。如果面粉厂一个月的生产多于 20 吨，则超产部分可以转到下一个月，其储运费用为每吨 3 元。设没有初始的库存，合同需求必须按月满足(不允许退回订货要求)。试订出一总费用最小的生产计划。

7.10　某建筑公司有 4 个正在建设的项目，按目前所配给的人力、设备和材料，这 4 个项目分别可以在 15、20、18 和 25 周内完成，管理部门希望提前完成，并决定追加 35 000 元资金分配给这 4 个项目。这样，新的完工时间以分配给各个项目的追加资金的函数形式给出如表 7-19 所示。试问这 35 000 元如何分配给这 4 个项目，以使得总完工时间提前为最多(假定追加的资金只能以 5000 元一组进行分配)。

表 7-19　第 7.10 题各项目追加资金后的完工时间表　　单位：周

追加的资金 x/千元	项目 1	项目 2	项目 3	项目 4
0	15	20	18	25
5	12	16	15	21
10	10	13	12	18
15	8	11	10	16
20	7	9	9	14
25	6	8	8	12
30	5	7	7	11
35	4	7	6	10

7.11　某制造厂收到一种装有电子控制部件的机械产品的订货，制订了一个 5 个月的生产计划，除了其中的电子部件需要外购，其他部件均由本厂制造。负责购买电子部件的采购人员必须满足生产部门提出的需要量计划。经过与若干电子部件生产厂的谈判，采购人员确定了计划阶段 5 个月中该电子部件的最理想的可能的价格。表 7-20 给出了需要量计划和采购价格的有关资料。

表 7-20　第 7.11 题需要量计划和采购价格表

月　份	需求量/个	采购价格/元·个$^{-1}$
1	5000	10
2	10 000	11
3	6000	13
4	9000	10
5	4000	12

该厂储备这种电子部件的仓库容量最多是 12 000 台，无初始存货，5 个月之后，这种部件也不再需要。假设这种电子部件的订货每月初安排一次，而提供货物所需的时间很短（可以认为实际上是即时供货），不允许退回订货。假定每 1000 个部件每月的库存费用是 250 元，试问如何安排采购计划，使既满足生产上的需要，又使采购费用和库存费用为最小？

7.12　用动态规划方法求下列非线性规划问题的最优解。

（1）

$$\max S = 12x_1 + 3x_1^2 - 2x_1^3 + 12x_2 - x_2^3$$

$$\begin{cases} x_1 + x_2 \leqslant 3 \\ x_1, x_2 \geqslant 0 \end{cases}$$

（2）

$$\max S = x_1^2 x_2 x_3^3$$

$$\begin{cases} x_1 + x_2 + x_3 \leqslant 6 \\ x_1, x_2, x_3 \geqslant 0 \end{cases}$$

第8章　图与网络分析

本章内容要点

- 图的基本概念与基本定理；
- 树和最小支撑树；
- 最短路问题；
- 网络系统最大流问题；
- 最小费用最大流问题；
- 中国邮递员问题。

本章核心概念

- 图论(graph theory)；
- 边(edge)；
- 弧(arc)；
- 无向图(undirected graph)；
- 有向图(directed graph)；
- 树(tree)；
- 最小支撑树问题(minimal spanning tree problem)；
- 最短路问题(shortest route problem)；
- 网络(network)；
- 最大流问题(maximal flow problem)；
- 最小费用最大流问题(max flow/min cost problem)；
- 中国邮递员问题(Chinese postman problem)。

■　**案例**

从北京开车到珠海的公路交通构成一个网络，如何在该网络中选择一条最短的路径呢？

图论是近几十年来发展十分迅速、应用比较广泛的一个新兴的数学分支。它的开拓者应归功于18世纪的大数学家欧拉(Euler)。他于1736年研究了哥尼斯堡七桥问题，发表了图论的第一篇文章。在随后的二百多年间，图论的发展甚为缓慢，近几十年来所取得的成果加倍于前200年的总和。现在图论已成为解决系统科学、运筹学、信息论及经济管理问题的有力手段。

本章将在介绍有关基本知识的基础上，讨论一些经济管理中较常用的算法。这些算法虽均可以证明其正确性，但限于篇幅，仅在必要处做一些帮助理解的说明。

8.1 图的基本概念与基本定理

下面,先通过两个例子来引入图的概念。

例 8.1 沈阳、北京、郑州、上海、重庆和连接这 5 个城市的铁路构成一个图。

例 8.2 18 世纪在哥尼斯堡城的普雷格尔河上,建有 7 座桥,这 7 座桥将河的两岸和河中两个小岛连接起来,如图 8-1 所示。

当时有一个问题,就是从陆地任意一个地方出发,能否通过每桥一次且仅仅一次就能回到原地。1736 年,欧拉发表了图论方面的第一篇论文,将此问题化成了一个数学问题,即用点来表示陆地,用点间的连线表示陆地间的桥,这样就得出了图 8-2。从而该问题就变为,在图 8-2 中是否可能从某点出发只经过各条边一次且仅仅一次而又能回到出发点。

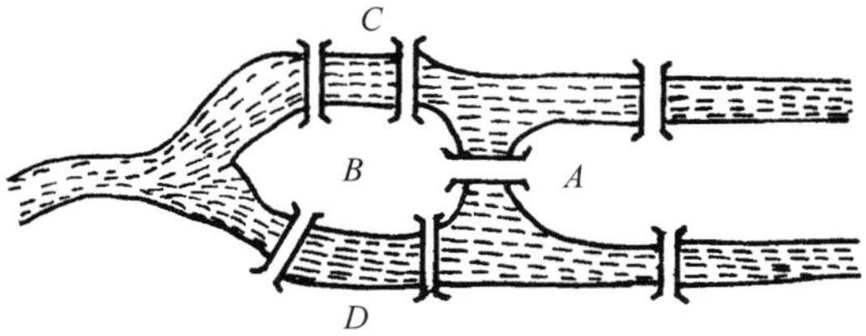

图 8-1 哥尼斯堡七桥图

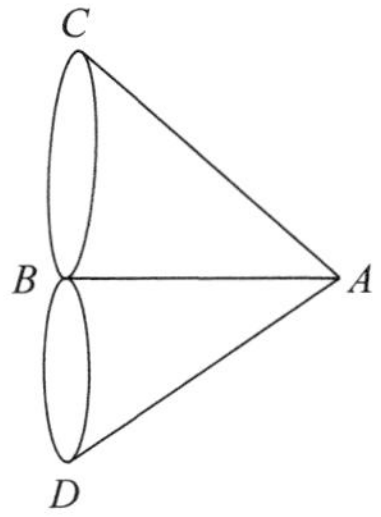

图 8-2 七桥示意图

由上面两例可以看出,一个图由一个表示具体事物的点的集合和表示事物之间联系的边的集合组成。通常,人们把点与点之间不带箭头的线称为边,带箭头的线称为弧。

如果一个图是由点和边所构成的,则称它为无向图,记作 $G=(V,E)$,V 中的元素称为 G 的顶点(或端点),E 中的元素称为 G 的边。连接点 $v_i,v_j\in V$ 的边记作$[v_i,v_j]$,或者$[v_j,v_i]$。

如果一个图是由点和弧所构成的,那么称它为有向图,记作 $D=(V,A)$,V 中的元素称为 G 的顶点(或端点),A 中的元素称为 D 的弧。一条方向从 v_i 指向 v_j 的弧 V 记作(v_i,v_j)。

例如,图 8-3 就是无向图 $G=(V,E)$,图 8-4 是一个有向图 $D=(V,A)$。

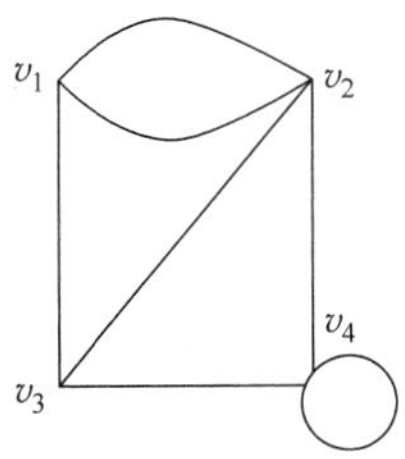

图 8-3 无向图

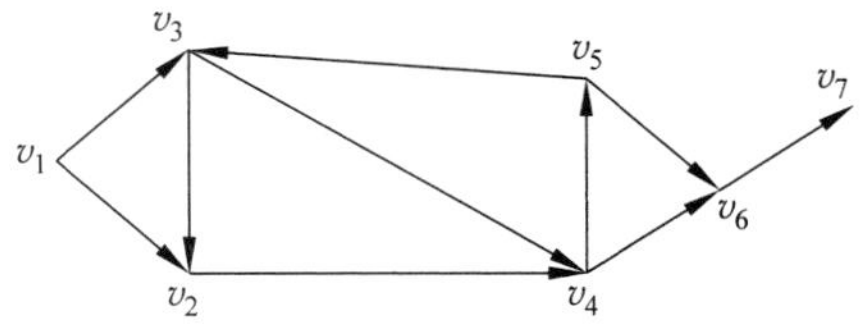

图 8-4 有向图

如果边$[v_i,v_j]\in E$,那么称 v_i,v_j 是边的端点,或者 v_i,v_j 是相邻的。如果一个图 G 中一条边的两个端点是相同的,那么称这条边是环。如图 8-3 中的边$[v_4,v_4]$是环。如果两条边的端点完全相同，则称为多重边，如图 8-3 中的边$[v_1,v_2]$、$[v_2,v_1]$。一个无环、无多重边的图称为简单图，一个无环、有多重边的图称为多重图。

以点 v 为端点的边的个数称为点 v 的度，记作 $d(v)$，如图 8-3 中，$d(v_1)=3$，$d(v_2)=4$，$d(v_3)=3$，$d(v_4)=4$。

度为 0 的点称为孤立点，度为 1 的点称为悬挂点。悬挂点的边称为悬挂边。度为奇数的点称为奇点，度为偶数的点称为偶点。

定理 8.1 在一个图 $G=(V,E)$中，全部点的度之和是边数的两倍。

结论是显然的，因为计算各个点的度时，每条边被它的两个端点各用了两次。

定理 8.2 在任意一个图 G 中，奇点的个数是偶数。

证明 设 V_1、V_2 分别是图 G 中的奇点和偶点的集合，由定理 8-1，有 $\sum\limits_{v\in V_1}d(v)+\sum\limits_{v\in V_2}d(v)=\sum\limits_{v\in V}d(v)=2q$，因为$\sum\limits_{v\in V}d(v)$是偶数，$\sum\limits_{v\in V_2}d(v)$也是偶数，因此$\sum\limits_{v\in V_1}d(v)$也必是偶数，从而 V_1 中的点数是偶数。

在一个图 $G=(V,E)$中，一个点和边的交错序列$(v_{i1},\varepsilon_{i1},v_{i2},\cdots,v_{ik-1},\varepsilon_{ik-1},v_{ik})$，其中 $\varepsilon_{it}=[v_{it},v_{it+1}]$，$t=1,2,\cdots,k-1$，称为连接 v_{i1} 和 v_{ik} 的一条链，记作$(v_{i1},v_{i2},\cdots,v_{ik})$，点 $v_{i2},\cdots,v_{ik-1}$ 称为中间点。

在链$(v_{i1},v_{i2},\cdots,v_{ik})$中，如果 $v_{i1}=v_{ik}$，那么称它为闭链。如果出现在链中的顶点都互不相同，则称为初等链。如果出现在链中的边都互不相同，则称为简单链。一条闭链的初等链称为圈。如果在一个闭链中所包含的边都不相同，那么称为简单闭链。以后除特别声明外，均指初等链或者初等圈。

如果在图 G 的任意两个不同的顶点之间至少存在一条链。那么称图 G 是连通图，否则称为不连通图。如果图 G 是不连通图，那么它的每个连通部分称为图 G 的连通分图。例如图 8-5 中 G_1 是连通图，G_2 是不连通的。其中 G_2 由两个连通分图组成。

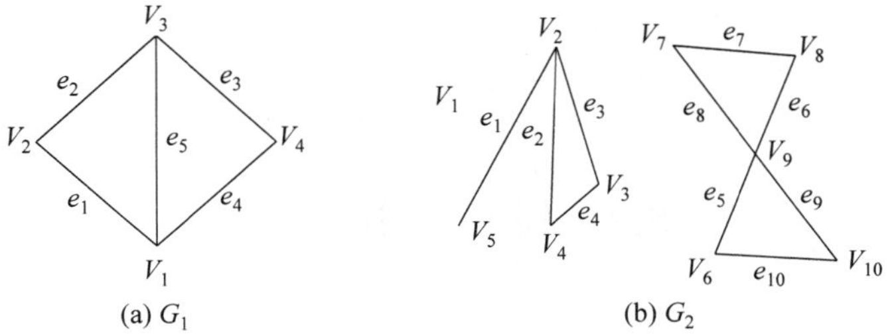

图 8-5 连通图

给定一个图 $G=(V,E)$，如果图 $G'=(V',E')$满足 $V=V'$，$E'\subseteq E$，那么称图 G'是 G 的一个支撑子图。

令 $v\in V$，用 $G-v$ 表示 G 去掉点 v 和以 v 为端点的边后得到的一个图。

例如，图 G 如图 8-6(a)所示，图 8-6(b)是 G 的一个支撑子图，图 $G-v_3$ 如图 8-6(c)所示。

现在介绍一些有向图的基本概念：

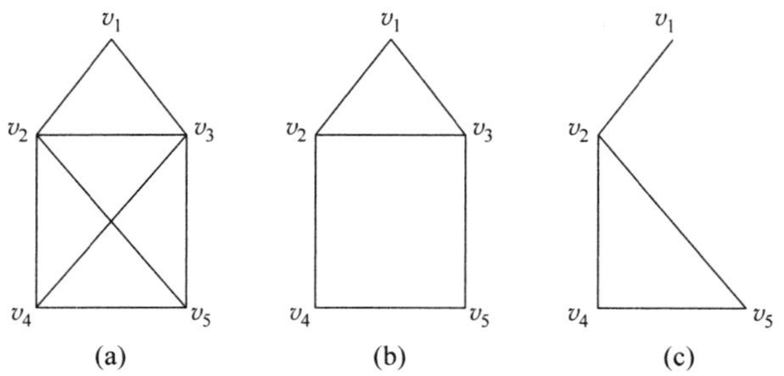

图 8-6　图与支撑子图

设一个有向图 $D=(V,A)$，在 D 中去掉所有弧的箭头所得到的无向图，称为 D 的基础图。

任意有向图 $D=(V,A)$的一条弧 $a=(v_i,v_j)$，称 v_i 为起点，v_j 为终点，弧 a 的方向是从 v_i 到 v_j。

在一个有向图 $D=(V,A)$中，一个点和弧的交错序列($v_{i1},a_{i1},v_{i2},\cdots,v_{ik-1},a_{ik-1},v_{ik}$)，如果它在 D 的基础图中对应的点边序列是一条链，那么称这个点弧序列是有向图 D 的一条链。

类似地，可以定义有向图的初等链、圈和初等圈。

如果($v_{i1},v_{i2},\cdots,v_{ik}$)是有向图 D 中的一条链，并且满足条件(v_{it},v_{it+1})，$t=1,2,\cdots,k-1$，那么称它为连接 v_{i1} 和 v_{ik} 的一条路。如果 $v_{i1}=v_{ik}$，那么称它为回路。

类似地，可以定义初等路。

思　考　题

(1) 有向图和无向图有什么区别?

(2) 如何将一个实际问题抽象为一个图?

8.2　树和最小支撑树

8.2.1　树及其性质

定义 8.1　一个无圈的连通图称为树。

树具有许多显而易见的性质，具体如下：

(1) 树中任意两顶点间必有一条且仅有一条初等链。

(2) 在树的任意两个不相邻的顶点间添上一条边，就得到一个圈，反之，若去掉树中任意一边，图就不连通了。

(3) 具有 n 个顶点的树有 $n-1$ 条边。

图 8-7 为树的例子。

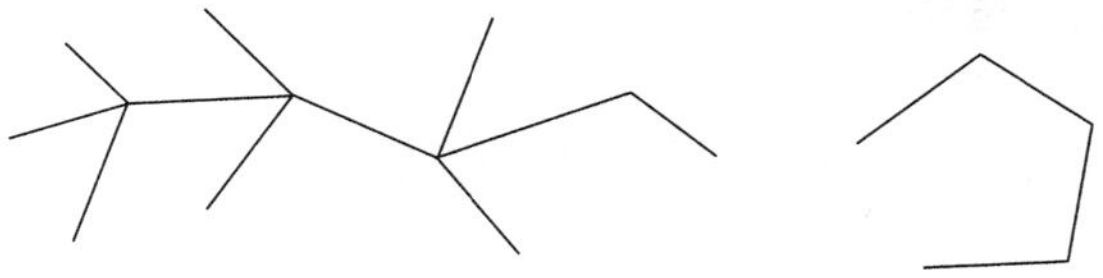

(a)　　　　(b)

图 8-7　树

定义 8.2　设 $G=(V,E)$是一个无向图，$T=(V,\bar{E})$是 G 的支撑子图，如果 T 是树，则称 T 是 G 的一个支撑树。

图 8-8(b)和图 8-8(c)都是图 G 的支撑树，这是因为它们都是图 G 的支撑子图且都是树。

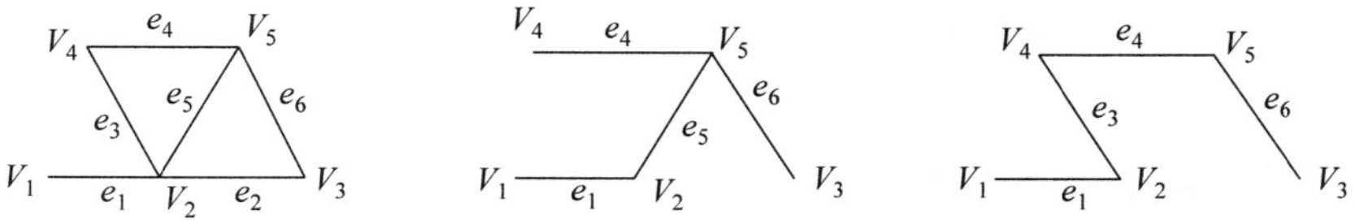

(a) 图G　　(b) 支撑树1　　(c) 支撑树2

图 8-8　图与支撑图

是不是所有的图都有支撑树呢？

定理 8.3　图 G 有支撑树的充分必要条件是 G 为连通图。

证　这个结论的必要性是显然的，下面证明充分性。

设 $G=(V,E)$是一个连通图，如果 G 不含圈，那么 G 本身就是一个树，注意 G 本身也是 G 的一个支撑子图，因此 G 有支撑树。如果 G 含圈，不难看出，在圈上任意去掉一条边，得到的生成子图 G_1 仍是连通的，如果 G_1 还有圈，那么在 G_1 中任取一个圈，并且在这个圈上再任意去掉一条边，又得到一个连通的支撑子图 G_2，……这样下去，一直得到一个不含圈的连通支撑子图 G_k 为止，G_k 不含圈而且又是连通的，即 G_k 是一个支撑树。

8.2.2　最小支撑树问题

定义 8.3　设图 $G=(V,E)$，对 G 的每一条边 e_i，相应地赋予一个数 $W(e_i)$(简记为 W_i)，称为边 e_i 的权，图 G 连同其边上的权称为赋权图。

这里所说的权，是指与边有关的数量指标，根据实际问题的需要，可以赋予它不同的含意。如表示距离、时间和费用等。

定义 8.4　赋权图中，一个支撑树 T 所有边上权的总和 $\sum_{e_i \in T} W(e_i)$，称为支撑树的权。具有最小权的支撑树，称为最小支撑树。

由树的定义可知，一个图可能有很多个支撑树，用枚举法从大量的支撑树中选取最小支撑树，显然是不合理甚至是不可能的，所以必须另谋算法。下面介绍求最小支撑树的两种算法。

1. Kruskal 算法(避圈法)

首先把有 m 条边 n 个顶点的赋权图的边按权的递增顺序排列：

$$a_1, a_2, \cdots, a_m$$

设 $e_1=a_1, e_2=a_2$，检查 a_3，如果 a_3 与 e_1, e_2 不构成圈，则令 $e_3=a_3$，否则放弃 a_3，检查 a_4，若 a_4 不与 e_1, e_2 构成圈，则令 $e_3=a_4$，否则放弃 a_4，检查 a_5，如此继续下去，直到找出 $e_1, e_2, \cdots, e_{n-1}$ 条边为止。那么 $\{e_1, e_2, \cdots, e_{n-1}\}$ 连同它们的端点就是所要求的最小支撑树。

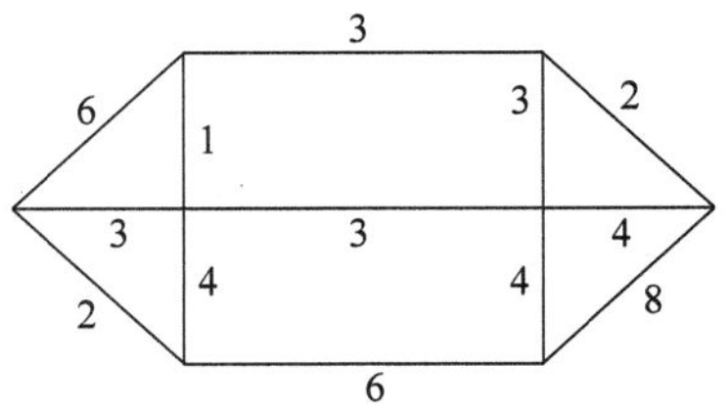

图 8-9　例 8.3 图

例 8.3　求图 8-9 所示赋权图的最小支撑树，其求解过程如图 8-10(a)～图 8-10(g)所示。

解　其求解过程用粗线来表示。

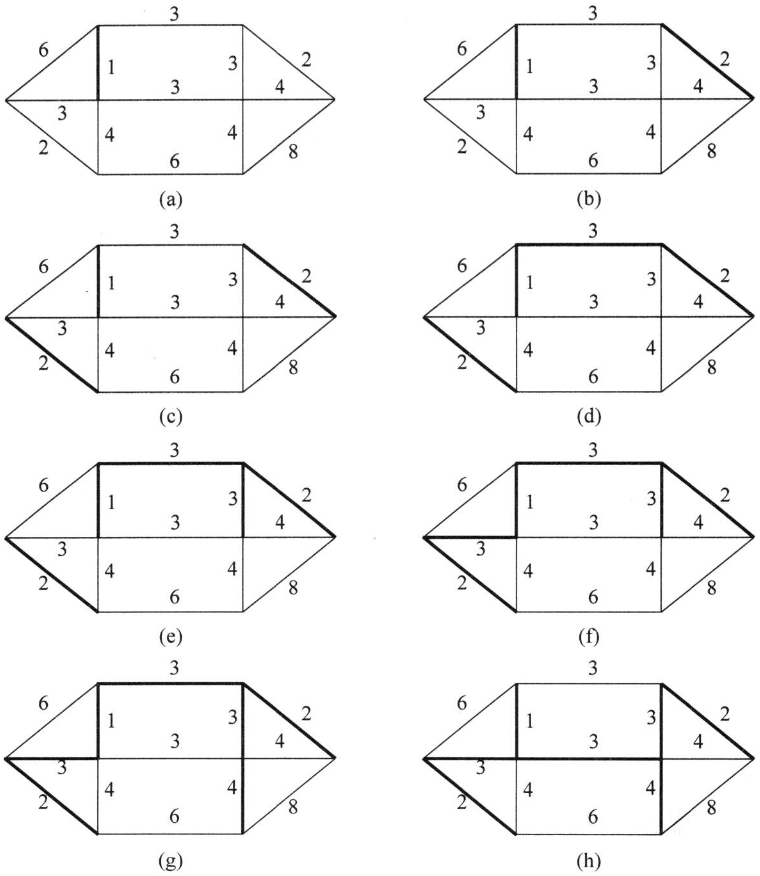

图 8-10　例 8.3 求解过程

但是图 G 的最小支撑树并非是唯一的，如图 8-10(h)所示，图中用粗线所表示的树也是最小支撑树。

2. 破圈法

这个方法是，首先令赋权图 $N=N_0$，在 N_0 中取一圈，去掉这个圈中权最大的边，得到一子图 N_1，在 N_1 中取一圈，去掉这个圈中权最大的边，得一子图 N_2，这样继续下去，直到剩下的子图不再含有圈为止，那么这个子图就是 N 的一个最小支撑树。

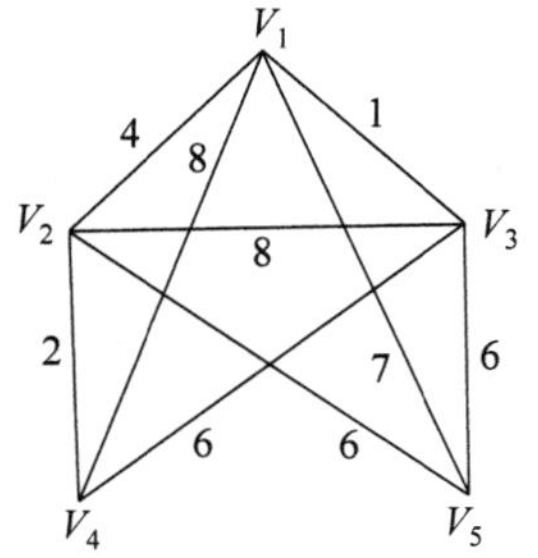

图 8-11　例 8.4 图

例 8.4　用“破圈法”求图 8-11 所示的赋权图的一个最小支撑树。

解　在图 8-11 中，每次考虑的圈均以粗线示出，丢掉的最大权的边在图中不再示出，如图 8-12 所示。

在图 8-12(e)中，由粗线形成的圈有两条权为 6 的最长边，这时可任意丢去其一，这里丢去了边(V_2, V_5)。

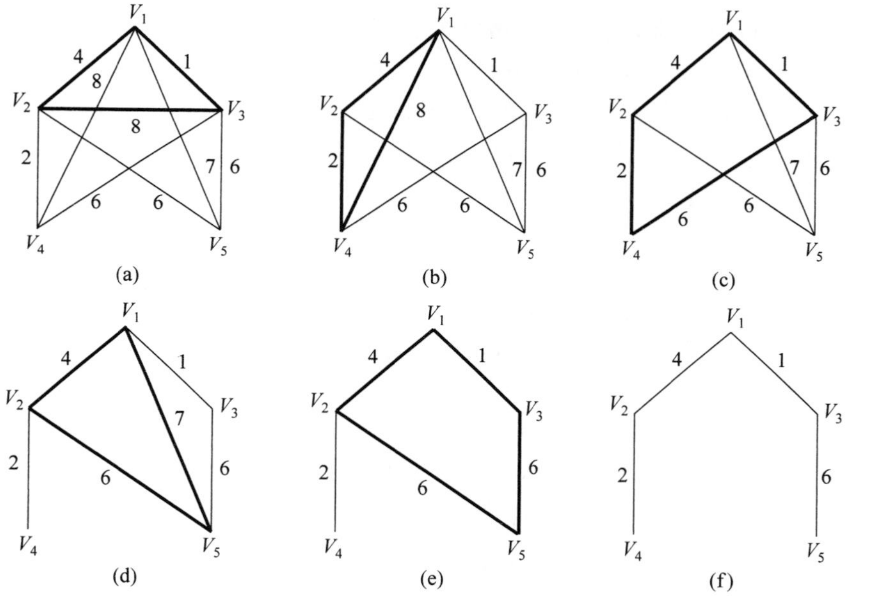

图 8-12　例 8.4 求解过程

思　考　题

(1) 符合哪些条件的图才可以称为树？

(2) 避圈法和破圈法求解最小支撑树可以得到相同的结果吗？这两种方法有什么区别？

(3) 每一个图都有支撑树吗？最小支撑树是唯一的吗？

8.3 最短路问题

设 $D=(V,A)$是一个简单赋权有向图,即它的每一条弧都有一个权,当然赋予权不同的内容,这个有向图就表示不同的实际问题,如果权表示距离或长度,且又在 D 中指定了两个顶点 V_s 和 V_t,于是从 V_s 到 V_t 就存在有限条路,把长度最小的有向路找出来就是求最短路问题(一条有向路的长度指的是它所包含的所有弧的长度之和)。

下面介绍求解这一问题的算法。首先介绍 Dijkstra 算法,该算法是标号法的一种。利用这个标号算法不仅可以求出从 V_s 到 V_t 的最短路及它的长度,而且可以同时求出从 V_s 到 D 中所有顶点 V_j 的最短路及其长度(或者指出不存在从 V_s 到 V_j 的有向路)。这种标号算法仅适用于每条弧的长度都是非负数的情况。

一个顶点在什么时候将会得到标号呢?人们规定,当从起点(为了方便起见将起点记为 V_1,终点记为 V_n,n 是 D 的顶点个数)V_1 到顶点 V_j 的最短路及它的长度已求出时,V_j 就将得到标号。每个顶点 V_j 的标号有两个数字组成:(α_j,β_j),其中 α_j 是个实数,代表 V_1 到 V_j 的最短路的长度,而 β_j 是一个非负整数,指明 V_j 的标号是从哪一个顶点得来的。例如,如果 V_j 的标号是(3.5,2),则从 V_1 到 V_j 的最短路的长度是 3.5,而 V_j 是从 V_2 得到标号的,整个计算将分成若干个"轮"来进行,每一轮中将求出 V_1 到一个顶点 V_j 的最短路及其长度,从而使得一个顶点 V_j 得到标号,因此,整个计算最多包含 n 轮(注:n 是图 D 的顶点个数)。

在第一轮计算中,给顶点 V_1 以标号(0,0),按上面讲的标号中的第一个数 α_1 应代表 V_1 到 V_1 的最短的长度,当然应该是 0,第二个数字 β_1 本来应该用来说明 V_1 的标号是从哪一个顶点得到,但是 V_1 不是从任何其他的顶点得到标号的,所以在这里令 $\beta_1=0$,以后的每一轮计算可以分成下面几个步骤。

第 1 步,求出弧集合

$$(X,\overline{X})=\{(V_i,V_j)\mid V_i\text{ 已标号,而 }V_j\text{ 未标号}\}$$

这里 X 与 $\overline{X}$ 分别表示已标号点与未标号点的集合。如果$(X,\overline{X})$是空集,计算结束。

第 2 步,对于$(X,\overline{X})$中的每一条弧(V_i,V_j)计算:$K_{ij}=\alpha_i+C_{ij}$,其中 C_{ij} 表示弧(V_i,V_j)的长度(或权)。

即 K_{ij} 表示弧(V_i,V_j)的起点 V_i 的标号(α_i,β_i)中的第一个数 α_i 加上弧(V_i,V_j)的长度,找出一条使 K_{ij} 达到最小的弧(V_c,V_d)(如果有多于一条弧使 K_{ij} 达到最小,可以任取其中一条)。

第 3 步,给弧(V_c,V_d)的终点以标号(α_d,β_d),其中,$\alpha_d=K_{cd}$,$\beta_d=C_{cd}$。

在一轮计算结束后,应该检查一下是不是所有顶点都得到标号了。如果是,那么整个计算就结束了。具体地说,V_1 到 V_j 的最短路的长度就是 V_j 的标号的第一个数 α_j,而最短路则应利用标号中的第二个数,经过"逆向追踪"而求得。

如果在某一轮计算的第 1 步中,$(X,\overline{X})$是空集,那么应结束计算。这时,若一个顶点 V_j 是已标号的,那么 V_1 到 V_j 的最短路及其长度仍可以用上面讲的方法来求得。若一个顶点 V_j 是未标号点,那么就可以肯定不存在从 V_1 到 V_j 的有向路。

例 8.5 求图 8-13 中从 V_1 到各个顶点的最短路的长度。

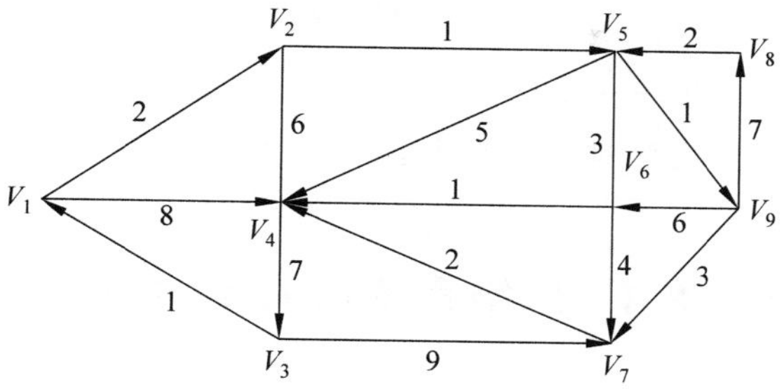

图 8-13 例 8.5 图

首先给 V_1 以标号(0,0)，然后进行第 2 轮计算，在第 1 步中，$(X,\bar{X})$包含两条弧(V_1,V_2)，(V_1,V_4)，对应的 K_{ij} 为

$$K_{12}=0+2=2,\quad K_{14}=0+8=8$$

最小的是 $K_{12}=2$，按第 3 步应给 V_2 以标号(2,1)，然后进入第 3 轮计算，这时已标号顶点有 V_1 和 V_2，故$(X,\bar{X})$包含下述 3 条弧：

$$(V_1,V_4),\quad (V_2,V_4),\quad (V_2,V_5)$$

由于 $K_{14}=8$ 上面已算过，不必再算，(可以把 K_{14} 记在弧旁边，并在外面画一个方框)而

$$K_{24}=2+6=8,\quad K_{25}=2+1=3$$

于是最小的是 $K_{25}=3$，故应给 V_5 以标号(3,2)，然后进入第 4 轮计算，这时已标号的顶点为 V_1,V_2,V_5，故$(X,\bar{X})$包含下述 4 条弧：

$$(V_1,V_4),\quad (V_2,V_4),\quad (V_5,V_4),\quad (V_5,V_9)$$

K_{ij} 中最小的是 $K_{59}=3+1=4$，故应给 V_9 以标号(4,5)，继续做下去，最后可得到图 8-14。从图 8-14 中可以看出从 V_1 到各个顶点 V_j 都存在有向路(因为所有顶点都得到了标号)，而且很容易具体地把 V_1 到每个 V_j 的最短路及它的长度求出来。

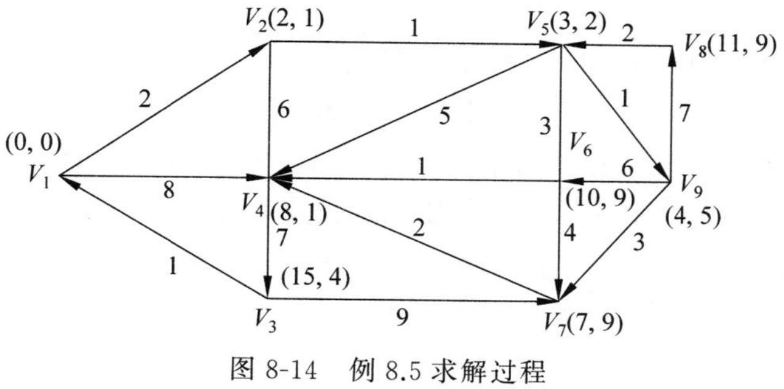

图 8-14 例 8.5 求解过程

例如看 V_8，从 V_8 的标号(11,9)立即可知，$V_1\sim V_8$ 的最短路长度是 11，而最短路则可由“逆向追踪”的办法求得如下结果：

$$\{V_1,V_2,V_5,V_9,V_8\}$$

对于有向图中存在有负权弧时最短路的求法与上面的标号法相类似，这里就不再叙述了。

思　考　题

(1) 试述 Dijkstra 算法的关键步骤。

(2) 是不是所有的有向图都可以找到起点到任何其他点的最短路?

8.4　网络系统最大流问题

8.4.1　基本概念

设 $D=(V,A)$是一个简单的有向图,并且是连通的(这里所说的连通是指当不考虑各边的方向时,D 是一个连通图),在 V 中指定了两个顶点,一个称为起点,一个称为终点。其余的点称为中间点。对于 G 中的每一条弧 $e_i\in A$,对应一个数 $C(e_i)\geqslant 0$,称为弧容量。通常把这样的有向图 D 称为网络。

网络上的流,是指定义在弧集合 A 上的一个函数 $f=\{f(V_i,V_j)\}$,并称 $f(V_i,V_j)$为弧(V_i,V_j)上的流量(简记为 f_{ij})。

例如图 8-15 所示的网络,指定 V_1 是起点,V_6 是终点,其余的点是中间点,每条弧旁边的数字就是这条弧的容量。弧(V_i,V_j)的容量简记为 C_{ij}。

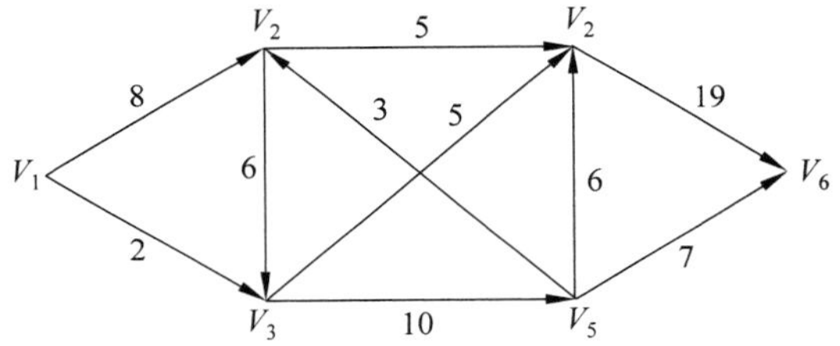

图 8-15　流量图

在运输网络的实际问题中,很明显,对于每条弧(V_i,V_j)来说,应该有 $f_{ij}\leqslant C_{ij}$,即每条弧上的流量不能超过该弧的容量。对于每一个中间点来说,运进这个点的货物总量应该等于从该点运出货物的总量。而起点的净流出量(简记为 V)和终点的净流入量必相等,也即这个方案的总运输量为 V。下面可行流的定义就是由上述分析抽象出来的。

定义 8.5　满足下述条件的流 $f=\{f_{ij}\}$称为网络 G 的一个可行流:

① 对于每一条弧$(V_i,V_j)\in A$,$0\leqslant f_{ij}\leqslant C_{ij}$;

② $$\sum_{(V_i,V_j)\in A_i} f_{ij}-\sum_{(V_j,V_i)\in B_i} f_{ij}=\begin{cases}V, & \text{当 } V_i \text{ 为起点时}\\ 0, & \text{当 } V_i \text{ 为中间点时}\\ -V, & \text{当 } V_i \text{ 为终点时}\end{cases}$$

这里 A_i 表示所有以 V_i 为起点的弧集合,B_i 表示所有以 V_i 为终点的弧的集合,当 V_i 为起点时,显然 B_i 为空集。当 V_i 为终点时,A_i 为空集,式中 V 称为这个可行流的值。

对于图 8-15 中的网络来说,下述的$\{f_{ij}\}$是一个可行流,它的值是 7。

$$f_{12}=6,\quad f_{13}=1,\quad f_{23}=6,\quad f_{24}=2,\quad f_{52}=2$$

$$f_{34}=1,\quad f_{35}=6,\quad f_{54}=4,\quad f_{46}=7,\quad f_{56}=0$$

可行流总是存在的,如所有弧上的流量 $f_{ij}=0$ 就是一个可行流。所谓网络上的最大流问题,就是对于一个给定的网络来说,找出它的值最大的可行流。

最大流问题是一个特殊的线性规划问题,即求一组 $\{f_{ij}\}$,在满足定义 8.5 的两个条件下使 V 达到最大。由于问题的这种特殊性,下面介绍特殊的解法。

通常为确定起见,当 $V=\{V_1,V_2,\cdots,V_n\}$ 时,就设 V_1 是起点,而 V_n 是终点,其余点是中间点。

定义 8.6 设 $\{f_{ij}\}$ 是一组可行流,如果存在一条从 V_1 到 V_n 的路 P,满足:

① 在 P 的所有前向弧上 $f_{ij}<C_{ij}$。

② 在 P 的所有后向弧上 $f_{ij}>0$。

则称 P 是一条关于流 $\{f_{ij}\}$ 的可扩充路。

定理 8.4 对于一个可行流 $\{f_{ij}\}$ 来说,如果能找到一条可扩充路,那么 $\{f_{ij}\}$ 就可以改进成一个值更大的流 $\{\bar{f}_{ij}\}$。

证 按照下面的方法来构造 $\{\bar{f}_{ij}\}$。首先确定一个调整量 ε,ε 由下面的方法来确定:令

$$\varepsilon_1=\min\{C_{ij}-f_{ij}\mid(V_i,V_j)\text{ 是路 }P\text{ 的前向弧}\}$$

如果 P 上没有前向弧,则令

$$\varepsilon_1=+\infty,\varepsilon_2=\min\{f_{ij}\mid(V_i,V_j)\text{ 是路 }P\text{ 的后向弧}\}$$

如果 P 上没有后向弧,则令

$$\varepsilon_2=+\infty,\varepsilon=\min(\varepsilon_1,\ \varepsilon_2)$$

由可扩充路的定义,显然 $\varepsilon>0$,于是定义 $\{\bar{f}_{ij}\}$ 如下:

$$\bar{f}_{ij}=\begin{cases}f_{ij}, & \text{若}(V_i,V_j)\text{不在路 }P\text{ 上}\\ f_{ij}+\varepsilon, & \text{若}(V_i,V_j)\text{是 }P\text{ 的前向弧}\\ f_{ij}-\varepsilon, & \text{若}(V_i,V_j)\text{是 }P\text{ 的后向弧}\end{cases}$$

易见 $\{\bar{f}_{ij}\}$ 仍是可行流,并且若 $\{_{ij}\}$ 的值是 V,则 $\{\bar{f}_{ij}\}$ 的值是 $V+\varepsilon$,即 $\{\bar{f}_{ij}\}$ 的值比 $\{f_{ij}\}$ 的值大。

在已知一条可扩充路的条件下,定理的证明过程给出了由已知可行流调整成值更大的可行流的方法。

前面已经给出了图 8-15 中网络的一个可行流(图 8-16 方框中的数为 f_{ij}),则

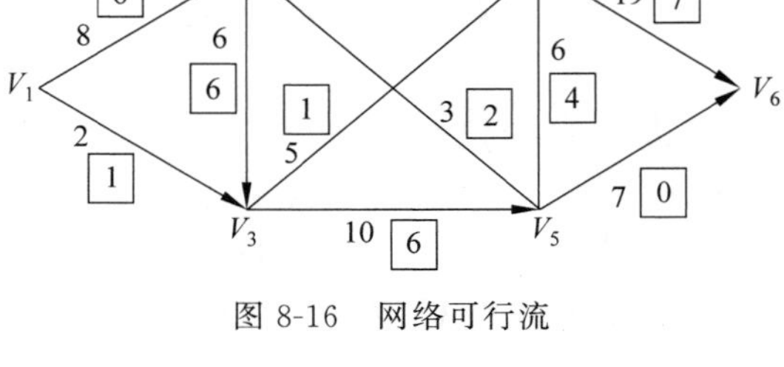

图 8-16 网络可行流

$$P=\{V_1,(V_1,V_2),V_2,(V_5,V_2),V_5,(V_5,V_6),V_6\}$$

是一条可扩充路，其中这条路的前向弧为

$$\{(V_1,V_2),(V_5,V_6)\}$$

后向弧为$\{(V_5,V_2)\}$，因此

$$\varepsilon_1=\min\{8-6,7-0\}=2$$

$$\varepsilon_2=\min\{2\}=2$$

$$\varepsilon=\min\{\varepsilon_1,\varepsilon_2\}=2$$

于是改进后的可行流为

$$\bar{f}_{12}=8,\quad \bar{f}_{13}=1,\quad \bar{f}_{24}=2,\quad \bar{f}_{52}=0,\quad \bar{f}_{23}=6$$

$$\bar{f}_{35}=6,\quad \bar{f}_{34}=1,\quad \bar{f}_{54}=4,\quad \bar{f}_{46}=7,\quad \bar{f}_{56}=2$$

而值为 $\bar{V}=9$。

对于一个可行流$\{f_{ij}\}$来说，如果有可扩充路，可以按照定理 8.4 的证明过程来改进可行流$\{f_{ij}\}$，如果不存在可扩充路，可以证明$\{f_{ij}\}$就是最大流。

8.4.2 标号法

下面介绍寻求最大流的标号算法：

从一个可行流出发，经过标号和调整过程来寻求最大流。

1. 标号过程

在此过程中，网络中的点分为已标号点（又分为已检查和未检查两种）和未标号点。每个标号点的标号分为两部分：第一部分标号表明它的标号是从哪一点来的，第二部分标号表明连接前面相邻点的弧是前向弧还是后向孤。

第 1 步，给起点 V_1 以标号$(0,+)$，此时 V_1 是已标号而未检查的顶点，其余点都是未标号点，转向第 2 步。

第 2 步，如果终点 V_n 已标号，转向第 5 步，否则，转向第 3 步。

第 3 步，若所有标号点都已检查过，而标号过程进行不下去时，则算法结束，这时的可行流就是最大流。若存在已标号而未检查的顶点，取一个这样的点 V_i，转向第 4 步。

第 4 步，对第 3 步中取的 V_i，用下面方法进行检查：

(a) 考虑所有以 V_i 为起点的弧(V_i,V_j)，如果弧(V_i,V_j)满足：$f_{ij}<C_{ij}$，而且 V_j 未标号，则给 V_j 以标号$(i,+)$，V_j 成为已标号未检查的点。

(b) 考虑所有以 V_i 为终点的弧(V_k,V_i)，如果弧(V_k,V_i)满足：$f_{ki}>0$，且 V_k 未标号，则给 V_k 以标号$(i,-)$，V_k 成为已标号未检查的点，在进行完(a)，(b)后 V_i 改为已检查的点，转向第 2 步。

第 5 步，用“逆向追踪”的办法找出 $V_1\sim V_n$ 的可扩充路。例如 V_n 的标号是$(i,+)$，则可扩充路上 V_n 前面的顶点是 V_i，弧是(V_i,V_n)，然后考虑顶点 V_i，如果 V_i 的标号是$(j,+)$，则 V_i 前面的顶点是 V_j，弧是(V_j,V_i)，如果 V_i 的标号是$(j,-)$，则 V_i 前面的顶点是 V_j，弧是(V_i,V_j)，这样依次下去直到顶点 V_1 为止。找到可扩充路 P 后，转入调整过程。

2. 调整过程

调整量 ε 由下面的等式确定，令

$$\varepsilon_1 = \min\{C_{ij} - f_{ij} \mid (V_i, V_j) \text{ 是路 } P \text{ 的前向弧}\}$$

如果 P 上没有前向弧，则令

$$\varepsilon_1 = +\infty, \varepsilon_2 = \min\{f_{ij} \mid (V_i, V_j) \text{ 是路 } P \text{ 的后向弧}\}$$

如果 P 上没有后向弧，则令

$$\varepsilon_2 = +\infty, \varepsilon = \min(\varepsilon_1, \varepsilon_2)$$

$$\overline{f_{ij}} = \begin{cases} f_{ij}, & \text{若}(V_i, V_j) \text{ 不在路 } P \text{ 上} \\ f_{ij} + \varepsilon, & \text{若}(V_i, V_j) \text{ 是 } P \text{ 的前向弧} \\ f_{ij} - \varepsilon, & \text{若}(V_i, V_j) \text{ 是 } P \text{ 的后向弧} \end{cases}$$

于是得到新的可行流$\{\overline{f_{ij}}\}$，抹去所有标号，对新的可行流$\{\overline{f_{ij}}\}$，重新进入标号过程。

例 8.6 求图 8-17 中网路的最大流。

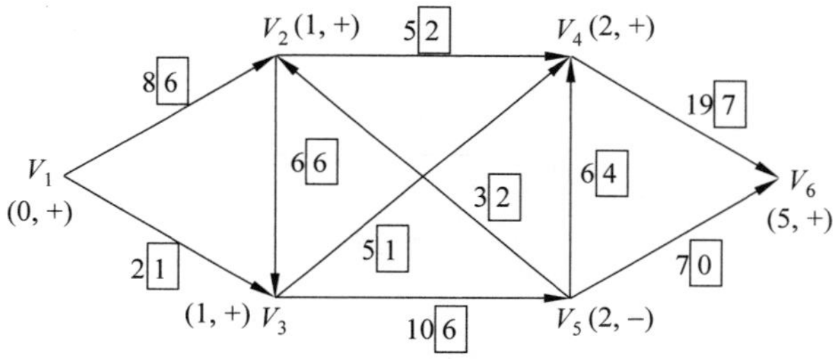

图 8-17 例 8.6 图

解 从图 8-17 中的值为 7 的可行流开始，通过标号过程来寻求可扩充路。

给 V_1 标号(0,+)，然后取 V_1，用第 4 步对 V_1 进行检查，发现 V_2 与 V_3 都可以得到标号(1,+)，V_1 成为已检查的点，再取已标号而未检查的点 V_2，由第 4 步可使顶点 V_4 得到标号(2,+)，V_5 得到标号(2,−)。现在 V_3、V_4、V_5 都是已标号而未检查的点，可以任取一个，如 V_5，用第 4 步可使 V_6 得到标号(5,+)，应用第 5 步的“逆向追踪”方法，找出可扩充路，由于 V_6 的标号是(5,+)，故可扩充路的最后段是$\{V_5, (V_5, V_6), V_6\}$，又 V_5 的标号是(2,−)，故往前追踪是$\{V_2, (V_5, V_2), V_5, (V_5, V_6), V_6\}$，又因 V_2 的标号是(1,+)，所以可扩充路是

$$P = \{V_1, (V_1, V_2), V_2, (V_5, V_2), V_5, (V_5, V_6), V_6\}$$

通过调整过程，求出改进后的可行流。

令

$$\varepsilon_1 = \min\{8 - 6, 7 - 0\} = 2$$

$$\varepsilon_2 = \min\{2\} = 2$$

取

$$\varepsilon = \min\{2, 2\} = 2$$

因此改进后的可行流如图 8-18 所示。

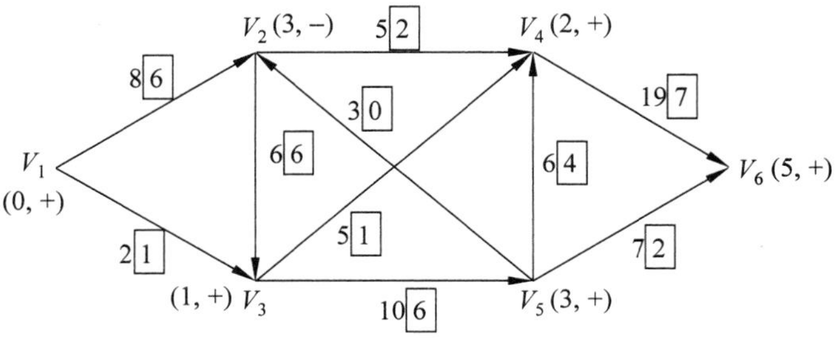

图 8-18　改进后的可行流图

对新的可行流再用标号过程来寻求可扩充路，经过几次标号可得扩充路

$$P=\{V_1,(V_1,V_3),V_3,(V_3,V_5),V_5,(V_5,V_6),V_6\}$$

易见调整量 $\varepsilon=1$，改进后的可行流如图 8-19 所示。对于图 8-19 中的可行流再用标号过程，在 V_1 得到标号后，按标号法的第 4 步操作对 V_1 进行检查，在经过(a)、(b)两个子步骤后，没有使其他任何顶点得到标号，即标号过程进行不下去，至此算法结束，此时，图 8-19 中的可行流已是最大流。

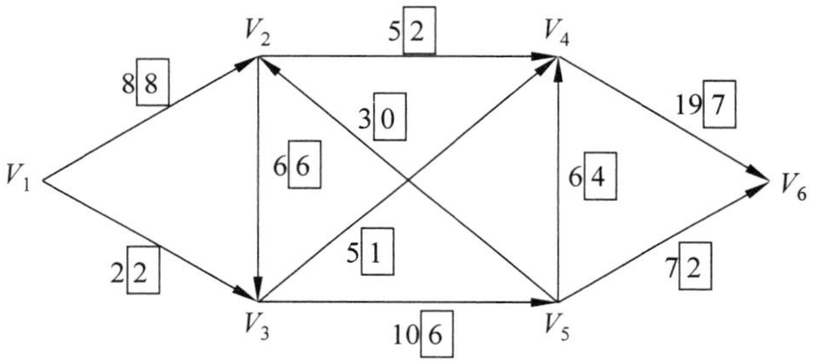

图 8-19　最大流图

思　考　题

(1) 网络可行流具备哪些特点？

(2) 如何找到一个网络的可行流？

(3) 试述网络最大流的求解过程。

8.5　最小费用最大流问题

若给定了一个网络 $D=(V,A)$，并设 V_s 是起点，V_t 是终点。另外，对于 D 的每一条弧 (V_i,V_j)，定义两个数 C_{ij}、d_{ij}。

C_{ij}：代表弧(V_i,V_j)上流量的上界，即容量。

d_{ij}：代表弧(V_i,V_j)上的单位费用。

找一个可行流$\{f_{ij}\}$，它的值等于一个指定数 V，并使得总费用

$$d=\sum_{(V_i,V_j)\in E} d_{ij}f_{ij}$$

最小的问题称为最小费用可行流问题。求使得 d 最小且可行流值 V 最大的问题称为最小费用最大流问题。

寻求最大流的方法是从某个可行流 $\{f_{ij}\}$ 出发，找到关于这个流的一条可扩充路并沿着这条可扩充路调整可行流 $\{f_{ij}\}$，对新的可行流，再寻求关于它的可扩充路，如此反复直到最大可行流。下面介绍寻求最小费用可行流的方法。

若 $\{f_{ij}\}$ 是网络的一个可行流，寻求关于 $\{f_{ij}\}$ 的可扩充路 P，经过调整可得新的可行流 $\{f'_{ij}\}$ 或最大流 $\{f^*_{ij}\}$，这时 f'_{ij} 与 f_{ij} 只在 P 上相差 θ，其他弧上相同，因此，可行流 $\{f'_{ij}\}$ 与 $\{f_{ij}\}$ 的费用差只在 P 上反映出来，即

$$d'-d=\sum_{(V_i,V_j)\in P^+} d_{ij}\theta-\sum_{(V_i,V_j)\in P^-} d_{ij}\theta$$

其中，P^+，P^- 分别表示可扩充路 P 上的前向弧集合和后向弧集合，即

$$d'=d+\left[\sum_{(V_i,V_j)\in P^+} d_{ij}-\sum_{(V_i,V_j)\in P^-} d_{ij}\right]\theta$$

其中，$\sum_{(V_i,V_j)\in P^+} d_{ij}-\sum_{(V_i,V_j)\in P^-} d_{ij}$ 称为可扩充路 P 的费用。由上式可见，若 $\{f_{ij}\}$ 是值为 V 的最小费用可行流，而 P 是关于 $\{f_{ij}\}$ 的所有可扩充路中费用最小的可扩充路，那么沿 P 调整 $\{f_{ij}\}$，调整方法是，令

$$\theta_1=\min\{C_{ij}-f_{ij}\mid (V_i,V_j)\in P^+\}$$

$$\theta_2=\min\{f_{ij}\mid (V_i,V_j)\in P^-\}$$

$$\theta\leqslant \min(\theta_1,\ \theta_2)$$

$$f'_{ij}=\begin{cases} f_{ij}+\theta, (V_i,V_j)\in P^+ \\ f_{ij}-\theta, (V_i,V_j)\in P^- \\ f_{ij}(V_i,V_j)\ \text{是}\ E\ \text{中不属于}\ P\ \text{的弧} \end{cases}$$

由此得到新的可行流 $\{f'_{ij}\}$，则 $\{f'_{ij}\}$ 为值等于 $V+\theta$ 的最小费用可行流。

注意：当 $d_{ij}\geqslant 0$ 时，$f_{ij}=0$ 必是值为 0 的最小费用流。这样总可以从 $\{f_{ij}=0\}$ 开始，根据上面的事实，经过有限次的调整，总可以得到最小费用可行流或最小费用最大流。

余下的问题就是如何去找关于 $\{f_{ij}\}$ 的费用最小的可扩充路。为此首先作出费用赋权有向图(即权为费用)，称为费用有向图。最小费用可扩充路就是费用有向图中起点到终点的最短路，因此只须在费用有向图上找出最小费用可扩充路即可。

求最小费用流的方法与步骤：

(1) 作零流 $\{f_{ij}=0\}$ 所相应的费用有向图。这个图很容易作出，事实上以费用为权的有向图即为零流对应的费用有向图。

(2) 在费用有向图上确定最短路 P，于是就得到网络 G 中关于 $\{f_{ij}=0\}$ 的最小费用扩充路。

(3) 调整 $\{f_{ij}=0\}$ 为新的可行流 $\{f_{ij}\}$ 的方法前面已述。

(4) 再做与最小费用流 $\{f_{ij}\}$ 相应的费用有向图。

具体做法是，观察新流量 $\{f_{ij}\}$ 的可扩充路 P，当 $(V_i,V_j)\in P^+$ 时，若 $f_{ij}<C_{ij}$，保留原

费用弧，并另添一反向弧(V_j, V_i)，其权为$-d_{ij}$；若$f_{ij}=C_{ij}$，去掉原费用弧，改原费用弧方向为反向，其权为$-d_{ij}$，就意味着原路不能再调整了。当$(V_i, V_j)\in P^-$时，若$f_{ij}>0$，保留原费用弧方向和权数，并另添一反向弧(V_j, V_i)，权为$-d_{ij}$；若$f_{ij}=0$，去掉原费用弧，改原费用弧方向为反向，权为$-d_{ij}$。当弧$(V_i, V_j)\in P^-$时，弧上权数与方向不变，这样就得到可行流$\{f_{ij}\}$相应的费用有向图。若此图不存在起点到终点的最短路，该可行流$\{f_{ij}\}$就是最小费用最大流，否则继续在流为$\{f_{ij}\}$的图上进行调整，重复上面的方法经有限步即可达到流量为已知或流量为最大的最小费用流。

例 8.7 在图 8-20 中，每条弧旁边有两个数字，第一个数字为C_{ij}，第二个数字为d_{ij}，现在要从所有值为 12 的可行流中找出一个费用最小的可行流。

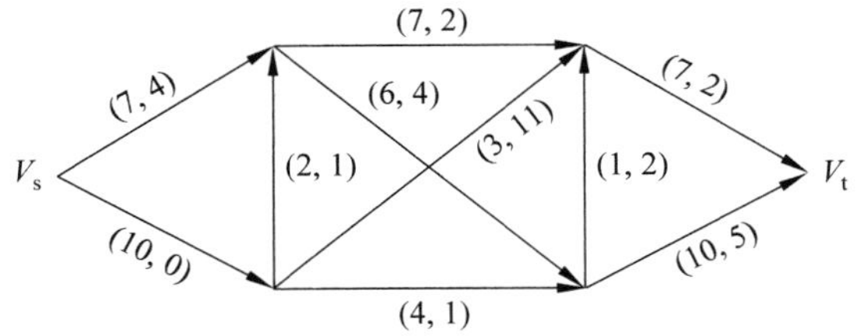

图 8-20 例 8.7 图

解 先作零流$\{f_{ij}=0\}$所对应的费用有向图，如图 8-21 所示。

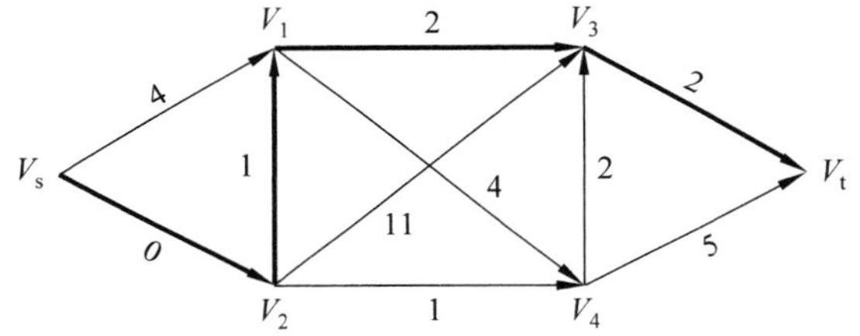

图 8-21 例 8.7 零流费用有向图

利用标号法找出从V_s到V_t的最短路，如图 8-21 粗线箭头线路即为最短路。在原网络图 8-20 中与该最短路相应的可扩充路为$\{V_s, V_2, V_1, V_3, V_t\}$，在$P$上进行调整。$\theta=\min\{10,2,7,7\}=2$，当$(V_i, V_j)\in P^+$时，有$f_{s2}=2, f_{21}=2, f_{13}=2, f_{3t}=2$，其余弧流量不变。有图 8-22(a)流量图，弧上的两个数为(C_{ij}, f_{ij})，再作与图 8-22(a)对应的费用有向图。

因P上的弧均为前向弧，即$(V_i, V_j)\in P^+$，所以有$f_{s2}<C_{s2}$，保留原费用弧，添一反向费用弧，权为 0；$f_{21}=C_{21}$，去掉原费用弧，画出反向弧(V_1, V_2)，权为-1；$f_{13}<C_{13}$，保留原费用弧方向，添一反向弧，权为-2；$f_{3t}<C_{3t}$，保留原费用弧方向，添一反向弧，权为-2。其余弧向和权数不变，即得图 8-22(b)。在该图中找出V_s到V_t的最短路，如图 8-22(b)中的粗箭头路。对图 8-22(a)中的可行流进行调整，取

$$\theta=\min\{10-2, 4-0, 1-0, 7-2\}=1$$

得新的可行流如图 8-23(a)及相应的费用有向图 8-23(b)。

继续调整，如图 8-24 所示。

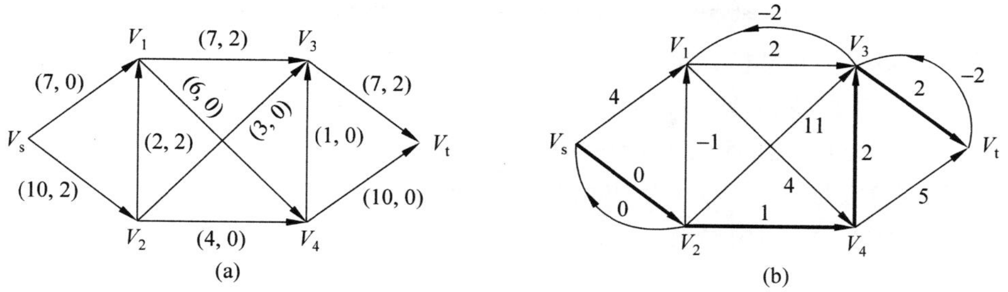

图 8-22　例 8.7 流量为 2 时的流量图和费用图

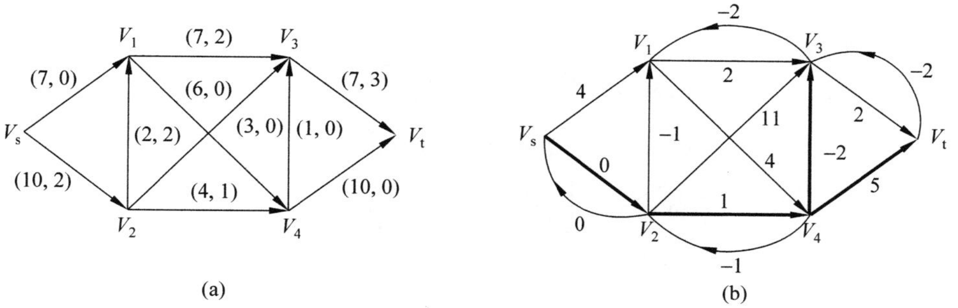

图 8-23　例 8.7 计算过程(1)

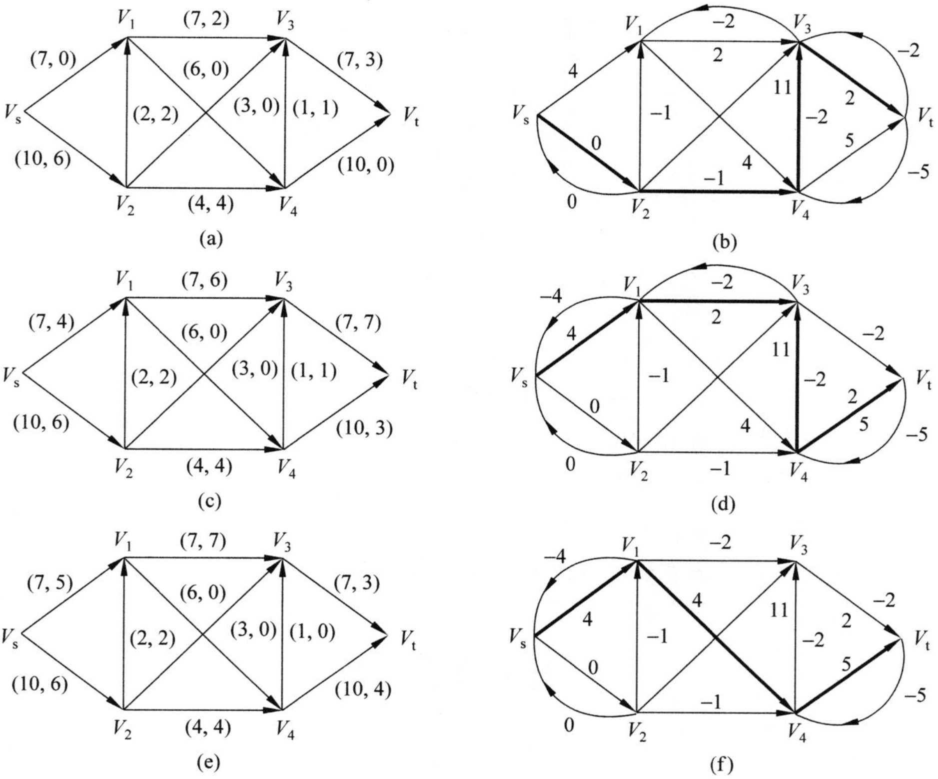

图 8-24　例 8.7 计算过程(2)

在图 8-24(d)中找出 V_s 到 V_t 的最短路(粗箭头线即为最短路),在图 8-24(c)所示原网络中与该最短路相应的可扩充路为

$$P=\{V_s,(V_s,V_1),V_1,(V_1,V_3),\text{所示的网络 } V_3,(V_4,V_3),V_4,(V_4,V_t),V_t\}$$

这里,弧 $(V_3,V_4)\in P^-$,而且在如图 8-24(e)中 $f_{43}=0$,故在如图 8-24(f)所示的费用有向图中,弧 (V_4,V_3) 应与图 8-24(d)中方向相反,且权为 2。找出图 8-24(f)中的最短路 $\{V_s, V_1,V_4,V_t\}$,在图 8-24(e)中确定

$$\theta=\min\{7-5,6-0,10-4\}=2$$

但本题只要求可行流值 $V=12$,故只需取 $\theta=1$,即可得到值为 12 的最小费用可行流,如图 8-25 所示。

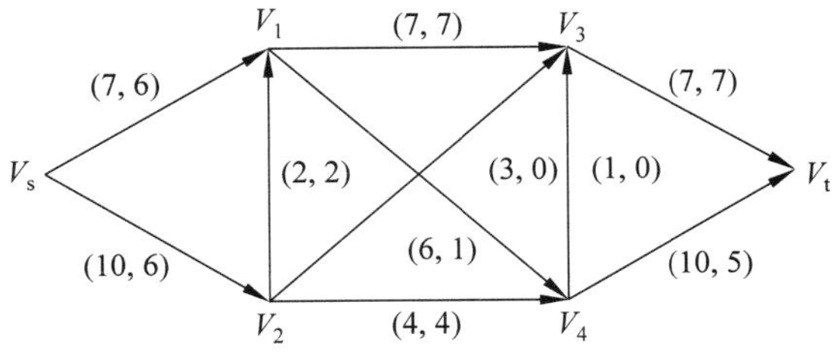

图 8-25　例 8.7 计算结果

如果对图 8-25 的可行流继续进行调整,便可得到最小费用最大流,如图 8-26 所示。

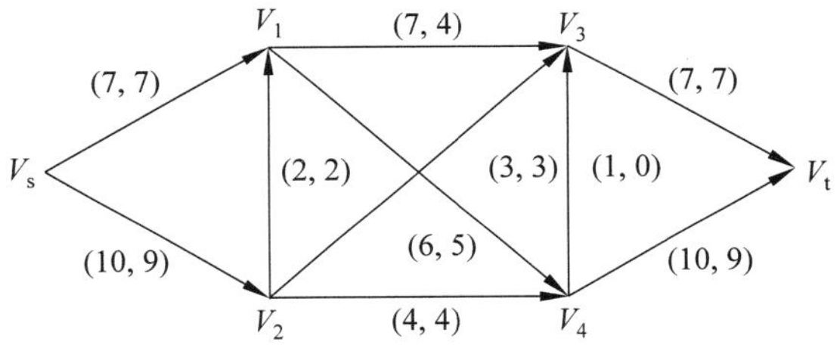

图 8-26　例 8.7 进一步拓展

思　考　题

(1) 试述最小费用最大流求解的关键步骤。

(2) 试举例说明最小费用最大流在实际管理工作中有哪些应用。

(3) 什么叫可扩充路? 如何找到一条可扩充路?

(4) 费用图和流量图在计算的过程中分别有什么作用?

8.6　中国邮递员问题

所谓中国邮递员问题,用图的语言描述,就是给定一个连通图 G,在每条边上都有一个非负的权,要寻求一个圈,经过 G 的每条边至少一次,并且圈的总权数最小。由于这个问题

是由我国管梅谷于1962年提出来的，因此国际上通常称它为中国邮递员问题。

8.6.1 一笔画问题

一笔画问题也称为边遍历问题，是很有实际意义的。

若 P 为连通无向图 G 的一条链，G 的每一条边在 P 中恰出现一次，则称 P 为欧拉链。

若无向图 G 含有一条闭的欧拉链，则称图 G 为欧拉图。

显然，一个图 G 若能一笔画出，这个图必然是欧拉图或含有欧拉链。

图8-27(a)就是一个欧拉图，图8-27(b)就不是欧拉图，但有欧拉链$\{V_s, V_1, V_t, V_2, V_s, V_3, V_t\}$。

定理 8.5

① 当且仅当连通图 G 的全部顶点都是偶次顶点时，图 G 才是欧拉图。

② 当连通图 G 恰有两个奇次顶点时，G 才有欧拉链。(证明略)

在图8-28(a)中，因所有顶点均为偶次，故是欧拉图。在图8-28(b)中，恰有两个奇次顶点，故有欧拉链。

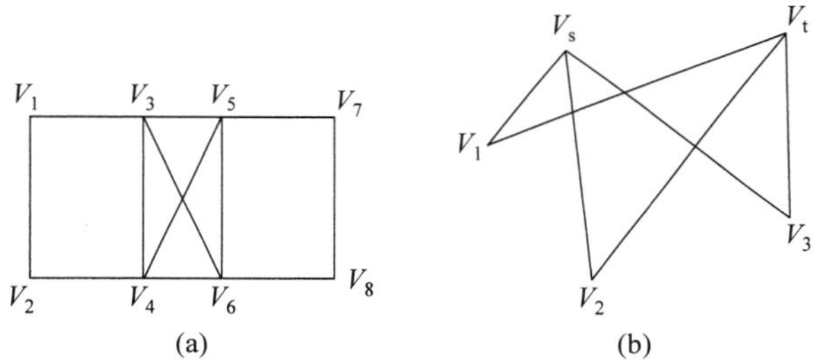

图8-27　欧拉图的判定

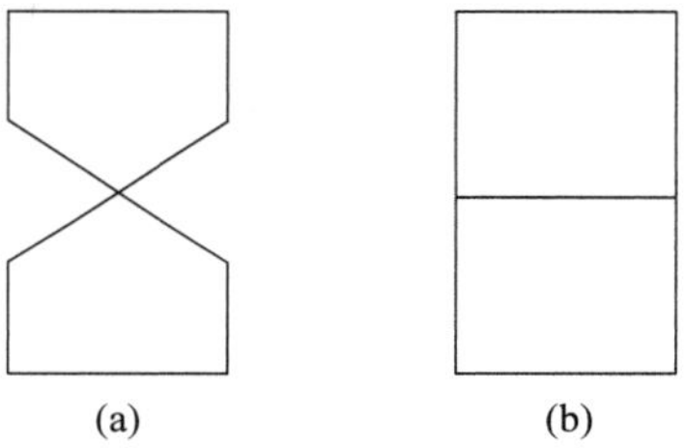

图8-28　定理判定

8.6.2 邮路问题

一个邮递员须从邮局出发，走遍他负责投递的街道，完成投递任务后返回邮局。他应沿怎样的路线走，才能使所走的总路程为最短。这是中国邮路问题的典型描述。

实际上这个问题可以归纳为，如果有一个连通图 $G=(V,E)$，它的每一条边都有一个权，对于这样的赋权连通图，要求每条边至少通过一次的闭链 P，使得总数最小(即 P 的各边权数之和最小)。若赋权图 G 中的所有顶点均为偶次，则 G 是欧拉图，图 G 闭的欧拉链总权最小。如果图 G 不存在闭的欧拉链，然而又要求每边至少一次，故总可在这些奇次顶点上添加一些与原图的边相重复的边，使这些奇次顶点成为偶次顶点，从而得到一个闭的欧拉链。现在的问题是这些重复边应如何添加，才能得到一个总权最小的闭的欧拉链。

定理 8.6　总权数为最小的闭的欧拉链的充要条件如下。

① 在赋权图 G 的一些边上，加且仅加一条重复边，使图 G 的每个顶点成为偶次顶点。

② 赋权图 G 的每个闭链上，重复边权之和不超过该闭链总权数的一半或该闭链中非重复边权之和。

条件①的说明：为了消除奇次顶点，并构造出过每边至少一次的闭的欧拉链，就至少要在与奇次顶点相关联的边上加一条边。

条件②的说明：设图 8-29 是赋权图 G 的某一具有两个奇次顶点的闭链。欲使 G 成为闭的欧拉链，需在 e_1 或 e_2 上加一条重复边（如图中虚线所表示的重复边），设 $W(e_1)\leqslant W(e_2)$，则为了形成最小的闭的欧拉链，应在 e_1 上加重复边。等价地说，若在不等式 $W(e_1)\leqslant W(e_2)$ 两边各加 $W(e_1)$，得 $2W(e_1)\leqslant W(e_1)+W(e_2)$ 即 $W(e_1)\leqslant \frac{1}{2}[W(e_1)+W(e_2)]$ 推广到闭链不止由两条边组成，重复边不只一条时，就是条件②。

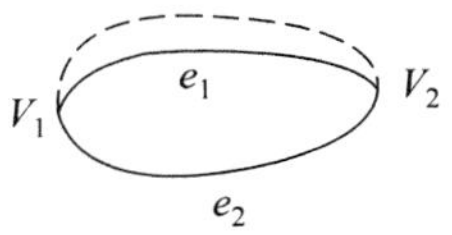

图 8-29 定理说明

例 8.8 设有图 8-30(a)所示的赋权图，构造总权数最小的闭的欧拉链。

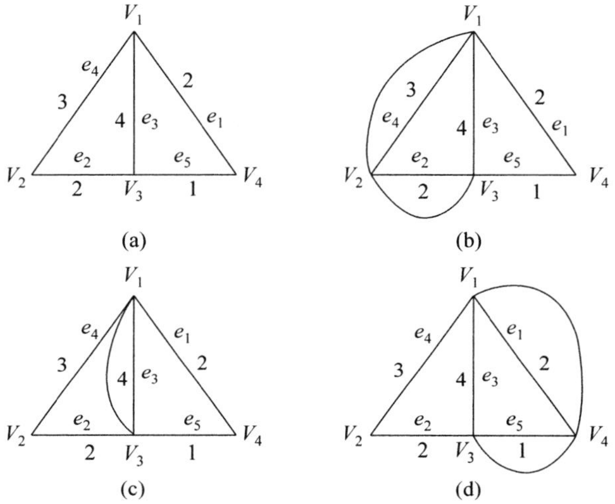

图 8-30 例 8.8 图

解 因顶点 V_1 和 V_3 是奇次顶点，为使各顶点均为偶次顶点，可有多种加重复边的方式。若加成图 8-30(b)，它虽满足条件①，但不满足条件②的要求，故不可能是总权数为最小的闭欧拉链，图 8-30(c)也满足条件①，但在闭合链 $\{V_1,e_3,V_3,e_5,V_4,e_1,V_1\}$ 中，$W(e_3)\geqslant W(e_1)+W(e_5)$，故不满足条件②。欲使它同时满足条件①和②，应改加边 e_l 和 e_5，如图 8-30(d)，容易看出，在加的边所涉及闭链 $\{V_1,e_1,V_4,e_5,V_3,e_3,V_1\}$ 和 $\{V_1,e_1,V_4,e_5,V_3,e_2,V_2,e_4,V_1\}$ 中都满足条件①和②。因此图 8-30(d)是总权最小的闭的欧拉链。

思 考 题

(1) 欧拉链中各个顶点有什么特点？

(2) 简述中国邮递员问题求解的基本思路。

(3) 欧拉图和欧拉链有什么内在的关系？

本章小结

图论将实际问题借助于点和线用图的形式表示出来，表征不同的事物以及事物之间的关系，图论是一种解决实际管理中事物之间复杂关系的有效手段。图论解决问题比较抽象，但是解决方法简单易行。经过多年的发展已经建立了很多行之有效的解决方法以及具有一般性的问题求解思路。

本章中主要介绍了图论的一些基本概念和定理，介绍了应用较为广泛的最短路问题、最大流问题、最小费用最大流问题、中国邮递员问题，以期起到抛砖引玉的作用，引发对图论的兴趣。

习　题　8

8.1　列举图 8-31 中链、闭链、简单链而不是初等链、圈各两个，找出该图的两棵支撑树。

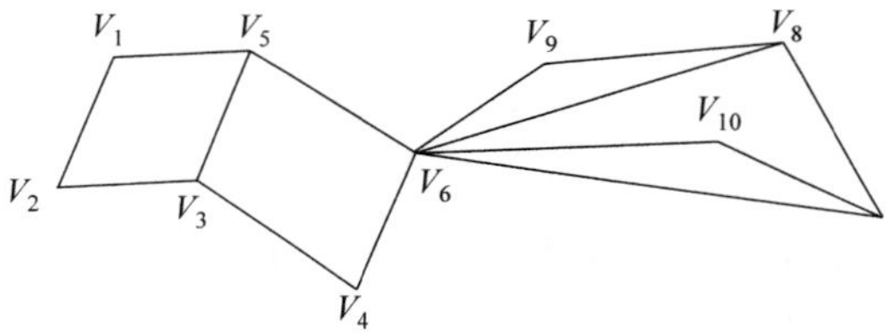

图 8-31　第 8.1 题图

8.2　用避圈法和破圈法求图 8-32 的最小支撑树。

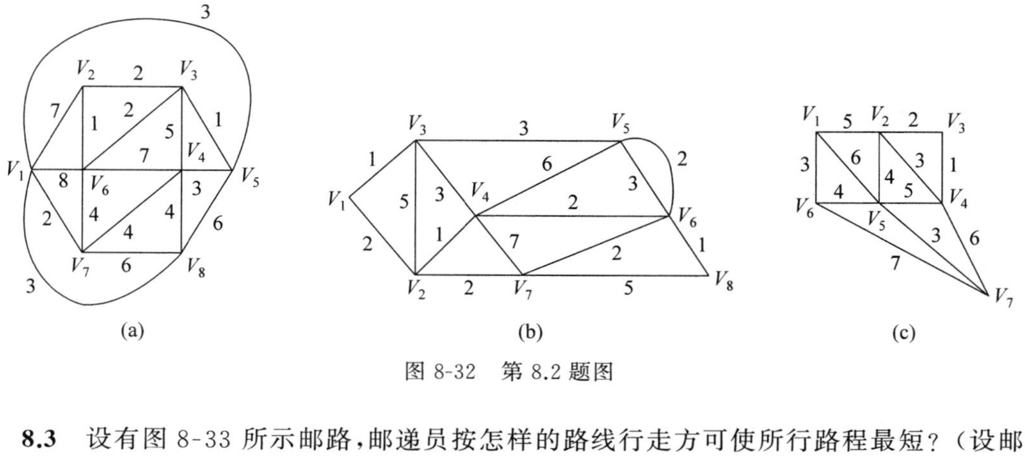

图 8-32　第 8.2 题图

8.3　设有图 8-33 所示邮路，邮递员按怎样的路线行走方可使所行路程最短？（设邮局为 V_3）

8.4　在有向图 8-34 中，求 V_1 到其他所有顶点的最短路。

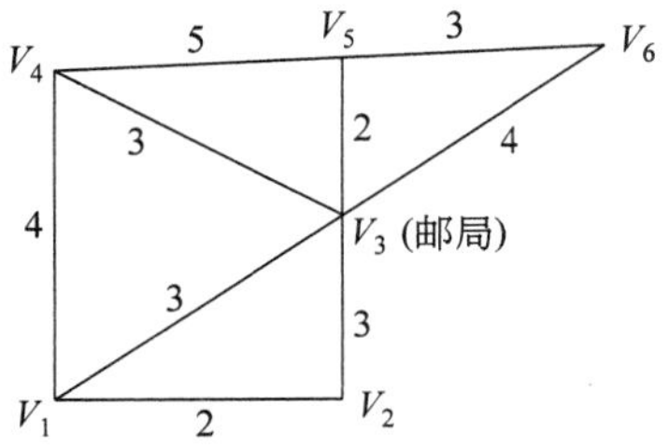

图 8-33　第 8.3 题图

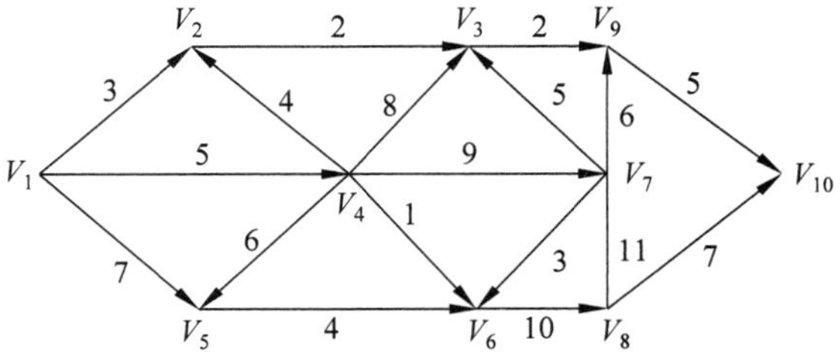

图 8-34　第 8.4 题图

8.5　求图 8-35 网络中的一个最大流。

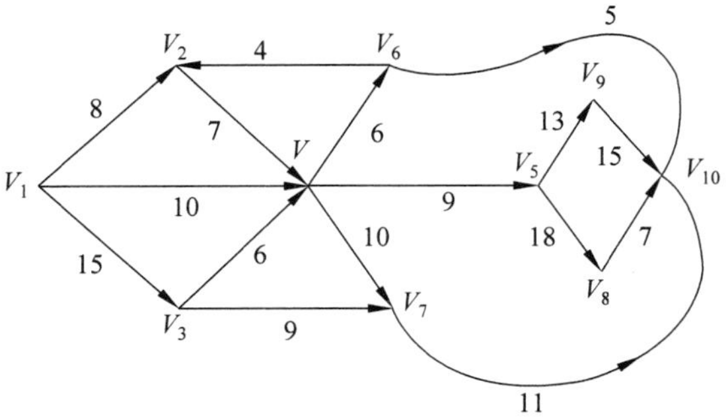

图 8-35　第 8.5 题图

8.6　求图 8-36 中的最小费用最大流，设弧旁数对为(C_{ij}，d_{ij})，C_{ij} 为弧容量，d_{ij} 为弧上的单位费用。

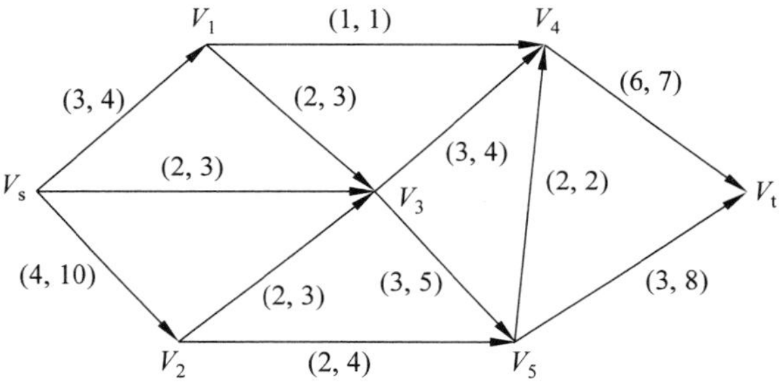

图 8-36　第 8.6 题图

第9章 统筹方法

本章内容要点

- 网络图的绘制；
- 关键路线的求取；
- 虚工序的作用；
- 工程网络图时间指标的计算。

本章核心概念

- 统筹法(overall planning method)；
- 关键路线(critical path)；
- 工序(activities)；
- 结点(node)；
- 虚工序(dummy activities)；
- 箭线图(arrow diagramming)；
- 计划评审技术(program evaluation and review technique)；
- 前导图(precedence diagramming)；
- 时差(float)。

■ **案例**

在项目某阶段的实施过程中，A 活动需要 2 人 2 天完成，B 活动需要 2 人 2 天完成，C 活动需要 4 人 5 天完成，D 活动需要 2 人 3 天完成，E 活动需要 1 人 1 天完成，该阶段的网络图如图 9-1 所示。该项目组共有 8 人，且负责 A、E 活动的人因另有安排，无法帮助其他人完成相应工作，项目整个工期刻不容缓。如何调整活动安排才能够使实施任务顺利完成？

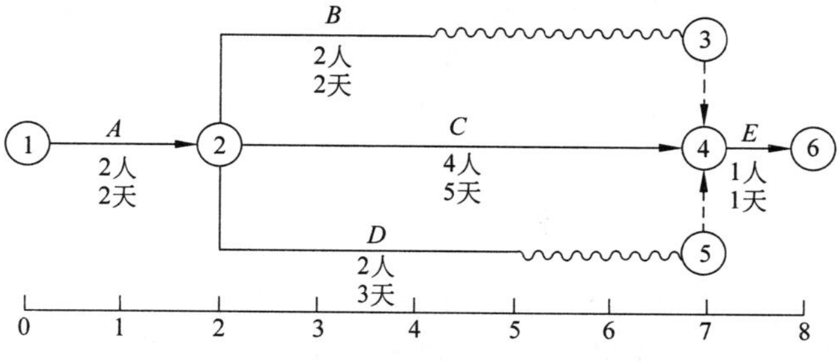

图 9-1 案例的网络图

9.1 统筹方法简介

统筹方法是网络理论在计划和管理工作中的具体应用方法，主要是指计划评审技术(PERT)和关键路线法(CPM)。中国数学家华罗庚在生产企业推广计划协调技术和关键路线法时采用“统筹法”这个名词。统筹法主要用于计划管理和进度管理。用统筹法安排作业程序,可缩短工期、提高工效或降低成本。

1957 年,美国杜邦化学公司的 M.R.Walker 与 Rand 通用电子计算机公司的 J.E.Kelly 为了协调公司内部不同业务部门的工作,共同研究出关键路线方法(critical path method, CPM)。首次把这一方法用于一家化工厂的筹建,结果筹建工程提前两个月完成。随后又把这一方法用于工厂的维修,结果使停工维修时间缩短了 47 小时,当年就取得节约资金达百万元的效益。

1958 年,美国海军武器规划局特别规划室研制了含约 3000 项工作任务的北极星导弹潜艇计划,参与的厂商多达 11 000 家。为了有条不紊地实施如此复杂的工作,特别规划室领导人 W.Fazar 积极支持与推广由专门小组创建的计划评审技术(project evaluation and review technique, PERT),结果研制计划提前两年完成,取得了极大的成功。

CPM 在民用企业与 PERT 在军事工业中的显著成效,自然引起了普遍的重视。在很短的时间内,CPM 与 PERT 就被应用于工业、农业、国防与科研等复杂的计划管理工作中,随后又推广到世界各国。在应用推广 CPM 与 PERT 的过程中,又派生出多种各具特点,各有侧重的类似方法,但是它们万变不离其宗,各种不同的方法,其基本原理都源于 CPM 与 PERT。

CPM 和 PERT 都来源于甘特线条图或横道图,它是按照完成任务的顺序,将工序画在具有时间坐标的表格上。这种横道图对计划生产曾起到一定的作用,但对工序繁多,关系复杂的全面规划无法表达工序间的关联情况和制约关系。因此,CPM 和 PERT 是线条图的一种改进,它们之间并没有本质的区别,仅仅是表示方法略有差别,考虑问题的着眼点有所不同,都是用网络分析的方法找出关键路线。在后来的发展中,两者逐渐融合,统称网络计划技术,构成的网络图称为工程网络图。这种技术即可以考虑时间因素又可以考虑成本因素,既能用于工序时间确定、有先例可循的常规任务,又能用于工序时间不确定、无先例可循的一次性任务。

网络计划技术是以网络图为基础,安排工程的时间、资金、设备、预算等,如果离开了网络图就成了无本之木,一旦网络图建好了,新的合理的管理方法也就脱颖而出。经验表明,在不增加人力、物力、财力的情况下,使用该方法可以提高工程进度 15%～20%,缩短工期 5%～20%,节约成本 10%～15%。网络计划技术应用领域非常广泛,大到军事工业、计算机开发、空间发展计划和高大建筑物施工等,小到厂矿建设、企业规划、设备购置与安装、系统的维修与检修、设计制造、研发新产品、行政机构规划、研究工作计划以及日常事务处理等方面。

思　考　题

(1) CPM 和 PERT 是什么含义?它们和工程网络图有什么联系?

(2) 经济管理中哪些问题可以借助于网络计划技术解决?

9.2　工程网络图的绘制

每项大型工程都是由许多相互联系且有一定次序的活动有机地组合而成,如何合理地进行组织计划,统筹安排,使预定工程能顺利地完成是一件十分重要的事。对于一些简单的任务，只要凭经验和简单的分析，就可以得出比较合理的安排，但是对于一些工程项目，要想有效地统筹安排众多的工作人员的工作，解决成千上万个活动形成的错综复杂的关系，从而达到缩短工作进程、节约资金的目的，就不是单凭经验或简单的分析所能解决的。为了适应这种情况，网络计划技术就应运而生。

9.2.1 基本概念

计划工作的第一步，是将一项工程或任务的各项活动用网络图清晰地表示出来，这就是工程网络图的绘制。

为了正确地绘制工程网络图，下面先要了解有关概念及绘制网络图的规则。

(1) 工序。为了完成某项工程，在工艺和管理上相对独立，而且有人力和物力参加和限时完成的活动称为工序。

工序在线路图中用带有箭头的线来表示，其两端用图“○”来表示，即箭尾圆圈和箭头圆圈分别表示工序的开始和结束，称“○”为结点。这种工程网络图一般称为箭线图(或双代号网络图)。

(2) 事项。事项表示工序的开始与完成，它是相邻工序在时间上的分界点。每道工序只有，也只能有一个开工事项和完工事项，它们表明一个工序从开工到完工的过程。一个事项对于前一个工序来说是完工事项，而对于后一个工序来说，又是开工事项。

在线路图中，事项即是结点，对于工序来讲，同箭尾连接的事项称为箭尾事项，同箭头连接的事项称为箭头事项。某一工序的箭尾事项与箭头事项称为工序的相关事项。

在相邻的两个工序中，按工序的先后顺序，先发生的工序称为紧前工序，后发生的工序称为紧后工序。

(3) 虚工序。长度为 0 的工序称为虚工序。虚工序是虚设的，实际上它并不存在，只是用以表示某些相关工序之间的次序关系。虚工序在图上用带有箭头的虚线表示。

9.2.2 工程网络图的构成规则

工程网络图就是由事项和工序及完成各工序所需时间等所组成的有向图。

绘制工程网络图的规则可归纳如下。

(1) 两相关事项只用一条带箭头的线连接。一个相关事项只代表一道工序的开工和完工，也就是说两个事项间不可能出现两个以上的连接箭线。

(2) 工序从左向右，结点按序编号，沿箭头方向越来越大，因此工程网络图中不含回路。

(3) 流入(流出)同一个结点的工序，有共同的紧后工序(或紧前工序)。

(4) 在工程网络中，除一个起点和一个终点外，而其余每个中间结点有流进的工序，也有流出的工序，不能中断。同时在图中不能存在有向回路。在图 9-2 中，所给的两个回路都是

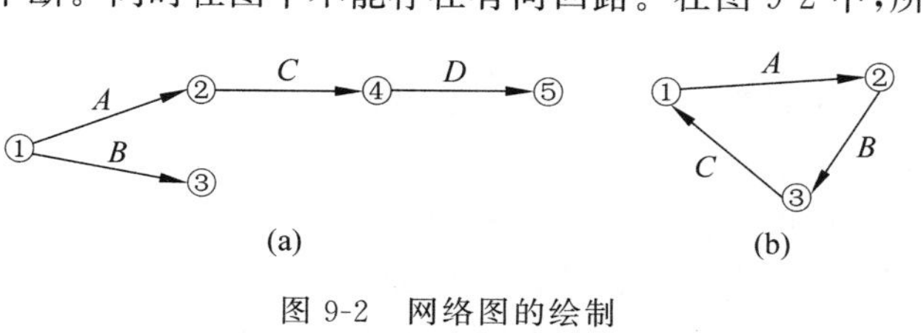

图 9-2 网络图的绘制

错误的，图 9-2(a)中结点③处中断了，造成工序 B 的紧后工序不清。图 9-2(b)中出现的回路是错误的，显然该工程永远也不能完成。

(5) 计划的起点和终点在网络图上必须分别集中在一个结点上。这是针对一些工程一开始或结束时往往同时有两个或两个以上工序，采用虚工序，增加结点即可将起点和终点分别集中在一个结点上，如图 9-3 所示。图中工序 A、B、C 同时是工序 D 的紧前工序，说明工程一开始，A、B、C 这 3 项工序是平行作业的，需归结到一个起点，因此只需增加虚工序即可，所以工程网络图只有一个起点和一个终点，并且不能有开口。

(6) 通过工序分解缩短工期。有时需要提前完工或节约时间，往往可以将一个工序分解成两个或更多的工序，在某个小工序完工后，即可转入下一道工序。

如某项工程有 A、B、C、D 这 4 道工序，可按如下计划进行生产。

工序 A 完成一半时，工序 C 便开始，工序 A 完成 3/4 时，工序 D 开始；工序 B 只有在 A 完工后才开始。

那么可将 A 工序分解为 A_1、A_2、A_3，即 $A=A_1+A_2+A_3$，其中 $A_1=\dfrac{A}{2}$，$A_2=\dfrac{A}{4}$，$A_3=\dfrac{A}{4}$，从而可用图 9-4 表示该工程网络图。

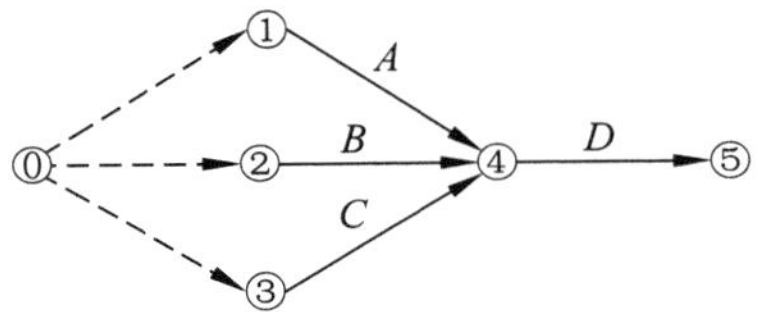

图 9-3 虚工序的引入

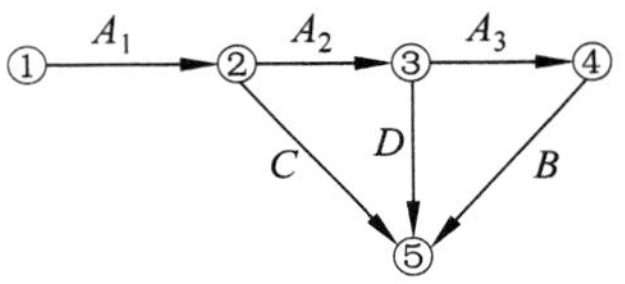

图 9-4 工程网络图例

(7) 合理布局：工程网络图中尽量避免箭线的转折与相交，如不可避免时，可以画成过桥形式。

(8) 整理工作：去掉多余的虚工序，按时间先后顺序调整结点的序号。

9.2.3 工程网络图的特点

以箭线代表工序绘制出的工程网络图通常称为箭线图，它具有以下特点。

(1) 工程网络图的有向性与不可传递性。工程网络图是一种有向无环的网络图，工序需要时间，而时间是不可逆的，网络图中的工序只能随着时间的推移向前推进，不能逆过来。因此任何工序的紧前事项出现的时刻必定不迟于紧后事项出现的时刻，这个性质称为网络图的不可逆性。

(2) 工程网络图的连通性。工程网络图从起点到终点及各个中间结点是连通的，其连通性反映了工序的连续性。所以工程网路图不应有中断的工序、孤立工序和孤立结点。

(3) 工程网络图可粗可细。细是指要把网络图尽量画得详细，甚至使每个执行者都看出他所处的地位，例如车间、班组的网络图就应如此。而一项工程的网络图给全厂调度看，就可以将班组或车间看成一道工序，由细到粗是网络图的合并过程，这样，网络图大为简化，以便指挥者抓住主次、掌握全局。

(4) 工程网络图的简化。工程网络图初步画完以后应进行加工整理,尽量避免箭线转折与交叉,尽量减少虚工序与结点,尽量改善结点布局,使整个网络图清晰、明了、整齐、匀称。

例 9.1 根据表 9-1 所示的工序明细表,绘制工程网络图。

表 9-1 工序明细表

工　序	紧前工序	紧后工序	工　序	紧前工序	紧后工序
A	—	B,C	E	B,C	F,G
B	A	D,E	F	D,E	—
C	A	E	G	D,E	—
D	B	F,G			

由该表可得对应的工程网络图为图 9-5。

例 9.2 某项工程由表 9-2 所列工序组成。

表 9-2 例 9.2 工序明细表

工　序	紧前工序	所需天数	工　序	紧前工序	所需天数
A	—	3	F	C	8
B	A	4	G	C	4
C	A	5	H	D,E	2
D	B,C	7	I	G	3
E	B,C	7	J	F,H,I	2

由该表可得相应的工程网络图如图 9-6 所示。

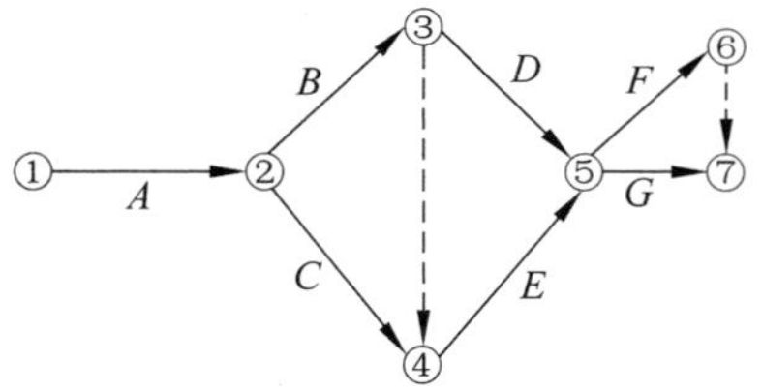

图 9-5 例 9.1 图

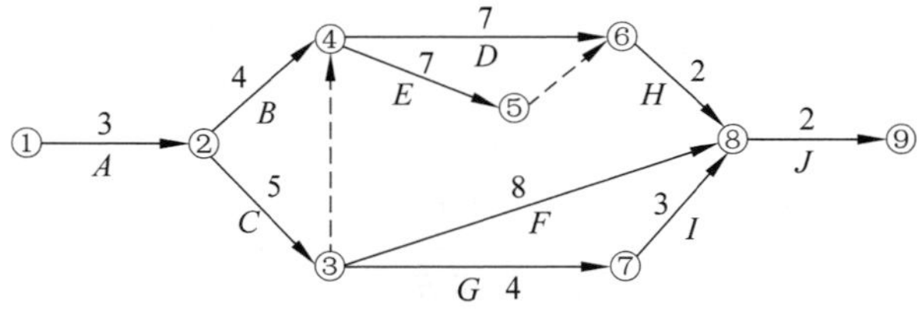

图 9-6 例 9.2 工程网络图

9.2.4 前导图及时标图

网络计划技术采用的技术除了前面介绍的箭线图,还有一种称为前导图。前导图也叫顺序图法或者紧前关系绘图法,它是以网络的结点表示工序,以箭线表示工序的关系,并利用表示依赖关系的箭线将结点联系起来的编制项目网络图的方法。这种方法的优点是可以避免设置虚工序。

前导图有 4 种依赖和前导关系(前:代表前导任务或紧前工序,后:代表后续任务或紧后工序)。

(前)完成—(后)开始:前导任务的完成导致后续任务的启动。

(前)完成—(后)完成：前导任务的完成导致后续任务的完成。

(前)开始—(后)开始：前导任务的启动导致后续任务的启动。

(前)开始—(后)完成：前导任务的启动导致后续任务的完成。

以上 4 种关系中，完成—开始模式是最常用的任务关系，开始—结束模式是最少使用的任务关系。图 9-7 就是利用完成—开始模式绘制的前导图。

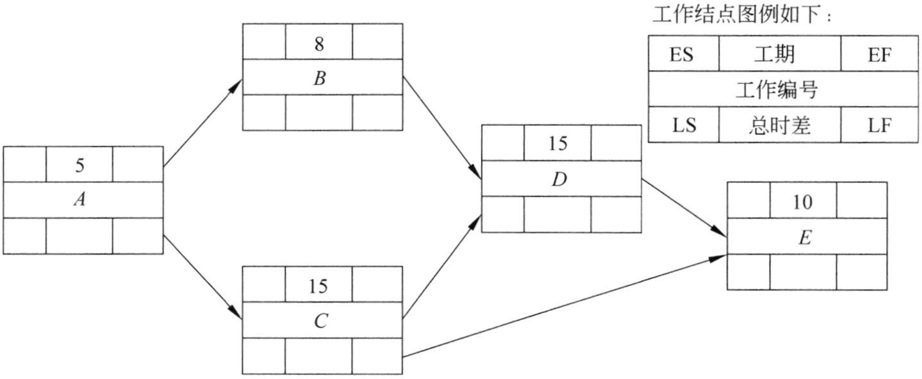

图 9-7　前导图

时标网络图是以箭线图为基础发展起来的一种工程网络图，因此采用实箭线和虚箭线分别表示实工作和虚工序，以波形线表示工作的自由时差，它的作用主要是进行资源的调整和平衡。时标图的绘制必须以水平的时间坐标为尺度表示时间，而时标的单位根据需要确定，可以是小时、天、周、月、季等。绘制的过程中结点中心必须对准相应的时间位置，虚工序必须以垂直方向的虚箭线表示，有自由时差时加波形线。开篇案例描述的就是一个时标图。

思　考　题

(1) 虚工序在工程网络图中有什么作用？虚工序耗费资源吗？

(2) 怎么理解工程网络图的不可逆性？

9.3　工程网络图的时间参数

时间参数是研究、分析、优化工程网络的基本数据，包括工期、开工(完工)时间和时差 3 类。

9.3.1　工期的确定

一般将完成工序(i,j)所需的时间定义为工序时间，记为$t(i,j)$。对于很多一次性的研究和发展型的工程项目，获取工序时间是比较难的。一般借助于统计或专家判断的方法给出该工序的 3 个时间数值，并以此来估计每个工序所需时间，这种方法称为“三点估算法”。

对于某个工序一般可以给出以下 3 个数值。

乐观时间 $a(i,j)$：指在非常顺利的条件下，完成该工序所需的最短时间。

最可能时间 $m(i,j)$：指在正常情况下，完成该工序所需的时间。

最保守时间 $b(i,j)$：指在极不利情况下，完成该工序所需的最长时间。

上面 3 个数值显然具有以下关系：

$$0 < a(i,j) < m(i,j) < b(i,j)$$

进而得到三点估算公式：

$$t(i,j) = \frac{a(i,j) + 4m(i,j) + b(i,j)}{6}$$

可以用加权平均来说明该公式的来源，假定 $m(i,j)$ 的可能性两倍于 $a(i,j)$ 的可能性，应用加权平均，在 (a,m) 间的值为 $\frac{a+2m}{3}$，同样，在 (m,b) 间的加权平均值为 $\frac{b+2m}{3}$；因此该工序的时间分布可用 $\frac{a+2m}{3}$ 和 $\frac{b+2m}{3}$ 各以 $\frac{1}{2}$ 可能性出现的分布来代替，则工序 (i,j) 的工期 $t(i,j)$ 为

$$t(i,j) = \frac{1}{2}\left(\frac{a+2m}{3} + \frac{2m+b}{3}\right) = \frac{a+4m+b}{6}$$

可以认为实际工序完工时间 $t(i,j)$ 的期望值（或均值）为 $\mu = \frac{a+4m+b}{6}$，估计的方差为 $\sigma^2 = \left(\frac{b-a}{6}\right)^2$，服从正态分布 $N(\mu,\sigma^2)$。

9.3.2 开工时间和完工时间

在工程网络图上仅反映出各工序的时间还不够，还必须使管理人员一眼就能看清楚哪些工序什么时间开工，什么时间完工，开工和完工可活动的时间有多少，以便使管理人员根据生产进度和资源情况更合理地安排和调度生产计划。

(1) 工序最早可能开工时间 $t_{ES}(i,j)$ 和最早可能完工时间 $t_{EF}(i,j)$。

所有紧前工序最早完工的时间，称为紧后工序最早可能开工时间。最早可能开工时间记为 $t_{ES}(i,j)$，根据前面结点标号的意义，结点 i 的标号 $t(i)$ 恰是 (i,j) 的最早可能开工时间，即 $t_{ES}(i,j) = t(i)$。

按工序最早可能开工时间开工，且完成该工序的任务所能达到的完工时间，称为该工序最早可能完工时间。记为 $t_{EF}(i,j)$，即

$$t_{EF}(i,j) = t_{ES}(i,j) + t(i,j)$$

其中，$t(i,j)$ 表示完成工序 (i,j) 所需要的时间。

(2) 工序最迟开工时间 $(t_{LS}(i,j))$ 与最迟完工时间 $(t_{LF}(i,j))$。

工程网络图中，非关键工序在不影响紧后工序生产的情况下可能推迟开工的时间的上界为最迟开工时间。工序最迟开工时间记为 $t_{LS}(i,j)$。按工序最迟开工时间开工且完成该工序任务所能达到的完工时间为最迟完工时间，记为 $t_{LF}(i,j)$，即

$$t_{LF}(i,j) = t_{LS}(i,j) + t(i,j)$$

为了计算工序的最迟开工时间和完工时间，还需用标号法从终点ⓝ开始，依 ⓝ⁻¹，…，

②,①的顺序进行一次计算,给每个顶点以标号 $\bar{t}(i)(i=n,n-1,\cdots,2,1)$,$\bar{t}(i)$为工序$(r,i)$的最迟完工时间。于是

$$\bar{t}(n)=t(n)$$

$$\bar{t}(i)=\min_{i<k}\{\bar{t}(k)-t(i,k)\},\quad i=n-1,n-2,\cdots,2,1$$

显然,工序(r,i)的最迟完工时间 $t_{\mathrm{LF}}(r,i)=\bar{t}(i)$。

在图上计算时,把各结点的标号 $\bar{t}(i)$记入结点旁的三角形(△)内,通常把 $\bar{t}(i)$称为结点 i 的最迟结点时间。

9.3.3 机动时间

机动时间也称为时差或浮时,某工序可以推迟开工的时间称为该工序的机动时间,记为$R(i,j)$,有

$$R(i,j)=t_{\mathrm{LS}}(i,j)-t_{\mathrm{ES}}(i,j)=t_{\mathrm{LF}}(i,j)-t_{\mathrm{EF}}(i,j)$$

工序的机动时间表示该工序的完工期可能推迟的最长时间,对于关键工序(i,j)来说,由于$t_{\mathrm{LS}}(i,j)=t_{\mathrm{ES}}(i,j)$,$t_{\mathrm{LF}}(i,j)=t_{\mathrm{EF}}(i,j)$,所以关键工序的机动时间为0。因此,在工程网络图上也可以通过总机动时间为0这一点来判定该工序是否为关键工序。

例 9.3 仍以例9.2为例计算各参数并找出关键路线。首先,计算各结点的最早结点时间:

$$t(1)=0,\quad t(2)=t(1)+3=3,\quad t(3)=t(2)+5=8$$

$$t(4)=\max\{t(3)+0,t(2)+4\}=8,\quad t(5)=t(4)+7=15$$

$$t(6)=\max\{t(4)+7,t(5)+0\}=15,\quad t(7)=t(3)+4=12$$

$$t(8)=\max\{t(3)+8,t(6)+2,t(7)+3\}=17,\quad t(9)=t(8)+2=19$$

在工程网络图中,将以上计算结果填在对应结点的方框(□)内,如图9-8所示。根据以上的计算可知该工程完工的最早时间是开工之后的第19日。其关键路线为

①→②→③→④→⑥→⑧→⑨

或

①→②→③→④→⑤→⑥→⑧→⑨

其次,计算各结点的最迟结点时间 $\bar{t}(i)$:

$$\bar{t}(9)=t(9)=19,\quad \bar{t}(8)=\bar{t}(9)-2=19-2=17$$

$$\bar{t}(7)=\bar{t}(8)-3=17-3=14,\quad \bar{t}(6)=\bar{t}(8)-2=17-2=15$$

$$\bar{t}(5)=\bar{t}(6)-0=15-0=15,\quad \bar{t}(4)=\min\{\bar{t}(6)-7,\bar{t}(5)-7\}=8$$

$$\bar{t}(3)=\min\{\bar{t}(7)-4,\bar{t}(8)-8,\bar{t}(4)-0\}=8$$

$$\bar{t}(2)=\min\{\bar{t}(3)-5,\bar{t}(4)-4\}=3,\bar{t}(1)=\bar{t}(2)-3=0$$

在图9-8中,将以上诸结果填在对应结点的三角形(△)框内。

最后,计算总机动时间。例如计算工序(2,4)的总机动时间 $R(2,4)=t_{\mathrm{LS}}(2,4)-t_{\mathrm{ES}}(2,4)=4-3=1$,再如工序(3,8),(2,3)的总机动时间分别为

$$R(3,8)=t_{\mathrm{LS}}(3,8)-t_{\mathrm{ES}}(3,8)=9-8=1$$

$$R(2,3)=t_{\mathrm{LS}}(2,3)-t_{\mathrm{ES}}(2,3)=3-3=0$$

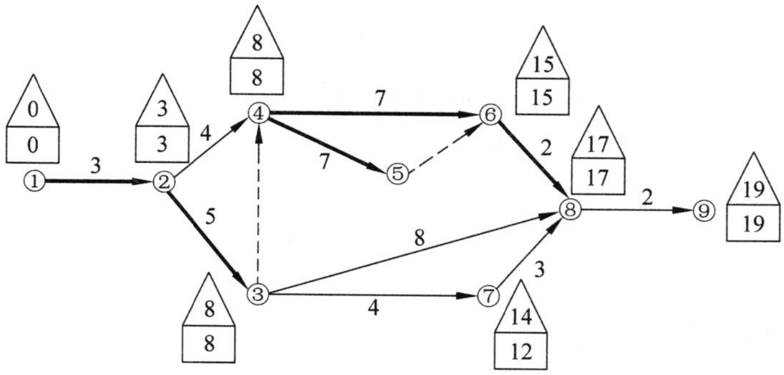

图 9-8　例 9.3 工程网络图

思　考　题

(1) 试描述最早开工时间、最早完工时间、最晚开工时间、最晚完工时间 4 个时间指标之间的关系。

(2) 探讨机动时间的取值范围,并分析其经济意义。

9.4　关键路线及资源的调配

9.4.1　关键路线

在工程网络图中,从起点开始,按照各工序的先后顺序连续不断地到达终点的一条有向路叫作网络的一条路。网络中,由起点到终点的路可能不只一条,例如,在例 9.2 中有 6 条路。

(1) ①→②→④→⑤→⑥→⑧→⑨。

(2) ①→②→③→④→⑥→⑧→⑨。

(3) ①→②→③→④→⑤→⑥→⑧→⑨。

(4) ①→②→③→⑦→⑧→⑨。

(5) ①→②→③→⑧→⑨。

(6) ①→②→④→⑥→⑧→⑨。

一条路上全部工序所需的总时间,即工序长之和称为这条路的长度,简称路长。各条路的长度不一定相等,其中必有一条路的长度最大,人们把从起点到终点所需总时间最长的路叫作工程网络图的关键路线。例如,例 9.2 中 6 条路的路长分别为

(1) $3+4+7+0+2+2=18$。

(2) $3+5+0+7+2+2=19$。

(3) $3+5+0+7+0+2+2=19$。

(4) $3+5+4+3+2=17$。

(5) $3+5+8+2=18$。

(6) $3+4+7+2+2=18$。

其中，第(2)、(3)条路的长度最长，是该工程网络的关键路线。

关键路线的长度是整个工程全部完工所需要的总时间。在时间进度上，关键路线决定着整个工程完工的时间长短这样一个关键问题，因此称关键路线上的每一个工序为关键工序。关键工序的完工时间如果提前或推迟都直接影响着整个工程计划总完工日期的提前或推迟。

网络计划技术的基本方法，是要在一个复杂的工程网络图中确定出关键路线，在各个关键工序上挖掘潜力，以达到缩短工期、降低成本和合理利用资源的目的。根据关键路线制订工程计划，对于关键工序和非关键工序加以有效地控制和调度。

工程网络图的关键路线不是唯一的，每个关键路线基础上都可以相应地确定一个协调各工序的方案。关键路线是相对的，是可以变化的。采取一定的技术和组织措施之后有可能变关键路线为非关键路线，而原来非关键路线中的某一条路线将变为关键路线。

对于复杂的网路问题，若采用穷举法列出所有的路，再从中选出长度最大的路为关键路，那将是十分麻烦的，甚至是不可能的。为了较简捷地确定出关键路线，下面来介绍一种特殊的方法——标号法。步骤如下：

(1) 给结点①以标号 $t(1)=0$。

(2) 按标号顺序，依次给结点②，③，…，ⓝ以标号 $t(2)$，$t(3)$，…，$t(n)$，其中 $t(i)=\max\limits_{k<i}\{t(k)+t(k,i)\}$，式中 $t(k,i)$是弧(k,i)的长度。

计算时同时把结点取得最大值时的弧(k,i)改为粗线。每个结点所得到的标号在图上记入结点旁的方框内，当终点 n 得到标号时，图中从①到ⓝ标有粗线的路就是最长路，即关键路线。此外还可以看出 $t(i)$恰好是结点①到ⓘ的最长路的路长。通常我们把 $t(i)$称为该结点的最早结点时间。

由工序的总机动时间计算可知，关键路线上的工序的机动时间为 0。

9.4.2 资源的调整

在工程项目的管理中，工期和成本是一对矛盾体，很多情况下加快项目的进展是以牺牲成本为代价的，因此探讨在最低成本条件下加快项目的进程是有一定的应用价值的。

项目管理中提出的项目进度压缩的方法包括以下两种。

(1) 赶进度。赶进度就是对费用和进度进行权衡，确定如何在尽量少增加费用的前提下最大限度的缩短项目所需的时间。赶进度并非总能产生可行的方案，反而常常增加费用。在赶进度的过程中只能从关键路线中选择工序，才有可能缩短整个工期。从费用的角度来说，某个关键工序工期缩短后，成本的增加值越低越好；另一方面，可以考虑工序的压缩的可能性。例如工序 A 原有的工期为 10 天，工序 B 原有的工期为 5 天，很显然，工序 A 压缩一天的难度低于工序 B 压缩一天的难度。

(2) 快速跟进。快速跟进就是将一些通常按顺序进行的活动平行进行。

这一部分内容，读者可以自行参考相关材料。

思考题

描述关键路线的求取方法。

本章小结

统筹方法是工程实践中应用较为广泛的一种方法，该方法包括网络图的绘制、时间参数的求取、关键路线的确定以及项目的跟踪控制几个内容。其中网络图的绘制需要明确各个工序之间的逻辑关系，借助箭线图或前导图描述工序间的关系；时间参数的求取包括采用三点估算方法得到工序工期、根据逻辑关系确定开工（完工）时间以及各个工序机动时间的确定等内容；而关键路线完全依赖于结点时间的确定；项目的跟踪控制中需要把握资源调整的一般原理，在实际工作中灵活应用。

习题 9

9.1 已知下列资料如表 9-3 所示。

表 9-3 第 9.1 题资料

工序	紧前工序	工序时间	工序	紧前工序	工序时间	工序	紧前工序	工序时间
A	G,M	3	E	C	5	I	A,L	2
B	H	4	F	A,E	5	K	F,I	1
C	—	7	G	B,C	2	L	B,C	7
D	L	3	H	—	5	M	C	3

(1) 绘出该工程网络图；

(2) 计算时间参数 $t_{ES}(i,j)$、$t_{LS}(i,j)$、$t_{EF}(i,j)$、$t_{LF}(i,j)$、$t(i)$、$\bar{t}(i)$和 $R(i,j)$；

(3) 确定关键路线。

9.2 根据图 9-9 所示某项目的网络图，在最佳的人力资源利用情况下，限定在最短时间内完成项目，则该项目的人力资源要求至少多少人？

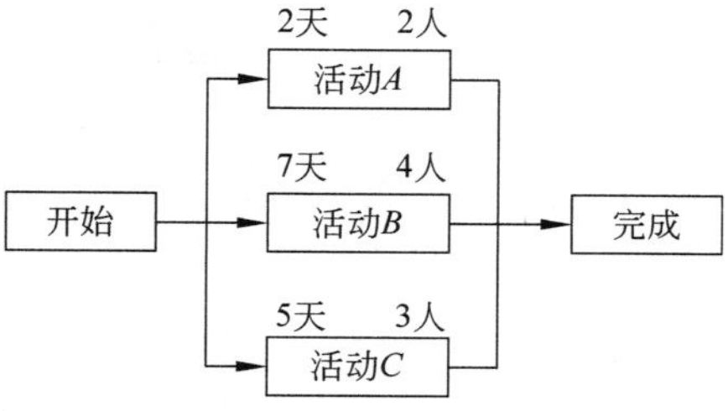

图 9-9 第 9.2 题图

9.3 某工程包括 A、B、C、D、E、F、G 7 项工作，各工作的紧前工作、所需时间以及所需人数如表 9-4 所示（假设每个人均能承担各项工作）。

表 9-4 第 9.3 题资料

工作	A	B	C	D	E	F	G
紧前工作	—	A	A	B	C、D	—	E、F
所需时间/天	5	4	5	3	2	5	1
所需人数	7	4	3	2	1	2	4

该工程的工期应为多少天？按此工期，整个工程最少需要多少人？

9.4 完成某信息系统集成项目中的一个最基本的工作单元 A 所需的时间，乐观的估计需 8 天，悲观的估计需 38 天，最可能的估计需 20 天，按照三点估算方法，项目的工期应该为多少天？在 26 天以后完成的概率大致为多少？

9.5 依据图 9-10 所示项目活动的网络图，该项目历时多长时间？

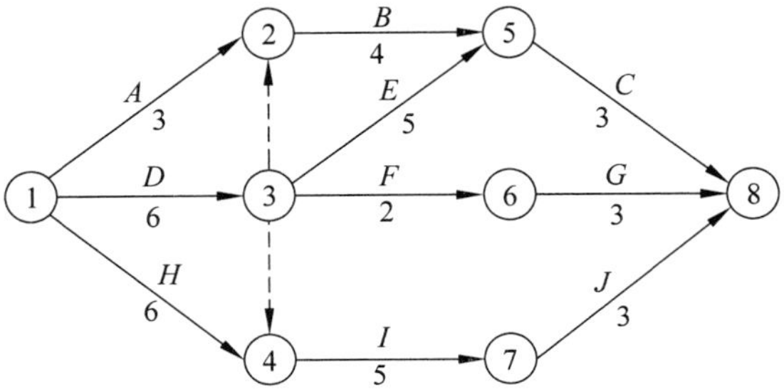

图 9-10 第 9.5 题图

第10章 决策分析

本章内容要点

- 确定型决策问题；
- 不确定型决策问题；
- 风险型决策问题；
- 效用理论在决策中的应用。

本章核心概念

- 不确定型决策(decision making without probabilities)；
- 乐观准则(max-max criterion)；
- 悲观准则(max-min criterion)；
- 折中准则(Hurwicz criterion)；
- 等可能准则(equal likelihood criterion)；
- 悔值准则(regret criterion)；
- 风险性决策(decision making with probabilities)；
- 期望值准则(expected value criterion)；
- 决策树(decision tree)；
- 效用(utility)；
- 效用曲线(utility curve)。

■ 案例

某食品店经营一种面包，根据已往的资料每天的销售量可能是 100、150、200、250、300 个，通过预测估计，各种销售量的统计概率分别为 0.20、0.25、0.30、0.15、0.10。如果一个面包没有售出，则可在当天营业结束时以 0.15 元的价格处理掉。每个面包的进货价格是 0.25 元，新鲜面包的售价是 0.49 元。试给出合理的决策。

10.1 决策的程序和分类

决策是人们日常生活和工作中普遍存在的一种活动。决策分析主要研究在各种可供选择的行动方案中依照某个准则选择最优(或满意)方案的问题，它属于一门研究决策一般规律性的方法论的学科。决策是否正确，是否合理，小则关系到决策者日常某项选择能否达到预期目的，大则关系到一个企业的盈亏，关系到一个部门、地区以至整个国民经济的兴衰。因此管理决策者应当更好、更有效、更合理地作出决策。

10.1.1 决策分析的程序

决策分析大致包括三大步骤。

1. 明确问题症结，确定决策目标

根据实际问题的提出，决策者应搜集、整理和分析有关的大量资料，明确问题的背景、特征、性质、原因、范围和条件等情况，找出问题的症结，针对症结所在，准确、可靠地建立要达到的目标。有了明确的目标，可为目标的实施提供依据。

2. 拟定多种可能的行动方案，供选择采用

首先，大致设想有几种可能方案；其次要对各种入选的方案作深入分析和精心的设计，对各种方案的资源、时间、组织和措施等进行周密的思考和计算，进而作出明确的规定。

3. 按照决策者的准则互相比较各备选方案，从中选定最优方案

根据目标的需求和决策者的价值标准，对各个方案进行评论和比较；在比较的基础上，对各个方案的优劣，利弊和得失等进行综合分析和全面衡量，从中选出最优（或满意）的方案。

以上 3 个阶段组成了一个有机整体，它们是相互交叉，相互作用、重叠反复展开的。

10.1.2 决策问题的分类

决策问题可以从不同角度进行分类。

(1) 按内容的重要性分类，可以分为战略决策、战术决策和执行决策。

(2) 按决策的结构分类，可以分为程序性决策和非程序性决策。

(3) 按决策的性质分类，可以分为定性决策和定量决策。

(4) 按决策者量化的内容分类，可分为确定型决策、不确定型决策和风险型决策。

(5) 按变量的离散与连续，又分为离散型决策问题和连续型决策问题。

本章主要讨论的决策问题是离散型的不确定决策和风险决策。

确定型决策是决策者可以获得完全确定的信息，即肯定地知道将要出现哪种状态。为了达到期望的目的，可以有各种不同方案选择，而不确定型决策和风险型决策是指决策问题中存在不可控制的因素，决策者获得的信息不是完全确定的，即将要出现的状态是不确定的。如果决策者对于将要出现的状态能获得一定程度的确定性——状态出现的概率，就称这种决策为风险型决策。而如果只知道出现的状态，但不知道它们出现的概率，就称这种决策为不确定型决策。

思　考　题

(1) 简述决策的一般过程。

(2) 风险性决策和不确定型决策有什么区别？

10.2 确定型决策问题

在决策分析中广泛采用的模型如下：

在决策问题中，有 n 种未来状态（记第 j 种状态为 θ_j），m 种可采取的行动方案（记第 i 种方案为 K_i），对应于策略（或方案）K_i 和状态 θ_j 的结果值记为 $v_{ij}=F(K_i,\theta_j)$，因此离散的决策问题可如表 10-1 所示（称为决策表）。

表 10-1 决策表的一般描述

方案	状态					
	θ_1	θ_2	…	θ_j	…	θ_n
K_1	v_{11}	v_{12}	…	v_{1j}	…	v_{1n}
K_2	v_{21}	v_{22}	…	v_{2j}	…	v_{2n}
⋮	⋮	⋮	⋱	⋮	⋱	⋮
K_i	v_{i1}	v_{i2}	…	v_{ij}	…	v_{in}
⋮	⋮	⋮	⋱	⋮	⋱	⋮
K_m	v_{m1}	v_{m2}	…	v_{mj}	…	v_{mn}

确定性决策问题应具有以下几个条件：

（1）具有决策者希望的一个明确目标（收益最大或者损失最小）；

（2）只有一个确定的自然状态；

（3）具有两个以上的决策方案；

（4）不同决策方案在确定自然状态下的损益值可以推算出来。

确定型决策看似简单，但在实际工作中可以选择的方案很多时，往往十分复杂。比如有 m 个产地和 n 个销地时寻求总运费最小的运输问题就是这样一类问题，必须借助计算机才能解决。

思 考 题

简要说明确定型决策的特点。

10.3 不确定型决策问题

在不确定型决策和风险型决策中，决策者可根据制定的策略及状态的分布情况，制定决策目标、选择决策方法，从而选出最优的策略。不确定型决策的特点是，不仅不知道所处理的未来状态在各种特定条件下的确切结果，而且连可能的结果发生的概率也不知道。它的决策方法都带有很大的主观性，下面介绍几个不确定型决策的准则。

10.3.1 乐观准则

乐观准则也称最大最大准则，是基于大中取大、优中选优的一种决策准则。它表明在决策时，即使情况不明，但仍不放弃任何一个可能获得最优结果的机会。决策者对客观自然状态抱最乐观的态度，从最好的自然状态出发，首先从各方案中选出最优的结果，然后再在这些最优结果中选出最优的结果，而以此结果对应的方案为最佳方案。这种方法的应用带有很大的风险性，可以用公式表示：

当结果值 V_{ij} 为收益时

$$V(K_i^*) = \max_{K_i} \max_{\theta_j} \{V_{ij}\}$$

当 V_{ij} 为费用或损失时

$$V(K_i^*) = \min_{K_i} \min_{\theta_j} \{V_{ij}\}$$

其中，K_i^* 为最优策略。

例 10.1 某商店打算经销一种商品，其进货单价为 20 元，销售价为 25 元。如果每周进货商品本周内销售不完，则每件损失 5 元，根据以往的销售情况，每周的销售情况可能是 10 件、20 件、30 件、40 件 4 种状态，问商店的经理怎样用乐观准则进货才能使利润最大化(进货方案也是 10 件、20 件、30 件、40 件 4 种)。

解 这个问题的未来状态 $\theta_j(j=1,2,3,4)$是销售量，其值分别为 10、20、30、40，经理的方案，即每周购货量，也是 10、20、30、40。对于每种方案可以得出在不同状态下的结果值，即利润。如当选择每周进货量为 30 件，而销量为 20 件时，

$$V_{32} = 20(25-20) - 5(30-20) = 50$$

可列决策表如表 10-2 所示。

表 10-2 乐观决策表

方 案	状 态				max
	$\theta_1(10)$	$\theta_2(20)$	$\theta_3(30)$	$\theta_4(40)$	
$K_1(10)$	50	50	50	50	50
$K_2(20)$	0	100	100	100	100
$K_3(30)$	−50	50	150	150	150
$K_4(40)$	−100	0	100	200	200*

最大收益值的最大值为 $\max_{K} \max_{\theta}(K_i,\theta_j) = \max(50,100,150,200) = 200$，结果选择方案 K_4。

10.3.2 悲观准则

悲观准则也称最大最小准则，是基于小中取大的一种决策准则。它是决策者对客观自然状态抱最悲观态度，从最坏的自然状态出发，首先从各方案中把最差的结果值选出，然后再从这些结果值中挑选出一个最好的结果值，其对应的方案为最佳方案，这种方法应用比较保守。可用以下公式表示：

当结果值为收益时，

$$V(K_i^*) = \max_{K_i} \min_{\theta_j} \{V_{ij}\}$$

当结果值为费用或损失时，

$$V(K_i^*) = \min_{K_i} \max_{\theta_j} \{V_{ij}\}$$

其中,K_i^* 为最佳方案。

例 10.2 试用悲观准则对例 10.1 进行决策。

解 可列决策表如表 10-3 所示。

表 10-3 悲观决策表

方 案	状 态				min
	$\theta_1(10)$	$\theta_2(20)$	$\theta_3(30)$	$\theta_4(40)$	
$K_1(10)$	50	50	50	50	50*
$K_2(20)$	0	100	100	100	0
$K_3(30)$	−50	50	150	150	−50
$K_4(40)$	−100	0	100	200	−100

最小收益值的最大值为$\max\limits_{K} \min\limits_{\theta}(K_i, \theta_j) = \max(50, 0, -50, -100) = 50$,结果选择方案 K_1。

10.3.3 折中准则

折中决策法又称赫维奇准则(Hurwicz criterion)。这种决策的特点是决策者对未来自然状态的估计既不乐观,也不悲观,而是在乐观与悲观的两个极端之间用一个系数折中一下,算出各方案的折中结果值,从这些折中结果值中选出具有最优折中结果值的方案作为最优方案。乐观系数 $\lambda(0 \leqslant \lambda \leqslant 1)$体现决策者对未来自然状态的估计的乐观程度,当 $\lambda > 0.5$ 时,表示比较乐观;当 $\lambda < 0.5$ 时,表示比较悲观,用以下公式表示:

当 V_{ij} 为收益时,

$$V(K_i^*) = \max_{K_i} \{\lambda \max_{\theta_j} V_{ij} + (1-\lambda) \min_{\theta_j} V_{ij}\}$$

当 V_{ij} 为费用或损失时,

$$V(K_i^*) = \min_{K_i} \{\lambda \min_{\theta_j} V_{ij} + (1-\lambda) \max_{\theta_j} V_{ij}\}$$

其中,K_i^* 为最优方案。

例 10.3 用折中决策法对例 10.1 问题进行决策,折中系数 $\lambda = 0.6$。

解 根据题意作决策表如表 10-4 所示。

表 10-4 折中决策表

方 案	状 态				max	min	$CV_i = 0.6\max + 0.4\min$
	$\theta_1(10)$	$\theta_2(20)$	$\theta_3(30)$	$\theta_4(40)$			
$K_1(10)$	50	50	50	50	50	50	50
$K_2(20)$	0	100	100	100	100	0	60
$K_3(30)$	−50	50	150	150	150	−50	70
$K_4(40)$	−100	0	100	200	200	−100	80*

折中的最大值为$\max\limits_{i} CV_i = \max(50, 60, 70, 80) = 80$,结果选择方案 K_4。很明显,如果

λ 取值不同,可以得到不同的结果。当情况比较乐观时,λ 应取大一些,反之,应取小一些。

10.3.4 等可能准则

等可能准则也称拉普拉斯(Laplace)准则。运用该准则决策时,决策者认为各种未来事件的发生是等可能的,可采用等概率计算各个方案的期望结果值,然后选择期望结果值最优的方案作为最优方案。可用以下公式表示:

当 V_{ij} 为收益时,

$$E(K_i^*)=\max_{K_i}\{E(K_i)\}=\max_{K_i}\left\{\frac{1}{n}\sum_{j=1}^{n}V_{ij}\right\}$$

当 V_{ij} 为费用或损失时,

$$E(K_i^*)=\min_{K_i}\{E(K_i)\}=\min_{K_i}\left\{\frac{1}{n}\sum_{j=1}^{n}V_{ij}\right\}$$

其中,K_i^* 为最优方案。

例 10.4 用等可能准则对例 10.1 进行决策。

解 列决策表如表 10-5 所示。

表 10-5 等可能决策表

方案	状态				$E(K_i)=\frac{1}{n}\sum_{j=1}^{n}a_{ij}$	$D(K_i)=E(K_i)-\min_j a_{ij}$
	$\theta_1(10)$	$\theta_2(20)$	$\theta_3(30)$	$\theta_4(40)$		
$K_1(10)$	50	50	50	50	50	0
$K_2(20)$	0	100	100	100	75	75
$K_3(30)$	−50	50	150	150	75	125
$K_4(40)$	−100	0	100	200	50	150

因为 $E(K_2)=E(K_3)$,所以比较 $D(K_2)$和 $D(K_3)$的大小。

由于 $D(K_2)<D(K_3)$,所以选择方案 K_2。

10.3.5 悔值准则

悔值准则又称为 Savage 准则,是对悲观决策法的一种修正,目的是使得保守程度少一些。

当某一状态出现时,对应这一状态的最优策略就可知:如果决策者当初没有采取这一方案,而是采取其他方案,这时会觉得后悔,因此对某状态 θ_j 的最优方案的结果值与各方案的结果值 a_{ij} 有一个差额。这个差额被称为悔值,而后悔值准则就是计算各种自然状态下的悔值,经过比较,从最大的悔值中选出最小的悔值。可用以下公式表示:

当 V_{ij} 为收益时,

$$V(K_i^*)=\min_{K_i}\max_{\theta_j}\{\max_{K_i}V_{ij}-V_{ij}\}$$

当 V_{ij} 为费用或损失时,

$$V(K_i^*)=\min_{K_i}\max_{\theta_j}\{V_{ij}-\min_{K_i}V_{ij}\}$$

其中,K_i^* 为最优方案。

例 10.5 用悔值准则对例 10.1 进行决策。

解 根据题设条件作表，如表 10-6 所示。

表 10-6 悔值决策表

方 案	状 态				悔 值				max
	$\theta_1(10)$	$\theta_2(20)$	$\theta_3(30)$	$\theta_4(40)$	$\theta_1(10)$	$\theta_2(20)$	$\theta_3(30)$	$\theta_4(40)$	
$K_1(10)$	50	50	50	50	0	50	100	150	150
$K_2(20)$	0	100	100	100	50	0	50	100	100*
$K_3(30)$	−50	50	150	150	100	50	0	50	100*
$K_4(40)$	−100	0	100	200	150	100	50	0	150

因此最优方案为每周进货 20 件或 30 件。

根据以上 5 种决策方法的介绍，可以看出，不同的决策方法会导致不同的最优方案，在解决非确定型决策问题时，理论上还不能证明哪一种决策法更合理。它们之间没有一个统一的评分标准。在实际应用中究竟用何种方法作为衡量标准，采用哪种决策方法，都带有相当程度的主观随意性，要根据决策者对各种自然状态的看法而定。

思 考 题

(1) 分析几种不确定型决策方法的优缺点。

(2) 简要说明悔值表是怎样得到的。

10.4 风险型决策问题

风险型决策是指在决策问题中，决策者除了知道未来可能出现哪些状态外，还知道出现这些状态的概率分布，决策者要根据几种不同自然状态下可能发生的概率进行决策。由于在决策中引入了概率，所以根据不同概率拟定不同的决策方案，不论选择哪一种决策方案，都要承担一定程度的风险。

10.4.1 最大期望值准则

最大期望值准则就是把每一个决策方案看作离散型随机变量，然后把它的数学期望值计算出来，再加以比较。如果决策目标是收益最大，那么选择数学期望值最大的方案，反之，选择数学期望值最小的方案。对于有 m 种方案，n 种状态的决策问题，设第 j 种状态发生的概率为 $p(\theta=\theta_j)=p_j$，则可求出每种方案的期望值：$E(K_j)=\sum_{j=1}^{n}p_j v_{ij}$。用以下公式表示这种决策法：

当决策目标为收益最大时，

$$E(K_i^*)=\max_{K_i}\{E(K_i)\}=\max_{K_i}\left\{\sum_{j=1}^{n}p_j V_{ij}\right\}$$

当决策目标为费用或损失最小时，

$$E(K_i^*)=\min_{K_i}\{E(K_i)\}=\min_{K_i}\left\{\sum_{j=1}^{n}p_jV_{ij}\right\}$$

其中，K_i^* 为最优决策。

例 10.6 在例 10.1 中，假定根据已往的统计资料估计每周销售量 10 件、20 件、30 件和 40 件的概率（P_i）分别为 0.1、0.3、0.5 和 0.1，试给出决策。

解 由题设条件列出期望值决策表，如表 10-7 所示。

表 10-7 期望值决策表

方 案	状 态				$E(a_i)$
	$\theta_1(10)$	$\theta_2(20)$	$\theta_3(30)$	$\theta_4(40)$	
	$p_1=0.1$	$p_2=0.3$	$p_3=0.5$	$p_4=0.1$	
$K_1(10)$	50	50	50	50	50
$K_2(20)$	0	100	100	100	90
$K_3(30)$	−50	50	150	150	100*
$K_4(40)$	−100	0	100	200	60

因此最优方案为每周进货 30 件。

10.4.2 最大可能准则

根据概率论的原理，一个事件的概率越大，其发生的可能性就越大。基于这种想法，我们在风险性决策问题中选择一个概率最大的（即可能性最大）的自然状态进行决策，而不论其他自然状态如何，这样就变成了确定型决策问题。

例 10.7 在例 10.1 中，假定根据以往的统计资料估计每周销售量 10 件、20 件、30 件和 40 件的概率分别为 0.1、0.3、0.5 和 0.1，试采用最大可能准则给出决策。

解 由题设条件可列表 10-8。

表 10-8 最大可能决策表

方 案	状 态				max
	$\theta_1(10)$	$\theta_2(20)$	$\theta_3(30)$	$\theta_4(40)$	
	$p_1=0.1$	$p_2=0.3$	$p_3=0.5$	$p_4=0.1$	
$K_1(10)$	50	50	50	50	50
$K_2(20)$	0	100	100	100	100
$K_3(30)$	−50	50	150	150	150*
$K_4(40)$	−100	0	100	200	100

从表中可以看到，自然状态的概率 $p_3=0.5$ 最大，因此状态 θ_3 发生的可能性最大。于是考虑按照这种自然状态决策，通过比较可知，K_3 是最优决策。

最大可能准则有着十分广泛的应用范围。特别当自然状态的概率非常突出，比其他状态的概率大许多的时候，这种准则的决策效果是比较理想的。但是当自然状态发生的概率互相都很接近，且变化不明显时，采用这种准则，效果就不理想，甚至产生严重错误。

从风险型决策过程可以看到，利用了事件的概率和数学期望进行决策。概率是指一个事件发生可能性的大小，并不一定必然要发生，因此这种决策准则是要承担一定风险的。那么是不是说人们要对这种决策准则产生怀疑呢？答案是否定的，因为引用了概率统计的原理，也就是说在多次进行这种决策的前提下，成功还是占大多数的，比人们的直观感觉和主观想象要科学、合理很多，因此它是一种科学有效的常用决策标准。

10.4.3 决策树

对于离散风险型决策，在应用最大期望值准则时是用制表的方法予以表达和分析的。这虽然是一种常用的方法，但是对于较为复杂的问题就显得有些不方便，尤其对需逐次进行决策的多级决策问题更是如此，甚至无法使用。应用决策树形象直观、思路清晰的特点就弥补了这一缺陷。

决策树是一个按逻辑关系画出的树状图，图 10-1 是一个简单决策树的示意图。

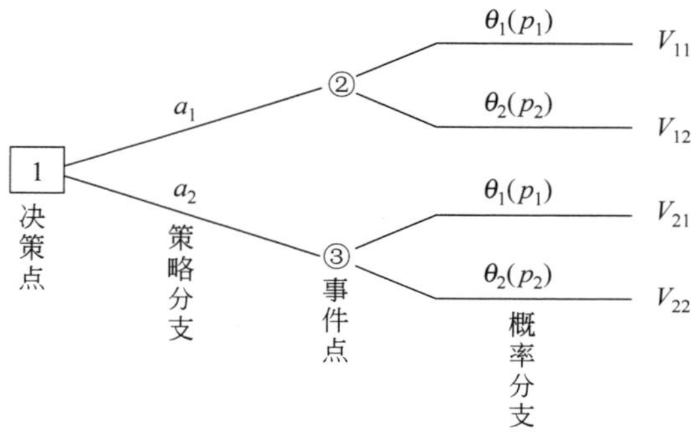

图 10-1 决策树示意图

画决策树的方法是在左端首先画出一个方框作为出发点，它称为决策点。从决策点画出若干条直线，每一直线代表一个策略（方案），这些直线称为策略分支。在各个策略分支的末端画出一个圆圈，它们称为事件点（机会点），从事件点出发引出若干直线，每条直线代表一种状态，这些直线称为概率分支。最后把各个策略在各种状态下的结果值记在概率分支末端，这样就构成了一个决策树。

利用决策树方法对问题进行决策时，首先画出决策树，然后从右向左进行，根据结果值和概率分支的概率，计算出各方案的期望值选出最优方案，并把最优方案的期望值标注在决策点上，不采用的方案在其策略分支上打上符号“//”。

1. 单级决策问题

单级决策问题是指只包含一项决策的问题，在决策树中只有一个决策点。这种决策方法是期望决策法。

例 10.8 某公司为生产一种产品需要建设一个工厂。建厂有两个方案，一是建大厂，投资 3000 万元，一是建小厂，投资 1000 万元，大厂或小厂用于生产该产品的期限都是 15 年。根据市场预测在产品生产的 15 年内，前 5 年销路好的概率为 0.7，而如果前 5 年销路好，后

10 年销路好的概率为 0.9;如果前 5 年销路差,后 10 年销路肯定差,在 15 年期限内两个厂的每年回收资金情况如表 10-9 所示。

表 10-9　例 10.8 两个厂每年回收资金情况　　单位:万元

销　路	好	差	销　路	好	差
大厂	1000	−100	小厂	200	50

试用决策树方法,根据 15 年获利润的大小,确定哪一个方案好。

解　根据题设条件可以画出如图 10-2 所示的决策树并计算各事件点的期望值。

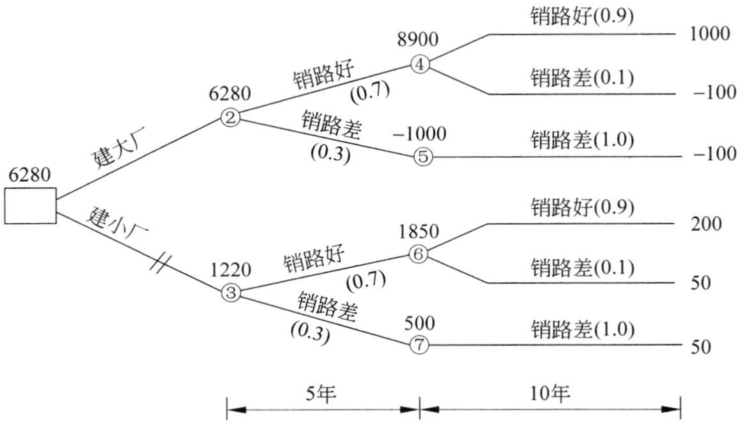

图 10-2　单级决策

点 4:0.9×1000×10+0.1×(−100)×10=8900(万元)。

点 5:1.0 ×(−100)×10=−1000(万元)。

点 2:0.7 ×(8900+1000×5)+0.3×[−1000+(−100)×5]−3000=6280(万元),即建大厂的期望利润值为 6280 万元。

点 6:0.9×200×10+0.1×50×10=1850(万元)。

点 7:1.0×50×10=500(万元)。

点 3:0.7×(1850+200×5)+0.3×(500+50×5)−1000=1220(万元),即建小厂的期望利润为 1220 万元。

由此决策点 1 应为 6280 万元,即选建大厂的方案。

2. 多级决策问题

多级决策问题是指需从决策树的右边往左依次要做出两项或两项以上的决策问题,反映到决策树中是有两个或两个以上的决策点。画多级决策问题的决策树和计算各事件点的期望值与单级决策问题没有本质区别,只是步骤多一点罢了。

例 10.9　再考虑上例的问题,现在假定还有第 3 种方案,即先建小厂,若销路好,则 5 年后可选择扩建成大厂,扩建投资为 1000 万元,扩建后产品的生产期为 10 年,每年回收资金与第一种方案一样,试确定最佳方案。

解 根据题设条件及上例的结果可得决策树,由于建大厂这一方案各事件点的期望值在上例中已确定,那么只考虑建小厂5年后销路好的情况,是否要扩建成大厂的决策。这样应是两级决策问题,如图10-3所示。

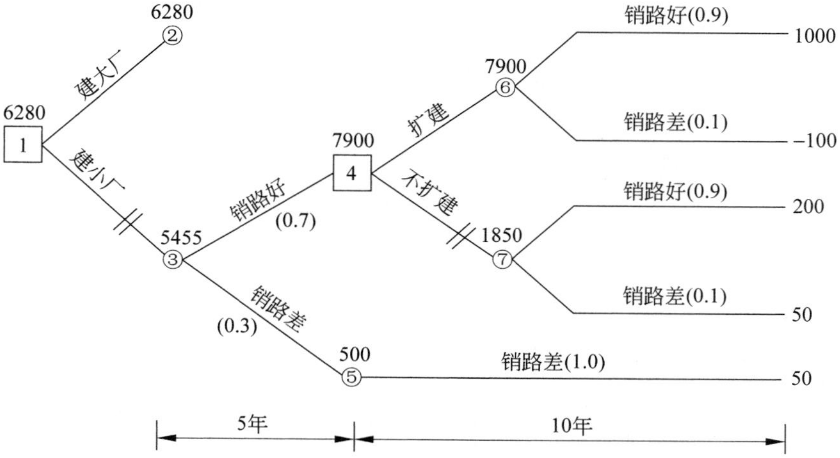

图10-3 多级决策

计算各事件点的期望值。

点2:由上例得6280万元。

点6:0.9×1000×10+0.1×(-100)×10-1000=7900(万元)。

点7:0.9×200×10+0.1×50×10=1850(万元)。

决策4:因为7900万元>1850万元,因此要扩建。

而点3:0.7×(7900+200×5)+0.3×(500+50×5)-1000=5455(万元)。

在决策点1,由于6280万元>5455万元,所以还是第一种方案好,即一次投资3000万元建大厂。

例10.10 某石油公司准备在某地开采石油,它有两个方案可供选择:一是先勘探,然后再决定是否钻井或不钻井;二是不勘探,只凭经验来决定钻井或不钻井。假定勘探的费用每一次1万元,钻井费为7万元,直接钻井出油的情况及其概率为:无油,0.5;油量少,0.3;油量多,0.2。据估计,如果油量少可收入12万元,油量丰富可达27万元。如果进行勘探,可能会遇到地质结构差、一般、良好3种情况,据估计3种情况出现的概率分别为0.41、0.35和0.24,对不同的地质结构钻井后出油的情况及其概率如表10-10所示。如何决策可使公司利润最大?

表10-10 出油情况表

地质结构状态	无油的概率	油少的概率	油多的概率
差	0.73	0.22	0.05
一般	0.43	0.34	0.23
良好	0.21	0.37	0.42

解 根据题设条件画决策树如图10-4所示。

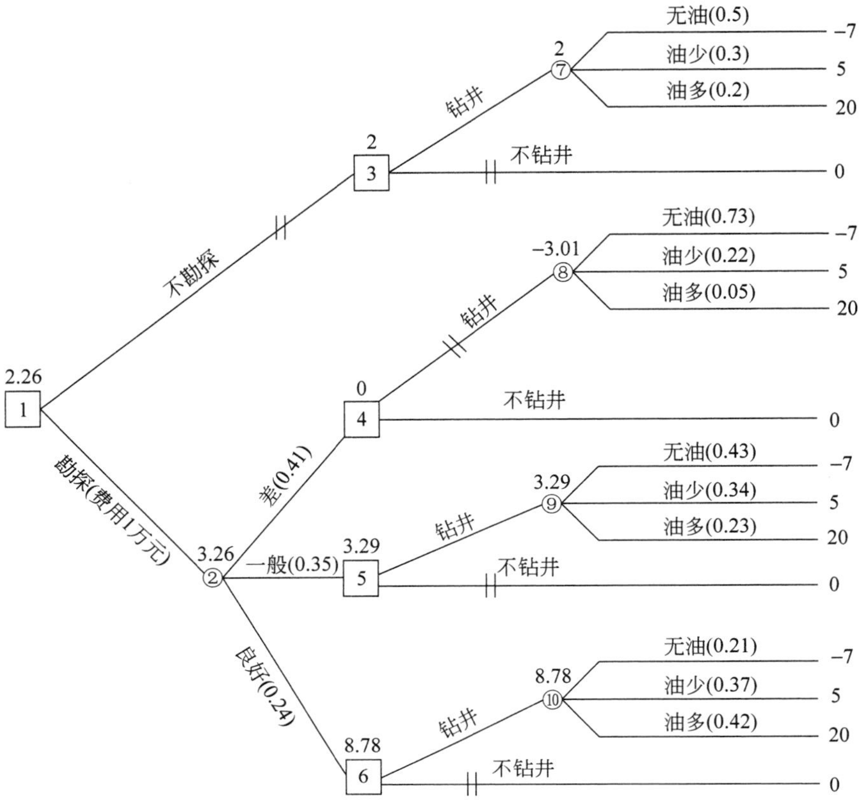

图 10-4　多级决策

计算各事件点的利润期望值，在各决策点决策。

点 7：$0.5\times(-7)+0.3\times5+0.2\times20=2$(万元)。

点 8：$0.73\times(-7)+0.22\times5+0.05\times20=-3.01$(万元)。

点 9：$0.43\times(-7)+0.34\times5+0.23\times20=3.29$(万元)。

点 10：$0.21\times(-7)+0.37\times5+0.42\times20=8.78$(万元)。

因此在决策点 3，选钻井方案，在决策点 4，选不钻井方案，在决策点 5、6，选钻井方案。

事件点 2 的期望值：$0.41\times0+0.35\times3.29+0.24\times8.78=3.26$ 万元，则勘探方案的期望值为 $3.26-1=2.26$(万元)。

由此在决策点 1 应选择先勘探后决定钻井与否。

思　考　题

(1) 简要说明风险性决策几种决策方法的优缺点。

(2) 决策树的分析计算中，决策方法是采用什么方法？这种思想有什么优点？

10.5 灵敏度分析

10.5.1 灵敏度分析的意义

在通常的决策模型中自然状态的损益值和概率往往是通过预测和估计得到的，一般不会十分准确，因此根据实际情况的变化，有必要对这些数据在多大范围内变动而对最优的决策方案产生影响进行有效的分析，这种分析就称为灵敏度分析。

例 10.11 有外壳完全相同的木盒 100 个，将其分为两组，一组内装白球，有 70 盒，另一组内装黑球，有 30 盒。现从这 100 个盒中任取一盒，如果这个盒内装白球，猜对得 500 分，猜错罚 150 分；如果这个盒内装黑球，猜对得 1000 分，猜错罚 200 分。为了使得分最高，合理的决策方案是什么？有关数据如表 10-11 所示。

表 10-11 例 10.11 数据

方案	自然状态	
	白 $p_{白}=0.7$	黑 $p_{黑}=0.3$
猜白	500 分	−200 分
猜黑	−150 分	1000 分

解 画决策树，如图 10-5 所示。

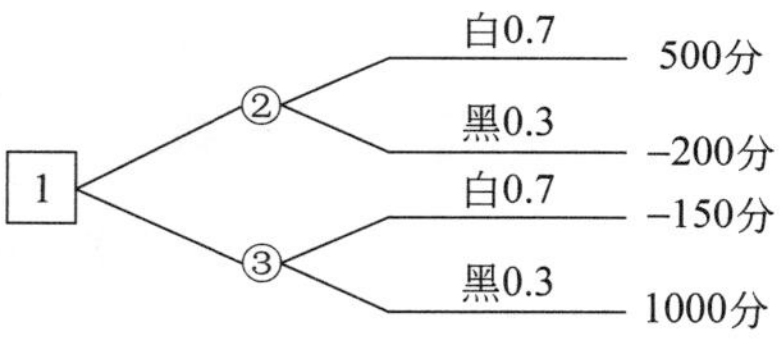

图 10-5 例 10.11 决策树

猜白的数学期望：0.7×500 分+0.3×(−200 分)=290 分。

猜黑的数学期望：0.7×(−150 分)+0.3×1000 分=195 分。

显然，按照最大期望值原则，猜白是最优方案。现在假设白球出现的概率变为 0.8，则可得到

猜白的数学期望：0.8×500 分+0.2×(−200 分)=360 分。

猜黑的数学期望：0.8×(−150 分)+0.2×1000 分=80 分。

很显然，猜白仍是最优方案。再假设白球出现的概率 $p_{白}$ 变为 0.6，则可得到

猜白的数学期望：0.6×500 分+0.4×(−200 分)=220 分。

猜黑的数学期望：0.6×(−150 分)+0.4×1000 分=310 分。

现在的结果发生了改变，猜黑是最优决策方案。

显然，决策者面临一个问题，即白球出现的概率在什么范围内时，猜白是最佳方案。

10.5.2 转折概率

设 p 是白球出现的概率，则 $1-p$ 是黑球出现的概率。计算两个方案的数学期望，并使其相等，得到 $p\times500+(1-p)\times(-200)=p\times(-150)+(1-p)\times1000$，解方程后得 $p=0.65$，则 $p=0.65$ 称为转折概率。当 $p>0.65$ 时，猜白是最优方案；当 $p<0.65$ 时，猜黑是最优方案。

在实际的决策过程中，要经常将自然状态的概率和损益值等在一定的范围内作几次变动，反复的进行计算，考察所得到的数学期望值是否变化很大，是否影响到最优方案的选择。如果这些数据稍加变化，而最优方案不变，那么这个决策方案就是稳定的。否则，这个决策方案就是不稳定的，需要进行进一步的讨论。

思 考 题

什么是转折概率？转折概率在实际当中有什么应用？

10.6 效用理论在决策中的应用

最大期望值准则在风险决策中得到了广泛应用。但在某些情况下，决策者并不采用这种决策法，如保险业、购买各种奖券。在保险业中，一位经理在考虑本单位是否参加保险时，尽管按期望值计算得到的受灾损失要比所付的保险金额小，但为了避免可能出现的较大损失，愿意付出相对较小的支出。在购买奖券时，按期望值计算的得奖钱数要小于购买奖券的支付，但是由于有机会得到相当大的一笔奖金，仍会有很多人愿意支付这笔相对较小的金额。这样就提出了一个问题，货币量在不同的场合下对于不同的人具有不同的价值，或者说在人们主观上具有不同的值的含义，它根据具体情况并由个人的地位所决定，这样就引出了决策分析中的效用概念。

10.6.1 效用与效用曲线

效用在决策分析中是一个常用的概念。为了说明这个概念的意义，下面引入一个具体的例子加以理解。

设决策者面临两种可供选择的收入方案。

方案 1：有 0.5 的概率可得 200 元，0.5 的概率损失 100 元。

方案 2：可得 25 元。

那么决策者会采取什么办法？可以计算得到方案 1 的期望值为 50 元，显然比方案 2 的 25 元多，是否任何一个决策者都会选择方案 1 呢？回答是否定的，不同的人肯定会给予不同的回答。如对甲决策者，他会选择方案 2，即肯定会得到 25 元的收入。而对乙决策者，他会选择方案 1，得 25 元不如碰运气得到 200 元的收入。如果将方案 2 改为付出 10 元，方案 1 不变，还让甲决策者选择，这时他会选择方案 1，与其付出 10 元，倒不如有机会拿 200 元。人们把这种决策者对于利益或损失的反应和估价称为机会的效用。

效用的具体度量，称为效用值。它的大小可规定在 0 与 1 之间，效用值的大小是相对的数值关系。效用值的大小用来表示决策者对风险的态度，如对某事物的倾向、偏爱等主观因素的强弱程度，是针对决策者本身的。

一个决策者的效用值如何确定要根据决策者对一系列询问的回答结果而定。假定决策目标是求收益最大，这样可把最大收益的效用值定义为 1，最小收益的效用值定义为 0，而对于其他收益值的效用值的确定可利用已知两收益值的效用值递推出来。具体做法如下：

决策者对如下询问作出回答，首先提出“以 0.5 的概率获得 x 收益，以 0.5 的概率获得 y 收益”的机会，然后再给出“确切可得到 a 收益”的机会，决策者必选择其中一种机会。可通过适当调整 a 的数值，使决策者认为这两种机会一样，选择哪一种都行。即可以认为对这一决策者来讲“以 0.5 的概率获得 x 收益，0.5 的概率获得 y 收益”的机会的效用值与“确切可得到 a 收益”的机会的效用值相等，因此可定义“确切可得到 a 收益”的机会的效用值，即 a 收益的效用值为“以 0.5 的概率获得 x 收益，0.5 的概率获得 y 收益”的机会的效用期望值。这就要求 x 收益与 y 收益的效用值已知，显然这一点可以做到，比如 x 为最大收益，y 为最小收益。这样可以得到 a 收益效用值。保持概率不变，改变 x 与 y 的值(两者可都变、也可其中之一变)，再提出一次询问，让决策者进行判断。经过几次重复的询问，可以得到一组收益值与效用值的数对，把这些数对画到平面直角坐标系中，其中收益值为横坐标，效用值为纵坐标，坐标原点为$(m,0)$(其中 m 为最小收益值)。然后用光滑曲线将这些点连起来，所得的曲线称为效用曲线，根据以上定义可知此曲线必对应某一函数，则称此函数为效用函数，记作 $U(x)$。理论上已经证明决策者的效用函数是存在的，如果规定了特定的环境、地点和时间，它还是唯一的。

10.6.2 效用曲线的做法

下面就一个具体例子介绍效用曲线的画法，决策问题仍是上面提出的，此时假定最大收益为 200 元，最小收益为 −100 元，则效用值为 $U(200)=1$，$U(-100)=0$，就前面提出的两个方案，采用提问方式以确定“以 0.5 的概率得 200 元，以 0.5 的概率付出 100 元”的机会的效用值。

(1) 决策者选方案 2 稳拿 25 元，说明方案 1 的效用值小于 25 元的效用值。

(2) 若将方案 2 改为付出 10 元，让决策者选择，此时他若选择方案 1，说明方案 1 的效用值大于 −10 元的效用值。

(3) 经过数次询问后，通过调整方案 2 的收益值，最后将方案 2 改为收入 0 元，此时，决策者认为两个方案一样，选哪一个都可以，此时可认为 0 元的效用值与第一方案的效用值相等，即有 $U(0)=0.5\times U(200)+0.5\times U(-100)=0.5\times 1+0.5\times 0=0.5$。

然后将方案 1 改为以 0.5 的概率得 200 元，以 0.5 的概率得 0 元。方案 2 适当调整经过数次询问后得知，60 元的效用值同第一方案的效用值相等，即

$$U(60)=0.5\times U(200)+0.5\times U(0)=0.75$$

同样方法可以得到 −100～0 及 0～200 的其他点的效用值。假设已有

$$U(-50)=0.25,\quad U(100)=0.875$$

综合 $U(-100)=0$，$U(0)=0.5$，$U(60)=0.75$，$U(200)=1$，将这些点画在平面直角坐标系上，用光滑曲线连起来，这就是决策者的效用曲线，如图 10-6 中曲线甲所示。

效用曲线不仅会因决策者的不同而不同，同一决策者在不同的时间和地点以及经济状态的改变，情绪的好坏都会影响到效用曲线。效用曲线大体上可分为 3 类：保守型(凸曲线)、冒险型(凹曲线)及中间型(直线)，如图 10-6 所示。保守型表明，当收益值增大时，效用值增大较慢，当收益值减小时，效用值减小较快，这类决策者对收益反应较慢，对损失较敏感，属于避免风险的决策者，冒险型则相反。而介于两者之间的直线表明，收益的效用值与

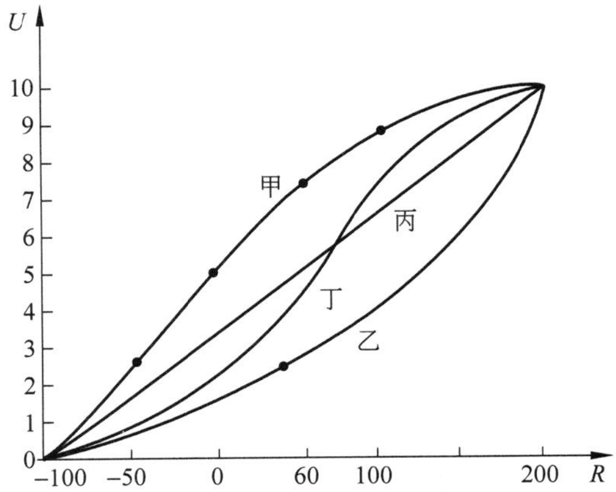

图 10-6　效用图

收益的期望值成正比关系,表明是按期望值进行决策的人,另外也有混合型的决策者(如图中丁所示),但大部分人都是属于保守型的。

10.6.3　效用值决策法

所谓效用值决策法,是根据决策者的效用曲线,把效用作为一个相对尺度,将目标值转化为效用值,计算各方案的可能结果的期望效用,并以最大的期望效用作为最优方案的选优原则。

例 10.12　考虑在例 10.10 中采用效用值决策法进行决策,已知决策者的效用值分别为

$$U(1)=0.52,\quad U(5)=0.75,\quad U(0)=0.5,\quad U(-7)=0,\quad U(20)=1$$

解　在图 10-4 中把各收益值用效用值代替。然后计算出各事件点的效用期望值,如图 10-7 所示。

点 7：$0.5\times0+0.3\times0.75+0.2\times1=0.425$(万元)。

点 8：$0.73\times0+0.22\times0.75+0.05\times1=0.215$(万元)。

点 9：$0.43\times0+0.34\times0.75+0.23\times1=0.485$(万元)。

点 10：$0.21\times0+0.37\times0.75+0.42\times1=0.698$(万元)。

在决策点确定其效用值：

决策点 3：$\max\{0.5,0.425\}=0.5$,即不钻井。

决策点 4：$\max\{0.5,0.215\}=0.5$,即不钻井。

决策点 5：$\max\{0.5,0.485\}=0.5$,即不钻井。

决策点 6：$\max\{0.5,0.698\}=0.698$,即钻井。

而事件点 2 的效用期望值：$0.41\times0.5+0.35\times0.5+0.24\times0.698=0.548$(万元)。

已知勘探费用的效用值为 $U(1)=0.52$,因此进行勘探的效用值为 $0.548-0.52=0.028$,故最优策略为不勘探不钻井。

从例 10.10 与例 10.12 的结论可知,两种决策法的结论相反。这并不是偶然的,本例的效用曲线显示,决策者过于保守,怕冒风险。

决策问题是一个很复杂的问题,很好地处理决策问题是与决策者的个人素质分不开的。

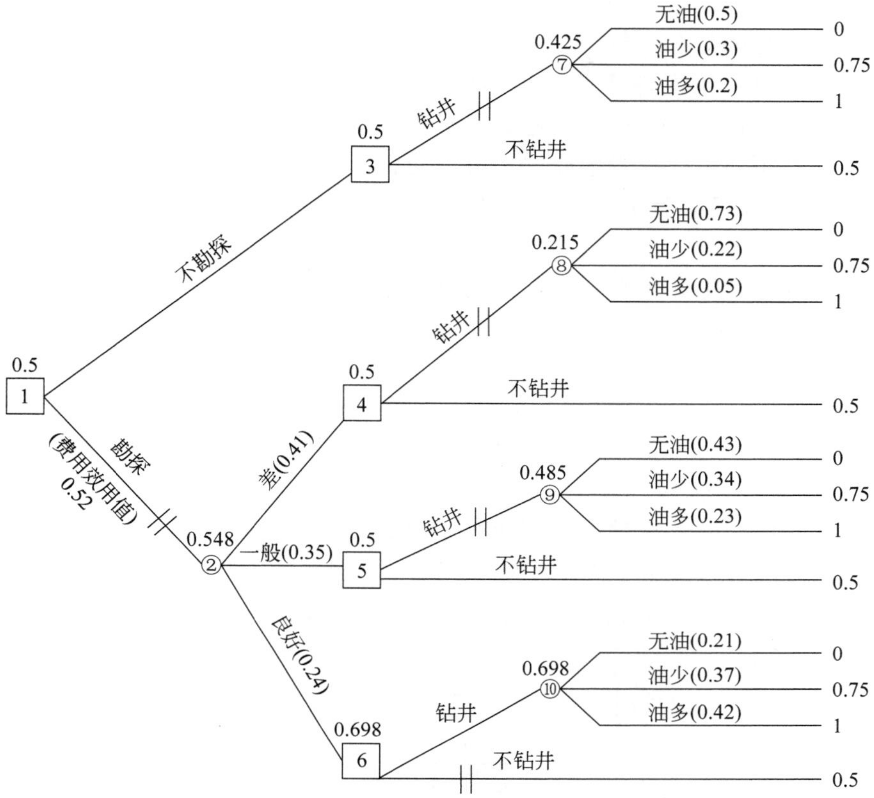

图 10-7　效用图

决策者有丰富的知识，长期的工作经验，敏锐的预测能力，高超的判断能力和敢于冒风险的魄力等，都是正确进行决策的必要条件。这些条件是决策方法所不能代替的。但是这些条件为决策者提供了分析与研究问题的方法。本章介绍的只是决策分析中最基本的方法。还有很多方法限于篇幅，这里就不再列举了。

思　考　题

(1) 采用效用值方法得到的决策结果与一般决策树决策的结果可能会有所不同，说明其中的原因所在。

(2) 效用值在管理当中有什么实际意义？效用值是怎么得到的？

本 章 小 结

20世纪中叶，决策理论与方法开始逐渐成为经济学和管理科学的重要分支。本章从决策的分类这一基本概念出发，界定了本章研究的重点为不确定型决策问题和风险型决策问题。根据问题的不同情况，以及决策人不同的思想行为方式，决策过程中可以采取不同的方法。方法之间没有优劣之分，决策者可以根据问题实际情况任意选择。

本章的重点是风险型决策，这一类问题在实际当中的应用比较广泛，所谓风险型决策是指将决策者对决策事件将要出现的状态可获得一定程度的确定性（状态出现的概率）。在这一类决策活动中，概率值起到了至关重要的作用，不同状态出现概率的不同将会影响到决策结果。因此本章中介绍了决策问题的灵敏度分析，并介绍了转折概率的概念，以及转折概率在灵敏度分析当中的作用。最后，本章介绍了效用理论以及效用理论在决策当中的应用。

决策理论与方法具有较强的理论性，同时又有很强的实用价值。因此在学习时，除了要对基本概念和方法正确理解外，还要具体问题具体分析处理，以丰富的想象力去解决实际的决策问题。

习　题　10

10.1　某厂生产甲、乙两种产品，根据以往的市场需求统计如表 10-12 所示。用乐观准则、悲观准则、悔值准则和等可能准则进行决策。

表 10-12　第 10.1 题以往市场需求统计数据

方　案		状　态	
		旺季 $p_1=0.8$	淡季 $p_2=0.2$
产品	甲	5	3
	乙	8	2

10.2　对 10.1 题用期望值准则进行决策，作出灵敏度分析，求出转折概率。

10.3　建厂投资，有 3 个行动方案可以选择，并有 3 种自然状态，其损失如表 10-13 所示。试用乐观准则、悲观准则、折中准则（取 $\lambda=0.4$）、等可能准则和悔值准则分别给出此问题的决策。

表 10-13　第 10.3 题 3 种方案的自然状态的损失

方　案	状　态		
	θ_1	θ_2	θ_3
a_1	3	7	3
a_2	6	5	4
a_3	5	6	10

10.4　在开采矿井时，出现不确定情况，现用悔值准则决定是否开采，损益表如表 10-14 所示。

10.5　某项工程明天开工，在天气好时可收益 8 万元，在天气不好（如下雨）时会损失 10 万元，如果明天不开工，则会损失 1 万元。如果明天降水的概率是 40%，是否应开工？

表 10-14　第 10.4 题损益表

方　案	状　态	
	旺季 K	淡季 $\overline{K}$
开采	6	−1
不开采	0	0

10.6　某公司研究了两种扩大生产增加利润的方案，一是购置新机器，二是改造旧机器。已知公司产品市场销售较好、一般、较差的概率分别是 0.5、0.3 和 0.2。对应于这 3 种情况，购置新机器时分别可获利 30 万元、20 万元和 8 万元。改造旧机器时分别可获利 25 万元、21 万元和 16 万元。要求用决策树法决策。

10.7　某工厂为生产一种产品计划从某研究所引进新技术。该厂估计这种新产品销路好(θ_1)的可能性是 0.40，销路差(θ_2)的可能性是 0.60。如销路好，可得利润 10 万元；如销路差，将亏损 5 万元。该厂首先要根据销路决定生产或不生产。如生产，需同研究所就技术引进问题进行谈判，估计谈判成功(S_1)与失败(S_2)的可能性都是 0.5。关于新产品的销路，可以通过市场专家对样品的预测而获得新的信息。按过去的资料，预测销路好(A_1)和预测销路差(A_2)的准确性都达到 0.8，预测费定为 0.1 万元。对该厂决策者进行一系列询问和画出效用曲线后，有如表 10-15 所示损益值的效用值。

表 10-15　第 10.7 题损益值的效用值　　　　单位：万元

损益值	−5.1	−5.0	−0.1	0	9.9	10.0
效用值	0	0.01	0.59	0.60	0.98	1

(1) 按利润期望值决策法判定最优策略；

(2) 按效用值决策法决定最优策略。

第11章 对 策 论

本章内容要点

- 对策论的基本思想和基本概念；
- 矩阵对策的基本形式及其最优策略；
- 矩阵对策的混合策略及其特点；
- 利用线性规划方法求解矩阵对策。

本章核心概念

- 局中人(player)；
- 策略(strategy)；
- 支付(pay)；
- 矩阵对策(matrix game)；
- 纯策略(pure-strategy)；
- 纯局势(pure-situation)；
- 混合策略(mixed strategies)。

■ **案例**

战国时期，齐国国王和大司马田忌赛马，双方约定：从自己的上、中、下3个等级的马中各选出一匹，每次出一匹马比赛，这3匹马都要参赛，共赛3次，每次输者付给胜者1000两黄金。当时，齐王的马要比田忌同等级的马好，似乎胜券在握。但是比赛时，田忌手下的谋士孙膑给田忌出了个谋略，他让田忌以他的下等马对齐王的上等马，以上等马对齐王的中等马，以中等马对齐王的下等马。结果，田忌一负二胜，反而赢得了1000两黄金。

11.1 对策论的基本概念

在日常生活和现实社会中，人们可以经常看到形形色色的含有竞争(或斗争)性质的现象。在这些现象中，参加竞争的各方，为了各自的目标，彼此追逐着相互冲突的利益，表现出一种对抗的竞争行为。他们为使自己的一方立于不败之地，既要准确地预测对手可能采取什么样的策略，又要正确制订自己最佳的行动方案，这类现象称为对策现象。

我国古代“齐王与田忌赛马”就是一个典型的对策论的例子，这个故事说明在竞争中参与者采取什么策略，是值得研究的重要问题。对策论就是研究两个或两个以上的参加者在某种对抗性或竞争性的局势下各自作出决策，使自己的一方得到尽可能最有利的结果。为了对对策论的问题有比较直观的了解，首先通过两个简单的实例来阐明一些有关的基本概念。

例 11.1 每个小学生都玩过这种游戏：锤子击败剪刀，剪刀胜布，布胜锤子。这里有两

个参加者 A 和 B(称为局中人)，每个人的出法都只能在{锤子，剪刀，布}中选择一种。当 A，B 各选定一个出法(称为策略)，就确定了一个结果(称为局势)，也即各自的输赢。如果规定胜者得 1 分，负者得 −1 分，平手时各得 0 分，则对于各种可能的局势及 A，B 的得分，如表 11-1 所示。

这个矩阵称为支付矩阵。在游戏中，A 和 B 都想选取适当的策略，以取得胜利。

例 11.2 两家服装商店，采用浮动价格方式，考虑对现有服装价格进行调整，以扩大销售量，加速资金周转，来取得各自的最大利润。根据市场情报预测分析，已知在价格变动情况下，甲商店所获利润如表 11-2 所示。问甲、乙两商店应如何决策才能使各自所得利润最大？

表 11-1 例 11.1 A 的得分支付矩阵

A	B		
	锤子	剪刀	布
锤子	0	1	−1
剪刀	−1	0	1
布	1	−1	0

表 11-2 例 11.2 甲获利润支付矩阵

甲	乙		
	增加	不变	减少
增加	9	10	11
不变	11	10	9
减少	12	10	8

例 11.1 中，对抗的双方都力图选取最优的策略以获得胜利；例 11.2 中，甲、乙店在不知道对方的价格浮动幅度的情况下，也想选取合理的浮动价格，以取得各自尽可能大的利润。从这两个例子中可以看出，虽然对策现象不同，但它们却具有相同的本质的东西，这就是对策的 3 个基本要素：局中人、策略和支付。

1. 局中人

在一场竞争中(简称一局对策)，为了力争好的结局，参加者必须制订对付对手的方案，把这样有决策权的参加者称为局中人，比如例 1 中的局中人就是 A 和 B，例 2 中的局中人是甲、乙两家服装店，它们都称为二人对策。

应注意的是，局中人可以是一个人，也可以是若干人，例如一个组，一个球队等。为了便于研究问题，把利害关系一致的参加者看作一个局中人。例如在打桥牌中，虽然有 4 个人参加，但由于相对而坐的两方有完全一致的目的，只能算作一个局中人，因而只有两个局中人。另外，还应假定各局中人都同样的聪明和有理智。

2. 策略

在一局对策中，各局中人为了取得好的结果，都必然要选择对付对手的“办法”(或“方案”)，人们把局中人的这样一个“办法”称为策略。

所谓策略是指局中人在一局对策中对付对手的一个完整的行动方案，而不是某一步的方案。比如，在象棋比赛中，“当头炮”不是一个策略，而只是一个策略的组成部分。

一个局中人策略的全体，称为这个局中人的策略集合。如果在一个对策中，各局中人的策略只有有限个，称此对策为有限对策，否则称为无限对策。显然，例 11.1 和例 11.2 都是有限对策。

3. 支付

在一局对策中，当每个局中人都选定了一个策略时，把这些策略合在一起，称作一个局势。当局势给定之后，对策的结果也就确定了，这时，每个局中人都有所得失。因此，“得失”是“局势”的函数，称为支付函数。

如果在每一局势下，全体局中人的“得失”之和总是 0，就称此对策为 0 和对策，否则称为非 0 和对策。比如，在例 11.1 中，支付函数就可用矩阵的形式给出。当 A 取定策略“锤子”，而 B 取定策略“剪刀”时，就形成一个“局势”：{锤子，剪刀}。在这局势下 A 得 1 分，B 得 −1 分，两人得失之和为 0，因此，例 11.1 是有限 0 和二人对策。

对策论就是研究当局中人的策略集合、支付均为已知，但又不知道对方到底要采取何种策略时，如何确定自己应采取的策略，以争取尽可能好的结果。

对策论的现象是很多的，有的还需要较复杂的数学工具。本章主要讨论有限零和二人对策（矩阵对策）的有关理论和求解方法。

思　考　题

（1）列举几个生活中对策论的例子。

（2）对策和策略有什么区别？

11.2　矩阵对策及其最优纯策略

矩阵对策是整个对策论的基础，它主要研究这样的一类对策现象：参与对策的“局中人”只有两个，而每个局中人都只有有限个可供选择的策略，并且在任一局对策完了之后，双方得失之和总等于 0，即局中人之一所得的数，正是另一个局中人所失的数。正是因为这个特点，矩阵对策又称为“二人有限零和对策”。这种对策方法简单，理论完整，并且应用也比较广泛。对于矩阵对策，局中人Ⅰ的赢得矩阵给定以后，两个局中人便考虑选取最合适的策略，以谋取最大的赢得（获取好的结果）。

假设参加对策的两个局中人为Ⅰ和Ⅱ，局中人Ⅰ有 m 个策略 $\alpha_1,\alpha_2,\cdots,\alpha_m$，局中人Ⅱ有 n 个策略，$\beta_1,\beta_2,\cdots,\beta_n$，分别以 S_1 和 S_2 表示这些策略集合，即

$$S_1=\{\alpha_1,\alpha_2,\cdots,\alpha_m\}$$

$$S_2=\{\beta_1,\beta_2,\cdots,\beta_n\}$$

以 $\boldsymbol{A}$ 表示由各个局势下局中人Ⅰ赢得 α_{ij} 所构成的赢得矩阵（或支付矩阵），即

$$\boldsymbol{A}=(\alpha_{ij})=\begin{bmatrix}\alpha_{11} & \alpha_{12} & \cdots & \alpha_{1n}\\ \alpha_{21} & \alpha_{22} & \cdots & \alpha_{2n}\\ \vdots & \vdots & \ddots & \vdots\\ \alpha_{m1} & \alpha_{m2} & \cdots & \alpha_{mn}\end{bmatrix}$$

其中，$\boldsymbol{A}$ 的元素 α_{ij} 表示局中人Ⅰ选定策略 α_i，局中人Ⅱ选定策略 β_j 的对局（又称局势（α_i，

β_j))下的局中人Ⅰ的支付。具体地说，表示局中人Ⅰ得到 α_{ij}，而局中人Ⅱ得到 $-\alpha_{ij}$。把这个对策记为 G，即

$$G=\{S_1,S_2;\boldsymbol{A}\}$$

由于对策 G 完全由矩阵 $\boldsymbol{A}$ 确定，所以 G 称为矩阵对策。

在这种对策里，局中人Ⅰ希望支付值 α_{ij} 越大越好，局中人Ⅱ则希望付出的 α_{ij} 越小越好，因此，矩阵对策完全是对抗性的。下面通过一个例子来说明其求解过程，并给出最优纯策略的概念。

例 11.3 求矩阵对策 $G=\{S_1,S_2;\boldsymbol{A}\}$的解，其中

$$S_1=\{\alpha_1,\alpha_2,\alpha_3\},\quad S_2=\{\beta_1,\beta_2,\beta_3\}$$

$$\boldsymbol{A}=\begin{bmatrix}3&4&6\\-1&10&-8\\2&3&-1\end{bmatrix}$$

从支付矩阵 $\boldsymbol{A}$ 中可以看到，如果局中人Ⅰ希望赢得最多，他必定会采取得到最大赢得 10 的策略 α_2。然而局中人Ⅱ考虑到Ⅰ的这种心理，就会出策略 β_3，这样将使Ⅰ不但不能赢得 10 反而输 8。同样局中人Ⅰ又估计到Ⅱ的这种心理，将改用策略 α_1，使乙得不到 8 反而输 6……这样一来，双方必然要设法不冒风险，从最不利情况出发，使自己赢得最大。即Ⅰ应当采取的方针是：从对方力求使自己收入最少的情况出发，寻求最大。具体讲，他可以把自己采取各策略时所得最少收入(即每行中最小数)列出，即

$$\min\{3,4,6\}=3;\quad \min\{-1,10,-8\}=-8;\quad \min\{2,3,-1\}=-1$$

为了从对方力求使自己收入最少的以上 3 种情形中，选择对自己最为有利的情形，就要比较这一列数，找出其中最大数，即

$$\max\{3,-8,-1\}=3$$

这是局中人Ⅰ采取策略 α_1时的最少所得。

类似地，局中人Ⅱ的方针应该是从对方力求使自己损失最多的情形下求损失最小。具体讲，他可以把每列中最大数列出，即

$$\max\{3,-1,2\}=3;\quad \max\{4,10,3\}=10;\quad \max\{6,-8,-1\}=6$$

再找出这些数中最小的一个，得

$$\min\{3,10,6\}=3$$

这是局中人Ⅱ采取策略 β_1 时的最大损失。

由以上分析知，不论局中人Ⅱ选取什么策略，Ⅰ只要选取 α_1，他的赢得均不会少于 3；而对于局中人Ⅱ，不论Ⅰ出什么策略，只要选取 β_1，他的付出均不会大于 3。因此，由 α_1 和 β_1 合成局势(α_1,β_1)对于局中人Ⅰ、Ⅱ都是最优的。以上指导每个局中人选择最优策略的原则称为最大最小原则。

定义 11.1 对于矩阵对策 $G=\{S_1,S_2;\boldsymbol{A}\}$，如果等式

$$\max_i\min_j\alpha_{ij}=\min_j\max_i\alpha_{ij}=\alpha_{i^*j^*}$$

成立，则称其值为对策 G 的值，记作 V_G。纯局势(α_{i^*},β_{j^*})称为对策 G 的鞍点，也称它是对策 G 在纯策略中的解。α_{i^*} 与 β_{j^*} 分别称为局中人Ⅰ与Ⅱ的最优纯策略。

例 11.3 中对策值 $V_G=3$，鞍点为(α_1,β_1)，局中人Ⅰ的最优纯策略为 α_1，Ⅱ的最优纯策

略为 β_1。

定义 11.1 表明，当求解某一矩阵对策问题时，首先要弄清它的鞍点情况。但是否所有矩阵都存在纯策略意义下的鞍点呢？或者说，是否局中人都有最优纯策略呢？回答是否定的。

例如，矩阵对策 $G=\{S_1,S_2;\boldsymbol{A}\}$，其中 $S_1=\{\alpha_1,\alpha_2\}$，$S_2=\{\beta_1,\beta_2\}$，$\boldsymbol{A}=\begin{bmatrix}2 & -1\\ -3 & 4\end{bmatrix}$

因为

$$\max_i \min_j \alpha_{ij}=-1\neq \min_j \max_i \alpha_{ij}=2$$

所以，就不存在纯策略意义下的鞍点，这时局中人不存在最优纯策略。那么在什么情况下，矩阵对策在纯策略意义下有解呢？下面给出定理。

定理 11.1 矩阵对策 $G=\{S_1,S_2;\boldsymbol{A}\}$ 在纯策略意义下有解的充要条件是存在一个纯局势 $(\alpha_{i^*},\beta_{j^*})$，使得对一切 $i=1,2,\cdots,m$，$j=l,2,\cdots,n$，都有 $\alpha_{ij^*}\leqslant\alpha_{i^*j^*}\leqslant\alpha_{i^*j}$ 成立。

证

(1) 充分性。由于对一切 i,j 均有

$$\alpha_{ij^*}\leqslant\alpha_{i^*j^*}\leqslant\alpha_{i^*j}$$

故有

$$\max_i \alpha_{ij^*}\leqslant\alpha_{i^*j^*}\leqslant\min_j \alpha_{i^*j}$$

而

$$\min_j \max_i \alpha_{ij}\leqslant\max_i \alpha_{ij^*}$$

$$\max_i \min_j \alpha_{ij}\geqslant\min_j \alpha_{i^*j}$$

从而得

$$\min_j \max_i \alpha_{ij}\leqslant\alpha_{i^*j^*}\leqslant\max_i \min_j \alpha_{ij}$$

即

$$\min_j \max_i \alpha_{ij}\leqslant\max_i \min_j \alpha_{ij}$$

另外

$$\max_i \min_j \alpha_{ij}\leqslant\min_j \max_i \alpha_{ij}$$

故有

$$\max_i \min_j \alpha_{ij}=\min_j \max_i \alpha_{ij}=\alpha_{i^*j^*}$$

上式表明，对策矩阵有鞍点 $\alpha_{i^*j^*}$，因而对策 G 在纯策略中有解 $(\alpha_{i^*},\beta_{j^*})$。

(2) 必要性。因对策 G 有解，则由定义必有一个 i^* 和一个 j^* 使

$$\max_i \min_j \alpha_{ij}=\min_j \alpha_{i^*j}$$

和

$$\min_j \max_i \alpha_{ij}=\max_i \alpha_{ij^*}$$

所以

$$\max_i \alpha_{ij^*}=\min_j \alpha_{i^*j}$$

但

$$\max_i \alpha_{ij^*} \geqslant \alpha_{i^*j^*} \geqslant \min_j \alpha_{i^*j}$$

于是有

$$\max_i \alpha_{ij^*} = \alpha_{i^*j^*} = \min_j \alpha_{i^*j}$$

因此对一切 i 和 j,有

$$\alpha_{ij^*} \leqslant \alpha_{i^*j^*} \leqslant \alpha_{i^*j}$$

这个定理表明,对某一矩阵对策 G 来说,若能在它的局中人Ⅰ的赢得矩阵 $\boldsymbol{A}$ 中找到某一元素 $\alpha_{i^*j^*}$,它同时是它所在行 α_{i^*} 中的最小元素和它所在列 β_{j^*} 中的最大元素,则(α_{i^*},β_{j^*})为该对策的鞍点,α_{i^*} 为局中人Ⅰ的最优纯策略,β_{j^*} 为局中人Ⅱ的最优纯策略,该对策的值等于 $\alpha_{i^*j^*}$。

应注意的是,一个矩阵对策如果有鞍点,鞍点可能不止一个,但是在不同的鞍点处,支付值都等于对策的值。

例如,设某一矩阵对策 $G=\{S_1,S_2;\boldsymbol{A}\}$ 的支付矩阵

$$\boldsymbol{A}=\begin{bmatrix} 1 & -1 & 0 & 3 \\ -2 & -3 & -1 & -3 \\ 2 & 2 & 3 & 4 \end{bmatrix}$$

容易验证,元素 α_{31} 和 α_{32} 所在位置(α_3,β_1)和(α_3,β_2)都是对策的鞍点,且 $\alpha_{31}=\alpha_{32}=2$。

矩阵对策如果有鞍点(α_{i^*},β_{j^*}),则鞍点很容易求出。根据鞍点的定义,鞍点处的元素既是它所在的行中的最小元素,又是它所在列中的最大元素。例如上例中,$\alpha_{31}=\alpha_{32}=2$ 都是第 3 行的最小元素,又分别是第 1 列和第 2 列的最大元素。

思 考 题

(1) 每一个矩阵对策问题是否都存在最优纯策略? 为什么?

(2) 怎么理解鞍点的意义?

11.3 矩阵对策的混合策略

11.2 节讨论了有鞍点的矩阵对策,它只是矩阵对策的一种特殊情况,即在矩阵 $\boldsymbol{A}$ 中,有 $\max_i \min_j \alpha_{ij}=\min_j \max_i \alpha_{ij}$ 时求得对策的最优解。但是一般情况下,给定一个矩阵对策 $G=\{S_1,S_2;\boldsymbol{A}\}$,上式不一定成立。例如例 12.1 中的支付矩阵

$$\boldsymbol{A}=\begin{bmatrix} 0 & 1 & -1 \\ -1 & 0 & 1 \\ 1 & -1 & 0 \end{bmatrix}$$

此时

$$\max_i \min_j \alpha_{ij}=-1, \quad \min_j \max_i \alpha_{ij}=1$$

显然

$$\max_i \min_j \alpha_{ij} \neq \min_j \max_i \alpha_{ij}$$

因而,在纯策略的意义下,这个对策没有解,当然也就没有双方各自的最优纯策略。这就是无鞍点的矩阵对策问题。对于这种问题如何求解,可以采用随机的方法来决定具体策略,即每个局中人决策时,不是决定用哪个纯策略,而是决定用多大的概率选取每个纯策略。先看下面的例子。

例 11.4 给定一矩阵对策 $G=\{S_1,S_2;\boldsymbol{A}\}$

$$S_1=\{\alpha_1,\alpha_2\},\quad S_2=\{\beta_1,\beta_2\},\quad \boldsymbol{A}=\begin{bmatrix}1 & 3\\4 & 2\end{bmatrix}$$

由于

$$\max_i \min_j \alpha_{ij}=2,\quad \min_j \max_i \alpha_{ij}=3$$

故

$$\max_i \min_j \alpha_{ij} \neq \min_j \max_i \alpha_{ij}$$

因而,对策 G 没有纯策略意义上的解,两个局中人也没有最优纯策略。

在这种情况下,局中人应如何选择纯策略参加对策呢?这就得估计选取各个策略可能性的大小来进行对策,也就是用多大概率选取各个纯策略。

假定局中人Ⅰ以概率 x 选取纯策略α_1,以概率 $1-x$ 选取α_2,局中人Ⅱ以概率 y 选取纯策略β_1,以概率 $1-y$ 选取纯策略β_2,于是根据概率知识,对局中人Ⅰ来说,他的期望赢得应当是

$$E(\boldsymbol{X},\boldsymbol{Y})=(x,1-x)\begin{bmatrix}1 & 3\\4 & 2\end{bmatrix}\begin{bmatrix}y\\1-y\end{bmatrix}=-4\left(x-\frac{1}{2}\right)\left(y-\frac{1}{4}\right)+\frac{5}{2}$$

由上式可见,当 $x=\dfrac{1}{2}$时,$E(\boldsymbol{X},\boldsymbol{Y})=\dfrac{5}{2}$,就是说当局中人Ⅰ以概率$\dfrac{1}{2}$选纯策略 α_1,他的期望赢得至少是$\dfrac{5}{2}$,但他并不能保证他的期望值超过$\dfrac{5}{2}$,这也是因为当局中人Ⅱ取 $y=\dfrac{1}{4}$时,会控制局中人Ⅰ的赢得不能超过$\dfrac{5}{2}$,因此,$\dfrac{5}{2}$是局中人Ⅰ赢得的期望值。

同样,局中人Ⅱ只有取 $y=\dfrac{1}{4}$时,才能保证他的输出不会多于$\dfrac{5}{2}$。因此,局中人Ⅰ以概率$\dfrac{1}{2}$选 α_1,以概率$\dfrac{1}{2}$选 α_2,局中人Ⅱ以概率$\dfrac{1}{4}$选 β_1,以概率$\dfrac{3}{4}$选 β_2,这时双方都会得到满意的结果。

局中人Ⅰ选取 α_1 和 α_2 的概率为向量形式记为 $\boldsymbol{X}=(x_1,x_2)$,其中 $x_1+x_2=1$;局中人Ⅱ选取 β_1 和 β_2 的概率向量形式记为$\boldsymbol{Y}=(y_1,y_2)$,其中 $y_1+y_2=1$。

定义 11.2 给定一矩阵对策 $G=\{S_1,S_2;\boldsymbol{A}\}$:

$$\boldsymbol{A}=(\alpha_{ij})_{m\times n},\quad S_1=\{\alpha_1,\alpha_2,\cdots,\alpha_m\},\quad S_2=\{\beta_1,\beta_2,\cdots,\beta_n\}$$

把纯策略集合对应的概率向量

$$\boldsymbol{X}=(x_1,x_2,\cdots,x_m),\quad x_i\geqslant 0, i=1,2,\cdots,m \text{ 且} \sum_{i=1}^{m} x_i=1$$

$$\boldsymbol{Y}=(y_1,y_2,\cdots,y_n),\quad y_j\geqslant 0,j=1,2,\cdots,n \text{ 且} \sum_{j=1}^{n}y_j=1$$

分别称为局中人Ⅰ与Ⅱ的混合策略。这里，x_i 是局中人Ⅰ选取策略 α_i 的概率；y_i 是局中人Ⅱ选取策略 β_j 的概率。

由上述定义可以看出，局中人Ⅰ、Ⅱ的混合策略实质上分别就是纯策略集合 S_1、S_2 上的概率分布。若局中人Ⅰ取纯策略 α_1 就对应于局中人Ⅰ的混合策略$(1,0,\cdots,0)$，所以纯策略也可以看成混合策略的特殊情况。

假定局中人Ⅰ、Ⅱ分别选定策略为 $\boldsymbol{X}=(x_1,x_2,\cdots,x_m)$，$\boldsymbol{Y}=(y_1,y_2,\cdots,y_n)$，且他们分别选取纯策略 α_i，β_j 的事件可看成是相互独立的，则局势(α_i,β_j)出现的概率就是 $x_i y_j$，由 $\boldsymbol{A}$ 看到此时局中人Ⅰ的赢得是 α_{ij}，于是局中人Ⅰ赢得的数学期望(期望支付)

$$E(\boldsymbol{X},\boldsymbol{Y})=\sum_{i=1}^{m}\sum_{j=1}^{n}\alpha_{ij}x_iy_j=\boldsymbol{XAY}^{\mathrm{T}}$$

这样，选定的$(\boldsymbol{X},\boldsymbol{Y})$称为一个混合局势。

局中人Ⅰ、Ⅱ各自所有的混合策略集合记为 S_1^* 与 S_2^*，即

$$S_1^*=\{\boldsymbol{X}\},\quad S_2^*=\{\boldsymbol{Y}\}$$

则称对策 $G^*=\{S_1^*,S_2^*;\boldsymbol{E}\}$为 G 的混合扩充。

下面给出使用混合策略进行对策时，局中人取得最优策略的条件。

考虑矩阵对策 $G=\{S_1,S_2;\boldsymbol{A}\}$，$G^*=\{S_1^*,S_2^*;\boldsymbol{E}\}$是 G 的混合扩充。

对于局中人Ⅰ选定的任意一个混合策略 $\boldsymbol{X}$，局中人Ⅱ会选取这样的混合策略 $\boldsymbol{Y}$，以使Ⅰ获得的期望赢得最小，即 $\min\limits_{\boldsymbol{Y}\in S_2^*}E(\boldsymbol{X},\boldsymbol{Y})$；而局中人Ⅰ当然要选取实现最小期望赢得中的最大者的策略，即局中人Ⅰ会选取 $\boldsymbol{X}\in S_1^*$ 使自己的赢得保证不少于 $\max\limits_{\boldsymbol{X}\in S_1^*}\min\limits_{\boldsymbol{Y}\in S_2^*}E(\boldsymbol{X},\boldsymbol{Y})=V_1$。

同样，局中人Ⅱ会选取 $\boldsymbol{Y}\in S_2^*$ 使自己的输出最多是 $\min\limits_{\boldsymbol{Y}\in S_2^*}\max\limits_{\boldsymbol{X}\in S_1^*}E(\boldsymbol{X},\boldsymbol{Y})=V_2$。

显然，当 $V_1=V_2=V$ 时，有混合策略 $\boldsymbol{X}^*\in S_1^*$，$\boldsymbol{Y}^*\in S_2^*$ 使下式成立：

$$\min_{\boldsymbol{Y}\in S_2^*}E(\boldsymbol{X}^*,\boldsymbol{Y})=\max_{\boldsymbol{X}\in S_1^*}E(\boldsymbol{X},\boldsymbol{Y}^*)=V$$

此式表明，当局中人Ⅰ选取策略 $\boldsymbol{X}^*$ 时，不论局中人Ⅱ如何算计都无法使Ⅰ的期望赢得小于 V；反之，当Ⅱ选取策略 $\boldsymbol{Y}^*$ 时，不论Ⅰ如何算计，都无法使自己的赢得多于 V，即无法使Ⅱ的期望输出大于 V。由此可知，混合策略 $\boldsymbol{X}^*$ 和 $\boldsymbol{Y}^*$ 与前述最优纯策略具有同样的性质。为此给出以下定义。

定义 11.3 设 $G^*=\{S_1^*,S_2^*;\boldsymbol{E}\}$是 $G=\{S_1,S_2;\boldsymbol{A}\}$的混合扩充。如果

$$\max_{\boldsymbol{X}\in S_1^*}\min_{\boldsymbol{Y}\in S_2^*}E(\boldsymbol{X},\boldsymbol{Y})=\min_{\boldsymbol{Y}\in S_2^*}\max_{\boldsymbol{X}\in S_1^*}E(\boldsymbol{X},\boldsymbol{Y})=V$$

则称 V 为对策 G 的值，取得这个公共值的混合局势$(\boldsymbol{X}^*,\boldsymbol{Y}^*)$称为 G 在混合策略下的解，而 $\boldsymbol{X}^*$，$\boldsymbol{Y}^*$ 分别称为局中人Ⅰ与Ⅱ的最优策略。

仿照最优纯策略解，对于最优混合策略解，也可以得到下面的定理。

定理 11.2 混合局势$(\boldsymbol{X}^*,\boldsymbol{Y}^*)$是矩阵对策 $G=\{S_1,S_2;\boldsymbol{A}\}$的解的充要条件是对一切 $\boldsymbol{X}\in S_1^*$ 与一切 $\boldsymbol{Y}\in S_2^*$ 有

$$E(\boldsymbol{X},\boldsymbol{Y}^*)\leqslant E(\boldsymbol{X}^*,\boldsymbol{Y}^*)\leqslant E(\boldsymbol{X}^*,\boldsymbol{Y})$$

证明从略。

思　考　题

最优纯策略和最优混合策略之间有哪些区别和联系？

11.4　矩阵对策的一般解法

前面所述，任何矩阵对策一定有解。当对策具有纯策略意义上的鞍点时，对策具有纯策略解；否则具有混合策略解。当用对策论方法解决实际问题时，首先要建立起对策模型，然后选择适宜的方法求解，以确定局中人的最优策略，并计算出对策的值。如果所讨论的矩阵对策有鞍点，则可按照12.2节中的方法求出其最优纯局势。本节主要讨论无鞍点的矩阵对策的求解方法。

设某一矩阵对策 $G=\{S_1,S_2;\boldsymbol{A}\}$，$S_1=\{\alpha_1,\alpha_2,\cdots,\alpha_m\}$，$S_2=\{\beta_1,\beta_2,\cdots,\beta_n\}$，$\boldsymbol{A}=(\alpha_{ij})_{m\times n}$。假定局中人Ⅰ的混合策略为 $\boldsymbol{X}=(x_1,x_2,\cdots,x_m)$，局中人Ⅱ的混合策略为 $\boldsymbol{Y}=(y_1,y_2,\cdots,y_n)$，对策的值等于 V。

当局中人Ⅱ分别采取纯策略 $\beta_1,\beta_2,\cdots,\beta_n$ 时，局中人Ⅰ的期望赢得分别为

$$\alpha_{11}x_1+\alpha_{21}x_2+\cdots+\alpha_{m1}x_m,\alpha_{12}x_1+\alpha_{22}x_2+\cdots+\alpha_{m2}x_m,\cdots,\alpha_{1n}x_1+\alpha_{2n}x_2+\cdots+\alpha_{mn}x_m$$

对于局中人Ⅱ的每一种策略，局中人Ⅰ会选择适当的 $x_1,x_2,\cdots,x_m$ 使 V 尽可能地大，这样，此问题就化为选择 $x_1,x_2,\cdots,x_m$ 使在下列约束条件下，V 取最大值

$$\begin{cases}\alpha_{11}x_1+\alpha_{21}x_2+\cdots+\alpha_{m1}x_m\geqslant V\\ \alpha_{12}x_1+\alpha_{22}x_2+\cdots+\alpha_{m2}x_m\geqslant V\\ \qquad\vdots\\ \alpha_{1n}x_1+\alpha_{2n}x_2+\cdots+\alpha_{mn}x_m\geqslant V\\ x_1+x_2+\cdots+x_m=1\\ x_i\geqslant 0,i=1,2,\cdots,m\\ V>0\end{cases}$$

其中，总假定 V 的值为正（若 V 非正，则可给支付矩阵 $\boldsymbol{A}$ 中每一项加一个足够大的常数，这并不影响对策各方的相对得失），故用 V 除不等式两边，再令 $x_i'=\dfrac{x_i}{V}(i=1,2,\cdots,m)$，则上式变为

$$\begin{cases}\alpha_{11}x_1'+\alpha_{21}x_2'+\cdots+\alpha_{m1}x_m'\geqslant 1\\ \alpha_{12}x_1'+\alpha_{22}x_2'+\cdots+\alpha_{m2}x_m'\geqslant 1\\ \qquad\vdots\\ \alpha_{1n}x_1'+\alpha_{2n}x_2'+\cdots+\alpha_{mn}x_m'\geqslant 1\\ x_1'+x_2'+\cdots+x_m'=\dfrac{1}{V}\\ x_i'\geqslant 0,i=1,2,\cdots,m\end{cases}$$

局中人Ⅰ的目的是使对策的值尽可能的大，即使$\frac{1}{V}$尽可能的小，又为求 $x'_1+x'_2+\cdots+x'_m$最小。于是上述问题变为如下线性规划问题：

$$\min \frac{1}{V}=x'_1+x'_2+\cdots+x'_m$$

$$\begin{cases}\alpha_{11}x'_1+\alpha_{21}x'_2+\cdots+\alpha_{m1}x'_m\geqslant 1\\ \alpha_{12}x'_1+\alpha_{22}x'_2+\cdots+\alpha_{m2}x'_m\geqslant 1\\ \quad\vdots\\ \alpha_{1n}x'_1+\alpha_{2n}x'_2+\cdots+\alpha_{mn}x'_m\geqslant 1\\ x'_1,x'_2,\cdots,x'_m\geqslant 0\end{cases}$$

解该线性规划，可得局中人Ⅰ的最优混合策略。

同理，欲求局中人 Ⅱ 的最优混合策略，可解下述线性规划问题(其中 $y'_j=\frac{y_j}{V}$，$j=1,2,\cdots,n$)：

$$\max \frac{1}{V}=y'_1+y'_2+\cdots+y'_n$$

$$\begin{cases}a_{11}y'_1+a_{12}y'_2+\cdots+a_{1n}y'_n\leqslant 1\\ a_{21}y'_1+a_{22}y'_2+\cdots+a_{2n}y'_n\leqslant 1\\ \quad\vdots\\ a_{m1}y'_1+a_{m2}y'_2+\cdots+a_{mn}y'_n\leqslant 1\\ y'_1,y'_2,\cdots,y'_n\geqslant 0\end{cases}$$

由于上述线性规划问题是一组对偶规划，因而用单纯形方法进行计算时，解其中一个就可以了。

当对策的支付矩阵中含有负元素，而使对策的值有可能非正时，常先将矩阵中的所有元素加上同一个正数 d，从而得一新的矩阵对策，其支付矩阵中的所有元素均非负。然后，通过将其变换成线性规划问题解这一新对策，可以证明这两个对策的最优策略相同，而且用新对策的值减去 d，就得到原对策的值。

例 11.5 已知矩阵对策 $G=\{S_1,S_2;\boldsymbol{A}\}$，其中

$$\boldsymbol{A}=\begin{bmatrix}-3 & -1 & 1 & 0\\ -1 & -2 & -2 & -1\\ 0 & 1 & -1 & -3\end{bmatrix}$$

求对策的解和值。

解 由$\max\limits_i \min\limits_j \alpha_{ij}=-2$，$\min\limits_j \max\limits_i \alpha_{ij}=0$，知$-2<V<0$，为了应用上述方法求解，将 $d=3$ 加到这个对策的矩阵各个元素上，这样一来，就得到一个新的对策支付矩阵：

$$\bar{\boldsymbol{A}}=\begin{bmatrix}0 & 2 & 4 & 3\\ 2 & 1 & 1 & 2\\ 3 & 4 & 2 & 0\end{bmatrix}$$

设 $\bar{V}$ 为新矩阵对策的值，则由以上所述，可将求解新对策问题转化为求解下列线性规

划问题：

$$\max \frac{1}{\bar{V}}=y'_1+y'_2+y'_3+y'_4$$

$$\begin{cases}2y'_2+4y'_3+3y'_4\leqslant 1\\2y'_1+y'_2+y'_3+2y'_4\leqslant 1\\3y'_1+4y'_2+2y'_3\leqslant 1\\y'_j\geqslant 0,\quad j=1,2,3,4\end{cases}$$

其中

$$y'_1=\frac{y_1}{\bar{V}},\quad y'_2=\frac{y_2}{\bar{V}},\quad y'_3=\frac{y_3}{\bar{V}}$$

以 y'_5,y'_6,y'_7 为松弛变量，可求得最优单纯形表，如表 11-3 所示。

表 11-3　例 11.5 单纯形表

基	$\frac{1}{\bar{V}}$	y'_1	y'_2	y'_3	y'_4	y'_5	y'_6	y'_7	解
$\frac{1}{\bar{V}}$	1	0	0	0	0	$\frac{1}{9}$	$\frac{1}{3}$	$\frac{1}{9}$	$\frac{5}{9}$
y'_2	0	0	1	1	0	$\frac{2}{9}$	$-\frac{1}{3}$	$\frac{2}{9}$	$\frac{1}{9}$
y'_4	0	0	0	$\frac{2}{3}$	1	$\frac{5}{27}$	$\frac{2}{9}$	$-\frac{4}{27}$	$\frac{7}{27}$
y'_1	0	1	0	$-\frac{2}{3}$	0	$-\frac{8}{27}$	$\frac{4}{9}$	$\frac{1}{27}$	$\frac{5}{27}$

由该表可知：$y'_1=\frac{5}{27},y'_2=\frac{1}{9},y'_3=0,y'_4=\frac{7}{27}$ 。

因为$\frac{1}{\bar{V}}=y'_1+y'_2+y'_3+y'_4=\frac{5}{9}$，故该对策的值 $\bar{V}=\frac{9}{5}$，并且

$$y_1=y'_1\bar{V}=\frac{1}{3},\quad y_2=y'_2\bar{V}=\frac{1}{5},\quad y_3=0,\quad y_4=y'_4\bar{V}=\frac{7}{15}$$

根据对偶原理，由上表可得

$$x'_1=\frac{1}{9},x'_2=\frac{1}{3},x'_3=\frac{1}{9}$$

所以

$$x_1=x'_1\bar{V}=\frac{1}{5},\quad x_2=x'_2\bar{V}=\frac{3}{5},\quad x_3=x'_3\bar{V}=\frac{1}{5}$$

回到原对策问题，可知：

局中人Ⅰ的最优混合策略为 $\boldsymbol{X}^*=\left(\frac{1}{5},\ \frac{3}{5},\ \frac{1}{5}\right)$，局中人Ⅱ的最优混合策略为$\boldsymbol{Y}^*=\left(\frac{1}{3},\ \frac{1}{5},\ 0,\ \frac{7}{15}\right)$，对策的值 $V=\bar{V}-d=\frac{9}{5}-3=-\frac{6}{5}$ 。

例 11.6　求例 11.3 中提出的问题的解。

解　这是个矩阵对策问题，设局中人Ⅰ为甲商店，它的支付矩阵为

$$\boldsymbol{A}=\begin{bmatrix}9 & 10 & 11\\ 11 & 10 & 9\\ 12 & 10 & 8\end{bmatrix}$$

因为

$$\max_i \min_j \alpha_{ij}=9,\quad \min_j \max_i \alpha_{ij}=10$$

显然

$$\max_i \min_j \alpha_{ij}\neq \min_j \max_i \alpha_{ij}$$

所以这是一个无鞍点的矩阵对策。

设局中人Ⅰ的混合策略为 $\boldsymbol{X}=(x_1,x_2,x_3)$，局中人Ⅱ的混合策略为 $\boldsymbol{Y}=(y_1,y_2,y_3)$，$V$ 是对策的值。

当局中人Ⅱ(乙商店)采取纯策略 β_1、β_2 和 β_3 时，局中人Ⅰ的期望所得分别为

$$E_1=9x_1+11x_2+12x_3$$
$$E_2=10x_1+10x_2+10x_3$$
$$E_3=11x_1+9x_2+8x_3$$

此时，局中人Ⅰ的最优策略是选择适当的 x_1、x_2、x_3 使 V 尽可能的大，从而使甲商店在竞争中理智地回避风险，取得尽可能多的利润。这样一来，此问题就化为选择 x_1、x_2、x_3 使在下列约束条件下 V 取最大值：

$$\begin{cases}9x_1+11x_2+12x_3\geqslant V\\ 10x_1+10x_2+10x_3\geqslant V\\ 11x_1+9x_2+8x_3\geqslant V\\ x_1+x_2+x_3=1\\ x_1,x_2,x_3\geqslant 0\end{cases}$$

用 V 除以不等式两边，不等式不改变方向，再令 $x_i'=\dfrac{x_i}{V}(i=1,2,3)$，这样上述问题就归结为以下线性规划问题：

$$\min \frac{1}{V}=x_1'+x_2'+x_3'$$

$$\begin{cases}9x_1'+11x_2'+12x_3'\geqslant 1\\ 10x_1'+10x_2'+10x_3'\geqslant 1\\ 11x_1'+9x_2'+8x_3'\geqslant 1\\ x_1',x_2',x_3'\geqslant 0\end{cases}$$

同理，当局中人Ⅰ分别采取纯策略 α_1、α_2、α_3 时，Ⅱ的期望所得分别为

$$F_1=9y_1+10y_2+11y_3$$
$$F_2=11y_1+10y_2+9y_3$$
$$F_3=12y_1+10y_2+8y_3$$

局中人Ⅱ的最优策略是选择适当的 y_1、y_2、y_3 使 V 尽可能的小，所以此问题可化为在下列约束条件下，选择 y_1、y_2、y_3，使 V 最小。

$$
\begin{cases}
9y_1 + 10y_2 + 11y_3 \leqslant V \\
11y_1 + 10y_2 + 9y_3 \leqslant V \\
12y_1 + 10y_2 + 8y_3 \leqslant V \\
y_1 + y_2 + y_3 = 1 \\
y_1, y_2, y_3 > 0
\end{cases}
$$

令 $y_i' = \dfrac{y_i}{V}$,则可归结为以下线性规划问题:

$$
\max \frac{1}{V} = y_1' + y_2' + y_3'
$$

$$
\begin{cases}
9y_1' + 10y_2' + 11y_3' \leqslant 1 \\
11y_1' + 10y_2' + 9y_3' \leqslant 1 \\
12y_1' + 10y_2' + 8y_3' \leqslant 1 \\
y_1', y_2', y_3' \geqslant 0
\end{cases}
$$

利用前面讲过的单纯形方法,可先求出一个问题的解,再根据线性规划互为对偶的关系得到另一问题的解分别为

$$
x_1' = \frac{1}{15}, \quad x_2' = 0, \quad x_3' = \frac{1}{30}
$$

$$
y_1' = \frac{1}{20}, \quad y_2' = 0, \quad y_3' = \frac{1}{20}
$$

而混合策略的值 $V=10$。

于是得到原问题的最优混合策略为

$$
x_1 = \frac{2}{3}, \quad x_2 = 0, \quad x_3 = \frac{1}{3}
$$

$$
y_1 = \frac{1}{2}, \quad y_2 = 0, \quad y_3 = \frac{1}{2}
$$

以上表明,甲商店以 $\dfrac{2}{3}$ 的概率采取浮加价格,$\dfrac{1}{3}$ 的概率减低价格的混合交替采用策略,而乙商店各以 $\dfrac{1}{2}$ 的概率分别采用增加或减低价格作为混合对策时,双方将取得各自尽可能多的利润,而甲商店最大获利润 10 万元。

思 考 题

(1) 是否任意一个矩阵对策问题都可以转化为线性规划问题?

(2) 两个局中人对应的线性规划模型有什么区别?

本 章 小 结

对策论的产生与赌博有关,16 和 17 世纪法国宫廷中设有赌博顾问,他们是研究概率论、对策论的先驱。所谓对策论是研究人与智能的对手(人)之间的对抗,这一点与决策论有

本质的差别。

本章通过案例介绍了对策论中诸如局中人、策略、支付等基本概念，建立了对策论的一般模型，并将研究的重心放在有限二人零和对策方面。给出并证明了矩阵对策在纯策略意义下有解的充分必要条件为 $\alpha_{ij^*}\leqslant\alpha_{i^*j^*}\leqslant\alpha_{i^*j}$，即通常所说的行中最小、列中最大。

在混合策略中，研究两个局中人得不到最优纯策略的情况，以概率的形式给出局中人选取各个策略的概率。并将这一思想推广到混合策略的一般解法，利用线性规划模型求解互为对偶的两个问题。

习　题　11

11.1　甲、乙两个游戏者在互不知道的情况下，同时伸出 1、2 或 3 个指头。用 R 表示两个人伸出指头之和。如 R 为偶数，甲付给乙 R 元；R 为奇数，乙付给甲 R 元。试写出甲的支付矩阵。

11.2　设矩阵对策 $G=\{S_1,S_2;\boldsymbol{A}\}$，其中

(1) $\boldsymbol{A}=\begin{bmatrix}5&4&6\\2&3&7\\4&3&0\end{bmatrix}$　　(2) $\boldsymbol{A}=\begin{bmatrix}6&5&6&5\\1&4&2&-1\\8&5&7&5\\0&2&6&2\end{bmatrix}$

分别求双方的最优策略和对策的值。

11.3　一个病人的症状说明他可能患有 3 种疾病中的一种。这时可开的药有两种，用表 11-4 所示两种药对不同疾病治愈的概率。

表 11-4　第 11.3 题治愈率数据

可开的药	病		
	A	B	C
M	0.5	0.4	0.6
N	0.7	0.1	0.8

那么医生应开哪一种药才最稳妥呢？

11.4　写出与下列对策问题等价的线性规划问题并求其解：

(1) $\boldsymbol{A}=\begin{bmatrix}2&0&2\\0&3&1\\1&2&1\end{bmatrix}$　　(2) $\boldsymbol{A}=\begin{bmatrix}3&-2&4\\-1&4&2\\2&2&6\end{bmatrix}$

第12章 排队论

本章内容要点

- 排队论基本概念及随机服务系统基本特征；
- 输入过程和服务时间分布；
- 泊松输入——指数服务排队模型；
- 其他模型选介；
- 排队系统的优化目标与最优化问题。

本章核心概念

- 排队论(queuing theory)；
- 随机服务系统(stochastic service system)；
- 肯德尔记号(Kendall-symbol)；
- 泊松过程(Poisson process)；
- 负指数分布(negative exponential distribution)；
- 队长(queue length)；
- 队列长(queue size)；
- 逗留时间(the average time in the system by an arrival)；
- 等待时间(waiting time)；
- 状态概率(state probability)；
- 李特尔公式(Little's formula)；
- M/M/1 模型(M/M/1 model)；
- 生灭过程(birth-death process)；
- M/M/s 模型(M/M/s model)；
- M/M/1/∞模型(M/M/1/∞ model)；
- M/M/s/∞模型(M/M/s/∞ model)；
- 排队系统优化(queuing systems optimization)。

■ 案例

某火车站售票处有 3 个窗口，同时售各车次的车票。购票顾客的到达是随机的，服从泊松分布，平均每小时到达 54 人。售票员对每位顾客的售票服务时间也是随机变量，服从负指数分布，每小时可平均服务 24 人。现在分两种情况讨论：

第 1 种情况：购票顾客排成一队，依次购票；

第 2 种情况：购票顾客在每个窗口排一队，依次购票，不准串队。

分别在不同情况下计算：

(1) 售票员(1 人、2 人、3 人)空闲的概率。

(2) 购票顾客平均需要等待多少时间才能购票？一个顾客来购票，从到达售票处到购完票平均需要多少时间？

(3) 这个售票处内平均有多少顾客在排队等待购票？售票处平均有多少顾客(包括排队等待的和正在购票的)？

在人们的现代生活中，排队现象比比皆是。有些排队是有形的，例如到商店购买短缺商品，去医院看病，到票房前买票，等等；还有些排队是无形的，例如电话交换机接到的电话呼叫，故障机器的停机待修，飞机在空中盘旋等待着陆，等等。无论是有形的还是无形的排队现象它们都属于同一类问题，即顾客(人或物)要求接受某种服务，并且它们的到达是随机的，正是由于顾客到达和服务时间的随机性，可以说，排队现象几乎是不可避免的，因此，如果增添服务设备，就要增加投资或发生空闲浪费；如果服务设备太少，排队现象就会严重，对顾客及社会都会带来不利影响，这两者之间是一个矛盾，排队论就是为解决这一矛盾而产生发展起来的一门学科。

排队论也称随机服务系统理论，它研究的内容有下列 3 部分。

(1) 性态问题。性态问题主要研究的是各种排队系统的概率规律性，例如队长分布、等待时间分布和忙期分布等，包括了瞬态和稳态两种情形。

(2) 最优化问题。最优化问题分为静态最优和动态最优，前者指最优设计，后者指现有排队系统的最优运营。

(3) 排队系统的统计推断。它是判断一个给定的排队系统符合哪种模型，以便根据排队理论进行分析研究。

本章仅介绍排队论的一些基本知识及几个常见的排队模型。

12.1 引　　言

在各种排队问题中，排队的具体内容虽然不同，但排队的过程却有共同的特征，即顾客(人或物)由顾客源出发到达服务机构(服务台或服务员)前等候接受服务，服务完了就离开，如图 12-1 所示。

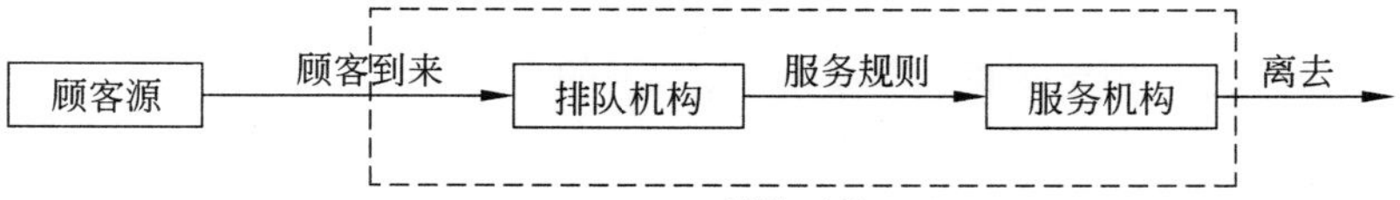

图 12-1　排队系统示意图

图 12-1 中的排队机构是指队列的数目和排队方式，服务规则是说明顾客在排队系统中按怎样的规则、次序接受服务的，图中虚线所包括的部分就是排队系统。

各种各样的具体排队系统之所以能用统一的理论去处理，正是由于它们具有共同的特征，这就是任何系统都包括顾客输入、排队和服务 3 个过程。在此基础上建立了处理这类问题的理论——排队论。

12.1.1　排队系统的组成和特征

一般的排队系统都有 3 个组成部分：输入过程、排队规则和服务机构。下面分别说明各部分的特征。

1. 输入过程

输入是指顾客到达排队系统，可能有下列各种不同情况，当然这些情况并不是彼此排斥的。

(1) 顾客的总体(称为顾客源)的组成可能是无限的，也可能是有限的。上游河水流入水库可认为总体是无限的，工厂内停机待修的机器显然是有限的总体。

(2) 顾客到来的方式可能是一个一个的，也可能是成批的，例如到餐厅就餐的就有单个的顾客和受邀请来参加宴会的成批顾客。

(3) 顾客相继到达的间隔时间可以是确定型的，也可以是随机型的。例如在自动装配线上装配的各部件就必须按确定的时间间隔到达装配点，定期运行的班车、班机的到达也都是确定型的；但是到商店购物的顾客、到医院诊病的病人、通过路口的车辆等情况，人们的到达都是随机型的。在排队论中讨论的输入过程主要是随机型的。

(4) 顾客的到达可以是相互独立的，即以前的到达情况对以后顾客的到来没有影响，否则就是有关联的。例如，工厂内的机器在一个短时间区间内出现停机(顾客到达)的概率就受已经待修或被修理的机器数目的影响，本书主要讨论的是相互独立的情形。

(5) 输入过程可以是平稳的，即指描述相继到达的间隔时间分布和所含参数(如期望值、方差等)都是与时间无关的，否则称为非平稳的。非平稳情形的数学处理是很困难的。

2. 排队规则

(1) 顾客到达时，如果所有的服务台都被占用，此时顾客可以随即离去，也可以排队等候，随即离去的称为即时制或损失制，因为这样将失掉许多顾客；排队等候的称为等待制。普通市内电话的呼唤属于前者，而登记市外长途电话的呼唤属于后者。

对于等待制，为顾客进行服务的次序可以采用下列各种规则：先到先服务，后到先服务，随机服务，有优先权的服务等。

① 后到先服务。乘用电梯的顾客是后入先出的，最后到达的信息往往是最有价值的，因而常采用后到先服务(指被采用)的规则。

② 随机服务。随机服务是指服务员从等待的顾客中随机地选取其一进行服务，而不管到达的先后，例如电话交换台接通呼唤的电话就是如此。

③ 有优先权的服务。例如医院对于病情严重的患者给予优先治疗。

(2) 从占有的空间来看，队列可以排在具体的处所(例如售票处，候诊室等)，也可以是抽象的(例如向电话交换台要求通话的呼唤)。由于空间的限制或其他原因，有的系统要规定容量(即允许排队的顾客数)的最大限额；有的没有这种限制(即认为容量是无限的)。

(3) 从队列的数目看，可以是单列，也可以是多列。在多列的情形中，各列间的顾客有的可互相转移，有的不能(如用栏杆隔开)。有的排队顾客因等候时间长而中途退出，有的不能退出(例如高速公路上的汽车流),必须坚持到被服务为止。本书只讨论各列间不能互相转移,也不能中途退出的情形。

3. 服务机构

从机构形式和工作情况来看有以下几种情况。

(1) 服务机构可以没有服务员,也可以有一个或多个服务员。例如在开架售书的书店,顾客选书时就没有服务员,但交款时可能有多个服务员。

(2) 在有多个服务员的情形中,它们可以是平行排列(并列)的,也可以是前后排列(串列)的,也可以是混合的。

(3) 服务方式可以对单独顾客进行,也可以对成批顾客进行。例如公共汽车对等候乘车的顾客就成批进行服务。

(4) 和输入过程一样,服务时间也分确定型和随机型,自动装配线上对各部件装配的时间就是确定型的,但大多数情形的服务时间是随机型的。对于随机型的服务时间,则需要知道它的经验分布或概率分布。

如果输入过程(即相继到达的间隔时间)和服务时间两者都是确定型的,那么问题就太简单了。因此,在排队论中所讨论的是两者至少有一个是随机型的情形。

(5) 和输入过程一样,服务时间的分布人们总是假定为平稳的,即分布的期望值、方差等参数都不受时间的影响。

12.1.2 排队论的符号表示

根据输入过程,排队规则和服务机制的变化对排队模型进行描述或分类,可给出很多排队模型。为了方便对众多模型的描述,D. G. Kendall 提出了一种目前在排队论中被广泛采用的记号,称为肯德尔记号。格式如下:

$$X/Y/Z/A/B/C$$

其中,X 表示顾客相继到达时间间隔的分布;Y 表示服务时间的分布;Z 表示服务台的个数;A 表示服务系统的容量,即可容纳的最多顾客数;B 表示顾客源的数目;C 表示服务规则。

例如,$M/M/1/\infty/\infty/FCFS$ 表示了一个顾客到达时间间隔服从相同的负指数分布,服务时间为负指数分布,单个服务台,系统容量无限,顾客源无限,排队规则为先来先服务的排队模型。一般地约定,略去后 3 项,即 $X/Y/Z/\infty/\infty/FCFS$ 可写为 $X/Y/Z$。

12.1.3 排队系统的主要数量指标和记号

研究排队系统的目的是通过了解系统运行的状况,对系统进行调整和控制,使系统处于最优运行状态。描述一个排队系统运行状况的主要数量指标有以下几种。

1. 队长和排队长

队长是指系统中的顾客数,排队长是指系统中正在排队等待服务的顾客数,显然队长指排队等待的顾客数与正在接受服务的顾客数之和。队长的分布是顾客和服务员都关心的,特别是对系统设计人员来说，如果能知道队长的分布，就能确定队长超过某个数的概率，从而确定合理的等待空间。

2. 等待时间和逗留时间

从顾客到达时刻起到他开始接受服务止这段时间称为等待时间，顾客通常是希望等待时间越短越好。从顾客到达时刻起到他接受服务完成止这段时间称为逗留时间。这两个变量都是随机的。对这两个指标的研究是希望能确定它们的分布，或至少能知道顾客的平均等待时间和平均逗留时间。

3. 忙期和闲期

忙期是指从顾客到达空闲着的服务机构起，到服务机构再次成为空闲止的这段时间，即服务机构连续忙的时间，这是个随机变量；与忙期相对的是闲期，即服务机构连续保持空闲的时间。在排队系统中，忙期和闲期总是交替出现的。

除此之外，还有一些重要指标，例如由于顾客被拒绝，而使服务系统受到损失的顾客损失率及服务强度等。

下面给出上述一些主要数量指标。

$N(t)$：时刻 t 系统中的顾客数(又称为系统的状态)即队长。

$N_q(t)$：时刻 t 系统中排队的顾客数，即排队长。

$T(t)$：时刻 t 到达系统的顾客在系统中的逗留时间。

$T_q(t)$：时刻 t 到达系统的顾客在系统中的等待时间。

$P_n(t)$为 t 时刻系统处于状态 n 的概率，即系统的瞬时分布。

为了分析上的方便，并注意到相当一部分排队系统，在运行了一定时间后，都会趋于一个平衡状态，人们约定在平衡状态下，队长的分布，等待时间的分布和忙期的分布都和系统所处的时刻无关，而且系统的初始状态的影响也会消失。

根据上面的约定，本书主要分析系统的平稳分布，即当系统达到统计平衡时处于状态 n 的概率，记为 P_n。下面给出一些指标。

N：系统处于平稳状态时的队长，其均值为 L，称为平均队长。

N_q：系统处于平稳状态时的排队长，其均值为 L_q，称为平均排队长。

T：系统处于平稳状态时顾客的逗留时间，其均值记为 W，称为平均逗留时间。

T_q：系统处于平稳状态时顾客的等待时间，其均值为 W_q，称为平均等待时间。

λ_n：当系统处于状态 n 时，新来顾客的平均到达率(单位时间内来到系统的平均顾客数)。

μ_n：当系统处于状态 n 时，整个系统的平均服务率(单位时间内可以服务完的顾客数)。

当 λ_n 为常数时，记为 λ；当每个服务台的平均服务率为常数时，记每个服务台的服务率为 μ，则当 $n \geqslant s$ 时，有 $\mu_n = s\mu$，(s 为服务台数)，因此顾客相继到达的平均时间间隔为$\frac{1}{\lambda}$，平均服务时间$\frac{1}{\mu}$，令 $\rho = \frac{\lambda}{s\mu}$，则 ρ 为系统的服务强度。另外，记忙期为 B；闲期为 I，平均忙期和平均闲期分别为 $\bar{B}$ 和 $\bar{I}$，记 s 为系统中并行的服务台数。

12.1.4 排队论研究的基本问题

1. 系统性态的研究

通过研究主要数量指标在瞬时或平稳状态下的概率分布及其数字特征，了解系统运行的基本特征。

2. 统计问题研究

建立适当的排队模型是排队论研究的第一步，建模过程中，常会遇到如下问题：检验系统是否达到平稳状态，检验顾客相继到达时间间隔的相互独立性，确定服务时间的分布及有关参数。

3. 系统优化问题

该问题又称为系统控制问题或系统运营问题，其基本目的是使系统处于最优状态。

思 考 题

(1) 排队论主要研究的问题有什么特点？

(2) 试述排队模型的种类及各组成部分的特征。

(3) 肯德尔记号 $A/B/C/D/E/F$ 中各字母的分别代表什么意义？它们的内涵是什么？

(4) 理解平均到达率、平均服务率、平均服务时间和顾客到达间隔时间等概念。

(5) 排队系统的主要数量指标有哪些？理解它们的内涵。

12.2 生灭过程和泊松过程

12.2.1 生灭过程简介

生灭过程是一类特殊的随机过程，在生物学、物理学、运筹学中有广泛的应用。在排队论中如果 $N(t)$表示时刻 t 系统中的顾客数，则$\{N(t),t\geqslant 0\}$就构成了一个随机过程。如果用"生"表示顾客的到达，"灭"表示顾客的离去，则对许多排队过程来说，$\{N(t),t\geqslant 0\}$也是一类特殊的随机过程——生灭过程，下面结合排队论中的术语给出生灭过程的定义。

定义 12.1 设$\{N(t),t\geqslant 0\}$为一个随机过程。若 $N(t)$的概率分布具有以下性质。

(1) 假设 $N(t)=n$，则从时刻 t 起到下一个顾客到达时刻止的时间服从参数为 λ_n 负指数分布，$n=0,1,2,\cdots$。

(2) 假设 $N(t)=n$，则从时刻 t 起到下一个顾客离去时刻止的时间服从参数为 μ_n 的负

指数分布 $n=0,1,2,\cdots$。

(3) 同一时刻只有一个顾客到达或离去，则称 $\{N(t),t\geqslant 0\}$ 为一个生灭过程。

一般说来，得到 $N(t)$ 的分布 $P_n(t)=P\{N(t)=n\}(n=0,1,\cdots)$ 是比较困难的，因此通常是求当系统达到平稳状态后的状态分布，记为 $P_n(n=0,1,\cdots)$，即 $\lim\limits_{t\to\infty}P_n(t)=P_n$ 存在，并且满足 $\sum\limits_{i=0}^{\infty}P_i=1$。

为求平稳分布，考虑系统可能处的任意一个状态 n，假设记录了一段时间内系统进入状态 n 和离开状态 n 的次数，则因为"进入"和"离开"是交替发生的，所以这两个数要么相等要么相差 1，但就这两个事件的平均发生率来说可以认为是相等的。即当系统运行相当长时间而达到平稳状态后，对任意一个状态 n 来说，单位时间内进入该状态的平均次数和单位时间内离开该状态的平均次数应该相等，这就是系统在统计平衡下的"流入＝流出"原理(假设由一状态转移至不相邻的状态之可能性是很小的，可忽略不计)。于是可以考虑相邻状态之间的转移，画出状态转移图，如图 12-2 所示。

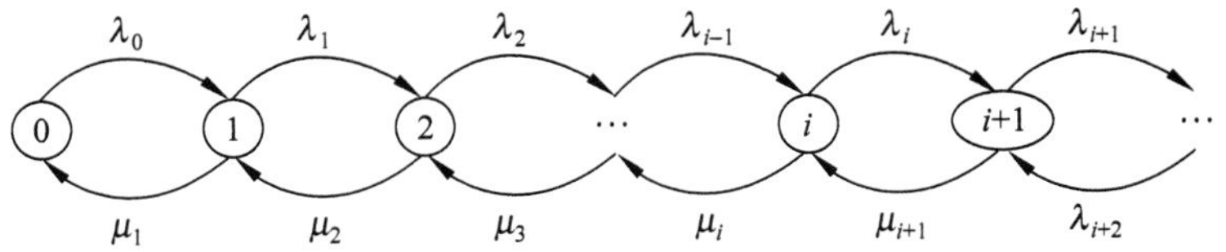

图 12-2　状态转移图

图中圆圈内的数字表示状态，向右和向左的箭头均表示转移，箭头上的 λ_i、μ_i 是转移率。

当固定一个状态 i 来考虑，利用"流入＝流出"原理，有

$$(\lambda_i+\mu_i)P_i=\lambda_{i-1}P_{i-1}+\mu_{i+1}P_{i+1},\quad i=1,2,\cdots$$

当 $i=0$ 时，$\lambda_0P_0=\mu_1P_1$。

由上述平衡方程，可求得

$$P_1=\frac{\lambda_0}{\mu_1}P_0$$

$$P_2=\frac{\lambda_1}{\mu_2}P_1+\frac{1}{\mu_2}(\mu_1P_1-\lambda_0P_0)=\frac{\lambda_1}{\mu_2}P_1=\frac{\lambda_1\lambda_0}{\mu_2\mu_1}P_0$$

$$P_3=\frac{\lambda_2}{\mu_3}P_2+\frac{1}{\mu_3}(\mu_2P_2-\lambda_1P_1)=\frac{\lambda_2}{\mu_3}P_2=\frac{\lambda_2\lambda_1\lambda_0}{\mu_3\mu_2\mu_1}P_0$$

$$\cdots$$

$$P_n=\frac{\lambda_{n-1}}{\mu_n}P_{n-1}=\frac{\lambda_{n-1}\lambda_{n-2}\cdots\lambda_0}{\mu_n\mu_{n-1}\cdots\mu_1}P_0$$

$$P_{n+1}=\frac{\lambda_n}{\mu_{n+1}}P_n=\frac{\lambda_n\lambda_{n-1}\cdots\lambda_0}{\mu_{n+1}\mu_n\cdots\mu_1}P_0$$

记为

$$C_n=\frac{\lambda_{n-1}\lambda_{n-2}\cdots\lambda_0}{\mu_n\mu_{n-1}\cdots\mu_1},\quad n=1,2,\cdots \tag{12-1}$$

则平稳状态的分布为

$$P_n = C_n P_0, \qquad n = 1, 2, \cdots \tag{12-2}$$

由 $\sum_{n=0}^{\infty} P_n = 1$,有

$$\left(1 + \sum_{n=1}^{\infty} C_n\right) P_0 = 1$$

$$P_0 = \frac{1}{1 + \sum_{n=1}^{\infty} C_n} \tag{12-3}$$

注意:上式只有当级数 $\sum_{n=1}^{\infty} C_n$ 收敛时才有意义。

12.2.2 泊松过程和负指数分布

泊松过程的定义如下。

定义 12.2 设 $N(t)$为时间$[0,t]$内到达系统的顾客数,如果满足下面 3 个条件,则称$\{N(t),t \geqslant 0\}$为泊松过程。

(1) 平稳性$[t,t+\Delta t]$内有一个顾客到达的概率为 $\lambda_t + o(\Delta t)$;

(2) 独立性,任意两个不相交区间内顾客到达情况相互独立;

(3) 普遍性,在$[t,t+\Delta t]$内多于一个顾客到达的概率为 $o(\Delta t)$。

定理 12.1 设 $N(t)$为时间$[0,t]$内到达系统的顾客数,则为$\{N(t),t \geqslant 0\}$为泊松过程的充分必要条件是

$$P\{N(t) = n\} = \frac{(\lambda t)^n}{n!} e^{-\lambda t}, \quad n = 1, 2, \cdots$$

定理 12.2 设 $N(t)$为时间$[0,t]$内到达系统的顾客数,则$\{N(t),t \geqslant 0\}$为参数 λ 的泊松过程的充分必要条件是相继到达时间间隔服从相互独立的参数为 λ 的负指数分布。

思 考 题

(1) 了解本章主要研究排队论哪些基本问题。

(2) 分别讨论泊松分布、负指数分布、埃尔朗分布的主要性质,以及泊松分布和负指数分布的联系和区别。

(3) 什么是生灭过程? 理解状态转移速度图的意义。

(4) 试述队长和排队长、等待时间和逗留时间、有效到达率、损失率等概念及它们之间的联系与区别。

(5) 理解泊松输入——指数服务排队模型的特征及求解过程。

12.3 M/M/1 等待制排队模型

先考虑单服务台等待制模型 M/M/1/∞,它是指顾客的相继到达时间服从参数为 λ 的负指数分布,服务台个数为 1,服务时间 γ 服从参数为 μ 的负指数分布,系统空间无限,允许永远排队,这是一类最简单的排队系统。

12.3.1 队长的分布

记 $P_n=P\{N=n\}(n=0,1,2,\cdots)$ 为系统达到平稳状态后队长 N 的概率分布,则由式(12-1)~式(12-3)可知,并注意到 $\lambda_n=\lambda, n=0,1,2,\cdots$ 和 $\mu_n=\mu, n=1,2,\cdots$,记为

$$\rho=\frac{\lambda}{\mu}$$

设 $\rho<1$,则 $C_n=\left(\frac{\lambda}{\mu}\right)^n, n=1,2,\cdots$

故

$$P_n=\rho^n P_0,\quad n=1,2,\cdots$$

其中

$$P_0=\frac{1}{1+\sum\limits_{n=1}^{\infty}\rho^n}=\left(\sum_{n=0}^{\infty}\rho^n\right)^{-1}=\left(\frac{1}{1-\rho}\right)^{-1}=1-\rho$$

因此

$$P_n=(1-\rho)\rho^n,\quad n=0,1,2,\cdots \tag{12-4}$$

式(12-4)给出了在平衡条件下系统中顾客数为 n 的概率。因为 $P_0=1-\rho$,所以 ρ 是系统中至少有一个顾客的概率,也就是服务台处于忙的状态的概率,因此也称 ρ 为服务强度,它反映了系统繁忙的程度。此外,式(12-4)只有在 $\rho=\frac{\lambda}{\mu}<1$ 的条件下才能得到,即要求顾客的平均到达率小于系统的平均服务率,才能使系统达到统计平衡。

12.3.2 几个主要数量指标

对单服务台等待制排队系统,由已得到的平稳状态下队长的分布,可以得到平均队长 L 为

$$\begin{aligned}L&=\sum_{n=0}^{\infty}nP_n=\sum_{n=1}^{\infty}n(1-\rho)\rho^n\\&=(\rho+2\rho^2+3\rho^3+\cdots)-(\rho^2+2\rho^3+\cdots)\\&=\rho+\rho^2+\rho^3+\cdots=\frac{\rho}{1-\rho}=\frac{\lambda}{\mu-\lambda}\end{aligned}$$

即

$$L=\frac{\lambda}{\mu-\lambda}$$

单服务台的情况下，平均排队长为

$$L_q=\sum_{n=1}^{\infty}(n-1)P_n=L-(1-P_0)=L-\rho=\frac{\rho^2}{1-\rho}=\frac{\lambda^2}{\mu(\mu-\lambda)}$$

$$L_q=\frac{\lambda^2}{\mu(\mu-\lambda)}$$

关于顾客在系统中的逗留时间 T，可说明它服从参数为 $\mu-\lambda$ 的负指数分布，即

$$f(t)=\begin{cases}(\mu-\lambda)e^{-(\mu-\lambda)t}, & t\geqslant 0\\ 0, & t<0\end{cases}$$

即

$$P\{T>0\}=e^{-(\mu-\lambda)t},\quad t\geqslant 0$$

因此，平均逗留时间为

$$W=E(T)=\frac{1}{\mu-\lambda}$$

因为，顾客在系统中的逗留时间为等待时间和接受服务时间之和，即

$$T=T_q+V$$

其中，V 为接受服务时间，故

$$W=E(T)=E(T_q)+E(V)=W_q+\frac{1}{\mu}$$

可得平均等待时间 W_q 为

$$W_q=W-\frac{1}{\mu}=\frac{1}{\mu-\lambda}-\frac{1}{\mu}=\frac{\lambda}{\mu(\mu-\lambda)}$$

于是，可得到平均队长 L 与平均逗留时间 W 具有关系

$$L=\lambda W \tag{12-5}$$

平均排队长 L_q 与平均等待时间 W_q 具有关系

$$L_q=\lambda W_q \tag{12-6}$$

12.3.3 忙期和闲期

在平衡状态下，忙期 B 和闲期 I 一般均为随机变量，求它们的分布是比较麻烦的，因此求一下平均忙期 $\bar{B}$ 和平均闲期 $\bar{I}$。

由于忙期和闲期出现的概率分别为 ρ 和 $1-\rho$，所以在一段时间内可以认为忙期和闲期的总长度之比为 $\rho:(1-\rho)$；又因为忙期和闲期是交替出现的，所以在充分长的时间里，它们出现的平均次数应是相同的。于是，忙期的平均长度 $\bar{B}$ 和闲期的平均长度 $\bar{I}$ 之比也应是 $\rho:(1-\rho)$ 即

$$\frac{\bar{B}}{\bar{I}}=\frac{\rho}{1-\rho}$$

又因为在到达过程为泊松流时，根据负指数分布的无记忆性和到达与服务相互独立的假设，可以证明从系统空闲时刻起到下一个顾客到达时刻止(即闲期)的时间间隔仍服从参数为 λ 的负指数分布，且与到达时间间隔相互独立，因此，平均闲期为 $\frac{1}{\lambda}$，这样，便求得平均

忙期为

$$\bar{B}=\frac{\rho}{1-\rho}\cdot\frac{1}{\lambda}=\frac{1}{\mu-\lambda}$$

由此发现，平均逗留时间(W)＝平均忙期($\bar{B}$)，由此可进一步求出在一个忙期中平均服务完的顾客数。它应是平均忙期与平均服务时间之比，即

$$\text{忙期中服务完的平均顾客数}=\frac{\frac{1}{\mu-\lambda}}{\frac{1}{\mu}}=\frac{1}{1-\rho}$$

例 12.1 考虑一个铁路列车编组站，设待编列车到达时间间隔服从负指数分布，平均到达 2 列/小时，服务台是编组站，编组时间服从负指数分布，平均每 20 分钟可编一组。已知编组站上共有两股道，当均被占用时，不能接车，再来的列车只能停在站外或前方站。求

(1) 在平稳状态下系统中列车的平均数；

(2) 每一列车的平均停留时间；

(3) 等待编组的列车的平均数；

(4) 每一列车在系统中的平均等待编组的时间；

(5) 如果列车因站中的 2 股道均被占用而停在站外或前方站时，每列车的费用为 a 元/小时，求每天由于列车在站外等待而造成的损失。

解 本例可看成一个 M/M/1/∞排队问题，其中

$$\lambda=2,\quad \mu=3,\quad \rho=\frac{\lambda}{\mu}=\frac{2}{3}<1$$

(1) 系统中的列车平均数为

$$L=\frac{\lambda}{\mu-\lambda}=\frac{2}{3-2}=2(\text{列})$$

(2) 列车在系统中的平均停留时间为

$$W=\frac{1}{\mu-\lambda}=\frac{1}{3-2}=1(\text{小时})$$

(3) 系统内等待编组的列车平均数为

$$L_q=\frac{\lambda^2}{\mu(\mu-\lambda)}=2\cdot\frac{\lambda}{\mu}=\frac{4}{3}(\text{列})$$

(4) 列车在系统中的平均等待编组时间为

$$W_q=\frac{L_q}{\lambda}=\frac{\frac{4}{3}}{2}=\frac{2}{3}(\text{小时})$$

(5) 记列车平均延误(由于站内 2 股道均被占用而不能进站)时间为 W_0，则

$$W_0=WP\{N>2\}=W(1-P_0-P_1-P_2)=1\times\rho^3=\left(\frac{2}{3}\right)^3=0.296(\text{小时})$$

每天列车由于等待而支出的平均费用为

$$E=24\lambda\cdot W_0\cdot a=24\times 2\times 0.296a=14.2a(\text{元})$$

例 12.2 某修理店只有一个修理工，来修理的顾客到达过程为泊松流，平均 4 人/小时，

修理时间服从负指数分布，平均需要 6 分钟，求：

(1) 修理店空闲的概率；

(2) 店内恰有 3 个顾客的概率；

(3) 店内至少有 1 个顾客的概率；

(4) 在店内的平均顾客数；

(5) 每位顾客在店内的平均逗留时间；

(6) 等待服务的平均顾客数；

(7) 每位顾客平均等待服务时间；

(8) 顾客在店内逗留时间超过 10 分钟的概率。

解 $\lambda=4 \quad \mu=\frac{60}{6}=10 \quad \rho=\frac{4}{10}=\frac{2}{5}$

(1) $P_0=1-\rho=\frac{3}{5}=0.6$

(2) $P_3=(1-\rho)\rho^3=\left(\frac{3}{5}\right)\times\left(\frac{2}{5}\right)^3=0.038$

(3) 店内至少有一个顾客的概率为

$$P(N\geqslant 1)=1-P_0=\rho=\frac{2}{5}=0.4$$

(4) 店内的平均顾客数为

$$L=\frac{\lambda}{\mu-\lambda}=\frac{4}{10-4}=\frac{4}{6}=\frac{2}{3}=0.67(\text{人})$$

(5) 每位顾客在店内的平均逗留时间为

$$W=\frac{1}{\mu-\lambda}=\frac{1}{6}=0.17(\text{小时})$$

(6) 等待服务的平均顾客数为

$$L_q=\frac{\lambda^2}{\mu(\mu-\lambda)}=0.4\times 0.67=0.268(\text{人})$$

(7) 每位顾客平均等待服务时间为

$$W_q=\frac{L_q}{\lambda}=\frac{0.268}{4}=0.067(\text{小时})$$

(8) 顾客在店内逗留时间超过 10 分钟的概率为

$$P\{T>10\}=e^{-10\left(\frac{1}{6}-\frac{1}{15}\right)}=e^{-1}=0.3679$$

例 12.3 某港口提出了 4 个扩建方案，每个方案的装卸能力如表 12-1 所示。

表 12-1 例 12.3 港口装卸能力 单位：小时

方　案	A	B	C	D
装卸一艘货轮的平均时间	1	2	3	4

设货轮的到达为泊松过程，平均间隔为 6 小时，每艘货轮在港口停留 1 小时的费用为 10 元，各方案的设备费为固定费用与操作费用两种，其中固定费用如工资、折旧等，操作费

如燃料，电力费用等，操作费仅在设备开动时才能有。

其费用情况如表 12-2 所示。

表 12-2　港口费用　　　　单位：元

方　　案	A	B	C	D
每小时固定费用(C_1)	16	10	5	1
每小时的操作费用(C_2)	114	60	48	30

找出总费用最小的方案。

解　时间取为小时，则到达率 $\lambda=\frac{1}{6}$，4 个方案的服务率分别为

$$\mu_A=1,\quad \mu_B=\frac{1}{2},\quad \mu_C=\frac{1}{3},\quad \mu_D=\frac{1}{4}$$

服务强度分别为

$$\rho_A=\frac{1}{6},\quad \rho_B=\frac{1}{3},\quad \rho_C=\frac{1}{2},\quad \rho_D=\frac{2}{3}$$

港口中货轮停留的平均数分别为

$$L_A=\frac{1}{5}\text{艘},\quad L_B=\frac{1}{2}\text{艘},\quad L_C=1\text{艘},\quad L_D=2\text{艘}$$

各方案的费用情况如表 12-3 所示。

表 12-3　各方案费用统计

方案	C_1/元	ρ	操作费(ρC_2)/元	L/艘	停留费$=10L$/元	总费用/元
A	16	$\frac{1}{6}$	$\frac{1}{6}\times 114=19$	$\frac{1}{5}$	2	37
B	10	$\frac{1}{3}$	$\frac{1}{3}\times 60=20$	$\frac{1}{2}$	5	35
C	5	$\frac{1}{2}$	$\frac{1}{2}\times 48=24$	1	10	39
D	1	$\frac{2}{3}$	$\frac{2}{3}\times 30=20$	2	20	41

易见方案 B 的总费用最少。

思　考　题

分析单服务台无限源排队系统状态转移速度图转入、转出速率的特点；讨论单服务台无限源排队系统各模型及其计算过程的异同点。

12.4　多服务台 M/M/s/∞模型

设顾客单个到达，相继到达时间间隔服从参数为 λ 的负指数分布，系统中共有 s 个服务台，每个服务台的服务时间相互独立，且服从参数为 μ 的负指数分布。当顾客到达时，若有

空闲的服务台，则可以马上接受服务，否则便排成一个队列等待，等待空间为无限。

下面讨论这个排队系统的平稳分布。记

$$P_n = P\{N=n\}, \quad n=0,1,2,\cdots$$

为系统达到平稳后队长 N 的概率分布，注意对个数为 s 的多服务台系统有

$$\lambda_n = \lambda, \quad n=0,1,2,\cdots$$

当 $n<s$ 时，系统中的 n 个顾客都正在接受服务，有 n 个服务台在工作，效率是一个服务台的 n 倍，故 $n\sim n-1$ 的转移率应为 $n\mu$。

当 $n\geqslant s$ 时，由于系统中只有 s 个服务台，n 个顾客中的 s 个正在接受服务，效率是一个服务台的 s 倍，故 $n\sim n-1$ 的转移率为 $s\mu$，即

$$\mu_n = \begin{cases} n\mu, & n<s \\ s\mu, & n\geqslant s \end{cases}$$

画出的转移图如图 12-3 所示。

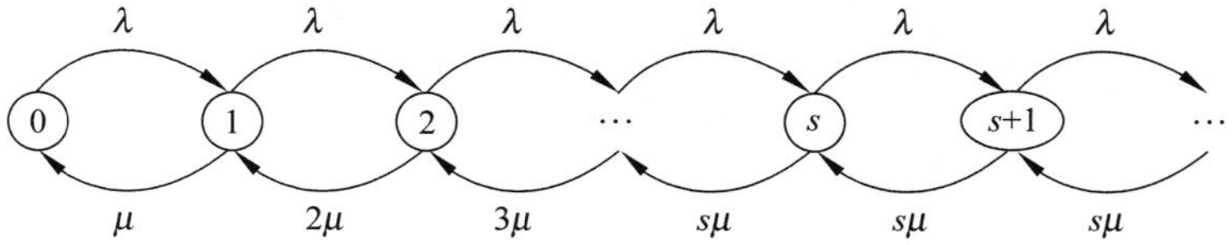

图 12-3　M/M/s/∞状态转移图

根据“流进＝流出”的原则，有

⓪　$\lambda P_0 = \mu P_1$

①　$(\mu+\lambda)P_1 = \lambda P_0 + 2\mu P_2$

②　$(2\mu+\lambda)P_2 = \lambda P_1 + 3\mu P_3$

⋮

(s−1)　$[(s-1)\mu+\lambda]P_{s-1} = \lambda P_{s-2} + s\mu P_s$

ⓢ　$(s\mu+\lambda)P_s = \lambda P_{s-1} + s\mu P_{s+1}$

(s+1)　$(s\mu+\lambda)P_{s+1} = \lambda P_s + s\mu P_{s+2}$

⋮

当 $n<s$ 时

$$P_1 = \frac{\lambda}{\mu}P_0$$

$$P_2 = \frac{\lambda}{2\mu}P_1 = \frac{\lambda^2}{2\mu^2}P_0$$

$$P_3 = \frac{\lambda}{3\mu}P_2 = \frac{\lambda^3}{3\times 2\mu^3}P_0$$

⋮

$$P_{s-1} = \frac{\lambda}{(s-1)\mu}P_{s-2} = \frac{\left(\dfrac{\lambda}{\mu}\right)^{s-1}}{(s-1)!}P_0$$

$$P_s = \frac{\lambda}{s\mu} P_{s-1} = \frac{\left(\frac{\lambda}{\mu}\right)^s}{s!} P_0$$

当 $n \geqslant s$ 时

$$P_{s+1} = \frac{\lambda}{s\mu} P_s = \frac{1}{s \cdot s!} \left(\frac{\lambda}{\mu}\right)^{s+1} P_0$$

$$P_{s+2} = \frac{\lambda}{s\mu} P_{s+1} = \frac{1}{s^2 \cdot s!} \left(\frac{\lambda}{\mu}\right)^{s+2} P_0$$

$$P_n = \frac{1}{s^{n-s} \cdot s!} \left(\frac{\lambda}{\mu}\right)^n P_0$$

令

$$C_n = \begin{cases} \dfrac{(\lambda/\mu)^n}{n!}, & n < s \\ \dfrac{(\lambda/\mu)^n}{s!\ s^{n-s}}, & n \geqslant s \end{cases}$$

故

$$P_n = \begin{cases} \dfrac{\rho^n}{n!} P_0, & n = 1, 2, \cdots, s-1 \\ \dfrac{\rho^n}{s!\ s^{n-s}} P_0, & n = s, s+1, \cdots \end{cases} \tag{12-7}$$

因为 $\sum_{n=0}^{\infty} P_n = 1$，即

$$\left(\sum_{n=0}^{s-1} P_n + \sum_{n=s}^{\infty} P_n\right) = 1$$

即

$$\left(\sum_{n=0}^{s-1} \frac{\rho^n}{n!} + \sum_{n=s}^{\infty} \frac{\rho^n}{s!\ s^{n-s}}\right) P_0 = 1$$

$$\left[\sum_{n=0}^{s-1} \frac{\rho^n}{n!} + \frac{s^s}{s!} \sum_{n=s}^{\infty} \left(\frac{\rho}{s}\right)^n\right] P_0 = 1$$

$$\left[\sum_{n=0}^{s-1} \frac{\rho^n}{n!} + \frac{\rho^s}{s!\left(1 - \frac{\rho}{s}\right)}\right] P_0 = 1$$

因此

$$P_0 = \left[\sum_{n=0}^{s-1} \frac{\rho^n}{n!} + \frac{\rho^s}{s!\left(1 - \frac{\rho}{s}\right)}\right]^{-1} \tag{12-8}$$

式(12-7)和式(12-8)给出了平稳条件下系统中顾客数为 n 的概率，当 $n \geqslant s$ 时，系统中顾客数大于或等于服务台个数，这时再来的顾客必须等待，因此

$$C(s,\rho)=\sum_{n=s}^{\infty}P_n=\frac{\rho^s}{s!\ (1-\rho_s)}P_0$$

其中，$\rho_s=\dfrac{\rho}{s}=\dfrac{\lambda}{s\mu}$。

给出顾客到达系统时需要等待的概率（埃尔朗分布），对多服务台等待制排队系统，由已得到的平稳分布可得平均排队长 L_q 为

$$\begin{aligned}L_q&=\sum_{n=s+1}^{\infty}(n-s)P_n=\sum_{n=s}^{\infty}(n-s)\cdot\frac{\rho^n}{s!\ s^{n-s}}P_0\\&=\frac{P_0\rho^s}{s!}\sum_{n=s}^{\infty}(n-s)\cdot\rho_s^{n-s}=\frac{P_0\rho^s\rho_s}{s!}\left(\sum_{n=1}^{\infty}n\cdot\rho_s^{n-1}\right)\\&=\frac{P_0\rho^s\rho_s}{s!}\frac{\mathrm{d}}{\mathrm{d}\rho_s}\left(\sum_{n=1}^{\infty}\rho_s^n\right)=\frac{P_0\rho^s\rho_s}{s!\ (1-\rho_s)^2}\end{aligned}$$

或

$$L_q=\frac{C(s,\rho)\rho_s}{1-\rho_s}$$

系统中正在接受服务的顾客的平均数为 $\bar{s}$，显然 $\bar{s}$ 也是正在忙的服务台的平均数，故

$$\begin{aligned}\bar{s}&=\sum_{n=0}^{s-1}nP_n+s\sum_{n=s}^{\infty}P_n=\sum_{n=0}^{s-1}\frac{n\rho^n}{n!}P_0+s\frac{\rho^s}{s!\ (1-\rho_s)}P_0\\&=P_0\rho\left[\sum_{n=1}^{s-1}\frac{\rho^{n-1}}{(n-1)!}+\frac{\rho^{s-1}}{(s-1)!\ (1-\rho_s)}\right]=\rho\end{aligned}$$

上式说明，平均在忙的服务台数不依赖于服务台个数 s，由上式可得平均队长 L 为

$$L=\text{平均排队长}+\text{正在接受服务的顾客平均数}=L_q+\rho$$

对多服务台系统，李特尔公式依然成立，即有

$$W=\frac{L}{\lambda}\quad W_q=\frac{L_q}{\lambda}=W-\frac{1}{\mu}$$

例 12.4 某制造商生产一种昂贵产品，产品出厂前要经过检验。设产品送往检验的到达规律为泊松过程，参数 $\lambda=1/100$ 分钟，检验一个产品所需的时间服从负指数分布，$\mu=1/90$ 分钟，每件产品售价 5000 元，年生产利润为售价的 25%。现在仅有一名检验工，而增加一名检验工的费用为 6000 元/年，是否应该增加一名检验工？

解 现在的系统为 M/M/1，$\lambda=1/100$，$\mu=1/90$

$$\rho=\frac{\lambda}{\mu}=0.9$$

$$L=\frac{\lambda}{\mu-\lambda}=\frac{\dfrac{1}{100}}{\dfrac{1}{90}-\dfrac{1}{100}}=9(\text{件})$$

当检验工为 2 名时，系统为 M/M/2

$$L_q=\frac{C(s,\rho)P_s}{s!\ (1-\rho_s)^2}=\frac{p_0\times0.9^2\times\dfrac{0.9}{2}}{2\left(1-\dfrac{0.9}{2}\right)^2}$$

而

$$P_0=\left[1+\frac{0.9}{1}+\frac{0.9^2}{2\left(1-\frac{0.9}{2}\right)}\right]^{-1}=\left[1.9+\frac{0.81}{1.1}\right]^{-1}=\frac{1.1}{2.9}=\frac{11}{29}$$

故

$$L_q=\frac{0.9^3}{1.1^2}\times\frac{1.1}{2.9}=\frac{0.9^3}{1.1\times 2.9}(\text{件})$$

$$L=\frac{0.9^3}{1.1\times 2.9}+0.9=0.23+0.9=1.13(\text{件})$$

因此，增加一名检验工后，产品积压 L 减少 9－1.13＝7.87 件。

其销售额为 7.87×5000＝39 350(元)

其利润为 39 350×25％元＝9837.5 元＞6000 元。

因此应当增加一名检验工。

例 12.5 当 $s=2$ 时，排一个队与排两个队比较。

设顾客到达率为 $\lambda=5$，每个服务台的服务率均为 $\mu=4$，如果每个服务台前都各自排一个队，到达的顾客各以 $\frac{1}{2}$ 的概率加入到每个队中，就称为排两个队。排两个队时，系统可看成两个独立的 M/M/1 系统，并且每个服务台前的到达率 $\lambda'=\frac{\lambda}{2}=\frac{5}{2}$，排一个队时，系统为 M/M/2 系统，分别计算 L、L_q、$\overline{W}$、$\overline{W}_q$，并比较。

解 排两个队时，

$$\lambda=\frac{5}{2},\quad \mu=4$$

$$L=\frac{\lambda}{\mu-\lambda}=1.6667$$

$$W=\frac{1}{\mu-\lambda}=0.6667$$

$$L_q=\frac{\lambda L}{\mu}=\frac{25}{24}=1.0417$$

$$W_q=\frac{L_q}{\lambda}=\frac{\frac{25}{24}}{\frac{5}{2}}=\frac{5}{12}=0.4167$$

排一个队时

$$s=2,\quad \lambda=5,\quad \mu=4,\quad \rho=\frac{5}{4}$$

$$P_0=\left[\sum_{n=0}^{s-1}\frac{\rho^n}{n!}+\frac{\rho^s}{s!\ (1-\rho_s)}\right]^{-1}$$

$$P_0=\left[1+\rho+\frac{\rho^2}{2\left(1-\frac{\rho}{2}\right)}\right]^{-1}=\left[1+\frac{5}{4}+\frac{\frac{25}{16}}{2\left(1-\frac{5}{8}\right)}\right]^{-1}=\left[\frac{9}{4}+\frac{15}{12}\right]^{-1}=\frac{2}{7}$$

$$C(s,\rho)=\frac{15}{12}\times\frac{2}{7}=\frac{15}{42}$$

$$L_q=\frac{C(s,\rho)\cdot\rho_s}{1-\rho_s}=\frac{15}{42}\times\frac{\frac{5}{8}}{1-\frac{5}{8}}=\frac{5}{3}\times\frac{15}{42}=\frac{25}{42}=0.595$$

$$L=0.595+\frac{5}{4}=0.595+1.25=1.845$$

$$W=\frac{L}{\lambda}=\frac{1.845}{5}=0.369$$

$$W_q=\frac{L_q}{\lambda}=\frac{0.595}{5}=0.119$$

计算结果如表 12-4 所示。

表 12-4　例 12.5 计算结果

排队数目	λ	μ	L	L_q	W_q	W
1	5	4	1.845	0.595	0.119	0.369
2	$\frac{5}{2}$	4	1.6667	1.0417	0.4167	0.667

在所列的 4 个特征中，W 即顾客在系统中的逗留时间，是标志服务质量好坏的一个重要标志。在两个队的情况下为 0.667，排一个队时为 0.369，排队长减少。

例 12.6　要求在某机场着陆的飞机服从泊松过程，平均每小时 32 架次，每次着陆需占用机场跑道时间为 3 分钟，服从负指数分布。试问该机场须设置多少条跑道，使要求着陆飞机须在空中等待的概率不超过 5%，并计算这种情况下的跑道利用率。

解　$\lambda=32,\mu=20,\rho=\frac{32}{20}=\frac{8}{5},s=2$

$$P_0=\left[\sum_{n=0}^{s-1}\frac{\rho^n}{n!}+\frac{\rho^s}{s!\ (1-\rho_s)}\right]^{-1}=\left[\frac{13}{5}+\frac{64}{10}\right]^{-1}=\frac{1}{9}$$

$$C(2,\rho)=\frac{\rho^s}{s!\ (1-\rho_s)}P_0=\frac{64}{10}\times\frac{1}{9}=\frac{64}{90}=0.711$$

$s=3$ 时，

$$P_0=\left[1+\rho+\frac{\rho^2}{2!}+\frac{\rho^3}{3!\left(1-\frac{\rho}{3}\right)}\right]^{-1}=\left[1+\frac{8}{5}+\frac{64}{50}+\frac{\left(\frac{8}{5}\right)^3}{6\times\left(1-\frac{8}{15}\right)}\right]^{-1}$$

$$=\left[\frac{97}{25}+\frac{256}{7\times 25}\right]^{-1}=\left[\frac{935}{175}\right]^{-1}=\frac{7}{37.4}$$

$$C(3,\rho)=\frac{256}{175}\times\frac{7}{37.4}=0.274$$

$s=4$ 时，

$$P_0=\left[1+\rho+\frac{\rho^2}{2!}+\frac{\rho^3}{3!}+\frac{\rho^4}{4!\left(1-\frac{\rho}{4}\right)}\right]^{-1}=\left[1+\frac{8}{5}+\frac{32}{25}+\frac{\left(\frac{8}{5}\right)^3}{6}+\frac{\left(\frac{8}{5}\right)^4}{24\left(1-\frac{8}{20}\right)}\right]^{-1}$$

$$=\left[\frac{1711}{375}+\frac{512}{1125}\right]^{-1}=\left(\frac{5645}{1125}\right)^{-1}=0.199$$

$$C(4,\rho)=\frac{512}{1125}\times 0.199=0.09$$

$s=5$ 时，

$$P_0=\left[\frac{1711}{375}+\frac{\rho^4}{4!}+\frac{\rho^5}{5!\left(1-\frac{\rho}{5}\right)}\right]^{-1}=\left[\frac{1711}{375}+\frac{512}{375\times 5}+\frac{4096}{31\,875}\right]^{-1}$$

$$=\left[\frac{9067}{375\times 5}+\frac{4096}{31\,875}\right]^{-1}=4.964\,23^{-1}=0.201$$

$$C(5,\rho)=\frac{\rho^s}{s!\,(1-\rho_s)}\cdot P_0=\frac{4096}{31\,875}\times 0.201=0.0257<5\%$$

所以修 5 条跑道时，飞机在空中等待的概率不超过 5%。

此时跑道的利用率为$\frac{\bar{s}}{5}=\frac{\frac{8}{5}}{s}=\frac{8}{25}=0.32$。

思　考　题

分析多服务台无限源排队系统状态转移速度图转入、转出速率的特点；讨论多服务台无限源排队系统各模型及其计算过程的异同点。

12.5　M/M/s/k 混合制模型

12.5.1　单服务台混合制模型

单服务台混合制模型 M/M/1/k 是指顾客的相继到达时间服从参数为 λ 的负指数分布（即顾客的到达过程为泊松流），服务台个数为 1，服务时间服从参数为 μ 的负指数分布，系统的空间为 k。

首先，仍来求平稳状态下队长的分布 $P_n=P\{N=n\}(n=0,1,2,\cdots,k)$，由所考虑的排队系统中最多只能容纳 k 个顾客（等待位置只有 $k-1$ 个），如图 12-4 所示。

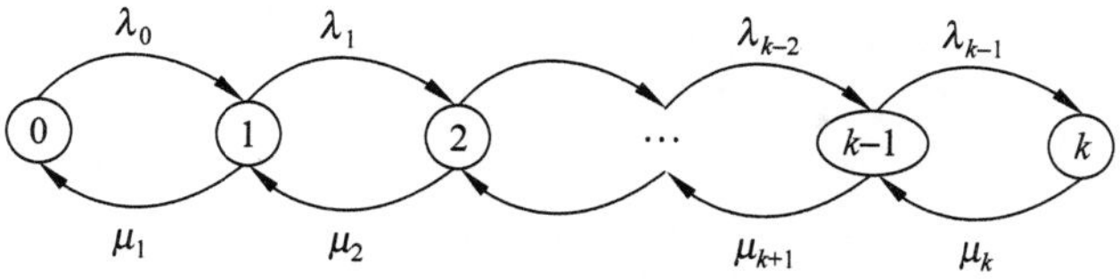

图 12-4　M/M/1/k 状态转移图

$$\lambda_n = \begin{cases} \lambda, & n = 0,1,2,\cdots,k-1 \\ 0, & n \geqslant k \\ \mu_n = \mu, & n = 1,2,\cdots,k \end{cases}$$

根据“流进＝流出”原则，得

$$\begin{aligned} &\lambda_0 P_0 = \mu_1 P_1 \\ &(\lambda_1 + \mu_1) P_1 = \lambda_0 P_0 + \mu_2 P_2 \\ &(\lambda_2 + \mu_2) P_2 = \lambda_1 P_1 + \mu_3 P_3 \\ &\qquad \vdots \\ &\lambda_{k-1} P_{k-1} = \mu_k P_k \end{aligned}$$

于是

$$\begin{aligned} P_1 &= \frac{\lambda_0}{\mu_1} P_0 \\ P_2 &= \frac{\lambda_1}{\mu_2} P_1 = \frac{\lambda_1 \lambda_0}{\mu_2 \mu_1} P_0 \\ P_3 &= \frac{\lambda_2}{\mu_3} P_2 = \frac{\lambda_2 \lambda_1 \lambda_0}{\mu_3 \mu_2 \mu_1} P_0 \\ &\ \vdots \\ P_{k-1} &= \frac{\lambda_{k-2}}{\mu_{k-1}} P_{k-2} = \frac{\lambda_{k-2} \lambda_{k-3} \cdots \lambda_0}{\mu_{k-1} \mu_{k-2} \cdots \mu_1} P_0 \\ P_k &= \frac{\lambda_{k-1}}{\mu_k} P_{k-1} = \frac{\lambda_{k-1} \lambda_{k-2} \cdots \lambda_0}{\mu_k \mu_{k-1} \cdots \mu_1} P_0 \end{aligned}$$

令

$$C_n = \frac{\lambda_{n-1} \lambda_{n-2} \cdots \lambda_0}{\mu_n \mu_{n-1} \cdots \mu_1} = \left(\frac{\lambda}{\mu}\right)^n = \rho^n, \quad n = 1,2,\cdots,k$$

则 $P_n = \rho^n P_0, n = 1,2,\cdots,k$

由 $\sum_{n=0}^{k} P_n = 1$，得

$$P_0 \left(1 + \sum_{n=1}^{k} \rho^n\right) = 1$$

当 $\rho \neq 1$ 时，

$$P_0 \left[1 + \frac{\rho(1-\rho^k)}{1-\rho}\right] = 1 \tag{12-9}$$

即

$$P_0=\frac{1-\rho}{1-\rho^{k+1}}$$

当 $\rho=1$ 时，由式(12-9)得

$$P_0(1+k)=1 \quad P_0=\frac{1}{k+1}$$

综上所述

$$P_0=\begin{cases}\dfrac{1-\rho}{1-\rho^{k+1}}, & \rho\neq 1\\ \dfrac{1}{k+1}, & \rho=1\end{cases}$$

由已得到的队长分布，可知当 $\rho\neq 1$ 时，平均队长为

$$L=\sum_{n=0}^{k} nP_n=P_0\rho\sum_{n=1}^{k} n\rho^{n-1}=P_0\rho\frac{\mathrm{d}}{\mathrm{d}\rho}\left(\sum_{n=1}^{k}\rho^n\right)=P_0\rho\frac{\mathrm{d}}{\mathrm{d}\rho}\left[\frac{\rho(1-\rho^k)}{1-\rho}\right]$$

$$=\frac{P_0\rho}{(1-\rho)^2}[1-\rho^k-(1-\rho)k\rho^k]=\frac{\rho}{1-\rho}-\frac{(k+1)\rho^{k+1}}{1-\rho^{k+1}}$$

当 $\rho=1$ 时，

$$L=\sum_{n=0}^{k} nP_n=\sum_{n=1}^{k} n\rho^n P_0=P_0\sum_{n=1}^{k} n=\frac{1}{k+1}\cdot\frac{k(1+k)}{2}=\frac{k}{2}$$

类似地，可得平均排队长 L_q 为

$$L_q=\sum_{n=1}^{k}(n-1)P_n=L-(1-P_0)$$

或

$$L_q=\begin{cases}\dfrac{\rho}{1-\rho}-\dfrac{\rho(1+k\rho^k)}{1-\rho^{k+1}}, & \rho\neq 1\\ \dfrac{k(k-1)}{2(k+1)}, & \rho=1\end{cases}$$

由于排队系统的容量有限，只有 $k-1$ 个排队位置，因此当系统空间被占满时再来的顾客将不能进入系统排队，也就是说不能保证所有到达的顾客都能进入系统等待服务。假设顾客的到达率为 λ(单位时间来到系统的顾客的平均数)，则当系统处于状态 k 时，顾客不能进入系统，即顾客可进入系统的概率为 $1-P_k$(即不能进入系统的概率为 P_k)，因此，单位时间内实际可进入系统的顾客的平均数为

$$\lambda_e=\lambda(1-P_k)=\mu(1-P_0)$$

称 λ_e 为有效到达率，而 P_k 也被称为顾客损失率，它表示了在来到系统的所有顾客中不能进入系统的顾客的比例，下面根据李特尔公式可得

平均逗留时间

$$W=\frac{L}{\lambda_e}=\frac{L}{\lambda(1-P_k)}$$

平均等待时间

$$W_q=\frac{L_q}{\lambda_e}=\frac{L_q}{\lambda(1-P_k)}$$

且仍有

$$W = W_q + \frac{1}{\mu}$$

注意：这里的平均逗留时间和平均等待时间都是针对能够进入系统的顾客而言的。

特别地，当 $k=1$ 时，M/M/1/1 为单台损失制系统，在上述结果中令 $k=1$ 时，可得

$$P_0 = \frac{1}{1+\rho} \quad P_1 = \frac{\rho}{1+\rho}$$

$$L = P_1 = \frac{\rho}{1+\rho}$$

$$\lambda_e = \lambda(1-P_1) = \lambda P_0 = \frac{\lambda}{1+\rho}$$

$$W = \frac{L}{\lambda_e} = \frac{\rho}{\lambda} = \frac{1}{\mu}$$

$$L_q = 0 \quad W_q = 0$$

例 12.7 某修理站只有一个修理工，且站内最多只能停放 3 台待修的机器，设待修机器按泊松流到达修理站，平均每分钟到达 1 台；修理时间服从负指数分布，平均每 1.25 分钟可修理 1 台，试求该系统的有关指标。

解 该系统可看成一个 M/M/1/4 排队系统，

其中，$\lambda=1 \quad \mu=\frac{1}{1.25}=0.8 \quad \rho=\frac{\lambda}{\mu}=\frac{1}{2.8}=1.25 \quad k=4$

$$P_0 = \frac{1-\rho}{1-\rho^{k+1}} = \frac{1-1.25}{1-1.25^5} = 0.122$$

因而顾客的损失率为

$$P_4 = \rho^4 P_0 = 1.25^4 \times 0.122 = 0.298$$

有效到达率：

$$\lambda_e = \lambda(1-P_4) = 1 \times (1-0.298) = 0.702$$

平均队长：

$$L = \frac{\rho}{1-\rho} - \frac{(k+1)\rho^{k+1}}{1-\rho^{k+1}} = \frac{1.25}{1-1.25} - \frac{(4+1)\times 1.25^5}{1-1.25^5} = 2.44(\text{台})$$

平均排队长：

$$L_q = L - (1-P_0) = 2.44 - (1-0.122) = 1.56(\text{台})$$

平均逗留时间：

$$W = \frac{L}{\lambda_e} = \frac{2.44}{0.702} = 3.48(\text{分钟})$$

平均等待时间：

$$W_q = \frac{L_q}{\lambda_e} = \frac{1.56}{0.702} = 2.22(\text{分钟})$$

12.5.2 多服务台混合制模型

多服务台混合制模型 M/M/s/k 是指顾客的相继到达时间服从参数为 λ 的负指数分布

（即顾客的到达过程为泊松流），服务台个数为 s，每个服务台服务时间相互独立，且服务参数为 μ 的负指数分布，系统的空间为 k，如图 12-5 所示。

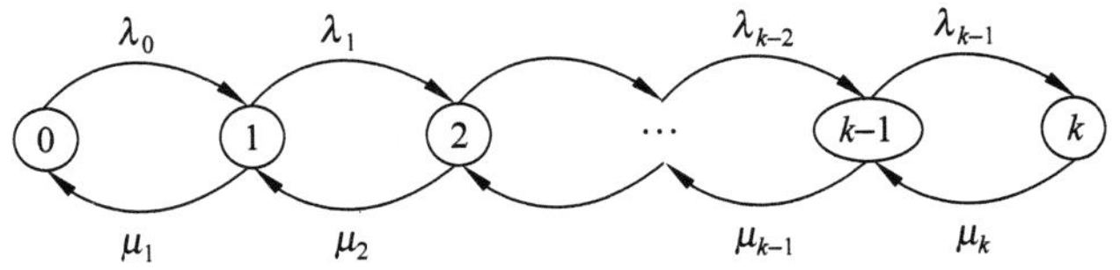

图 12-5　M/M/s/k 状态转移图

注意到本模型中

$$\lambda_n=\begin{cases}\lambda, & n=0,1,\cdots,k-1\\ 0, & n\geqslant k\end{cases}$$

$$\mu_n=\begin{cases}n\mu, & 0\leqslant n\leqslant s\\ s\mu, & s<n\leqslant k\end{cases}$$

于是

$$P_n=\begin{cases}\dfrac{\rho^n}{n!}P_0, & n=0,1,\cdots,s\\[2ex] \dfrac{\rho^n}{s!\ s^{n-s}}P_0, & s<n\leqslant k\end{cases}$$

由 $\sum\limits_{n=0}^{k}P_n=1$，得

$$\left(\sum_{n=0}^{s-1}\frac{\rho^n}{n!}P_0+\sum_{n=s}^{k}\frac{\rho^n}{s!\ s^{n-s}}P_0\right)=1$$

故

$$P_0=\begin{cases}\left[\sum\limits_{n=0}^{s-1}\dfrac{\rho^n}{n!}+\dfrac{\rho^s(1-\rho_s^{k-s+1})}{s!\ (1-\rho_s)}\right]^{-1}, & \rho_s\neq 1\\[3ex] \left[\sum\limits_{n=0}^{s-1}\dfrac{\rho^n}{n!}+\dfrac{\rho^s}{s!}(k-s+1)\right]^{-1}, & \rho_s=1\end{cases}$$

由平稳分布 $P_n,n=0,1,2,\cdots,k$，可得平均排队长为

$$\begin{aligned}L_q&=\sum_{n=s}^{k}(n-s)P_n=P_{s+1}+2P_{s+2}+3P_{s+3}+\cdots+(k-s)P_k\\&=\frac{P_0\rho^s\rho_s}{s!}[1+2\rho_s+3\rho_s^2+\cdots+(k-s)\rho_s^{k-s-1}]\\&=\frac{P_0\rho^s\rho_s}{s!}\frac{\mathrm{d}}{\mathrm{d}\rho_s}[\rho_s+\rho_s^2+\cdots+\rho_s^{k-s}]\\&=\frac{P_0\rho^s\rho_s}{s!}\cdot\frac{\mathrm{d}}{\mathrm{d}\rho_s}\left[\frac{\rho_s(1-\rho_s^{k-s})}{1-\rho_s}\right],\quad \rho_s\neq 1\\&=\frac{P_0\rho^s\rho_s}{s!\ (1-\rho_s)^2}[1-\rho_s^{k-s+1}-(1-\rho_s)(k-s+1)\rho_s^{k-s}]\end{aligned}$$

当 $\rho_s=1$ 时

$$L_q=\frac{P_0\rho^s}{s!}[1+2+3+(k-s)]=\frac{P_0\rho^s(k-s)(k-s+1)}{2s!}$$

综上所述，有

$$L_q=\begin{cases}\dfrac{P_0\rho^s\rho_s}{s!\ (1-\rho_s)^2}[1-\rho_s^{k-s+1}-(1-\rho_s)(k-s+1)\rho_s^{k-s}], & \rho_s\neq 1\\ \dfrac{P_0\rho^s(k-s)(k-s+1)}{2s!}, & \rho_s=1\end{cases}$$

为求平均队长，由

$$L_q=\sum_{n=s}^{k}(n-s)P_n=\sum_{n=s}^{k}nP_n-s\sum_{n=s}^{k}P_n$$

$$=\sum_{n=0}^{k}nP_n-\sum_{n=0}^{s-1}nP_n-s\left(1-\sum_{n=0}^{s-1}P_n\right)=L-\sum_{n=0}^{s-1}(n-s)P_n-s$$

得到

$$L=L_q+s+P_0\sum_{n=0}^{s-1}\frac{(n-s)\rho^n}{n!}$$

由系统空间的有限性，必须考虑顾客的有效到达率 λ_e，对多服务台系统，仍有

$$\lambda_e=\lambda(1-P_k)$$

P_k 为顾客的损失率，再利用李特尔公式得到

$$W=\frac{L}{\lambda_e},\quad W_q=\frac{L_q}{\lambda_e}=W-\frac{1}{\mu}$$

平均被占用的服务台数（也是正在接受服务的顾客数的平均值）为

$$\bar{s}=\sum_{n=0}^{s-1}n\cdot P_n+\sum_{n=s}^{k}sP_n=P_0\left[\sum_{n=0}^{s-1}\frac{n\rho^n}{n!}+s\sum_{n=s}^{k}\frac{\rho^n}{s!\ s^{n-s}}\right]$$

$$=P_0\rho\left[\sum_{n=1}^{s-1}\cdot\frac{\rho^{n-1}}{(n-1)!}+\sum_{n=s}^{k}\frac{\rho^{n-1}}{s!\ s^{n-s-1}}\right]$$

$$=P_0\rho\left[\sum_{n=0}^{s-1}\frac{\rho^n}{n!}+\sum_{n=s}^{k}\frac{\rho^n}{s!\ s^{n-s}}-\frac{\rho^k}{s!\ s^{k-s}}\right]$$

$$=\rho\left(1-\frac{\rho^k}{s!\ s^{k-s}}P_0\right)=\rho(1-P_k)$$

因此，有

$$L=L_q+\bar{s}=L_q+\rho(1-P_k)$$

例 12.8 某汽车加油站设有两个加油机，汽车按泊松流到达，平均每分钟到达 2 辆；汽车加油时间服从负指数分布，平均加油时间为 2 分钟，又知加油站最多只能停放 3 辆等待加油的汽车，汽车到达时，若已满员，则必须开到别的加油站去，试对该系统进行分析。

解 可将该系统看作 M/M/2/5 排队系统，其中

$$\lambda=2\quad \mu=\frac{1}{2}=0.5\quad \rho=\frac{2}{0.5}=4\quad \rho_s=2\neq 1\quad s=2\quad k=5$$

(1) 系统空闲的概率为

$$P_0=\left[\sum_{n=0}^{s-1}\frac{\rho^n}{n!}+\frac{\rho^s(1-\rho_s^{k-s+1})}{s!\ (1-\rho_s)}\right]^{-1}=\left[1+4+\frac{4^2(1-2^4)}{2!\ (1-2)}\right]^{-1}=0.008$$

(2) 顾客损失率为

$$P_5=\frac{\rho^n}{s!\ s^{n-2}}\cdot P_0=\frac{4^5}{2\times 2^3}\times 0.008=0.512$$

(3) 加油站内在等待的平均汽车数为

$$L_q=\frac{P_0\rho^s\rho_s}{s!\ (1-\rho_s)^2}[1-\rho_s^{k-s+1}-(1-\rho_s)(k-s+1)\rho_s^{k-s}]$$

$$=\frac{0.008\times 4^2\times 2}{2(1-2)^2}[1-2^4-(1-2)\times(4)\times 2^3]=2.18(\text{辆})$$

加油站内汽车的平均数为

$$L=L_q+s+P_0\sum_{n=0}^{s-1}\frac{(n-s)\rho^n}{n!}=L_q+\rho(1-P_k)$$

$$=2.18+4\times(1-0.512)=4.13(\text{辆})$$

(4) 汽车在加油站内平均逗留时间为

$$W=\frac{L}{\lambda(1-P_5)}=\frac{4.13}{2(1-0.512)_1}=4.23(\text{分钟})$$

汽车在加油站内平均等待时间为

$$W_q=\frac{L_q}{\lambda(1-P_5)}=\frac{2.18}{2(1-0.512)}=2.23(\text{分钟})$$

(5) 被占用的加油机的平均数为

$$\bar{s}=L-L_q=4.13-2.18=1.95(\text{台})$$

在对上述多服务台混合制排队模型 M/M/s/k 的讨论中，当 $s=k$ 时，即为多服务台损失制系统，对损失制系统，有

$$P_n=\frac{\rho^n}{n!}P_0,\quad n=1,2,\cdots,s$$

其中

$$P_0=\left[\sum_{n=0}^{s}\frac{\rho^n}{n!}\right]^{-1}$$

顾客的损失率为

$$B(s,\rho)=P_s=\frac{\rho^s}{s!}\left[\sum_{n=0}^{s}\frac{\rho^n}{n!}\right]^{-1}$$

该式称为埃尔朗损失公式，$B(s,\rho)$也表示到达系统后由于系统空间已被占满而不能进入系统的顾客的百分比。

对损失制系统，平均被占用的服务台数(正在接受服务的顾客的平均数)为

$$\bar{s}=\sum_{n=0}^{s}nP_n=\sum_{n=0}^{s}\frac{n\rho^n}{n!}P_0=\rho\left(\sum_{n=0}^{s}\frac{\rho^n}{n!}-\frac{\rho^s}{s!}\right)\left(\sum_{n=0}^{s}\frac{\rho^n}{n!}\right)^{-1}$$

$$=\rho(1-B(s,\rho))$$

此外，还有平均队长

$$L=\bar{s}=\rho(1-B(s,\rho))$$

平均逗留时间

$$W=\frac{L}{\lambda_e}=\frac{\rho(1-B(s,\rho))}{\lambda(1-B(s,\rho))}=\frac{1}{\mu}$$

其中，$\lambda_e=\lambda(1-P_s)$为顾客有效到达率。在损失制系统中，还经常用 $A=\lambda(1-P_s)$表示系统的绝对通过能力，即单位时间内系统实际可完成的服务次数，用 $Q=1-P_s$ 表示系统的相对通过能力，即被服务的顾客数与请求服务的顾客数的比值，系统的服务台利用率(或通道利用率)为 $\eta=\frac{\bar{s}}{s}$。

例 12.9 某电话总机有 3 条($s=3$)中继线，平均每分钟 0.8 次呼叫，如果每次通话的平均时间为 1.5 分钟，试求该系统的平稳状态概率分布，通过能力，损失率和占用通道的平均数。

解 本系统可看成一个 M/M/3/3 排队模型，其中

$$\lambda=0.8,\quad \mu=0.667,\quad \rho=\frac{0.8}{0.667}=1.2$$

于是可得空闲的概率：$P_0=\left[1+\rho+\frac{\rho^2}{2!}+\frac{\rho^3}{3!}\right]^{-1}=0.312$。

有 1 条被占用的概率：$P_1=\rho P_0=1.2\times0.312=0.374$。

有 2 条被占用的概率：$P_2=\frac{\rho^2}{2!}P_0=\frac{1.2^2}{2!}\times0.312=0.225$。

有 3 条被占用的概率：$P_3=\frac{\rho^3}{3!}P_0=\frac{1.2^3}{3!}\times0.312=0.09$。

系统的顾客损失率为 $P_3=0.09$，即有 9%的呼叫不能接通，系统的相对通过能力为 $Q=1-0.09=0.91$，即有 91%的呼叫可能接通，系统的绝对通过能力为 $A=\lambda Q=0.8\times0.91=0.728$，即每分钟可接通 0.728 次呼叫，被占用的中继线的平均数为

$$\bar{s}=\rho(1-P_3)=\rho Q=1.2\times0.91=1.09(\text{条})$$

通道利用率为 $\eta=\frac{\bar{s}}{s}=\frac{1.09}{3}=0.363$。

思 考 题

小结各排队系统模型求解中的共同点和不同点(转入速率与顾客源有关、转出速率与服务台数量有关、单服务台先计算平均队长、多服务台先计算平均队列长等)。

12.6 排队系统的优化

在一般情况下，提高服务水平可减少顾客的等待费用，但常常增加了服务机构的成本，因此优化的目标之一就是使两者的费用之和为最小，并确定达到最优目标值的服务水平。

假定在稳定状态下，各种费用都是按单位时间来考虑的，一般说来，服务费用(成本)是

比较容易计算或估计出来的，而顾客的等待费用就有许多不同情况。机械故障问题中的等待费用是可以确切估计的，但病人就诊的等待费用及由于队列过长而失掉的潜在顾客所造成的营业损失等则是不容易估计的。

服务水平的表现形式也可以是不同的，主要有平均服务率 μ，其次是服务设备，例如服务台的个数 s，以及队列所占空间大小决定队列最大限制 k，服务水平也可通过服务强度 ρ 来表示。

优化问题的处理方法上，一般根据变量的类型是离散的还是连续的，相应地采用边际分析方法或经典的微分法，对较为复杂的优化问题，需要用非线性规划或动态规划等方法。

12.6.1 M/M/1 模型中的最优服务率 μ

先考虑 M/M/1/∞的模型，取目标函数 Z 为单位时间服务成本与顾客在系统中逗留费用之和的期望值，即

$$Z=c_s\mu+c_wL$$

其中，c_s 为当 $\mu=1$ 时单位时间内的服务费用，c_w 为每个顾客在系统中逗留单位时间的费用，则由 $L=\dfrac{\lambda}{\mu-\lambda}$，得

$$Z=c_s\mu+c_w\frac{\lambda}{\mu-\lambda}$$

令 $\dfrac{\mathrm{d}z}{\mathrm{d}\mu}=0$，得

$$c_s-c_w\frac{\lambda}{(\mu-\lambda)^2}=0$$

解出最优服务率为 $\mu^*=\lambda+\sqrt{\dfrac{c_w}{c_s}\lambda}$。

下面考虑 M/M/1/k 模型，从使服务机构利润最大化来考虑。由于在平稳状态下，单位时间内到达并进入系统的平均顾客数为 $\lambda_e=\lambda(1-\rho_k)$，它也等于单位时间内实际服务完的平均顾客数。设每服务一个顾客服务机构的收入为 G，于是单位时间内收入的期望值是 $\lambda(1-P_k)G$，故利润 Z 为

$$\begin{aligned}Z&=\lambda(1-P_k)G-c_s\mu=\lambda G\left(\sum_{n=0}^{k-1}P^n\right)-c_s\mu=\lambda G\cdot\frac{1-\rho^k}{1-\rho^{k+1}}-c_s\mu\\&=\lambda\mu G\frac{\mu^k-\lambda^k}{\mu^{k+1}-\lambda^{k+1}}-c_s\mu,\quad \rho\neq 1\end{aligned}$$

令 $\dfrac{\mathrm{d}z}{\mathrm{d}\mu}=0$，得

$$\lambda G\frac{\mu^k-\lambda^k}{\mu^{k+1}-\lambda^{k+1}}+\lambda\mu G\left[\frac{k\mu^{k-1}(\mu^{k+1}-\lambda^{k+1})-(\mu^k-\lambda^k)(k+1)\mu^k}{(\mu^{k+1}-\lambda^{k+1})^2}\right]-c_s=0$$

即

$$\lambda G\cdot\frac{\mu^{2k+1}-\mu^k\lambda^{k+1}-\mu^{k+1}\lambda^k+\lambda^{2k+1}-\mu^{2k+1}+(1+k)\mu^{k+1}\lambda^k-k\lambda^{k+1}\mu^k}{(\mu^{k+1}-\lambda^{k+1})^2}-c_s=0$$

$$G\lambda^{k+1}\frac{-\lambda\mu^k+\lambda^{k+1}-k\lambda\mu^k+k\mu^{k+1}}{(\mu^{k+1}-\lambda^{k+1})^2}-c_s=0$$

即

$$\rho^{k+1}\cdot\frac{k-(k+1)\rho+\rho^{k+1}}{(1-\rho^{k+1})^2}=\frac{c_s}{G}$$

当给定 k 和$\frac{c_s}{G}$后，即可由上式得到适合于最优利润的 ρ^*，从而得到适合于最优利润的 $\mu^*=\frac{\lambda}{\rho^*}$。

例 12.10 设货船按泊松流到达某一港口，平均到达率为 $\lambda=50$(条/天)，平均卸货率为 μ，又知船在港口停泊一天的费用为 1 货币单位，平均卸货费为 μc_s，其中 $c_s=2$ 元，现求出使总费用最少的平均服务率 μ^*。

解 $\lambda=50\quad c_w=1\quad c_s=2$

代入 $\mu^*=\lambda+\sqrt{\frac{c_w}{c_s}\lambda}$ 得 $\mu^*=50+\sqrt{\frac{1}{2}\times 50}=55$(条/元)。

例 12.11 对某服务台进行实测，得到如下数据。

系统中的顾客数(n)：	0	1	2	3
记录到的次数(m_n)：	161	97	53	34

平均服务时间为 10 分钟，服务一个顾客的收益为 2 元，服务机构运行单位时间成本为 1 元，服务率为多少时可使单位时间平均总收益最大？

解 该系统为 M/M/1/3，首先通过实测数据估计平均到达率 λ。

因为

$$\frac{P_n}{P_{n-1}}=\rho,P_n=\frac{m_n}{m}$$

$$m=m_0+m_1+m_2+m_3,n=0,1,2,3$$

所以

$$\rho_1=\frac{p_1}{P_0}=\frac{m_1}{m_0},\quad \rho_2=\frac{p_2}{P_1}=\frac{m_2}{m_1},\quad \rho_3=\frac{p_3}{P_2}=\frac{m_3}{m_2}$$

ρ 值的平均值为

$$\hat{\rho}=\frac{1}{3}(\rho_1+\rho_2+\rho_3)=\frac{1}{3}(0.60+0.55+0.64)=0.6$$

由 $\mu=6$ 人/小时，可得 λ 的估计值为

$$\hat{\lambda}=\hat{\rho}\mu=0.6\times 6=3.6(\text{人 / 小时})$$

取 $k=3,\frac{C_3}{G}=\frac{1}{2}=0.5$，可求出 $\rho^*=1.21$。

故

$$\mu^*=\frac{\hat{\lambda}}{\rho^*}=\frac{3.6}{1.21}=3$$

下面进行收益分析，当 $\mu=6$ 时，总利润为

$$Z=2\times 3.6\frac{1-(0.6)^3}{1-(0.6)^4}-1\times 6=0.485(\text{元})$$

当 $\mu=3$ 时，总收益为

$$Z=2\times 3.6\frac{1-(1.21)^3}{1-(1.21)^4}-1\times 6=1.858(\text{元})$$

单位时间内平均收益可增加 $1.858-0.485=1.373$(元)。

例 12.12 考虑一个 M/M/1/k 系统，具有 $\lambda=10$ 人/小时，$\mu=30$ 人/小时，$k=2$，管理者想改进服务机构，方案有两个：方案 A 是增加一个等待空间，即使 $k=3$；方案 B 是提高平均服务率到 $\mu=40$ 人/小时。设每服务一个顾客的平均收入不变，哪个方案将获得更大的收入？当 λ 增加到 30 人/小时，又将得到什么结果？

解 对方案 A，单位时间内实际进入系统的顾客的平均数为

$$\lambda_A=\lambda(1-P_3)=\lambda\left(\frac{1-\rho^3}{1-\rho^4}\right)=10\left[\frac{1-\left(\frac{1}{3}\right)^3}{1-\left(\frac{1}{3}\right)^4}\right]=9.75(\text{人/小时})$$

对方案 B，当 μ 为 40 人/小时，$k=2$，单位时间内实际进入系统的顾客平均数为

$$\lambda_B=\lambda(1-P_2)=\lambda\left(\frac{1-\rho^2}{1-\rho^3}\right)=10\left[\frac{1-\left(\frac{1}{4}\right)^2}{1-\left(\frac{1}{4}\right)^3}\right]=9.52(\text{人/小时})$$

因此，采取扩大等待空间将获得更多的利润。

当 λ 增加到 30 人/小时，

对方案 A，$\rho=\dfrac{\lambda}{\mu}=1$，$k=3$

$$\lambda_A=30(1-\rho_3)=30(P_0+\rho P_0+\rho^2P_0)=30\times\frac{3}{3+1}=22.5(\text{人/小时})$$

对方案 B，$\rho=\dfrac{\lambda}{\mu}=\dfrac{3}{4}$

$$\lambda_B=30\times\frac{1-\left(\frac{3}{4}\right)^2}{1-\left(\frac{3}{4}\right)^3}=22.7(\text{人/小时})$$

因此，当 λ 增加到 30 人/小时，采取提高服务率到 $\mu=40$ 人/小时，将会得到更多的收益。

12.6.2 M/M/s 模型中的最优的服务台数 s^*

这里仅讨论 M/M/s/∞系统，已知在平稳状态下单位时间内总费用(服务费与等待费)之和的平均值为

$$Z=c'_s s+c_w L$$

其中，s 为服务台数，c'_s是每个服务台单位时间内的费用，L 是平均队长或平均排队长。由于 c'_s、c_w 是给定的，故唯一可变的是服务台数 s，所以将 Z 看成 s 的函数，记为 $Z=Z(s)$，并求使 $Z(s)$达到最小的点，有

$$Z(s^*)\leqslant Z(s^*-1)$$

$$Z(s^*) \leqslant Z(s^*+1)$$

于是

$$c_s' s^* + c_w L(s^*) \leqslant c_s'(s^*-1) + c_w L(s^*-1)$$

$$c_s' s^* + c_w L(s^*) \leqslant c_s'(s^*+1) + c_w L(s^*+1)$$

化简后得

$$L(s^*) - L(s^*+1) \leqslant \frac{c_s'}{c_w} \leqslant L(s^*-1) - L(s^*)$$

依次求当 $s=1,2,\cdots$时 L 的值，并计算相邻两个 L 值的差。因$\frac{c_s'}{c_w}$是已知数，根据其落在哪个与 s 有关的不等式中，即可定出最优的 s^*。

例 12.13 某检验中心为各工厂服务，要求进行检验的工厂（顾客）的到来服从泊松流，平均到达率为 $\lambda=48$（次/天），每次来检验由于停工等原因损失 6 元，服务（检验）时间服从负指数分布，平均服务率为 $\mu=25$（次/天）；每设置一个检验员的服务成本为每天 4 元，其他条件均适合 M/M/s/∞系统，应设几个检验员可使总费用的平均值最少？

解 已知 $c_s'=4, c_w=6, \lambda=48, \mu=25$

$\frac{\lambda}{\mu}=1.92$，设检验员数为 s，于是

$$P_0 = \left[\sum_{n=0}^{s-1} \frac{\rho^n}{n!} + \frac{\rho^s}{s!\ (1-\rho_s)}\right]^{-1} = \left[\sum_{n=0}^{s-1} \frac{(1.92)^n}{n!} + \frac{(1.92)^s}{(s-1)!\ (s-1.92)}\right]^{-1}$$

$$L = L_q + \rho = \frac{P_0 (1.92)^s}{(s-1)!\ (s-1.92)^2} + 1.92$$

将 $s=1,2,3,4,5$ 依次代入上式得表 12-5，由于$\frac{c_s'}{c_w}=\frac{4}{6}=0.67$ 落在区间(0.582,21.845)内，故 $s^*=3$ 人，即当设 3 个检验员时可使总费用 Z 最小，最小值为 $Z(s^*)=Z(3)=27.87$ 元。

表 12-5 例 12.13 计算结果

检验员数 s/人	平均顾客数 $L(s)$/人	$L(s)-L(s+1)\sim L(s-1)-L(s)$/人	总费用 $Z(s)$/元
1	∞		∞
2	24.49	21.845～∞	154.94
3	2.645	0.582～21.845	27.87
4	2.063	0.111～0.582	28.38
5	1.952		31.71

思 考 题

(1) 分析 M/M/1 排队系统优化最优平均服务率问题的求解特点及其计算过程。

(2) 分析 M/M/s 排队系统优化最优服务台数量问题的求解特点及其计算过程。

本章小结

排队论起源于 20 世纪初，1909—1920 年，丹麦数学家、电气工程师埃尔朗(A. K. Erlang)用概率论方法研究电话通话问题，从而开创了这门学科，并为这门学科建立许多基本原则。

排队论(queueing theory)又称随机服务系统理论，是研究服务系统中排队现象随机规律的学科。排队论通过对服务对象到来及服务时间的统计研究，得出这些数量指标(等待时间、逗留时间、系统顾客平均数、排队长度、忙期长短等)的统计规律，然后根据这些规律来改进服务系统的结构或重新组织被服务对象，使得服务系统既能满足服务对象的需要，又能使机构的费用最经济或某些指标最优。它广泛应用于计算机网络、生产、运输、库存等各项资源共享的随机服务系统。

稳态排队系统的主要衡量指标有有效到达率 λ_e，队长 L(系统中的顾客总数)，排队长 L_q(队列中的顾客数)，逗留时间 W(顾客在系统中的停留时间)，等待时间 W_q(顾客在队列中的等待时间)等；主要讨论的到达间隔时间与服务时间的分布有泊松分布、负指数分布、埃尔朗分布等。

通过生灭系统状态转移速度图进行泊松输入——指数服务排队系统地分析研究，是本章建议的主要研究思路。此类模型的求解主要步骤如下：

(1) 根据已知条件绘制状态转移速度图；

(2) 依据状态转移速度图写出各稳态概率之间的关系；

(3) 求出 p_0 及 p_n；

(4) 计算各项数量运行指标；

(5) 用系统运行指标构造目标函数，对系统进行优化。

本章主要讨论了 3 类泊松输入——指数服务排队系统，同时介绍了 3 个其他模型。对于优化问题，本章只介绍了较简单的两种情况，目的是建立优化的思路和方法。

评价一个排队系统的好坏要以顾客与服务机构两方面的利益为标准。就顾客来说，总希望等待时间或逗留时间越短越好，从而希望服务台个数尽可能多些；就服务机构来说，增加服务台数就意味着增加投资，但服务台个数少会引起顾客的抱怨甚至失去顾客。服务机构需要考虑服务的效率与经济上的平衡。顾客与服务机构为了照顾自己的利益对排队系统中的 3 类指标：队长、等待时间、服务台的忙期(简称忙期)都很关心。因此这 3 类指标也就成了排队论的主要研究内容。

排队论的应用非常广泛。它适用于一切服务系统。尤其在通信系统、交通系统、计算机、存储系统、生产管理系统等发面应用得最多。排队论的产生与发展来自实际的需要，实际的需要也必将影响它今后的发展方向。

习 题 12

12.1 指出下列排队系统中的顾客与服务员：

(1) 大商场的收款台；

(2) 汽车修理站；

(3) 轮渡码头；

(4) 故障机器的停机待修。

12.2 来到一个汽车加油站加油的汽车服从波松公布，平均每 10 分钟到达一辆。设加油站对每辆汽车加油时间为 5 分钟。问在这段时间内发生以下情况的概率：

(1) 没有一辆汽车到达；

(2) 有两辆汽车到达；

(3) 不少于 5 辆汽车到达。

12.3 某车间只有一台工具的打磨机，工人前来打磨工具的规律服从波松分布，平均每小时到达 5 人，打磨时间服从负指数分布，平均打磨一件工具所用时间为 6 分钟，计算下列指标：

(1) 前来打磨的人需要等待的概率；

(2) 中断生产的平均人数；

(3) 工人在系统中的平均逗留时间及平均等待时间。

12.4 某售票所有 3 个窗口，顾客的到达服从波松过程，平均到达率每分钟 $\lambda=0.9$ 人，售票时间服从负指数分布，平均服务率每分钟 $\mu=0.4$ 人，现设顾客到达后排成一队，依次向空闲的窗口购票。计算下列指标：

(1) 整个售票所空闲的概率；

(2) 平均队长 L_s 及排队长 L_q；

(3) 平均等待时间及逗留时间。

12.5 某车间有 5 台机器，每台机器的连续运转时间为 15 分钟，有一个修理工，每次修理时间服从负指数分布，平均每次 12 分钟。求顾客到达后排成一队，依次向空闲的窗口购票。计算下列指标：

(1) 整个售票所空闲的概率；

(2) 平均队长 L_s 及排队长 L_q；

(3) 平均等待时间及逗留时间。

12.6 某车间有 5 台机器，每台机器的连续运转时间为 15 分钟，有一个修理工，每次修理时间服从负指数分布，平均每次 12 分钟。计算下列指标：

(1) 修理工空闲的概率；

(2) 出故障的平均台数；

(3) 等待修理的平均台数；

(4) 平均停工时间；

（5）平均等待修理时间；

（6）评价这些结果。

12.7 设有 3 名工人负责看管 20 台机床。当机床需要加料、发生故障或刀具磨损时就自动停车，等待工人照管。设平均每台机床两次停车的间隔时间为 1 小时，又设每台机床停车时需要工人平均照管的时间为 0.1 小时，以上两项时间均服从负指数分布。试计算系统中的下述指标：

（1）P_0；

（2）L_s，L_q；

（3）W_s，W_q。

第13章　库　存　论

本章内容要点

- 库存论相关概念；
- 确定型存储模型；
- 随机型存储模型。

本章核心概念

- 库存论(inventory theory)；
- 存储策略(inventory strategy)；
- 订购费(order cost)；
- 库存费(holding cost)；
- 缺货损失费(goodwill cost)；
- 经济订购批量(economic ordering quantity，EOQ)；
- 经济生产批量(economic manufacturing quantity，EMQ)；
- 报童问题(newsvendor problem)。

■　**案例**

存储是一种比较普遍的经济现象，例如商店存储一定量的货物以保证经营；工厂存储一定量的原料和零件以保证生产正常进行；医院储备各种药品和血浆，以保证医疗的需要；甚至家庭也不能没有存储，需要储存粮食等来保证正常的生活；等等。总之，为了保障各类系统的正常运行，都需要有后备资源，即必要的存储。

在经济和社会管理中，库存的数量对经济效益具有重要的影响。过高的库存不仅会占用大量的流动资金，还会占用大面积的仓库，支付大笔的库存费，有些物资还会因长期积压而变质和损坏，造成不必要的资金和物资损失。而过低的库存则会使经济或社会活动因缺乏某种必需物资而停顿，同样会造成巨大的损失。因此，怎样的库存数量才是适当的，即如何适当地控制库存物资的数量才能取得较好的经济效益，是库存论所要研究解决的问题。

13.1　库存论中的基本概念

13.1.1　库存系统的若干因素

典型的库存问题可以用图13-1表示。

存储物不断通过输入、储存、输出3个环节来满足需要。在这样的系统中，决策人员可以通过控制物资的购入时间和购入数量来调节系统的运行，使供求关系更合理。库存系统中有以下3个重要概念：

图13-1　库存系统描述

(1) 需求。需求是库存系统的输出，它可以是常量，例如自动生产线上各个班对某种材料的需求量；也可以是一个随机变量，例如商品的销售量。

(2) 供应。供应是库存系统的输入，库存的货物由于不断输出而减少，必须及时进行补充。供应可以通过订货、采购和内部生产来进行。

(3) 库存物。库存物又称存储物。库存论中提到的库存物具有广泛的意义。在生产经营活动中，一切暂存在仓库中的物资以及在生产过程中的在制品都是库存物，生产结束后的成品也是库存物。

13.1.2 与库存有关的基本费用项目

库存论是研究如何库存，也就是库存多少、何时库存使库存费用最小的理论，因此必须首先明确与库存有关的费用项目。

与库存有关的基本费用有以下几项。

(1) 订购费或生产准备费。这是每订购一批货物必须支付的有关费用。它包括各种手续费、电信往来、派人员外出采购的差旅费等。这些费用每次订购都要承担，与订购量的多寡无关。因此，订购的次数越少，订购的费用越小；订购的次数越多，订购的费用越大。

如果库存供应是由企业内部生产自行解决的，则订购费相当于生产准备费。它是在每批产品投产前的工艺准备、设备调整费，与投产批次有关，与批量无关。

本书用 C_1 表示一次订货的订购费或生产准备费。

(2) 存储费又称库存费。这是与库存直接相关的费用，包括保管费、利息、保险费、税金、库存物的变质损失等。这类费用与库存物数量的多少及库存时间的长短成正比，所以库存量越少越好。库存费有一种常用的算法是单位物资在单位时间内的库存费占该项物资单位成本的百分比。例如一件物资成本为 100 元，月库存费占 1%，则月库存费为 1 元。

本书用 C_2 表示单位货物在计划期内的库存费。

(3) 缺货损失费又称中断费用。它是由于库存应付不了需要使供应中断所造成的经济损失。例如，由于原材料供应不上而造成的机器和工人停工待料的损失；由于供货中断而导致的为顾客服务水平的下降，以及紧急采购所需要的高费用等。不过，缺货或供货中断，有时则是一种经营策略。例如在商品销售中，有时允许一些商品短期少量缺货，这往往是一种经营策略，因为这样做可将节约的一部分资金用于热门货的订购和销售，加速资金周转，提高经济效益。

缺货损失费的估计比较困难，难以用精确的数量来表示。这项费用的估计往往具有近似和任意的性质，但这并不意味着这项费用可以被忽视。

本书用 C_3 表示单位货物的缺货损失费。

(4) 总费用。一般情况下，由于库存物资的单价都是固定不变的，因此本章计算的总费用大部分都不包括用于购买物资的费用，而是将订购费、存储费与缺货损失费之和称为总费用，用 C 表示。则

$$\text{库存总费用 } C = \text{订购费} + \text{存储费} + \text{缺货损失费}$$

库存论要解决的问题便是寻找一个供应周期 t_0 及供应批量 Q_0，使得库存总费用 C 最小。

13.1.3 库存策略及库存模型

库存论中决定供应即进货周期的长度及供货批量的决策方法,称为库存策略。

常用的库存策略有如下两种。

(1) t_0-循环策略。有时也称为定期供应法。这种方法是每隔时间 t_0,就补充供应库存量 Q。

(2) (β,S)策略。有时也称为定点供应法。这种方法是当库存量下降到一定数量 β 时,就订货补充库存量,把库存量提高到 S。β 在代表订货点储存量,即当库存量 Q 低于 β 时,就补充订货,当 $Q>\beta$ 时,就不再补充。

为了得出最优的库存策略,就必须首先将实际问题抽象为数学模型,然后应用数学方法求出模型的最优解。

库存问题经长期的研究,已经得出了一些行之有效的模型。从这些模型来看,大体可为两类:一类是确定性库存模型,即模型中的数据都是确定的数值,另一类叫做随机性库存模型,即模型中含有随机变量。本章就这两类库存模型进行一些研究,介绍一些典型的库存模型。

思 考 题

生活中有哪些问题可以描述为库存模型?

13.2 确定性库存模型

模型 1 补充供应时间很短,不允许缺货。

这类问题的特征如下:

(1) 一种货物在某一计划期(如一年)内的总需求量为常数 R,在该计划期内,以一定的批量 Q 分若干批订购,即最大库存量为 Q;

(2) 当库存量下降到 0 时,可以立即得到充分补充,即在时间 t 内,当库存量下降到 0 时,立即恢复到其最大库存量 Q;

(3) 没有缺货现象;

(4) 每次订货的周期相同。

这类库存模型可用图 13-2 表示。在图 13-2 中,库存量由 Q 以均匀的速度在 t 时间内下降到 0,然后,立即充分补充库存,使库存量恢复到 Q,如此循环往复。现在问题是,如何确定进货批量和进货周期,使其库存费用为最小。

这个问题可以用定期供应法即 t_0- 循环策略来解决。

由于不允许缺货,故计划期内的库存总费用 C=订购费+库存费。

显然,订购费$=\frac{R}{Q}C_1$,$\frac{R}{Q}$表示订货批数。

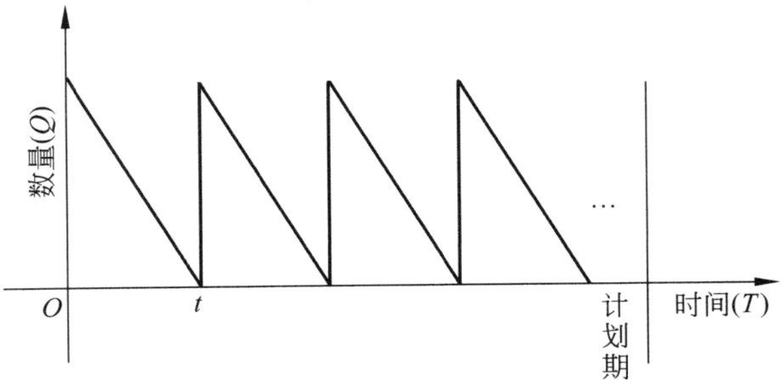

图 13-2 模型 1 图示

库存费=平均库存量×C_2。由于货物是一次输入均匀输出，所以平均库存量为$\frac{1}{2}Q$，因此，库存费为$\frac{Q}{2}C_2$。

故总费用函数为 $C=\frac{R}{Q}C_1+\frac{Q}{2}C_2$。

显然，C 是关于 Q 的一元函数，由微积分知识便可求解此极值问题。

令$\frac{\mathrm{d}C}{\mathrm{d}Q}=0$，即

$$-\frac{R}{Q^2}C_1+\frac{C_2}{2}=0$$

解得

$$Q_0=\sqrt{\frac{2RC_1}{C_2}} \tag{13-1}$$

又因为$\frac{\mathrm{d}^2C}{\mathrm{d}Q^2}>0$，故 C 在 Q_0 达到最小值。这时，批数

$$n_0=\frac{R}{Q_0}=\sqrt{\frac{RC_2}{2C_1}} \tag{13-2}$$

供应周期

$$t_0=\sqrt{\frac{2C_1}{RC_2}} \tag{13-3}$$

最小费用

$$C_{\min}=\sqrt{2RC_1C_2} \tag{13-4}$$

故此问题的最优策略为，每隔 $t_0=\sqrt{\frac{2C_1}{RC_2}}$ 供应一批，每批供应 $Q_0=\sqrt{\frac{2RC_1}{C_2}}$ 件，这时总费用最小为$\sqrt{2RC_1C_2}$。

式(13-1)就是著名的经济批量公式，简称 E.O.Q 公式。它是英国的哈里斯(F. W. Harris)在 1915 年提出来的。

例 13.1 设某产品的年总需求量为 256 件且需求是均匀的。设每生产一批(不管产量

多少）需花费于购置工具和模型、设计形式、调节机器等基本费用 80 元，每生产一件产品的直接成本为 100 元，每件每年的库存费用占生产成本的 10%，包括保险费、占有费用的利息和贬值消耗。今欲决定生产的最佳批量及每年的生产批数。

解 $R=256$ 件，$C_1=80$ 元，$C_2=100\times10\%=10$ 元，计划期为一年，故

$$Q_0=\sqrt{\frac{2RC_1}{C_2}}=\sqrt{\frac{2\times256\times80}{10}}=64(\text{件})$$

$$n_0=\sqrt{\frac{RC_2}{2C_1}}=\sqrt{\frac{256\times10}{2\times80}}=4(\text{批})$$

因此，最优批量为 64 件，每年生产 4 批，即每 3 个月生产一批。

模型 2 补充供应需一定时间，不允许缺货。

这类问题的特征如下：

(1) 一种货物在某一计划期（如一年）内的总需求量为常数 R，在该计划期内以一定的批量 Q 分若干批订购；

(2) 当库存量下降到 0 时，可以立即得到补充，但库存量不是由 0 立即上升到最大库存量 Q_1，然后，再均匀输出，而是在时间 t_1 内以速度 r_1 均匀地进货，同时又以速度 r_2 均匀地出库，且 $r_1>r_2$ 直至达到最大库存量 Q_1，然后以均匀速度 r_2 输出；

(3) 不允许缺货，且库存量由 0 缓慢增加到 Q_1；

(4) 订货周期相同。

这类库存模型可用图 13-3 表示。在图 13-3 中，库存量由 0 以均匀的速度 r_1-r_2 增加到最大库存量 Q_1，然后又以均匀速度 r_2 输出，如此循环往复。现在的问题是，如何确定进货批量和进货周期，使其库存费用为最小。

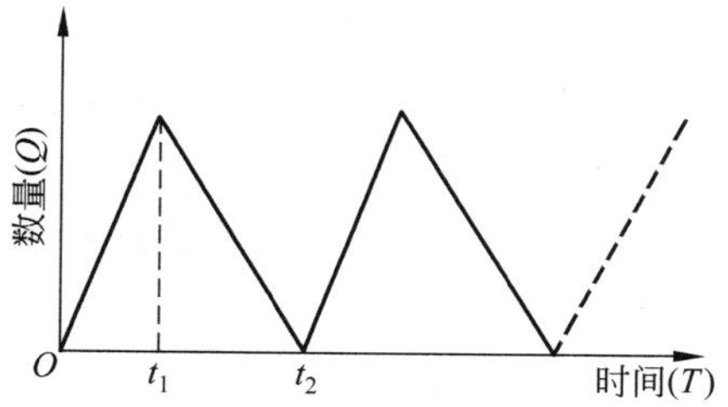

图 13-3 模型 2 图示

这个问题可以用定期供应法即 t_0- 循环策略来解决。为了求出此问题的最优解，先来建立费用函数。

由于不允许缺货，则库存总费用 $C=$ 订购费 $+$ 库存费。

显然，订购费 $=\frac{R}{Q}C_1$。为了计算库存费，需求出最大库存量 Q_1：

$$Q_1=\text{批量 }Q-\text{进货时间内的出库量}=Q-t_1r_2$$

又 $t_1=\frac{Q}{r_1}$，故

$$Q_1=Q-\frac{Q}{r_1}r_2=Q\left(1-\frac{r_2}{r_1}\right)$$

于是

$$\text{平均库存量}=\frac{1}{2}Q\left(1-\frac{r_2}{r_1}\right)$$

所以

$$库存费=\frac{1}{2}Q_1C_2=\frac{1}{2}Q\left(1-\frac{r_2}{r_1}\right)C_2$$

从而

$$总费用\ C=\frac{R}{Q}C_1+\frac{1}{2}Q\left(1-\frac{r_2}{r_1}\right)C_2$$

C 是 Q 的一元函数，故由微积分知识即可求得问题的最优解。

令

$$C'(Q)=\frac{1}{2}\left(1-\frac{r_2}{r_1}\right)C_2-\frac{R}{Q^2}C_1=0$$

得

$$Q_0=\sqrt{\frac{2RC_1}{\left(1-\frac{r_2}{r_1}\right)C_2}} \tag{13-5}$$

订货周期为

$$t_0=\frac{1}{\frac{R}{Q_0}}=\sqrt{\frac{2C_1}{RC_2\left(1-\frac{r_2}{r_1}\right)}} \tag{13-6}$$

最小费用

$$C_{\min}=\sqrt{2RC_1C_2\left(1-\frac{r_2}{r_1}\right)} \tag{13-7}$$

若令 $r_2\to 0$，则式(13-5)～式(13-7)与式(13-1)、式(13-3)、式(13-4)分别合为同一公式，即在进货时间内若没有货物出库，则模型 2 就变成了模型 1。

例 13.2 某厂每月需某种产品 100 件，由内部生产解决，设每月生产率为 600 件，每批装配费为 10 元，每件每月产品库存费为 0.5 元。求最佳批量及生产周期(一年按 300 个工作日计)。

解 由题知，计划期 $T=1$ 月，$R=100$ 件，$r_1=600$ 件/月，$r_2=100$ 件/月，$C_1=10$ 元，$C_2=0.5$ 元/(月·件)，故

$$最佳批量为\ Q_0=\sqrt{\frac{2RC_1}{C_2\left(1-\frac{r_2}{r_1}\right)}}=\sqrt{\frac{2\times 100\times 10}{0.5\left(1-\frac{100}{600}\right)}}=\sqrt{4800}=69(件)$$

$$最佳生产周期\ t_0=\frac{T}{\frac{R}{Q_0}}=T\frac{Q_0}{R}=\frac{69}{100}=0.69(月)$$

由于每年 300 个工作日，故每月 $\frac{300}{12}=25$ 天为工作日对，0.69 个月相当于 $0.69\times 25\approx 17$(天)，故最佳生产周期为 17 天。

模型 3 进货时间很短，允许缺货。

在第一个模型的基础上，建立一个存在缺货现象时，补充供应时间很短(或称瞬时供应)的库存模型。

这里所谓的缺货，是指库存为零以后仍存在输出需要的情况。

这类问题的特征如下：

(1) 最大库存量为 Q。

(2) 库存量由 Q 以速度 r 均匀输出，在时间 t_1 时库存量降为 0，而在仍存在输出需要的情况下，将补充库存时间推迟一个时期，然后，再立即将库存恢复到最大库存量 Q。

(3) 允许有缺货现象和存在缺货损失。

(4) 每次订购周期相同。

这类库存模型可用图 13-4 来表示。库存量由 Q 以均匀的速度 r 输出，在时间 t_1 时库存量降至 0，但没有立刻补充库存，而是拖后 t_2 时间，然后再立刻将库存补充到最大库存量 Q，如此循环往复。现在的问题是，寻求一个最优策略，即求出最佳库存量 Q_0 及供应周期 t_0，使得库存总费用最小。

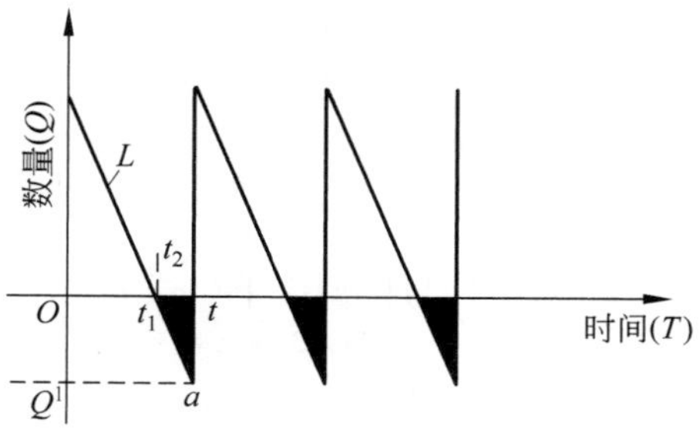

图 13-4　模型 3 图示

由于允许缺货，故总费用函数为：C＝订购费＋库存费＋缺货费。

设供应周期 t，则在一个计划期内的订购次数为 $\frac{1}{t}$ 次，故订购费为 $\frac{1}{t}C_1$。由于 Q 只能满足 t_1 时间内的需求，故$[0,t_1]$内的平均库存量为$\frac{Q}{2}$，因此，$[0,t]$内的平均库存量为$\frac{Q}{2}\cdot\frac{t_1}{t}$，这也是整个计划期内的平均库存量。又由于货物的输出率为 r，故直线 l 的斜率为 $-r$，所以 $t_1=\frac{Q}{r}$，故平均库存量为$\frac{Q}{2}\cdot\frac{\frac{Q}{r}}{t}=\frac{Q^2}{2rt}$，因此，库存费为$\frac{Q^2}{2rt}C_2$。

设在$[t_1,t]$时间内的缺货量为 Q'，则在$[0,t]$时间内的平均缺货量为$\frac{1}{2}Q'\frac{t_2}{t}=\frac{1}{2}Q'\frac{t-t_1}{t}$，又在图 13-4 中的左数第一个阴影三角形中知 $Q'=r(t-t_1)$，所以，平均缺货量为

$$\frac{1}{2}r(t-t_1)\cdot\frac{t-t_1}{t}=\frac{1}{2}r\frac{(t-t_1)^2}{t}=\frac{1}{2}r\cdot\frac{\left(t-\frac{Q}{r}\right)^2}{t}=\frac{(rt-Q)^2}{2rt}$$

故缺货费用为$\frac{(rt-Q)^2}{2rt}C_3$，因此，总费用函数为

$$C=\frac{C_1}{t}+\frac{Q^2}{2rt}C_2+\frac{(rt-Q)^2}{2rt}C_3$$

上式中 C_1、C_2 和 C_3 均为已知，故总费用函数为 Q 与 t 的二元函数。

由微积分中二元函数极值的求法，只需解如下方程组：

$$\begin{cases}\dfrac{\partial C}{\partial Q}=0\\[2mm]\dfrac{\partial C}{\partial t}=0\end{cases}\quad \text{即}\quad \begin{cases}\dfrac{QC_2-C_3rt+C_3Q}{rt}=0\\[2mm]\dfrac{r^2t^2C_3-2rC_1-Q^2(C_2+C_3)}{2rt^2}=0\end{cases}$$

解之得：

最佳库存量

$$Q_0=\sqrt{\frac{2C_1C_3r}{C_2(C_2+C_3)}} \tag{13-8}$$

最佳订购周期

$$t_0=\sqrt{\frac{2C_1(C_2+C_3)}{rC_2C_3}} \tag{13-9}$$

最小总费用

$$C_{\min}=\sqrt{\frac{2rC_1C_2C_3}{C_2+C_3}} \tag{13-10}$$

若令 $C_3\to\infty$，这时即为不允许缺货。由于$\frac{C_3}{C_2+C_3}\to 1$，则 $Q_0=\sqrt{\frac{2C_1r}{C_2}}\cdot t_0=\sqrt{\frac{2C_1}{C_2r}}$，$C_{\min}=\sqrt{2rC_1C_2}$ 与模型 1 中公式完全一样。

在模型 3 中，由于允许缺货，求出的周期为模型 1 中不允许缺货情况下求出的周期 $\sqrt{\frac{2C_1}{C_2r}}$ 的 $\sqrt{\frac{C_2+C_3}{C_3}}$ 倍。由于 $\sqrt{\frac{C_2+C_3}{C_3}}>1$，所以两次订货间隔的时间延长了。

在模型 3 中，若在供应周期 t_0 内不允许缺货，则在理论上，订货批量应为

$$S_0=rt_0=\sqrt{\frac{2rC_1(C_2+C_3)}{C_2C_3}} \tag{13-11}$$

若允许缺货，则订货批量只需

$$Q_0=\sqrt{\frac{2rC_1C_3}{C_2(C_2+C_3)}}$$

S_0 与 Q_0 关系为

$$Q_0=\frac{C_3}{C_2+C_3}S_0 \tag{13-12}$$

显然，$S_0>Q_0$，其差值 S_0-Q_0 即为缺货量 Q'，即

$$Q'=S_0-Q_0=\sqrt{\frac{2rC_1(C_2+C_3)}{C_2C_3}}-\sqrt{\frac{2rC_1C_3}{C_2(C_2+C_3)}}=\sqrt{\frac{2rC_1}{C_3}\left(\frac{C_2}{C_2+C_3}\right)}$$

例 13.3 某工厂每年需要某种原料 1000 吨，每次订购费为 6000 元，每吨每月库存费 50 元。在不允许缺货与允许缺货两种情形下，求工厂对该原料的最优订货批量、每年订货次数及费用。缺货费为 900 元/吨。

解 设计划期为一年，则 $r=1000$ 吨，$C_1=6000$ 元，$C_2=50\times 12=600$ 元/年，$C_3=900$ 元/吨。

(1) 不允许缺货时

$$Q_0=\sqrt{\frac{2C_1r}{C_2}}=\sqrt{\frac{2\times 1000\times 6000}{600}}=141.42(\text{吨})$$

订货次数为

$$n_0=\frac{r}{Q_0}=\frac{1000}{141.42}\approx 7.07(\text{次})$$

最小费用

$$C_{\min}=\sqrt{2rC_1C_2}=\sqrt{2\times 1000\times 6000\times 600}\approx 84\ 852.8(\text{元})$$

但由于订货次数应为正整数,故可以比较订货次数分别为 7 次和 8 次的费用。

若每年订货 7 次,则订货批量为$\frac{1000}{7}\approx 142.857$(吨),费用为 $7\times C_1+\frac{1}{2}\times 142.857\times C_2=84\ 857.1$ 元。

若每年订货 8 次,则订货批量为$\frac{1000}{8}=125$(吨),费用为 $8\times C_1+\frac{1}{2}\times 125\times C_2=85\ 500$ 元。

由此可见,取每年订货次数为 7 次,批量为 142.857 吨,费用为 84 857.1 元,费用最省。

(2) 允许缺货时

$$S_0=\sqrt{\frac{2rC_1(C_2+C_3)}{C_2C_3}}=\sqrt{\frac{2\times 1000\times 6000(600+900)}{600\times 900}}\approx 182.6(\text{吨})$$

$$Q_0=\frac{C_3}{C_2+C_3}S_0=\frac{900}{600+900}\times 182.6\approx 109.56(\text{吨})$$

每年订购次数为$\frac{r}{S_0}=5.48$,缺货量 $Q'=S_0-Q_0=73.04$ 吨。

最小费用 $C_{\min}=\sqrt{\frac{2rC_1C_2C_3}{C_2+C_3}}=\sqrt{\frac{2\times 1000\times 6000\times 600\times 900}{600+900}}\approx 65\ 726.7$(元)

由于订货次数应为正整数,故分别取 5 次或 6 次来比看哪个方案较好。

若订货 5 次,则理论批量为$\frac{1000}{5}=200$ 吨,最大库存量为$\frac{C_3}{C_2+C_3}\times 200=120$(吨),将 $Q=120$ 及 $t=\frac{1}{5}$代入总费用函数$\frac{C_1}{t}+\frac{Q^2}{2rt}C_2+\frac{(rt-Q)^2}{2rt}C_3$ 中,得总费用为 66 000 元。

若订货 6 次,则理论批量为$\frac{1000}{6}\approx 166.67$(吨),最大库存量为$\frac{C_3}{C_2+C_3}\times 166.67\approx 100$(吨)。将$Q=100$,$t=\frac{1}{6}$代入总费用函数$\frac{C_1}{t}+\frac{Q^2}{2rt}C_2+\frac{(rt-Q)^2}{2rt}C_3$ 中,得总费用为 66 000 元。

由此可见,无论年订货次数为 5 还是 6,总费用都是一样的,故取订货次数为 5,批量为 120 吨,费用最少为 66 000 元,比不允许缺货时的总费用少了 18 857 元。因此,允许缺货,有时可以作为一种经营策略。

模型 4 生产需要一定时间,允许缺货。

这种问题的特征如下:

(1) 最大库存量为 Q;

(2) 库存量由 Q 以速度 r_2 均匀输出至库存量为 0,而在仍存在输出需要的情况下,将补充库存的时间推迟一个时期,然后再以速度 r_1 均匀进货,同时又以速度 r_2 均匀出库,且 $r_1>r_2$,直到库存量达到 Q;

(3) 允许存在缺货现象;

(4) 订货周期相同。

这类库存模型可用图 13-5 表示。

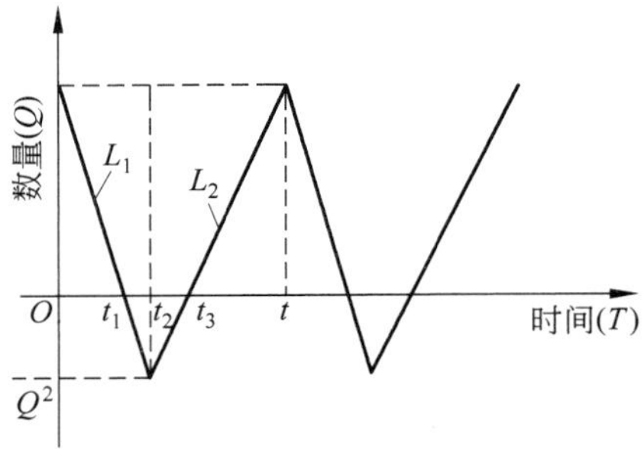

图 13-5 模型 4 图示

在图 13-5 中，库存量由 Q 以均匀速度 r_2 输出，在时间 t_1 时，库存量降至 0，但没有立即补充库存，而是拖后了 t_3-t_1 时间，在 t_3 时刻以均匀速度 r_1 补充库存，从而使库存以匀速 r_1-r_2 增加到最大库存量 Q，如此循环往复。现在的问题是，如何确定最优最大库存量及进货周期，使库存的总费用最小。

为此，仍需要先建立费用函数。由于允许缺货，故

总费用 $C=$ 订购费 $+$ 库存费 $+$ 缺货费

显然，订购费 $=\dfrac{C_1}{t}$。

有库存的时间为 $[0,t_1]$ 及 $[t_3,t]$，故 t 时间内的平均库存量为 $\dfrac{Q}{2}\cdot\dfrac{t_1+(t-t_3)}{t}$。由于入库速度为 r_1，出库速度为 r_2，故库存增长速度为 r_1-r_2。直线 l_2 的斜率为 r_1-r_2，故 $t-t_3=\dfrac{Q}{r_1-r_2}$，又因为出库速度为 r_2，故直线 l_1 的斜率为 $-r_2$，因此 $t_1=\dfrac{Q}{r_2}$，所以平均库存量为

$$\frac{Q}{2}\cdot\frac{\dfrac{Q}{r_2}+\dfrac{Q}{r_1-r_2}}{t}=\frac{Q^2}{2t}\left(\frac{r_1}{r_2(r_1-r_2)}\right)$$

令 $k=\dfrac{r_1}{r_2(r_1-r_2)}$，则库存费为 $\dfrac{Q^2}{2t}kC_2$。

有缺货的时间为 $[t_1,t_3]$，最大缺货量为 Q'，则 t 时间内平均缺货量为 $\dfrac{1}{2}Q'\dfrac{t_3-t_1}{t}$。在图中，依相似三角形性质有 $\dfrac{t_3-t_1}{t}=\dfrac{Q'}{Q+Q'}$，因此平均缺货量为 $\dfrac{1}{2}\dfrac{(Q')^2}{Q+Q'}$。

在图中三角形里，$t_2-t_1=\dfrac{Q'}{r_2}$，$t_3-t_2=\dfrac{Q'}{r_1-r_2}$，而 $t_3-t_1=(t_2-t_1)+(t_3-t_2)$，故

$$t_3-t_1=\frac{Q'}{r_2}+\frac{Q'}{r_1-r_2}$$

又前面已求出

$$t_3-t_1=t\cdot\frac{Q'}{Q+Q'}$$

从而

$$\frac{Q'}{r_2}+\frac{Q'}{r_1-r_2}=\frac{Q't}{Q+Q'}$$

所以

$$\frac{r_1}{r_2(r_1-r_2)}=\frac{t}{Q+Q'}$$

因此

$$k=\frac{t}{Q+Q'}, \quad Q'=\frac{t}{k}-Q$$

所以，平均缺货量为$\frac{1}{2}\frac{\left(\frac{t}{k}-Q\right)^2}{\frac{t}{k}}=\frac{(t-kQ)^2}{2kt}$，因而，平均缺货费为$\frac{(t-kQ)^2}{2kt}C_3$。

综上所述，总费用为$C=\frac{C_1}{t}+\frac{Q^2}{2t}kC_2+\frac{(t-kQ)^2}{2kt}C_3$。

C 是 Q 与 t 的二元函数。根据二元函数求极值方法，只要解下面的方程组：

$$\begin{cases}\frac{\partial C}{\partial Q}=0\\ \frac{\partial C}{\partial t}=0\end{cases} \quad 即 \quad \begin{cases}\frac{kC_2Q}{t}+\frac{(kQ-t)C_3}{t}=0\\ \frac{C_3t^2-(C_2+C_3)Q^2k^2-2kC_1}{2kt^2}=0\end{cases}$$

解得

最佳订购周期

$$t_0=\sqrt{\frac{2kC_1(C_2+C_3)}{C_2C_3}} \tag{13-13}$$

最佳库存量为

$$Q_0=\sqrt{\frac{2C_1C_3}{kC_2(C_2+C_3)}} \tag{13-14}$$

其中，$k=\frac{r_1}{r_2(r_1-r_2)}$。

为了保证 t_0 时间内的需求，理论最佳订购量为

$$S_0=r_2t_0=r_2\sqrt{\frac{2kC_1(C_2+C_3)}{C_2C_3}}=\sqrt{\frac{2r_1r_2C_1(C_2+C_3)}{(r_1-r_2)C_2C_3}} \tag{13-15}$$

最佳缺货量为

$$Q'=S_0-Q_0$$

最小费用

$$C_{\min}=\sqrt{\frac{2C_1C_2C_3}{k(C_2+C_3)}} \tag{13-16}$$

在上述公式中，若令 $r_1\to\infty$，即进货速度很大，则进货时间很短，这时 $k\to\frac{1}{r_2}$，式(13-13)～式(13-15)变为模型 3 的公式；若令 $r_1\to\infty$，$C_3\to\infty$，则式(13-13)～式(13-15)变为模型 1 的公式；若令 $C_3\to\infty$，则式(13-13)～式(13-15)变为模型 2 的公式。因此，模型 4 是综合模型，模型 1,2,3 都是它的特殊情况。

模型 5　批量折扣模型，瞬时进货，不允许缺货。

上述几种确定性库存模型中，都是假定库存物资的单价固定不变，因此考虑最小总费用时，对用于购买物资的费用不加考虑。但是在大批购买物资时，物资出售单位为了鼓励用户多购物，对于购货较多的用户，在价格上会给予一定的优惠，因此，货物的单价 u 便成了购货量 Q 的函数 $u(Q)$。故在考虑最小费用时，必须考虑用于购货的费用。由模型 1 可知，这时总费用应为

$$C=\frac{R}{Q}C_1+\frac{Q}{2}C_2+u(Q)R$$

一般地，$u(Q)$是一个阶梯函数，不妨设

$$u(Q)=\begin{cases}u, & 0<Q<Q^*\\ u(1-\beta), & Q\geqslant Q^*\end{cases}$$

$0<\beta<1$，称为价格折扣率。

这时 $C(Q)$也是个分段函数，在各段上，对 $C(Q)$求导得

$$\frac{\mathrm{d}C(Q)}{\mathrm{d}Q}=-\frac{RC_1}{Q^2}+\frac{C_2}{2}$$

此式只有在 Q^* 点可能不成立。

令

$$\frac{\mathrm{d}C(Q)}{\mathrm{d}Q}=0$$

得

$$Q_0=\sqrt{\frac{2RC_1}{C_2}}$$

然后将 $C(Q_0)$与 $C(Q^*)$进行比较，最小者相应的批量即为最优批量。

思 考 题

(1) 简述几种确定性库存模型的特点，并描述各个模型之间的关系。

(2) 批量折扣模型在实际生活中有哪些应用背景？

13.3 随机性库存模型

3.2 节研究的确定性库存模型，都是假设需求量及供应时间是确定不变的，是理想化了的模型。实际上，在生产或经营活动中，有很多偶然因素会影响到需求量及供应周期，比如商店销售某种商品，会因各种原因而影响到它的销售量，因而需求量不是一个确定的常数，而是一个随机变量，因此，必须用概率方法来研究。本节将介绍两种随机性的库存模型。

模型 6 进货时间很短，需求是随机离散模型。

为了说明这类问题，先看一个例子。

某店出售电风扇，销售量是一个离散随机变量。设每台利润为 30 元，如卖不出去，就要等到下一年夏季才能卖出，则需支付库存费每台 10 元。换句话说，若商店备货比实际需要

少一台，就要损失利润 30 元，如果多备一台，就要损失库存费 10 元。那么这种情况下，如何确定订购量，才能使得损失最少？

由于库存量及缺货量都是随机离散的，则总费用也是随机的。因此，讨论的损失最少是损失费的数学期望值最小。

一般地，某货物随订随到，需求量 r 是离散型随机变量，其概率为 $P(r)(r=0,1,2,\cdots)$，订购量为 Q，单位库存费为 C_2，单位缺货费为 C_3，订购费 $C_1=0$。求出最优订货量，使得总损失费的数学期望最小。

（1）当供过于求时，$r\leqslant Q$，损失费为库存费 $(Q-r)C_2$，数学期望为

$$\sum_{i=0}^{Q} C_2(Q-r)P(r)$$

（2）当供不应求时，$r>Q$，损失费为缺货费 $(r-Q)C_3$，故数学期望为

$$\sum_{r=Q+1}^{\infty} C_3(r-Q)P(r)$$

因此，总损失费的数学期望值为

$$E(C(Q))=\sum_{r=0}^{Q} C_2(Q-r)P(r)+\sum_{r=Q+1}^{\infty} C_3(r-Q)P(r)$$

下面确定 Q_0，使 $E(C(Q_0))$ 最小。

由于 $E(C(Q_0))$ 最小，故满足

$$\begin{cases}E(C(Q_0))\leqslant E(C(Q_0+1))\\E(C(Q_0))\leqslant E(C(Q_0-1))\end{cases}$$

即

$$\begin{cases}\displaystyle\sum_{r=0}^{Q_0} C_2(Q_0-r)P(r)+\sum_{r=Q_0+1}^{\infty} C_3(r-Q_0)P(r)\\\displaystyle\leqslant\sum_{r=0}^{Q_0+1} C_2(Q_0+1-r)P(r)+\sum_{r=Q_0+2}^{\infty} C_3(r-Q_0-1)P(r)\\\displaystyle\sum_{r=0}^{Q_0} C_2(Q_0-r)P(r)+\sum_{r=Q_0+1}^{\infty} C_3(r-Q_0)P(r)\\\displaystyle\leqslant\sum_{r=0}^{Q_0-1} C_2(Q_0-1-r)P(r)+\sum_{r=Q_0}^{\infty} C_3(r-Q_0+1)P(r)\end{cases}$$

整理得

$$\begin{cases}\displaystyle\sum_{r=0}^{Q_0} P(r)\geqslant\frac{C_3}{C_2+C_3}\\\displaystyle\sum_{r=0}^{Q_0-1} P(r)\leqslant\frac{C_3}{C_2+C_3}\end{cases}$$

因此，Q_0 为满足

$$\sum_{r=0}^{Q_0-1} P(r)\leqslant\frac{C_3}{C_2+C_3}\leqslant\sum_{r=0}^{Q_0} P(r)$$

的整数。令 $M=\dfrac{C_3}{C_2+C_3}$，称 M 为临界值。

下面解决所谓“报童问题”，它是这类库存模型的典型例子。

例 13.4 （报童问题）某报童每天向邮局订购报纸若干份，并且一提出订购，就可立即拿到报纸。每天报纸的零售量是个随机离散变量，其概率分布如表 13-1 所示。

表 13-1 例 13.4 数据

需求量 r/千张	9	10	11	12	13	14
概率 $P(r)$	0.05	0.10	0.25	0.35	0.15	0.10

并且已知，每卖出一份报纸，报童便可赚 0.02 元；若卖不出去时，退回邮局每份需赔偿 0.02 元。问报童需订购多少报纸，才能保证损失最小而赚钱最多？

解 已知 $C_2=0.02$ 元/份，$C_3=0.02$ 元/份，所以临界值

$$M=\frac{C_3}{C_2+C_3}=0.5$$

而

$$\sum_{r=0}^{11}P(r)=P(9)+P(10)+P(11)=0.05+0.1+0.25=0.4<0.5$$

$$\begin{aligned}\sum_{r=0}^{12}P(r)&=P(9)+P(10)+P(11)+P(12)=0.05+0.1+0.25+0.35\\&=0.75>0.5\end{aligned}$$

所以 $Q_0=12$，即 12 为最佳订购批量。

报童问题是管理中很重要的一个模型，它对于季节性商品或易腐烂易变质的商品订购具有特殊重要的价值。

在数理统计中可以证明：若需求量是随机离散的，则它在某段时间间隔内是服从泊松分布的，即 $P(r)=\dfrac{\lambda^r}{r!}e^{-\lambda}$，其中 λ 为平均售出数。

例 13.5 某商店拟出售甲商品，每单位甲商品成本 60 元，售出价 80 元。如不能售出必须减价为 50 元，减价后一定可以售出。根据过去经验平均售出数为 6 单位。问该店订购量应为多少？

解 由题目知，每单位缺货损失为 $C_3=80-60=20$ 元，每单位滞销损失为 $C_2=60-50=10$ 元，又 $\lambda=6$，所以 $P(r)=\dfrac{6^r}{r!}e^{-6}$。

临界值为

$$\frac{C_3}{C_2+C_3}=\frac{20}{10+20}=0.6667$$

由统计表知 $\sum\limits_{r=0}^{6}P(r)=0.6063$，$\sum\limits_{r=0}^{7}P(r)=0.7440$，故 $Q_0=7$，即订货 7 单位时，损失最小。

对于需求量 r 是连续型随机变量的情况，可类似地讨论，最佳订购量 Q_0 由

$$\int_0^{Q_0}P(r)\,dr=\frac{C_3}{C_2+C_3} \tag{13-17}$$

来确定，其中 $P(r)$ 为 r 的密度函数。

前面介绍的几种库存模型采取的都是 t_{0-} 循环策略，下面介绍一种 (β,S) 型库存策略。

模型 7 需求是随机离散的 (β,S) 型库存策略。

前面已经定义了定点库存法，即 (β,S) 型策略。这种方法是库存量有一个最高的和最低的界限，每隔一段时间检查一次库存量，当库存量低于最低限 β 时，则补充库存至 S，若库存量高于 β 时，则不补充库存量。

设某阶段开始时原有库存量为 h，由于需求量是随机的，故事前难以知道需求的准确数值，因而决策者就无法决定订货量 Q。若订货量不足，则需承担缺货费；若供货有余，则需承担库存费。因此，有必要求出一个最优的 (β,S) 策略，从而决定订货量，使总费用最小。

下面来讨论如何确定最优的 β 与 S。

先求 S：设在一段时间内，需求量 r 的概率为 $P(r_i)=P_i$，$i=1,2,\cdots,n$，其中 $0\leqslant r_1<r_2<\cdots<r_n$ 是 r 可能取到的数值，$\sum\limits_{i=1}^{n}P_i=1$。

在本阶段开始时，库存量为 h，设订货量为 Q，则库存量 $S=h+Q$。各种费用为

订购费：C_1；

购货费：$uQ=u(S-h)$，u 为货物单价；

库存费：当 $r<S$ 时，需支付库存费为 $C_2(S-r)$，因此，库存费的数学期望为

$$\sum_{r\leqslant S}C_2(S-r)P(r)$$

缺货费：当 $r>S$ 时，需付缺货费为 $C_3(r-S)$，因此，缺货费的期望值为

$$\sum_{r>S}C_3(r-S)P(r)$$

本阶段各种费用的期望值之和为

$$E(C(S))=C_1+u(S-h)+\sum_{r\leqslant S}C_2(S-r)P(r)+\sum_{r>S}C_3(r-S)P(r)$$

由于 r 可能取的值为 $r_1,r_2,\cdots,r_n$，故 S 可能取的值也为 $r_1,r_2,\cdots,r_n$。设 $S=r_i$ 时，$E(C(r_i))$ 最小，则 r_i 应满足

$$\begin{cases}E(C(r_{i+1}))\geqslant E(C(r_i))\\E(C(r_{i-1}))\geqslant E(C(r_i))\end{cases}$$

即

$$\begin{cases}C_1+u(r_{i+1}-h)+\sum\limits_{r\leqslant r_{i+1}}C_2(r_{i+1}-r)P(r)+\sum\limits_{r>r_{i+1}}C_3(r-r_{i+1})P(r)\\ \geqslant C_1+u(r_i-h)+\sum\limits_{r\leqslant r_i}C_2(r_i-r)P(r)+\sum\limits_{r>r_i}C_3(r-r_i)P(r)\\ C_1+u(r_{i-1}-h)+\sum\limits_{r\leqslant r_{i-1}}C_2(r_{i-1}-r)P(r)+\sum\limits_{r>r_{i-1}}C_3(r-r_{i-1})P(r)\\ \geqslant C_1+u(r_i-h)+\sum\limits_{r\leqslant r_i}C_2(r_i-r)P(r)+\sum\limits_{r>r_i}C_3(r-r_i)P(r)\end{cases}$$

整理得

$$\begin{cases} \sum\limits_{r \leqslant r_i} P(r) \geqslant \dfrac{C_3 - u}{C_3 + C_2} \\ \sum\limits_{r \leqslant r_{i-1}} P(r) \leqslant \dfrac{C_3 - u}{C_3 + C_2} \end{cases}$$

因此

$$\sum_{r \leqslant r_{i-1}} P(r) \leqslant \frac{C_3 - u}{C_3 + C_2} \leqslant \sum_{r \leqslant r_i} P(r) \tag{13-18}$$

满足此式的 r_i 即为所求的 S，最佳订货量为 $Q=S-h$，$\dfrac{C_3-u}{C_3+C_2}$称为临界值。

下面确定 β 值。

β 应该是不进货时损失的费用比进货时损失的费用还要少的最低库存量。

设阶段开始时库存量为 h，若不进货，当需求量 $r \leqslant h$ 时，需付库存费；当 $r > h$ 时，需付缺货费。则这时的损失费的数学期望和为

$$\sum_{r \leqslant h} C_2(h - r)P(r) + \sum_{r > h} C_3(r - h)P(r)$$

若进货，则补充供应 Q，使库存量达到 S，购货费为 $C_1+(S-h)u$。当 $r \leqslant S$ 时，需付库存费；当 $r > S$ 时，需付缺货费。这时损失的费用的数学期望和为

$$C_1 + (S - h)u + \sum_{r \leqslant S} C_2(S - r)P(r) + \sum_{r > S} C_3(r - S)P(r)$$

故 β 是满足

$$\begin{aligned} &\sum_{r \leqslant h} C_2(h - r)P(r) + \sum_{r > h} C_3(r - h)P(r) + hu \leqslant \\ &C_1 + Su + \sum_{r \leqslant S} C_2(S - r)P(r) + \sum_{r > S} C_3(r - S)P(r) \end{aligned} \tag{13-19}$$

的最小 h 值。

当 $S=r_i$ 求出以后，式(13-19)的右端便可求出，再对 $h=r_1, r_2, \cdots, r_i$ 逐个代入式(13-19)左端进行验算，便可求出 β。

例 13.6 设某厂的某种原材料购价为每箱 800 元，订购费为 60 元，库存费每箱 40 元，缺货费每箱 1015 元，原有库存量 10 箱。已知，产品对此原材料的需求概率为 $P(r_1=30)=0.2$，$P(r_2=40)=0.2$，$P(r_3=50)=0.4$，$P(r_4=60)=0.2$。求该公司的最佳订购量及(β, S)库存策略。

解 已知 $u=800$，$C_1=60$，$C_2=40$，$C_3=1015$，$h=10$，临界值为

$$N = \frac{C_3 - u}{C_3 + C_2} = \frac{1015 - 800}{1015 + 40} \approx 0.204$$

$$P(r_1 = 30) + P(r_2 = 40) = 0.4 > N$$

$$P(r_1 = 30) = 0.2 < N$$

所以 $S=r_2=40$，故订购量为 $40-10=30$。

将 $S=40$ 代入式(13-19)右端得 40 260，比 S 小的 r_i 只有 $r_1=30$，将 30 代入式(14-19)左端得 40 240，而 40 240<40 260，所以 $\beta=30$，故工厂应采取(30，40)策略。

关于需求变量是连续型随机变量的情况，其(β, S)型库存策略，可仿照离散的情形

讨论。

思　考　题

(1) 本章谈到的报童问题与动态规划中的报童问题有什么异同？谈一下两种方法的优缺点。

(2) (β,S)型库存策略有什么特点？

本章小结

本章学习了库存论相关概念及一些简单的存储问题。库存问题可以分为确定型问题和随机型问题。不允许缺货的批量订购问题、不允许缺货的批量生产问题、允许缺货的批量订购问题以及允许缺货的批量生产问题都属于确定型。随机型存储问题根据需求量可分为需求为离散变量的问题与需求为连续变量的问题。另外，还有(s,S)型存储策略问题、价格有折扣的存储问题以及库容有限制的库存问题等。本章的知识框架如图 13-6 所示。

- 库存论
  - 确定型库存问题
    - 批量订购问题
      - 不允许缺货的批量订购问题
      - 允许缺货的批量订购问题
    - 批量生产问题
      - 不允许缺货的批量生产问题
      - 允许缺货的批量生产问题
  - 随机型库存问题

图 13-6　本章的学习框架

库存模型不只本章介绍的这几种，有些库存问题比较复杂，还需要利用运筹学的其他方法，如动态规划、排队论、对策论、模拟法等。库存论不只限于解决一般的物资库存问题，也应用于与库存问题有类似性质的其他问题，如水库调度、医疗卫生等。实践证明，库存理论在实际应用中起着十分重要的作用。

习　题　13

13.1　某厂的自动装配线每年要用 480 000 个某种型号的电子管，生产该电子管的成本是每个 5 元，而每开工一次，生产的准备费用为 1000 元，估计每年该电子管的保管费为成本的 25%。若不允许缺货，每次生产的批量应多大？每年开工几次？

13.2　某企业计划年产 6500 件产品。假若每个生产周期的初装费 200 元，每件每年库存费 3.2 元，每天生产 50 件，市场需求 26 件，全年按 300 个工作日，试确定最佳经济批量及最佳库存量、最佳生产周期。

13.3　设某工厂每年需要某种零件 24 000 个，由本厂自行解决。已知订购费为 350 元/批，库存费 0.10 元/(件·月)，分别就允许缺货与不允许缺货求出相应的库存方案。若允许缺货时，缺货费为 0.20 元/(件·月)。

13.4 设某商品需求量为每年 16 000 件，库存费为每件每年 5 元，订购费为每次 100 元，价格函数为

$$u(Q)=\begin{cases}12, & Q<2000\\ 11.8, & 2000\leqslant Q<5000\\ 11.6, & 5000\leqslant Q\end{cases}$$

试求最优解及最小费用。

13.5 某商店在新年前出售挂历，每售出一本可赢利 2 元。如果新年过后不能售出，则每本要亏损 3 元。根据以往的统计资料，市场需求的概率由表 13-2 给出。

表 13-2 第 13.5 题数据

需求量 r/百本	0	1	2	3	4
概率 $P(r)$	0.02	0.2	0.38	0.3	0.1

每年订货一次，问商店应订购多少挂历才能使损失的期望值最小？

13.6 设某种商品每天的销售量 ξ 服从泊松分布：$P(\xi=m)=\dfrac{\lambda^m}{m!}e^{-\lambda}(m=0,1,2,\cdots)$。若每天平均销售量 $\lambda=10$ 件，每件库存费为 1 元，缺货费为 2 元，求最佳订购批量。

13.7 某厂对原料需求量的概率为 $P(r=80)=0.1$，$P(r=90)=0.2$，$P(r=100)=0.3$，$P(r=110)=0.3$，$P(r=120)=0.1$。订货费为 2825 元，单价为 850 元，库存费为 45 元，缺货费为 1250 元。求该厂的库存策略。缺货费为 0.20 元/(件·月)。

第14章　非线性规划

本章内容要点

- 非线性规划的基本概念及理论；
- 一维搜索的基本原理；
- 无约束极值问题的求解方法；
- 库恩-塔克条件。

本章核心概念

- 非线性规划法(nolinear programming method)；
- 凸规划(convex programming)；
- 凸函数(convex functions)；
- 凹函数(concave functions)；
- 梯度法(gradient method)；
- 黑塞矩阵(Hessian matrix)；
- 变尺度法(variable metric method)；
- 斐波那契法(Fibonacci method)；
- 黄金分割法(golden section method)。

■　案例

假定国家在下一个五年计划期内用于发展某种工业的总投资为 b 亿元，可供选择兴建的项目共有 n 个(编号为 $1,2,\cdots,n$)。已知第 j 个项目的投资为 a_j 亿元，可得收益 c_j 亿元。应如何进行投资，才能使盈利率(即单位投资可得到的收益)为最高？

14.1　非线性规划中的基本概念

线性规划的一个主要特征是它的目标函数与约束条件都是线性的，这种假定虽然对于很多实际问题是基本成立的，但也有很多实际问题，它的目标函数和约束条件很难用线性函数表达。如果目标函数或约束条件中，有一个或多个是变量的非线性函数，就称这种规划问题为非线性规划问题，简称为 NLP 问题。

在非线性规划领域的研究中，存在着一个重要的问题就是用来处理非线性规划问题的方法广泛而多变，没有统一的解法，这些方法都有其自己的适用范围，因此这是一个需要人们更深入探讨的领域。由于电子计算机的发展，使非线性规划在近二三十年有了较大进展，并在最优设计、管理科学、质量控制等方面得到了广泛应用。

本章将阐述非线性规划的基本概念及一些简单理论，并介绍几个解非线性规划问题的算法。选择这些算法的原则是：第一，它们在实践中得到了应用，并取得了一定的成功；第二,选择的每一个方法,侧重于说明对非线性规划问题的基本处理方法。

14.1.1 非线性规划的案例

例 14.1 厂址的最优选择问题。

设$(x_j, y_j)(j=1,2,\cdots,k)$是某些管道的汇入点。设计一个厂址 A,使它与各汇入点最近,且与道路的垂直距离最小,如图 14-1 所示。

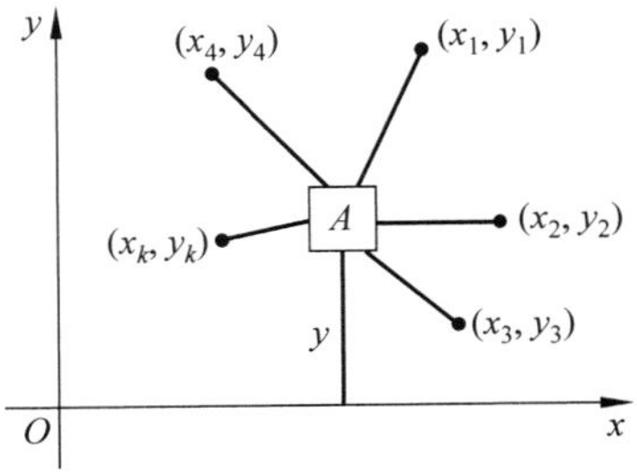

图 14-1 例 14.1 图

解 设厂址坐标为(x, y),则得到目标函数

$$\min f(x,y)=\sum_{j=1}^{k}\sqrt{(x-x_j)^2+(y-y_j)^2}+y$$

这是一个无约束条件极值问题,如果对厂址附加一些条件,就变为有约束条件极值问题。

例 14.2 某公司经营两种设备,第一种设备每件售价 50 元,第二种设备每件售价 450 元。售出一件第一种设备所需营业时间平均是 2 小时;售出一件第二种设备需要$(2+0.25x_2)$小时,其中 x_2 是第二种设备的售出数量。已知该公司在这段时间内总营业时间为 1000 小时,试决定使营业额最大的营业计划。

解 设该公司计划经营第一种设备 x_1 件,第二种设备 x_2 件。根据题意,营业额目标函数为

$$f(x_1,x_2)=50x_1+450x_2$$

由于营业时间的限制,该计划还应满足约束条件

$$2x_1+(2+0.25x_2)x_2\leqslant 1000$$

于是有如下的数学模型:

$$\max f(\boldsymbol{X})=50x_1+450x_2$$

$$\begin{cases}2x_1+(2+0.25x_2)x_2\leqslant 1000\\ x_1\geqslant 0, x_2\geqslant 0\end{cases}$$

这是一个有约束条件的最大化问题。

14.1.2 非线性规划的标准形式

根据 14.1.1 节的两个案例,可以看到无约束条件极值问题的标准形式为

$$\min f(\boldsymbol{X})$$

其中,$\boldsymbol{X}=(x_1,x_2,\cdots,x_n)^{\mathrm{T}}$ 是 n 维欧几里得空间 $\boldsymbol{R}^n$ 中的向量。

有约束条件极值问题的标准形式是

$$\max f(\boldsymbol{X})$$

$$\begin{cases}h_i(\boldsymbol{X})=0, & i=1,2,\cdots,m\\ g_j(\boldsymbol{X})\geqslant 0, & j=1,2,\cdots,l\end{cases}$$

其中,$f(\boldsymbol{X})$为目标函数,$h_i(\boldsymbol{X})=0$ 和 $g_j(\boldsymbol{X})\geqslant 0$ 为约束条件,满足约束条件的所有 $\boldsymbol{X}$ 构成的集合称为非线性规划的可行域。

对于求目标函数的最大化问题,只需求其负值的最小化即可。如求 $\max f(\boldsymbol{X})$,可改为

求 $\min[-f(\boldsymbol{X})]$。又 $h_i(\boldsymbol{X})=0$ 等价于 $\begin{cases}h_i(\boldsymbol{X})\geqslant 0\\ h_i(\boldsymbol{X})\leqslant 0\end{cases}$，而 $h_i(\boldsymbol{X})\leqslant 0$ 可化为 $-h_i(\boldsymbol{X})\geqslant 0$。

因此，有约束条件极值的标准形式可以改写为

$$\begin{aligned}&\min f(\boldsymbol{X})\\&g_j(\boldsymbol{X})\geqslant 0,\quad j=1,2,\cdots,l\end{aligned}$$

14.1.3 非线性规划的图示

当只有两个自变量时，非线性规划也可像线性规划那样，用图示法表示。

例 14.3 给定非线性规划

$$\min f(\boldsymbol{X})=(x_1-2)^2+(x_2-2)^2$$

$$\begin{cases}h(\boldsymbol{X})=x_1+x_2-6=0\\ x_1\geqslant 0,x_2\geqslant 0\end{cases}$$

令 $f(\boldsymbol{X})=\boldsymbol{C}$($C$ 为常数)，可在 x_1-x_2 平面上得到等值线：如 $C=2,4$ 便可得到如图 14-2 所示的等值线；在 D 点，约束条件与等值线 $f(\boldsymbol{X})=2$ 相切，于是得到非线性规划的最优解为 $\boldsymbol{X}^*=(3,3)$，最优值为 $f(\boldsymbol{X}^*)=2$。

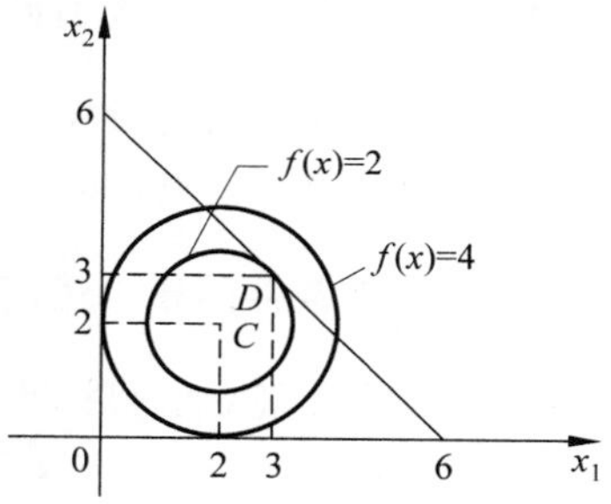

图 14-2　例 14.3 图

线性规划的最优解，总可以在可行域的顶点处达到，而可行域的顶点个数是有限的，这便是解线性规划问题的单纯形法的基本出发点。而上例说明，对于非线性规划问题，在约束为线性的条件下，最优解不一定在可行域的顶点处达到。

若将上述非线性规划改为

$$\min f(\boldsymbol{X})=(x_1-2)^2+(x_2-2)^2$$

$$\begin{cases}h(\boldsymbol{X})=x_1+x_2-6\leqslant 0\\ x_1\geqslant 0,x_2\geqslant 0\end{cases}$$

显然，$\boldsymbol{X}^*=(2,2)$ 时，$f(\boldsymbol{X}^*)=0$ 为最优值。此时，最优解在可行域内部达到。

顺便指出，这个最优解与线性约束 $x_1+x_2-6=0$ 无关，实际上，相当于一个无约束条件极值问题。

通过以上分析可知，非线性规划的最优解可以在可行域的边界上达到，也可以在可行域内部达到。因此，这就给解非线性规划问题带来了困难。

14.1.4 凸函数与凹函数

定义 14.1 设 $f(\boldsymbol{X})$ 是定义在 n 维欧几里得空间中某个凸集 $\boldsymbol{S}$ 上的函数。若对每个实数 $0<\lambda<1$ 及 $\boldsymbol{X}^{(1)},\boldsymbol{X}^{(2)}\in\boldsymbol{S}$，恒有

$$f[\lambda\boldsymbol{X}^{(1)}+(1-\lambda)\boldsymbol{X}^{(2)}]\leqslant\lambda f(\boldsymbol{X}^{(1)})+(1-\lambda)f(\boldsymbol{X}^{(2)})\tag{14-1}$$

则称 $f(\boldsymbol{X})$ 为 $\boldsymbol{S}$ 上的一个凸函数。

将定义中的不等号反向，便得到凹函数的定义。可以证明，多元函数 $f(x_1,x_2,\cdots,x_n)$ 是凸函数的充分必要条件是，在定义域内 $f(\boldsymbol{X})$ 的黑塞矩阵

$$
\boldsymbol{H}(\boldsymbol{X})=\begin{bmatrix}
\frac{\partial^2 f(\boldsymbol{X})}{\partial^2 x_1} & \frac{\partial^2 f(\boldsymbol{X})}{\partial x_1 \partial x_2} & \cdots & \frac{\partial^2 f(\boldsymbol{X})}{\partial x_1 \partial x_n} \\
\frac{\partial^2 f(\boldsymbol{X})}{\partial x_2 \partial x_1} & \frac{\partial^2 f(\boldsymbol{X})}{\partial x_2^2} & \cdots & \frac{\partial^2 f(\boldsymbol{X})}{\partial x_2 \partial x_n} \\
\vdots & \vdots & \ddots & \vdots \\
\frac{\partial^2 f(\boldsymbol{X})}{\partial x_n \partial x_1} & \frac{\partial^2 f(\boldsymbol{X})}{\partial x_n \partial x_2} & \cdots & \frac{\partial^2 f(\boldsymbol{X})}{\partial x_n^2}
\end{bmatrix}
$$

是半正定的。显然，如果 $f(\boldsymbol{X})$是凸函数，则 $g(\boldsymbol{X})=-f(\boldsymbol{X})$是凹函数，反之亦然。

14.1.5 凸规划

非线性规划的优化问题是一个十分复杂的问题，然而对于具有凹凸性的函数来说，最优解的特征相对来说可以明确了。当然，实际解出这些最优解还是相当复杂的。为了避免过多的理论推导，仅将必要的结论罗列如下。

1. 有约束条件的最大值问题

如果非线性规划的目标函数是凹函数，同时可行域是一个凸区域，那么，这个定义在凸区域上的凹函数的驻点，就是这个非线性规划问题的全局最大值解。

2. 有约束条件的最小值问题

如果非线性规划的目标函数是凸函数，同时可行域是一个凸区域，那么这个定义在凸区域上的凸函数的驻点，就是这个非线性规划问题的最小值解。

设有非线性规划

$$
\begin{aligned}
&\min f(\boldsymbol{X}) \\
&g_j(\boldsymbol{X}) \geqslant 0, \quad j=1,2,\cdots,l
\end{aligned}
$$

若 $f(\boldsymbol{X})$为凸函数，$g_j(\boldsymbol{X})(j=1,2,\cdots,l)$为凹函数，则称这种非线性规划为凸规划。可以证明这种非线性规划的可行域为一凸集，根据结论(2)可得，它的驻点一定是非线性规划问题的最优解。

由于线性函数既是凸函数，又是凹函数，因此，线性规划是凸规划。

思　考　题

(1) 非线性规划问题有什么特征？

(2) 什么样的问题是凸规划问题？

14.2 一维搜索

一维搜索也称线搜索，它是沿某一已知直线方向寻求目标函数极小点的方法。一维搜索的概要描述如下：

选择初始近似点 $\boldsymbol{X}^{(0)}$，按照某种规则确定一移动方向，在此方向上移动到下一点 $\boldsymbol{X}^{(1)}$，并使 $f(\boldsymbol{X}^{(1)})<f(\boldsymbol{X}^{(0)})$，检查所得的点 $\boldsymbol{X}^{(1)}$ 是否满足要求的精度，如满足要求，则停止运算，$\boldsymbol{X}^{(1)}$ 就是所求的近似最优解；若不满足要求，则在 $\boldsymbol{X}^{(1)}$ 处确定新的移动方向，并在此方向上移动到下一点 $\boldsymbol{X}^{(2)}$，再检查，这样继续下去，直至满足要求的精度为止。

14.2.1 斐波那契法

定义 14.2 设 $\min\limits_{a \leqslant x \leqslant b} f(x)$ 的唯一最优解为 $x_{\min}$，若 $f(x)$ 在区间 $[a, x_{\min}]$ 中严格单调下降，而在区间 $[x_{\min}, b]$ 中严格单调上升，则称函数 $f(x)$ 在区间 $[a,b]$ 中为下单峰函数。

由图 14-3 和图 14-4 不难看出下单峰函数有这样的性质：在 $[a,b]$ 中任取两个不同的点 $x_1, x_1'(x_1<x_1')$，分两种情况：

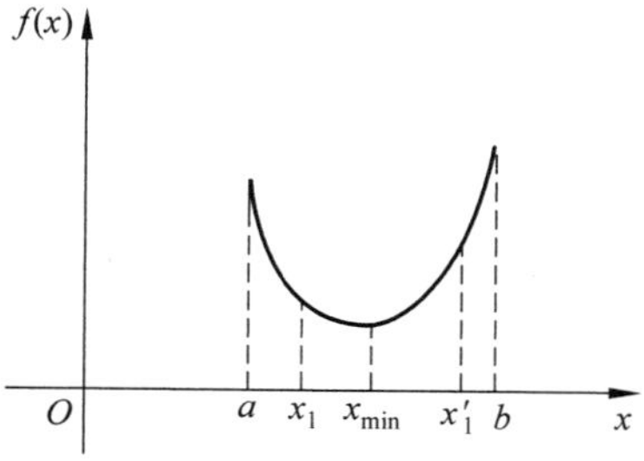

图 14-3 下单峰函数(1)

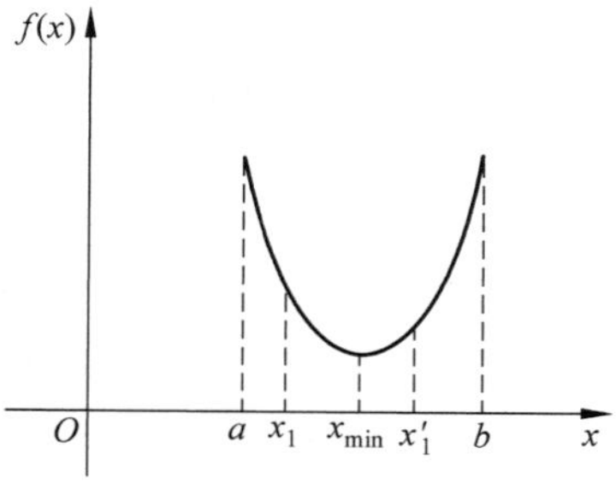

图 14-4 下单峰函数(2)

(1) $f(x_1)<f(x_1')$，这种情况可以把 $[a,b]$ 区间缩小为 $[a, x_1']$，这样的缩小并不会丢掉最优解 $x_{\min}$。

(2) $f(x_1) \geqslant f(x_1')$，这种情况可以把 $[a,b]$ 区间缩小为 $[x_1, b]$，这样的缩小也不会丢掉最优解 $x_{\min}$。

这说明只要在搜索区间 $[a,b]$ 内取两个不同点，并算出它们的函数值加以比较，即可把包含最优解的区间由 $[a,b]$ 中缩小成 $[a, x_1']$ 或 $[x_1, b]$；如果要继续缩小搜索区间 $[a, x_1']$ 或 $[x_1, b]$，就只需在该区间内再取一点算出其函数值，并与 $f(x_1)$ 加以比较即可；这样继续下去即可得到最优解或近似最优解。当然区间缩得越小，所需计算函数值的次数也就越多，为了尽快缩短区间长度，首先引入斐波那契(Fibonacci)数。

定义 14.3 设有一个序列 $\{F_n\}$，满足关系：

$$F_n = F_{n-1} + F_{n-2}, \quad n = 2, 3, \cdots \tag{14-2}$$

其中，$F_0 = F_1 = 1$，则称 $F_0, F_1, F_2, F_3, \cdots, F_n \cdots$ 为斐波那契数。即为

$$1,1,2,3,5,8,13,21,34,55,\cdots$$

设 $f(x)$ 是定义在 $[a,b]$ 上的下单峰函数。根据斐波那契数，下面将斐波那契法缩短区间的步骤总结如下。

第 1 步，确定试点的个数 n。

根据区间缩短率(相对精度) δ，$F_n \geqslant \dfrac{1}{\delta}$ 算出 F_n，然后确定最小的 n (其中区间缩短率 δ 为缩短后的区间长度与原区间长度之比)。

第 2 步，逐步缩短区间。

第一次缩短时，两个试点位置的计算公式为

$$\begin{cases} x_1 = a + \dfrac{F_{n-2}}{F_n}(b-a) \\ x'_1 = a + \dfrac{F_{n-1}}{F_n}(b-a) \end{cases} \tag{14-3}$$

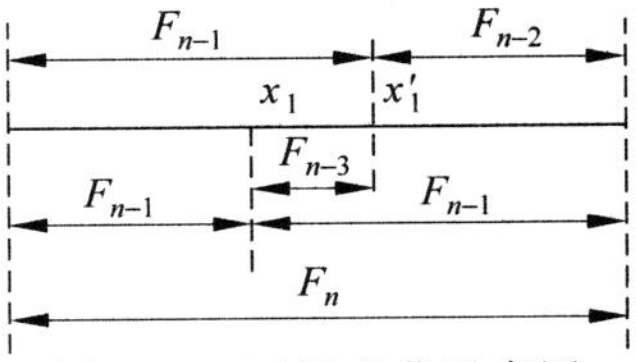

图 14-5　区间变化示意图

这两个点在区间$[a,b]$上的位置是对称的。若 $b-a=F_n$，则由递推公式可画出如图 14-5 所示的区间缩短示意图，计算函数值 $f(x_1)$和 $f(x'_1)$，并比较它们的大小。

若 $f(x_1)<f(x'_1)$，缩短后的区间为$[a,x'_1]$，即取 $a_1=a$，$b_1=x'_1$，$x'_2=x_1$，并令

$$x_2 = a_1 + \frac{F_{n-3}}{F_{n-1}}(b_1 - a_1)$$

若 $f(x_1)>f(x'_1)$，则缩短后的区间为$[x_1,b]$，即取 $a_1=x_1$，$b_1=b$，$x_2=x'_1$，并令

$$x'_2 = a_1 + \frac{F_{n-2}}{F_{n-1}}(b_1 - a_1)$$

计算 $f(x_2)$或 $f(x'_2)$，(其中一个已经计算出来)，然后比较 $f(x_2)$和 $f(x'_2)$的大小，确定新的缩短后的区间，按照计算试点的一般公式：

$$\begin{cases} x_k = a_{k-1} + \dfrac{F_{n-k-1}}{F_{n-k+1}}(b_{k-1} - a_{k-1}) \\ x'_k = a_{k-1} + \dfrac{F_{n-k}}{F_{n-k+1}}(b_{k-1} - a_{k-1}) \end{cases}$$

插入新的试点，如此一步步地往下迭代。

第 3 步，当进行到 $k=n-1$ 时，若用上式求试点的位置，则

$$x_{n-1} = x'_{n-1} = \frac{1}{2}(a_{n-2} + b_{n-2})$$

这就无法比较两个不同点的函数值的大小以确定最终区间，为此取

$$x_{n-1} = \frac{1}{2}(a_{n-2} + b_{n-2})$$

$$x'_{n-1} = a_{n-2} + \left(\frac{1}{2} + \varepsilon\right)(b_{n-2} - a_{n-2})$$

其中，ε 为任意小的正数，在 x_{n-1}和 x'_{n-1}中，以函数值最小者为近似最优解，同时也得到了最终区间$[a_{n-2},x'_{n-1}]$或$[x_{n-1},b_{n-2}]$。

例 14.4　试用斐波那契法求函数 $f(x)=x^2-x+2$ 的近似极小点和极小值，要求缩短后的区间长度不大于区间$[-1,3]$的长度的 0.08 倍。

解　易见 $f(x)$在 $[-1,3]$ 上是凸函数，为了便于比较，先给出它的精确解：

$$x^* = 0.5,\quad f(x^*) = 1.75$$

由于 $\delta=0.08$，故 $F_n \geqslant \dfrac{1}{\delta}=12.5$，由此可得 $n=6$，$a_0=-1$，$b_0=3$。

$$x_1 = a_0 + \frac{F_4}{F_6}(b_0 - a_0) = -1 + \frac{5}{13}[3-(-1)] = 0.538$$

$$x'_1 = a_0 + \frac{F_5}{F_6}(b_0 - a_0) = -1 + \frac{8}{13}[3-(-1)] = 1.462$$

由于 $f(x_1)=1.751<f(x'_1)=2.675$，故取 $a_1=-1, b_1=1.462, x'_2=0.538$，并令

$$x_2 = a_1 + \frac{F_3}{F_5}(b_1 - a_1) = -1 + \frac{3}{8}(1.462+1) = -0.077$$

由于 $f(x_2)=2.083>f(x'_2)=f(x_1)=1.751$，故取 $a_2=-0.077$，$b_2=1.462$，$x_3=0.538$，并令

$$x'_3 = a_2 + \frac{F_3}{F_4}(b_2 - a_2) = -0.077 + \frac{3}{5}(1.462+0.077) = 0.846$$

$$f(x'_3)=1.870, \quad f(x_3)=f(x_1)=1.751$$

由于 $f(x'_3)>f(x_3)$，故取 $a_3=-0.077, b_3=0.846, x'_4=0.538$，并令

$$x_4 = a_3 + \frac{F_1}{F_3}(b_3 - a_3) = -0.077 + \frac{1}{3}(0.846+0.077) = 0.231$$

$$f(x_4)=1.822, \quad f(x'_4)=1.751$$

由于 $f(x_4)>f(x'_4)$，故取 $a_4=0.231$，$b_4=0.846$，$x_5=0.538$，令 $\varepsilon=0.01$，则

$$x'_5 = a_4 + \left(\frac{1}{2}+\varepsilon\right)(b_4 - a_4) = 0.231 + (0.5+0.01)(0.846-0.231) = 0.545$$

$$f(x'_5)=1.752 > f(x_5)=1.751$$

故取 $a_5=0.231, b_5=0.545$。

最终区间为[0.231,0.545]，$x_5=0.538$ 为近似极小点，对应的近似极小值为 $f(x_5)=1.751$，最后的区间长度为 $0.545-0.231=0.314$，而 $\frac{0.314}{4}=0.079<0.08$ 达到了预先给定的精度要求。

14.2.2 黄金分割法

在使用斐波那契法时，要事先给定区间总的缩短率，并求试验次数 n。用这 n 个试验点来缩短给定的区间时，区间的缩短率依次为

$$\frac{F_{n-1}}{F_n}, \frac{F_{n-2}}{F_{n-1}}, \frac{F_{n-3}}{F_{n-2}}, \cdots, \frac{F_1}{F_2}$$

可见斐波那契法的区间缩短率是变化的。现以不变的区间缩短率 0.618，代替斐波那契法变化的区间缩短率，这就得到了黄金分割法（0.618 法）。

若给定原始区间为$[a_0, b_0]$，由于每次的缩短率为 $\mu=0.618$，因此 n 个试验点可将原来区间连续缩短 $n-1$ 次，最后的区间长度为$(b_0-a_0)\mu^{n-1}$；当已知缩短的相对精度为 δ 时，可用 $\mu^{n-1}\leqslant\delta$ 预先计算试验点的数目 n。根据实际需要，也可以不计算 n 值，而是在搜索过程中逐步加以判断，验证是否满足了事先给定的精度要求，或按其他要求终止计算。

思 考 题

（1）一维搜索中应该如何选择初始点？

（2）斐波那契法和黄金分割法有什么异同？

14.3 无约束极值问题

本节研究无约束问题的解法，这种问题可表述为

$$\min f(\boldsymbol{X}),\quad \boldsymbol{X}\in \boldsymbol{R}^n$$

14.3.1 梯度法

关于无约束极值问题的梯度法是一种古老而又十分基本的数值方法，它的迭代过程简便，且对初始点的选择要求不严，同时它也是理解某些其他最优化方法的基础。

1. 搜索思想

选择一个初始点 $\boldsymbol{X}^{(0)}=(x_1^{(0)},x_2^{(0)},\cdots,x_n^{(0)})$，按 $\boldsymbol{P}^{(0)}$ 的方向搜索，前进的步长为 λ_0，得到 $\boldsymbol{X}^{(1)}$，使

$$f(\boldsymbol{X}^{(1)})<f(\boldsymbol{X}^{(0)})$$

从 $\boldsymbol{X}^{(1)}$ 出发，按 $\boldsymbol{P}^{(1)}$ 方向取步长 λ_1 中得到 $\boldsymbol{X}^{(2)}$，使

$$f(\boldsymbol{X}^{(2)})<f(\boldsymbol{X}^{(1)})$$

如此继续下去，找到序列 $\boldsymbol{X}^{(0)},\boldsymbol{X}^{(1)},\cdots,\boldsymbol{X}^{(k)},\cdots$，使

$$f(\boldsymbol{X}^{(0)})>f(\boldsymbol{X}^{(1)})>\cdots>f(\boldsymbol{X}^{(k)})>\cdots$$

最后收敛到 $f(\boldsymbol{X})$ 的极小值。

2. 计算方法

假设无约束极值问题中的目标函数 $f(\boldsymbol{X})$ 有一阶连续偏导，且具有极小点 $\boldsymbol{X}^{(*)}$。以 $\boldsymbol{X}^{(k)}$ 表示极小点的第 k 次近似，为了得到下一个近似极小点，选取搜索方向

$$P^{(k)}=-\nabla f(\boldsymbol{X}^{(k)})$$

其中

$$\nabla f(\boldsymbol{X}^{(k)})=\left(\frac{\partial f(\boldsymbol{X}^{(k)})}{\partial x_1},\frac{\partial f(\boldsymbol{X}^{(k)})}{\partial x_2},\cdots,\frac{\partial f(\boldsymbol{X}^{(k)})}{\partial x_n}\right)^{\mathrm{T}} \tag{14-4}$$

为求 $f(\boldsymbol{X})$ 在点 $\boldsymbol{X}^{(k)}$ 处的梯度，同时还应确定步长 λ。有很多方法可用来选择 λ，其中一种方法是取 λ 为某一常数进行试算，检验是否满足不等式

$$f(\boldsymbol{X}^{(k)}-\lambda\nabla f(\boldsymbol{X}^{(k)}))<f(\boldsymbol{X}^{(k)})$$

若满足，即令 $\boldsymbol{X}^{(k+1)}=\boldsymbol{X}^{(k)}-\lambda\nabla f(\boldsymbol{X}^{(k)})$ 继续迭代下去；否则缩小 λ 使满足不等式。另一种方法是若 $f(\boldsymbol{X})$ 具有二阶连续偏导数，则令

$$\lambda=\lambda_k=\frac{\nabla f(\boldsymbol{X}^{(k)})^{\mathrm{T}}\,\nabla f(\boldsymbol{X}^{(k)})}{\nabla f\,(\boldsymbol{X}^{(k)})^{\mathrm{T}}H(\boldsymbol{X}^{(k)})\,\nabla f(\boldsymbol{X}^{(k)})} \tag{14-5}$$

其中

$$\boldsymbol{H}(\boldsymbol{X}^{(k)})=\begin{bmatrix}\dfrac{\partial^2 f(\boldsymbol{X}^{(k)})}{\partial x_1^2} & \dfrac{\partial^2 f(\boldsymbol{X}^{(k)})}{\partial x_1\partial x_2} & \cdots & \dfrac{\partial^2 f(\boldsymbol{X}^{(k)})}{\partial x_1\partial x_n}\\ \dfrac{\partial^2 f(\boldsymbol{X}^{(k)})}{\partial x_2\partial x_1} & \dfrac{\partial^2 f(\boldsymbol{X}^{(k)})}{\partial x_2^2} & \cdots & \dfrac{\partial^2 f(\boldsymbol{X}^{(k)})}{\partial x_2\partial x_n}\\ \vdots & \vdots & \ddots & \vdots\\ \dfrac{\partial^2 f(\boldsymbol{X}^{(k)})}{\partial x_n\partial x_1} & \dfrac{\partial^2 f(\boldsymbol{X}^{(k)})}{\partial x_n\partial x_2} & \cdots & \dfrac{\partial^2 f(\boldsymbol{X}^{(k)})}{\partial x_n^2}\end{bmatrix}$$

为 $f(\boldsymbol{X})$ 在点 $\boldsymbol{X}^{(k)}$ 处(Hessian matrix)黑塞矩阵。

用梯度法解无约束极值问题的步骤简要总结如下：

第 1 步，给定初始近似点 $\boldsymbol{X}^{(0)}$ 及精度 $\varepsilon>0$。若 $\|\nabla f(\boldsymbol{X}^{(0)})\|^2\leqslant\varepsilon$，则 $\boldsymbol{X}^{(0)}$ 即为近似极小点，其中 $\|\nabla f(\boldsymbol{X}^{(0)})\|$ 表示向量 $\nabla f(\boldsymbol{X}^{(0)})$ 的模。

第 2 步，若 $\|\nabla f(\boldsymbol{X}^{(0)})\|^2>\varepsilon$，求步长 λ_0，并计算

$$\boldsymbol{X}^{(1)}=\boldsymbol{X}^{(0)}-\lambda_0\nabla f(\boldsymbol{X}^{(0)})$$

求步长的方法如上已述。

第 3 步，一般地，若 $\|\nabla f(\boldsymbol{X}^{(k)})\|^2\leqslant\varepsilon$，则 $\boldsymbol{X}^{(k)}$ 即为所求的近似解；若 $\|\nabla f(\boldsymbol{X}^{(k)})\|^2>\varepsilon$，则求步长 λ_k，并确定下一个近似点

$$\boldsymbol{X}^{(k+1)}=\boldsymbol{X}^{(k)}-\lambda_k\nabla f(\boldsymbol{X}^{(k)})$$

直到达到要求的精度为止。

例 14.5 试求 $f(\boldsymbol{X})=3x_1^2+4x_2^2$ 的极小点，已知 $\varepsilon=0.01$。

解 取初始点 $\boldsymbol{X}^{(0)}=(x_1^{(0)},x_2^{(0)})^{\mathrm{T}}=(1,1)^{\mathrm{T}}$

$$f(\boldsymbol{X}^{(0)})=7,\quad \nabla f(\boldsymbol{X})=(6x_1,8x_2)^{\mathrm{T}}$$

于是

$$\nabla f(\boldsymbol{X}^{(0)})=(6,8)^{\mathrm{T}}$$

这时

$$\|\nabla f(\boldsymbol{X}^{(0)})\|^2=\sqrt{6^2+8^2}>\varepsilon$$

用黑塞矩阵求 λ_0，由于

$$\boldsymbol{H}(\boldsymbol{X}^{(0)})=\begin{bmatrix}6&0\\0&8\end{bmatrix}$$

所以

$$\lambda_0=\frac{(6,8)\begin{bmatrix}6\\8\end{bmatrix}}{(6,8)\begin{bmatrix}6&0\\0&8\end{bmatrix}\begin{bmatrix}6\\8\end{bmatrix}}=\frac{100}{728}=\frac{25}{182}$$

从而可以确定新的试验点。

$$\boldsymbol{X}^{(1)}=\begin{bmatrix}1\\1\end{bmatrix}-\frac{25}{182}\begin{bmatrix}6\\8\end{bmatrix}=\begin{bmatrix}0.1758\\-0.0989\end{bmatrix}$$

$$f(\boldsymbol{X}^{(1)})=3\times(0.1758)^2+4(-0.0989)^2=0.1318$$

$$\nabla f(\boldsymbol{X}^{(1)})=(1.0548,-0.7912)^{\mathrm{T}}$$

此时 $\|\nabla f(\boldsymbol{X}^{(1)})\|^2=(\sqrt{(1.0548)^2+(-0.7912)^2})^2>\varepsilon$

于是求得

$$\lambda_1=\frac{(1.0548,-0.7912)\begin{bmatrix}1.0548\\-0.7912\end{bmatrix}}{(1.0548,-0.7912)\begin{bmatrix}6&0\\0&8\end{bmatrix}\begin{bmatrix}1.0548\\-0.7912\end{bmatrix}}=0.1488$$

故

$$\boldsymbol{X}^{(2)}=\begin{bmatrix}0.1758\\-0.0989\end{bmatrix}-0.1488\begin{bmatrix}1.0548\\-0.7912\end{bmatrix}=\begin{bmatrix}0.0188\\0.0188\end{bmatrix}$$

$$\nabla f(\boldsymbol{X}^{(2)})^{\mathrm{T}}=(6\times 0.0188,8\times 0.0188)^{\mathrm{T}}=(0.1128,0.1504)^{\mathrm{T}}$$

可以判断 $\|\nabla f(\boldsymbol{X}^{(2)})\|^2=0.0353>\varepsilon$。

于是再求

$$\lambda_2=\frac{(0.1128,0.1504)\begin{bmatrix}0.1128\\0.1504\end{bmatrix}}{(0.1128,0.1504)\begin{bmatrix}6&0\\0&8\end{bmatrix}\begin{bmatrix}0.1128\\0.1504\end{bmatrix}}=0.1372$$

这时求得

$$\boldsymbol{X}^{(3)}=\begin{bmatrix}0.0188\\0.0188\end{bmatrix}-0.1372\begin{bmatrix}0.1128\\0.1504\end{bmatrix}=\begin{bmatrix}0.0033\\-0.0018\end{bmatrix}$$

$$\nabla f(\boldsymbol{X}^{(3)})=(0.0198,-0.0144)^{\mathrm{T}}$$

$$\|\nabla f(\boldsymbol{X}^{(3)})\|^2=(\sqrt{(0.0198)^2+(-0.0144)^2})^2=0.000\,59<0.01=\varepsilon$$

由于已达到了精度要求，因而可取

$$\boldsymbol{X}^*=\boldsymbol{X}^{(3)}=\begin{bmatrix}0.0033\\-0.0018\end{bmatrix}$$

为最优解的近似值，这时 $f(\boldsymbol{X}^*)=0.000\,045\,63$ 就为最优值的近似值，本例的最优解为 $\begin{bmatrix}0\\0\end{bmatrix}$，而最优值为 $f(0,0)=0$。

14.3.2 变尺度法

变尺度法（DFP 法）是从 1959 年 Davidon 的工作发展起来的一类方法，它是求解无约束极值问题的非常有效的算法，这种方法的最重要特色之一是仅用一阶导数的数值就能逼近黑塞矩阵或它的逆矩阵，此方法对高维问题具有显著的优越性。

设目标函数 $f(\boldsymbol{X})$ 二次连续可微，$\boldsymbol{X}^{(k)}$ 为其极小点的某一近似点，在此点附近，用 $f(\boldsymbol{X})$ 的二阶泰勒展开式逼近

$$f(\boldsymbol{X})\approx f(\boldsymbol{X}^{(k)})+\nabla f(\boldsymbol{X}^{(k)})^{\mathrm{T}}\Delta\boldsymbol{X}+\frac{1}{2}\Delta\boldsymbol{X}^{\mathrm{T}}\boldsymbol{H}(\boldsymbol{X}^{(k)})\Delta\boldsymbol{X} \tag{14-6}$$

则其梯度为

$$\nabla f(\boldsymbol{X})\approx\nabla f(\boldsymbol{X}^{(k)})+\boldsymbol{H}(\boldsymbol{X}^{(k)})\Delta\boldsymbol{X}$$

这个近似函数的极小点应满足：

$$\nabla f(\boldsymbol{X}^{(k)})+\boldsymbol{H}(\boldsymbol{X}^{(k)})\Delta\boldsymbol{X}=0$$

于是

$$\boldsymbol{X}=\boldsymbol{X}^{(k)}-\boldsymbol{H}^{-1}(\boldsymbol{X}^{(k)})\nabla f(\boldsymbol{X}^{(k)})$$

其中，$\boldsymbol{H}^{-1}(\boldsymbol{X}^{(k)})$ 为 $f(\boldsymbol{X})$ 在 $\boldsymbol{X}^{(k)}$ 点的黑塞矩阵的逆矩阵。

在这种情况下，常取 $-\boldsymbol{H}^{-1}(\boldsymbol{X}^{(k)})\nabla f(\boldsymbol{X}^{(k)})$ 作为搜索方向，即 $\boldsymbol{X}^{(k+1)}=\boldsymbol{X}^{(k)}-\lambda_k\boldsymbol{H}^{-1}(\boldsymbol{X}^{(k)})\nabla f(\boldsymbol{X}^{(k)})$。

于是求解

$$\min_{\lambda} f(\boldsymbol{X}^{(k)}-\lambda \boldsymbol{H}^{-1}(\boldsymbol{X}^{(k)})\nabla f(\boldsymbol{X}^{(k)}))$$

将求出的 λ 代入

$$\boldsymbol{X}^{(k+1)}=\boldsymbol{X}^{(k)}-\lambda \boldsymbol{H}^{-1}(\boldsymbol{X}^{(k)})\nabla f(\boldsymbol{X}^{(k)}) \tag{14-7}$$

得到 $f(\boldsymbol{X})$的近似极小点，按这种方法求函数 $f(\boldsymbol{X})$的极小点称为牛顿法。如果 $f(\boldsymbol{X})$的 $\boldsymbol{H}^{-1}(\boldsymbol{X}^{(k)})$便于计算时，使用这一方法也是非常有效的。

在实际问题中，往往目标函数 $f(\boldsymbol{X})$相当复杂，因此计算二阶偏导数工作量很大，或者根本不可能，况且在 $\boldsymbol{X}$ 的维数很高时，计算逆矩阵也相当复杂，所以设法构造另一个矩阵 $\boldsymbol{G}^{(k)}$，用它来直接逼近 $\boldsymbol{H}^{-1}(\boldsymbol{X}^{(k)})$，于是可得到变尺度法。变尺度法的计算步骤如下：

第 1 步，给定初始点 $\boldsymbol{X}^{(0)}$ 及允许误差 $\varepsilon>0$；

第 2 步，若 $\|\nabla f(\boldsymbol{X}^{(0)})\|^2\leqslant\varepsilon$，则 $\boldsymbol{X}^{(0)}$ 为近似极小值点，迭代停止，否则继续进行迭代转到第 3 步；

第 3 步，令 $\boldsymbol{G}^{(0)}=\boldsymbol{I}$ 单位矩阵，沿着 $-\boldsymbol{G}^{(0)}\nabla f(\boldsymbol{X}^{(0)})$方向进行一维搜索，确定最佳步长 λ_0，使得

$$\min_{\lambda} f(\boldsymbol{X}^{(0)}-\lambda \boldsymbol{G}^{(0)}\nabla f(\boldsymbol{X}^{(0)}))$$

如此得到下一个近似点

$$\boldsymbol{X}^{(1)}=\boldsymbol{X}^{(0)}-\lambda_0 \boldsymbol{G}^{(0)}\nabla f(\boldsymbol{X}^{(0)})$$

第 4 步，一般地，设已得近似点 $\boldsymbol{X}^{(k)}$，若

$$\|\nabla f(\boldsymbol{X}^{(k)})\|^2\leqslant\varepsilon$$

则 $\boldsymbol{X}^{(k)}$ 即为所求的近似解。否则，计算 $\boldsymbol{G}^{(k)}$：

$$\boldsymbol{G}^{(k)}=\boldsymbol{G}^{(k-1)}+\frac{\Delta\boldsymbol{X}^{(k-1)}(\Delta\boldsymbol{X}^{(k-1)})^{\mathrm{T}}}{(\Delta\boldsymbol{X}^{(k-1)})^{\mathrm{T}}\Delta\boldsymbol{F}^{(k-1)}}-\frac{\boldsymbol{G}^{(k-1)}\Delta\boldsymbol{F}^{(k-1)}(\Delta\boldsymbol{F}^{(k-1)})^{\mathrm{T}}\boldsymbol{G}^{(k-1)}}{(\Delta\boldsymbol{F}^{(k-1)})^{\mathrm{T}}\boldsymbol{G}^{(k-1)}\Delta\boldsymbol{F}^{(k-1)}}$$

其中

$$\Delta\boldsymbol{X}^{(k-1)}=\boldsymbol{X}^{(k)}-\boldsymbol{X}^{(k-1)},\quad \Delta\boldsymbol{F}^{(k-1)}=\nabla f(\boldsymbol{X}^{k})-\nabla f(\boldsymbol{X}^{(k-1)})$$

在 $-\boldsymbol{G}^{(k)}\nabla f(\boldsymbol{X}^{k})$方向上进行一维搜索，确定 λ_k，使

$$\min_{\lambda} f(\boldsymbol{X}^{(k)}-\lambda \boldsymbol{G}^{(k)}\nabla f(\boldsymbol{X}^{(k)}))$$

从而得到下一个近似点

$$\boldsymbol{X}^{(k+1)}=\boldsymbol{X}^{(k)}-\lambda_k \boldsymbol{G}^{(k)}\nabla f(\boldsymbol{X}^{(k)})$$

第 5 步，若 $\boldsymbol{X}^{(k+1)}$ 满足精度要求，取 $\boldsymbol{X}^{(k+1)}$ 为近似极小点，否则令 $k=k+1$ 转回第 4 步，直到满足要求为止。

例 14.6 用 DFP 法求 $f(\boldsymbol{X})$的极小点，其中

$$f(\boldsymbol{X})=x_1^2+2x_2^2-2x_1x_2-2x_2$$

解

第 1 步，令 $\boldsymbol{X}^{(0)}=\begin{bmatrix}0\\0\end{bmatrix}$，$\varepsilon=0.05>0$；

第 2 步，$\nabla f(\boldsymbol{X})=\begin{bmatrix}2x_1-2x_2\\4x_2-2x_1-2\end{bmatrix}$

$$\nabla f(\boldsymbol{X}^{(0)})=(0,-2)^{\mathrm{T}},\quad \|\nabla f(\boldsymbol{X}^{(0)})\|^2=4>\varepsilon$$

第 3 步，令 $\boldsymbol{G}^{(0)}=\boldsymbol{I}$，于是

$$-\boldsymbol{G}^{(0)}\nabla f(\boldsymbol{X}^{(0)})=-\begin{bmatrix}1&0\\0&1\end{bmatrix}\begin{bmatrix}0\\-2\end{bmatrix}=\begin{bmatrix}0\\2\end{bmatrix}$$

$$\boldsymbol{X}^{(1)}=\boldsymbol{X}^{(0)}-\lambda\boldsymbol{G}^{(0)}\nabla f(\boldsymbol{X}^{(0)})=\begin{bmatrix}0\\0\end{bmatrix}+\lambda\begin{bmatrix}0\\2\end{bmatrix}=\begin{bmatrix}0\\2\lambda\end{bmatrix}$$

$$f(\boldsymbol{X}^{(1)})=2(2\lambda)^2-2(2\lambda)=8\lambda^2-4\lambda$$

令

$$\frac{\mathrm{d}f(\boldsymbol{X}^{(1)})}{\mathrm{d}\lambda}=0$$

得

$$\lambda_0=\frac{1}{4},\quad \boldsymbol{X}^{(1)}=\left(0,\frac{1}{2}\right)^{\mathrm{T}}$$

第 4 步，因为 $\nabla f(\boldsymbol{X}^{(1)})=(-1,0)^{\mathrm{T}}$，有 $\|\nabla f(\boldsymbol{X}^{(1)})\|^2=1>\varepsilon$，由

$$\Delta\boldsymbol{X}^{(0)}=\boldsymbol{X}^{(1)}-\boldsymbol{X}^{(0)}=\begin{bmatrix}0\\\frac{1}{2}\end{bmatrix}$$

$$\Delta\boldsymbol{F}^{(0)}=\nabla f(\boldsymbol{X}^{(1)})-\nabla f(\boldsymbol{X}^{(0)})=\begin{bmatrix}-1\\0\end{bmatrix}-\begin{bmatrix}0\\-2\end{bmatrix}=\begin{bmatrix}-1\\2\end{bmatrix}$$

得

$$\boldsymbol{G}^{(1)}=\begin{bmatrix}1&0\\0&1\end{bmatrix}+\frac{\begin{bmatrix}0\\\frac{1}{2}\end{bmatrix}\left(0,\frac{1}{2}\right)}{\left(0,\frac{1}{2}\right)\begin{bmatrix}-1\\2\end{bmatrix}}-\frac{\begin{bmatrix}1&0\\0&1\end{bmatrix}\begin{bmatrix}-1\\2\end{bmatrix}(-1,2)\begin{bmatrix}1&0\\0&1\end{bmatrix}}{(-1,2)\begin{bmatrix}1&0\\0&1\end{bmatrix}\begin{bmatrix}-1\\2\end{bmatrix}}=\begin{bmatrix}\frac{4}{5}&2\\\frac{2}{5}&\frac{9}{20}\end{bmatrix}$$

$$\boldsymbol{X}^{(2)}=\begin{bmatrix}0\\\frac{1}{2}\end{bmatrix}-\lambda\begin{bmatrix}\frac{4}{5}&2\\\frac{2}{5}&\frac{9}{20}\end{bmatrix}\begin{bmatrix}-1\\0\end{bmatrix}=\begin{bmatrix}\frac{4}{5}\lambda\\\frac{2}{5}\lambda+\frac{1}{2}\end{bmatrix}$$

于是

$$f(\boldsymbol{X}^{(2)})=\frac{8}{25}\lambda^2-\frac{4}{5}\lambda-\frac{1}{2}$$

令 $\dfrac{\mathrm{d}f(\boldsymbol{X}^{(2)})}{\mathrm{d}\lambda}=0$，得 $\lambda_1=\dfrac{5}{4}$，故 $\boldsymbol{X}^{(2)}=(1,1)^{\mathrm{T}}$。

第 5 步，由于 $\nabla f(\boldsymbol{X}^{(2)})=\begin{bmatrix}0\\0\end{bmatrix}$，所以 $\|\nabla f(\boldsymbol{X}^{(2)})\|^2=0<0.05$，此时得到极小点 $\boldsymbol{X}^*=(1,1)^{\mathrm{T}}$，$f(\boldsymbol{X}^*)=-1$ 为极小值。

思 考 题

(1) 梯度法搜索的思想是什么？

(2) 变尺度法有什么优点？

14.4 库恩-塔克条件

库恩-塔克条件(Kuhn-Tucker conditions)是非线性规划领域里最重要的理论成果之一,是确定某点为极值点的必要条件。如果所讨论的规划是凸规划,那么库恩-塔克条件也是充分条件。

考虑一般的非线性规划问题(P_0):

$$\min f(\boldsymbol{X})$$
$$\begin{cases} g_i(\boldsymbol{X}) \geqslant 0, & i=1,2,\cdots,m \\ h_j(\boldsymbol{X})=0, & j=1,2,\cdots,t \end{cases}$$

设 $\boldsymbol{R}=\{\boldsymbol{X} \mid g_i(\boldsymbol{X})\geqslant 0, i=1,2,\cdots,m; h_j(\boldsymbol{X})=0, j=1,2,\cdots,t\}$,则对每一个 $\boldsymbol{X}\in\boldsymbol{R}$,人们称为问题($P_0$)的可行解,$\boldsymbol{R}$ 称为可行域。如果 $\boldsymbol{X}^*\in\boldsymbol{R}$,且 $f(\boldsymbol{X}^*)\leqslant f(\boldsymbol{X})$,$\boldsymbol{X}\in\boldsymbol{R}$,则称 $\boldsymbol{X}^*$ 为问题(P_0)的整体最优解或称最优解。如果 $\boldsymbol{X}^*$ 在局部邻域内具有这个性质,称 $\boldsymbol{X}^*$ 为问题(P_0)的局部最优解。

定义 14.4 设 $\boldsymbol{X}^*$ 满足约束条件

$$g_i(\boldsymbol{X}) \geqslant 0, \quad (i=1,2,\cdots,m); \quad h_j(\boldsymbol{X})=0, \quad (j=1,2,\cdots,t) \tag{15-8}$$

$J=\{i \mid g_i(\boldsymbol{X}^*)=0, i=1,2,\cdots,m\}$,如果梯度向量 $\nabla h_j(\boldsymbol{X}^*)$,$\nabla g_i(\boldsymbol{X}^*)$($1\leqslant j\leqslant t; i\in J$)是线性无关的,则称 $\boldsymbol{X}^*$ 为约束条件的一个正则点。

现在将库恩-塔克条件叙述如下:

设 $f(\boldsymbol{X})$,$g_i(\boldsymbol{X})$,$h_j(\boldsymbol{X})$($i=1,2,\cdots,m; j=1,2,\cdots,t$)均为一阶连续可微,$\boldsymbol{X}^*$ 是问题(P_0)的一个局部极小点,且 $\boldsymbol{X}^*$ 是一个正则点,则必存在向量 $\boldsymbol{\lambda}^*=(\lambda_1^*,\lambda_2^*,\cdots,\lambda_m^*)^{\mathrm{T}}$ 和 $\boldsymbol{\mu}^*=(\mu_1^*,\mu_2^*,\cdots,\mu_t^*)^{\mathrm{T}}$,使得 $\boldsymbol{X}^*$,$\boldsymbol{\lambda}^*$ 和 $\boldsymbol{\mu}^*$ 满足:

$$\begin{cases} \nabla f(\boldsymbol{X}) - \sum\limits_{i=1}^{m}\lambda_i \nabla g_i(\boldsymbol{X}) - \sum\limits_{j=1}^{t}\mu_j \nabla h_j(\boldsymbol{X})=0 \\ \lambda_i g_i(\boldsymbol{X})=0, & i=1,2,\cdots,m \\ \lambda_i \geqslant 0, & i=1,2,\cdots,m \\ g_i(\boldsymbol{X}) \geqslant 0, & i=1,2,\cdots,m \\ h_j(\boldsymbol{X})=0, & j=1,2,\cdots,t \end{cases}$$

例 14.7 考虑问题

$$\min(-x)$$
$$25-(x^2-4)^2 \geqslant 0$$

解 由于 $\nabla f(\boldsymbol{X})=-1$,$\nabla g(\boldsymbol{X})=-2(x^2-4)(2x)$,于是库恩-塔克条件为

$$\begin{cases} -1+2\lambda(x^2-4)(2x)=0 & (1) \\ \lambda[25-(x^2-4)^2]=0 & (2) \\ 25-(x^2-4)^2 \geqslant 0 & (3) \\ \lambda \geqslant 0 & (4) \end{cases}$$

分两种情况讨论:

第 1 种情况：当 $\lambda=0$ 时，此时由式(1)得 $-1=0$，矛盾。

第 2 种情况：当 $\lambda>0$ 时，此时由式(2)得

$$25-(x^2-4)^2=0$$

于是 $x^2-4=\pm 5$，故 $x^2=9$（因 $x^2-4=-5$ 不可能），从而有 $x=\pm 3$。

而由式(1)可知 $-1+2\lambda(9-4)(2x)=0$，$\lambda=\dfrac{1}{20x}$，因 $\lambda>0$，故 $x>0$，所以 $x=3$，相应地有 $\lambda=\dfrac{1}{60}$。

由于所讨论的规划是凸规划，因此 $x=3$ 为问题的最优解。

例 14.8 考虑问题

$$\min(x_1+x_2+x_3)$$

$$\begin{cases} x_1 \geqslant (x_3)^2 \\ x_2 \geqslant (x_3)^2 \end{cases}$$

解 相应的库恩-塔克条件为

$$\begin{cases} (1,1,1)^{\mathrm{T}}-\lambda_1(1,0,-2x_3)^{\mathrm{T}}-\lambda_2(0,1,-2x_3)^{\mathrm{T}}=0 & (1) \\ \lambda_1[x_1-(x_3)^2]=0 & (2) \\ \lambda_2[x_2-(x_3)^2]=0 & (3) \\ x_1-(x_3)^2 \geqslant 0 & (4) \\ x_2-(x_3)^2 \geqslant 0 & (5) \\ \lambda_1,\lambda_2 \geqslant 0 & (6) \end{cases}$$

由式(1)可得 $1-\lambda_1=0$，$1-\lambda_2=0$，$1+2\lambda_1 x_3+2\lambda_2 x_3=0$，故

$$\begin{cases} \lambda_1=1,\lambda_2=1 & (7) \\ 1+4x_3=0 & (8) \end{cases}$$

由式(7)及式(2)，式(3)得

$$x_1-(x_3)^2=0,\quad x_2-(x_3)^2=0 \tag{9}$$

由式(8)，式(9)得

$$x_1=x_2=(x_3)^2=\left(-\frac{1}{4}\right)^2=\frac{1}{16},\quad x_3=-\frac{1}{4}$$

由于所讨论的规划是凸规划，故 $x=\left(\dfrac{1}{16},\dfrac{1}{16},-\dfrac{1}{4}\right)^{\mathrm{T}}$ 为原规划问题的最优解。

思　考　题

(1) 库恩-塔克条件适合解决什么样的问题?

(2) 如何求解有约束的非线性规划问题?

本 章 小 结

非线性规划的理论是在线性规划的基础上发展起来的，分为无约束极值问题和有约束

极值问题。无约束极值问题主要采用搜索的方法得到最优值，而有约束问题主要借助库恩—塔克条件将其转化为线性规划问题求解。

习　题　14

14.1　某工厂生产一种产品，它由原料 A、B 组成。已知生产函数是 $3.6x_1-0.4x_1^2+1.6x_2-0.2x_2^2$ 吨，其中 x_1 和 x_2 分别是原料 A 和 B 的使用量，工厂对该产品投资 5 万元，A 原料单价为 10 000 元/吨，B 原料单价为 5000 元/吨，写出使生产量最大化的数学模型。

14.2　试用斐波那契法求 $f(x)=x^2-6x+2$ 的极小点，要求缩短后的区间不大于原区间[0,10]的 3%。

14.3　试用黄金分割法求 $f(x)=3x^4+2x^6-12x$ 的极小点，要求缩短后的区间不大于原区间[0,1]的 4%。

14.4　试用梯度法求解 $f(x)=x_1^2+2x_2^2-2x_1x_2-2x_2$ 的极小点(已知 $\varepsilon=0.07$)。

14.5　试用 DFP 方法求 $f(x)=x_1^2+25x_2^2$ 的极小点。

14.6　用库恩-塔克条件求凸规划问题的最优解。

$$\min(x_1+x_2)$$
$$\begin{cases}x_2-x_1^2\geqslant 0\\ x_1+1\geqslant 0\end{cases}$$

14.7　用库恩-塔克条件求解凸规划问题的最优解。

$$\min(x_1-1)^2+(x_2-2)^2$$
$$\begin{cases}x_2-x_1=1\\ x_1+x_2\leqslant 2\\ x_1,x_2\geqslant 0\end{cases}$$

第 15 章　多目标决策规划

本章内容要点

- 多目标规划解集和像集的概念；
- 分层序列方法基本思想；
- ε-约束法基本步骤；
- 加权法的思想。

本章核心概念

- 强有效解(strong efficient solution)；
- 弱有效解(weakly efficient solution)；
- 优先权解(priority solution)；
- 分层序列法(lexicographical order criteria)；
- ε-约束法(ε-constraint method)；
- 加权法(weighting method)。

■　**案例**

某企业将生产两种新产品甲和乙，其生产设备费用甲为 2 万元/吨；乙为 5 万元/吨。这两种产品将造成环境污染，设由公害所造成的损失可折算成甲为 4 万元/吨；乙为 1 万元/吨。由于条件限制，工厂生产产品甲和乙的最大生产能力各为每月 5 吨和 6 吨，而市场需要这两种产品的总量每月不少于 7 吨。试问该企业如何安排生产计划，在满足市场需要的前提下，使设备投资和公害损失均达到最小。该企业决策者认为，这两个目标中环境污染应优先考虑，设备投资的目标值为 20 万元，公害损失的目标值为 12 万元。

在前面所介绍的单一目标最优化方法里，其缺点之一是不能描述现实生活中绝大多数是多个目标的最优化问题，如在生产问题中最大收入与最小成本；在投资问题中最少投资与最大收益等。这些目标之间彼此又往往不是那么协调，以致在方案论证中，只有对多个目标进行综合衡量后，才能使决策更加合理和符合实际。

本章将介绍多目标规划解的定义及简单的生成技术。

15.1　多目标规划的解集和像集

例 15.1　投资问题。假定某家银行有 a 亿元的资金可用于建厂投资。若可供选择的项目为 $1,2,\cdots,m$。寿命期均为 1 年，而且一旦对第 i 个项目投资则必须用掉 a_i 亿元；而一年后第 i 个项目可得到的收益为 c_i 亿元，其中 $i=1,2,\cdots,m$。基准收益率为 r，问如何确定最佳投资方案。

解 令

$$x_i=\begin{cases}1, & \text{代表选中第 } i \text{ 个项目}\\ 0, & \text{代表放弃第 } i \text{ 个项目}\end{cases}$$

而规划模型中的约束条件为

$$\begin{cases}\sum_{i=1}^{m} a_i x_i \leqslant a\\ x_i(x_i-1)=0, \quad i=1,2,\cdots,m\end{cases}$$

所谓最佳投资方案应该是投资少，收益大。即求目标函数 $f_1(x_1,\cdots,x_m)=\sum_{i=1}^{m} a_i x_i$ 最小，并求目标函数 $f_2(x_1,x_2,\cdots,x_m)=\sum_{i=1}^{m}\frac{1}{1+r}c_i x_i$ 最大。

正如线性规划那样，多目标数学规划问题也有标准形式，其标准形式可写成

$$\max f_i(\underline{\boldsymbol{x}}), \quad i=1,2,\cdots,I$$

$$\underline{\boldsymbol{x}} \in \boldsymbol{X}=\{\underline{\boldsymbol{x}} \mid \underline{\boldsymbol{x}} \in \boldsymbol{R}^m, g_j(\underline{\boldsymbol{x}}) \geqslant 0, j=1,2,\cdots,J\} \tag{15-1}$$

集合 $\boldsymbol{X}$ 为可行集，可行集中的每一个点称为多目标规划的可行解，f_i 称为目标函数，$\underline{\boldsymbol{x}}$ 称为决策变量。

15.1.1 解集

定义 15.1 设 $\underline{\boldsymbol{x}}^* \in \boldsymbol{X}$，若对任意的 $i=1,2,\cdots,I$ 及任意的 $\underline{\boldsymbol{x}} \in \boldsymbol{X}$，均有 $f_i(\underline{\boldsymbol{x}}) \leqq f_i(\underline{\boldsymbol{x}}^*)$，则称 $\underline{\boldsymbol{x}}^*$ 为式(15-1)的绝对最优解，并记绝对最优解的全体为 $\boldsymbol{R}_{\mathrm{ab}}^*$。绝对最优解的几何意义如图 15-1 所示。

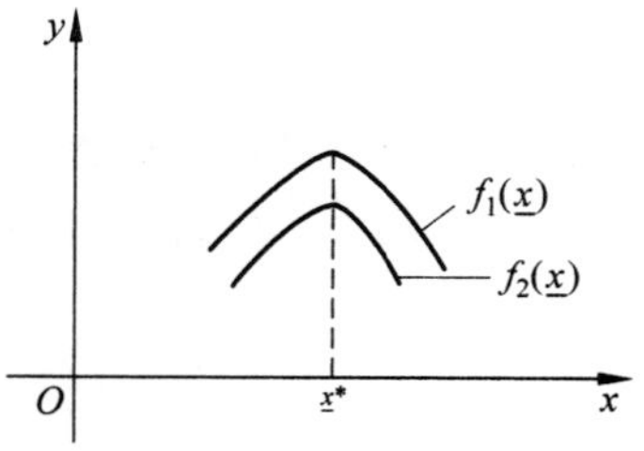

图 15-1 绝对最优解的几何意义

显然，对于多目标问题，式(15-1)的绝对最优解一般是不存在的。如图 15-2 所示，它说明同时达到最优的点不存在，因此它的绝对最优解不存在。

由于绝对最优解一般来说不存在，因此，需要寻求另外的“解”，下面给出这些解的定义。

定义 15.2 设 $\underline{\boldsymbol{x}}^* \in \boldsymbol{X}$，如果不存在 $\underline{\boldsymbol{x}} \in \boldsymbol{X}$，使得

$$f_i(\underline{\boldsymbol{x}}) > f_i(\underline{\boldsymbol{x}}^*), \quad i=1,2,\cdots,I$$

则称 $\underline{\boldsymbol{x}}^*$ 为式(15-1)的弱有效解，式(15-1)的弱有效解全体记为 $\boldsymbol{R}_{\mathrm{wp}}^*$。

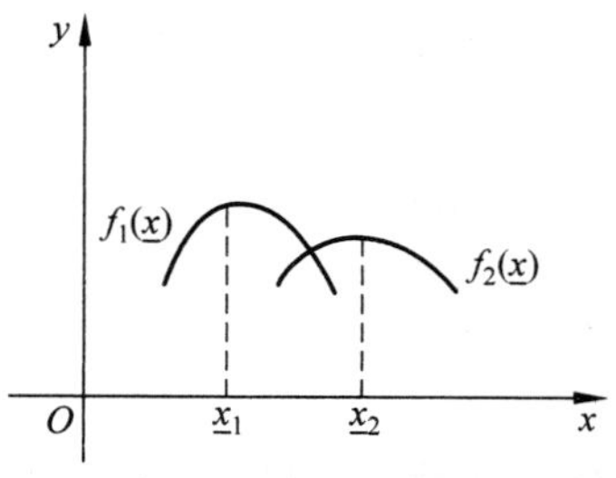

图 15-2 不存在绝对最优解的图示

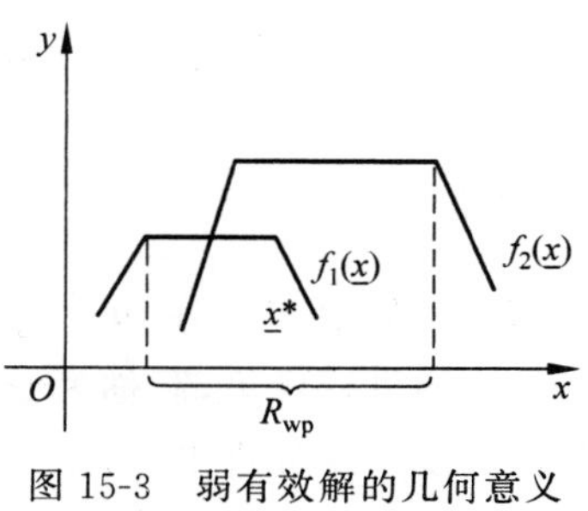

图 15-3 弱有效解的几何意义

易见，若 $\underline{x}^* \in \boldsymbol{R}_{wp}^*$，即是说找不到一个可行解 $\underline{x}$ 使得每一个目标值 $f_i(\underline{x}) > f_i(\underline{x}^*)$，$i=1,2,\cdots,I$，换句话说，当 $\underline{x}^* \in \boldsymbol{R}_{wp}^*$ 时，$\underline{x}^*$ 在"$>$"意义下是不能找到另一个可改进的可行解了，图 15-3 所示给出了弱有效解集合的直观意义。从图中不难看出，$\boldsymbol{R}_{wp}^*$ 中的任意一点 $\underline{x}^*$ 都为弱有效解，因为找不到另一个 $\underline{x} \in \boldsymbol{X}$，使得

$$f_i(\underline{x}) > f_i(\underline{x}^*), \quad i=1,2,\cdots,I$$

定义 15.3 设 $\underline{x}^* \in \boldsymbol{X}$，若不存在 $\underline{x} \in \boldsymbol{X}$，使得

$$f_i(\underline{x}) \geqslant f_i(\underline{x}^*), \quad i=1,2,\cdots,I$$

(且至少存在一个 i_0 使 $f_{i_0}(\underline{x}) > f_{i_0}(\underline{x}^*)$)，则称 $\underline{x}^*$ 为式(15-1)的强有效解，把式(15-1)的强有效解的全体记为 $\boldsymbol{R}_{pa}^*$。

从定义中不难看出，若 $\underline{x}^* \in \boldsymbol{R}_{pa}^*$，即是说找不到一个可行解 $\underline{x}$，使得每一个目标 $f_i(\underline{x})$ 都不比 $f_i(\underline{x}^*)$ 坏，并且至少有一个 $f_{i_0}(\underline{x})$ 比 $f_{i_0}(\underline{x}^*)$ 好。也就是说，当 $\underline{x}^* \in \boldsymbol{R}_{pa}^*$ 时，在"$\geqq$"(至少有一个严格大于)的意义下是找不到另一个可改进的可行解，图 15-4 指明了 $\boldsymbol{R}_{pa}^*$ 的直观意义。

由上面的定义很容易得出强有效解与弱有效解之间的关系。

定理 15.1 若 $\underline{x}^*$ 是强有效解，则 $\underline{x}^*$ 也一定是弱有效解。

证 反设 $\underline{x}^*$ 不是弱有效解，则必定存在 $\underline{x} \in \boldsymbol{X}$，使得 $f_i(\underline{x}) > f_i(\underline{x}^*)$，$i=1,2,\cdots,I$。因此 $\underline{x}$ 满足 $f_i(\underline{x}) \geqslant f_i(\underline{x}^*)$，$i=1,2,\cdots,I$，且至少有一个 i，使得 $f_i(\underline{x}) > f_i(\underline{x}^*)$，故 $\underline{x}^*$ 不是强有效解，矛盾。因此 $\underline{x}^*$ 是弱有效解。

例 15.2 考虑下面的问题

$$\max x_i, \quad i=1,2$$
$$0 \leqslant \boldsymbol{x}_i \leqslant 1, \quad i=1,2$$

这个问题的可行解集 $\boldsymbol{X}$ 由图 15-5 的单位正方形给出。这个正方形上面及右边的边上的所有点及(0,1)，(1,1)，(1,0)构成了弱有效解集合，但仅有点(1,1)是强有效解。

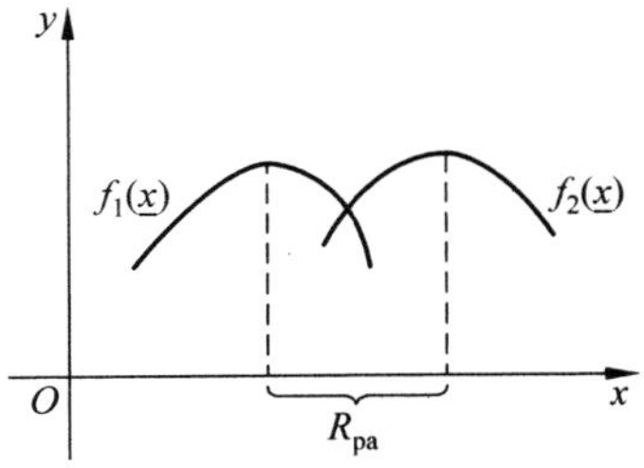

图 15-4 强有效解的几何意义

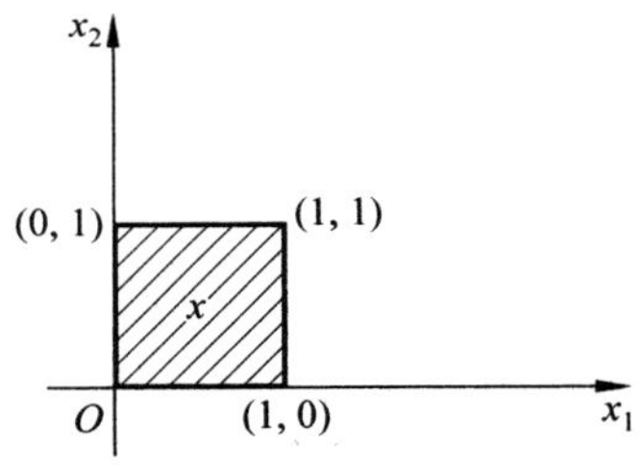

图 15-5 例 15.2 图

15.1.2 像集

定义 15.4 集合 $\boldsymbol{H}=\{\underline{\boldsymbol{u}} \mid \underline{\boldsymbol{u}}=(u_1,u_2,\cdots,u_I) \in \boldsymbol{R}^I, \underline{x} \in \boldsymbol{X}$，且 $u_i=f_i(\underline{x}), i=1,2,\cdots,I\}$ 称为式(15-1)的可行像集，简称为像集。

在多目标规划的分析中，通过像集的研究既可以提供一些处理多目标规划的方法，又可以从几何上对一些通常使用的某些方法加以解释。

根据像集的定义，来定义弱有效点和强有效点的概念。

定义 15.5 设 $\underline{\boldsymbol{u}}^* \in \boldsymbol{H}$，若不存在 $\underline{\boldsymbol{u}} \in \boldsymbol{H}$，使得对 $i=1,2,\cdots,I$ 都有 $u_i > u_i^*$，其中 u_i，u_i^* 分别为 $\underline{\boldsymbol{u}}$ 和 $\underline{\boldsymbol{u}}^*$ 的第 i 个分量，则称 $\underline{u}^*$ 为 H 的弱有效点。

定义 15.6 设 $\underline{\boldsymbol{u}}^* \in H$，若不存在 $\underline{\boldsymbol{u}} \in \boldsymbol{H}$，使得对 $i=1,2,\cdots,I$ 都有 $u_i \geqq u_i^*$，且至少存在一个 i_0，使得 $u_{i_0} > u_{i_0}^*$，则称 $\underline{\boldsymbol{u}}^*$ 为像集 $\boldsymbol{H}$ 的强有效点。

根据像集的定义，可以很容易得出下面的结论。

定理 15.2 $\underline{\boldsymbol{u}}^* \in \boldsymbol{H}$ 是弱(强)有效点的充分必要条件是存在一个弱(强)有效解 $\underline{\boldsymbol{x}}^* \in \boldsymbol{X}$，使得 $u_i^* = f_i(\underline{\boldsymbol{x}}^*)$，$i=1,2,\cdots,I$。

如果 $\underline{\boldsymbol{x}}^*$ 是弱有效解，那么找到另一个可行解使所有目标都有改进是不可能的；如果 $\underline{\boldsymbol{x}}^*$ 是强有效解，那么要改进任意一个目标值必然伴随其余的至少一个目标值变“坏”。多目标规划的绝对最优解一般是不存在的，因此多目标规划的解是依赖于强有效解或弱有效解的，但并非所有多目标规划都有强(弱)有效解。

例 15.3 考虑问题：

$$\max x_i, \quad i=1,2$$
$$x_i \geqslant 0, \quad i=1,2$$

由于对任何一个可行解(x_1,x_2)，总可以被(x_1+1,x_2+1)控制，故该问题没有弱(强)有效解。

那么自然要问多目标规划在满足什么样的条件时，才存在弱(强)有效解呢？下面不加证明地给出两个结论来回答这个问题。

定理 15.3 如果可行解集合是非空有界闭集，且所有目标函数均连续，则多目标规划至少有一个强有效解。

定理 15.4 具有有限个决策方案的多目标规划问题必存在强有效解。

例 15.4 $I=3$，$\boldsymbol{X}=\{1,2,3,4\}$，$f_i(k)$的值由下面的 4×3 阶矩阵 $\underline{\underline{\boldsymbol{F}}}$ 给出

$$\underline{\underline{\boldsymbol{F}}} = \begin{bmatrix} f_1(1) & f_2(1) & f_3(1) \\ f_1(2) & f_2(2) & f_3(2) \\ f_1(3) & f_2(3) & f_3(3) \\ f_1(4) & f_2(4) & f_3(4) \end{bmatrix} = \begin{bmatrix} 2 & 3 & 2 \\ 1 & 4 & 3 \\ 3 & 3 & 2 \\ 4 & 2 & 5 \end{bmatrix}$$

即第 k 行的元素表示选中决策方案 k 时的目标函数值，由于$(2,3,2)\leqslant(3,3,2)$，因此，第一个方案不是强有效解，而其余的各行均不被另一行控制，因此，剩余的 3 个方案 2、方案 3、方案 4 构成了这个离散问题的强有效解集。

思　考　题

(1) 什么是强有效解？何种情况下得不到强有效解？

(2) 如何区分强有效解和弱有效解？

15.2 分层序列法

以后几节来讨论处理多目标规划问题的几种常用方法。

分层序列法是指把问题式(15-1)中的 I 个目标 $f_1(\underline{\boldsymbol{x}}),f_2(\underline{\boldsymbol{x}}),\cdots,f_I(\underline{\boldsymbol{x}})$按照重要程度排列一个次序,对于决策者来说假定第一个目标 $f_1(\underline{\boldsymbol{x}})$是最重要的,其次是 $f_2(\underline{\boldsymbol{x}})$……它们的排列次序依次为 $f_1,f_2,\cdots,f_I$。先求第一个目标的最优解。

$$\begin{aligned}&\max f_1(\underline{\boldsymbol{x}})\\&\underline{\boldsymbol{x}}\in\boldsymbol{X}\end{aligned}\tag{15-2}$$

以 α_1 记 f_1 的最优值,然后第 2 步求第二个目标的最优解,即求问题

$$\max f_2(\underline{\boldsymbol{x}})$$
$$\begin{cases}f_1(\underline{\boldsymbol{x}})=\alpha_1\\\underline{\boldsymbol{x}}\in\boldsymbol{X}\end{cases}$$

的最优解。以 α_2 记 f_2 的最优值,第 3 步求问题

$$\max f_3(\underline{\boldsymbol{x}})$$
$$\begin{cases}f_i(\underline{\boldsymbol{x}})=\alpha_i,\quad i=1,2\\\underline{\boldsymbol{x}}\in\boldsymbol{X}\end{cases}$$

的最优解;如此继续下去,直到最后求第 I 个目标的最优解。

$$\max f_I(\underline{\boldsymbol{x}})$$
$$\begin{cases}f_i(\underline{\boldsymbol{x}})=\alpha_i,\quad i=1,2,\cdots,I-1\\\underline{\boldsymbol{x}}\in\boldsymbol{X}\end{cases}$$

一般地,第 k 步求问题

$$\max f_k(\underline{\boldsymbol{x}})$$
$$\begin{cases}f_i(\underline{\boldsymbol{x}})=\alpha_i,\quad i=1,2,\cdots,k-1\\\underline{\boldsymbol{x}}\in\boldsymbol{X}\end{cases}\tag{15-3}$$

的最优解。式(15-3)对某一 k 有唯一最优解,或者 $k=I$ 时产生的解就作为具有优先权解。若第 k 步最优解不唯一,则继续第 $k+1$ 步。

定理 15.5 由分层序列法得到的有优先权解 $\underline{\boldsymbol{x}}^*$ 必定是强有效解。

例 15.5 令 $I=2,f_1(\underline{\boldsymbol{x}})=x_1+x_2,f_2(\underline{\boldsymbol{x}})=x_1-x_2$,考虑下面的问题:

$$\max f_i(\underline{\boldsymbol{x}}),\quad i=1,2$$
$$\begin{cases}3x_1+x_2\leqslant 4\\x_1+3x_2\leqslant 4\\x_1,x_2\geqslant 0\end{cases}$$

解 第一步求解线性规划

$$\max(x_1+x_2)$$
$$\begin{cases}x_1,x_2\geqslant 0\\3x_1+x_2\leqslant 4\\x_1+3x_2\leqslant 4\end{cases}$$

此问题有唯一的最优解(1,1),因此,该问题在第一步终止。故(1,1)是问题的解。

例 15.6 下面考虑具有有限个决策方案的问题。令 $\boldsymbol{X}=\{1,2,3,4\}$,$I=3$,目标函数值由下面的 4×3 阶矩阵给出

$$\underline{\underline{\boldsymbol{F}}}=\begin{bmatrix} f_1(1) & f_2(1) & f_3(1) \\ f_1(2) & f_2(2) & f_3(2) \\ f_1(3) & f_2(3) & f_3(3) \\ f_1(4) & f_2(4) & f_3(4) \end{bmatrix}=\begin{bmatrix} 2 & 3 & 2 \\ 4 & 4 & 3 \\ 3 & 3 & 2 \\ 4 & 4 & 5 \end{bmatrix}$$

解 假设目标函数的偏好次序为 $f_1(\underline{\boldsymbol{x}}),f_2(\underline{\boldsymbol{x}}),f_3(\underline{\boldsymbol{x}})$,于是第一步的问题是求:

$$\max f_1(\underline{\boldsymbol{x}})$$
$$\underline{\boldsymbol{x}}\in \boldsymbol{X}$$

的最优解,由 $\underline{\underline{\boldsymbol{F}}}$ 容易看出,第 1 列中第 2 和第 4 个元素最大,故方案 2、4 为最优解,第 2 步考虑的问题是

$$\max f_2(\underline{\boldsymbol{x}})$$
$$\begin{cases} f_1(\underline{\boldsymbol{x}})=4 \\ \underline{\boldsymbol{x}}\in \boldsymbol{X} \end{cases}$$

由 $\underline{\underline{\boldsymbol{F}}}$ 容易看出,2、4 也均是第 2 步的最优解。第 3 步考虑问题

$$\max f_3(\underline{\boldsymbol{x}})$$
$$\begin{cases} f_1(\underline{\boldsymbol{x}})=4 \\ f_2(\underline{\boldsymbol{x}})=4 \\ \underline{\boldsymbol{x}}\in \boldsymbol{X} \end{cases}$$

由 $\underline{\underline{\boldsymbol{F}}}$ 看出,第 3 列的第 4 个元素比第 2 个元素大,因此第 4 个方案 $x=4$ 是该问题的解。

由上面的讨论可以知道,使用分层序列法在第 k 步有唯一解时,程序便终止,该算法的解不依赖于其他目标 $f_{k+1}(\underline{\boldsymbol{x}}),\cdots,f_I(\underline{\boldsymbol{x}})$。于是这些目标可能有很不利的值,特别是第一步最优解唯一时,更是如此。这种分层序列法的缺点很容易被纠正。可以有如下的较宽容意义上的分层序列法,在式(16-3)的约束中,对最优值 $\alpha_i(i=1,2,\cdots,k-1)$ 放松,即事先给定一组宽容值 $\beta_1,\beta_2,\cdots,\beta_I$(或叫目标函数的放松水平),与分层序列法相类似,逐次求目标函数的最优解,其不同的是把原来问题改为以下形式。

第 1 步,问题:

$$\max f_1(\underline{\boldsymbol{x}})$$
$$\underline{\boldsymbol{x}}\in \boldsymbol{X} \tag{15-4}$$

第 2 步,解:设 α_1 为 $f_1(\underline{\boldsymbol{x}})$ 的最优值,于是

$$\max f_2(\underline{\boldsymbol{x}})$$
$$\begin{cases} f_1(\underline{\boldsymbol{x}})\geqslant \alpha_1-\beta_1 \\ \underline{\boldsymbol{x}}\in \boldsymbol{X} \end{cases}$$

其中,β_1 是事先给定的放松水平,若设 α_i 是 $f_i(\underline{\boldsymbol{x}})$ 的最优值,于是一般地解下列问题。

$$\max f_k(\underline{\boldsymbol{x}})$$

$$\begin{cases} f_i(\underline{x}) \geqslant \alpha_i - \beta_i, \quad i=1,2,\cdots,k-1 \\ \underline{x} \in \boldsymbol{X} \end{cases} \tag{15-5}$$

如果 $k=I$，算法终止，最后得到的所有解均可作为多目标规划式(15-1)的解。

可以证明利用修改后的分层序列法得到的解必是弱有效解，且如果第 I 步得到的最优解是唯一的，则它必是强有效解。

思 考 题

(1) 分层序列法的基本思想是什么？

(2) 描述分层序列法的基本步骤。

15.3 ε-约束法

假定在目标函数中，$f_l(\underline{x})$为主要目标，对于 $k\neq l$ 的各个目标都可以事先给定一个所希望的最低值，不妨设为 ε_k，决策者决不接受任何一个目标函数值低于 ε_k 的解。于是多目标规划问题就可转化为下面形式的单目标规划问题。

$$\max f_l(\underline{x})$$
$$\begin{cases} \underline{x} \in \boldsymbol{X} \\ f_k(\underline{x}) \geqslant \varepsilon_k, \quad k \neq l \end{cases} \tag{15-6}$$

在这种情况下，式(15-6)的任何最优解都可以作为原始问题的解。这种求解法被称为ε-约束法，而 $\varepsilon_k(k\neq l)$的选择表示了决策者的主观偏好。如果式(15-6)没有可行解，那就意味着 ε_k 太高，于是它们中的至少一个需要放松。

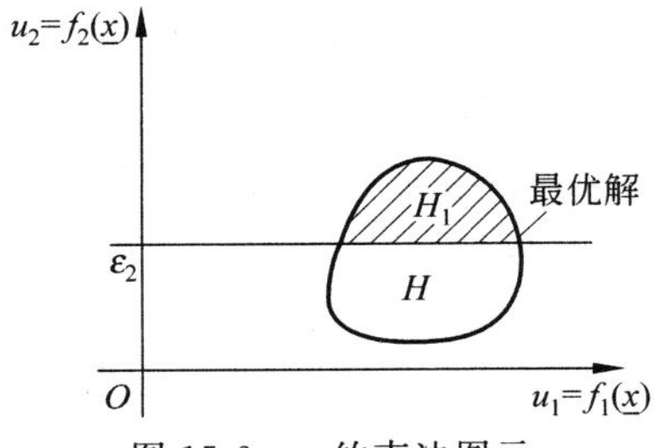

图 15-6 ε-约束法图示

利用图 15-6 说明该方法，令 H 是原始问题的像集，约束 $f_2(\underline{x})\geqslant\varepsilon_2$，把像集 H 限制在图中的阴影部分 H_1，在 $\underline{x}\in H_1$ 的条件下，求 $f_1(\underline{x})$最优值。因此，主要目标取得了最优而其他目标不低于事先给定的下界。

定理 15.6 式(15-6)的任何最优解是弱有效解；若最优解是唯一的，则它是强有效解。

证 设 $\underline{x}^*$ 是式(15-6)的最优解，下面证明是弱有效解；若设 $\underline{x}^*$ 不是弱有效解，则存在 $\underline{x}\in\boldsymbol{X}$，对 $i=1,2,\cdots,I$，都有 $f_i(\underline{x})>f_i(\underline{x}^*)$，由于 $\underline{x}$ 是可行解，且目标函数 $f_i(\underline{x})$在 $\underline{x}$ 点的值大于在 $\underline{x}^*$ 的值，因此 $\underline{x}^*$ 不是最优解，此与假设矛盾。故 $\underline{x}^*$ 是弱有效解。与上面的证明方式相同，可以证明定理的第二部分。

例 15.7 考虑问题

$$\max x_i, \quad i=1,2$$
$$0\leqslant x_i\leqslant 1, \quad i=1,2$$

令 $l=1$，$\varepsilon_2=\frac{1}{2}$，$u_1=x_1$，$u_2=x_2$，于是集合 $\boldsymbol{H}^*=\left\{(u_1,u_2)\mid u_1=1,\frac{1}{2}\leqq u_2\leqq 1\right\}$ 的点均为问题

$$\max f_1(\underline{\boldsymbol{x}})$$
$$\begin{cases}\underline{\boldsymbol{x}}\in X, \quad f_1(\underline{\boldsymbol{x}})=x_1, f_2(\underline{\boldsymbol{x}})=x_2 \\ f_2(\underline{\boldsymbol{x}})\geqq \frac{1}{2}\end{cases}$$

的最优解，但仅有点(1,1)是强有效点，而其余的点是弱有效点。

只要参数 l 与 $\varepsilon_k(k\neq l)$ 选择适当，通过 ε-约束法，可以获得多目标问题的任意强有效解，下面不加证明地给出两个结论。

定理 15.7 设 $\underline{\boldsymbol{x}}^*$ 是强有效解，则对任意固定的 l，可以确定 $\varepsilon_k(k\neq l)$，使 $\underline{\boldsymbol{x}}^*$ 为式(15-6)的最优解。

对于弱有效解有下面的结论。

定理 15.8 设可行像集 H 是凸集，$\underline{\boldsymbol{x}}^*$ 是弱有效解，则通过适当选择参数 l 和 $\varepsilon_k(k\neq l)$，可使 $\underline{\boldsymbol{x}}^*$ 是式(15-6)的最优解。

下面举例说明 ε-约束法的应用。

例 15.8 考虑问题

$$\max f_1(x_1,x_2)=x_1$$
$$\max f_2(x_1,x_2)=x_2$$
$$\begin{cases}x_1,x_2\geqslant 0 \\ x_1+2x_2\leqslant 6 \\ 2x_1+x_2\leqslant 6\end{cases}$$

解 假设 $f_2(x_1,x_2)$ 是主要目标，而对第一个目标 $f_1(x_1,x_2)$，决策者给出的下界为 $\varepsilon_1=2$，于是式(15-6)有下面的特殊形式：

$$\max x_2$$
$$\begin{cases}x_1,x_2\geqslant 0 \\ x_1+2x_2\leqslant 6 \\ 2x_1+x_2\leqslant 6 \\ x_1\geqslant 2\end{cases}$$

求解该线性规划问题，得最优解为 $x_1^*=x_2^*=2$。故原始问题的解为 $\underline{\boldsymbol{x}}^*=(2,2)^{\mathrm{T}}$。

例 15.9 考虑例 15.6 离散多目标规划问题。假定第 1 个目标是主要目标，且 $\varepsilon_2=3$，$\varepsilon_3=4$，由于在第 2 个和第 3 个目标分别大于或等于 3 或 4 的约束条件下，只有第 4 个方案 $x=4$ 能使第 1 个目标值达到最大，所以 $x=4$ 是可以接受的可行解。

解 利用修改后的 ε-约束法可以获得强有效解。其算法如下：

第 1 步，令 $l=1$，ε_k 是任意一组数据 $k=1,2,\cdots,I$。

第 2 步，求解问题式(15-6)，并令 $\underline{\boldsymbol{x}}^{(l)}$ 是求得的最优解。

第 3 步，如果 $l=I$，终止计算，得最优解，如果 $l<I$ 而 $\varepsilon_l<f_l(\underline{\boldsymbol{x}}^{(l)})$ 时，则把 ε_l 用 $f_l(\underline{\boldsymbol{x}}^{(l)})$ 替换，并令 $l=l+1$ 返回第 2 步。

定理 15.9 由上述算法求得的解是强有效解。(证明略)

思　考　题

(1) 描述 ε-约束法的基本思想。

(2) ε-约束法得到的是强有效解还是弱有效解？为什么？

15.4 加　权　法

本节假设给定一组不全为 0 的非负数 $c_1, c_2, \cdots, c_I$ 来表示目标函数的重要性，利用这组数将多目标规划问题转化成如下的单目标问题：

$$\max \sum_{i=1}^{I} c_i f_i(\underline{x})$$

$$\underline{x} \in \boldsymbol{X} \tag{15-7}$$

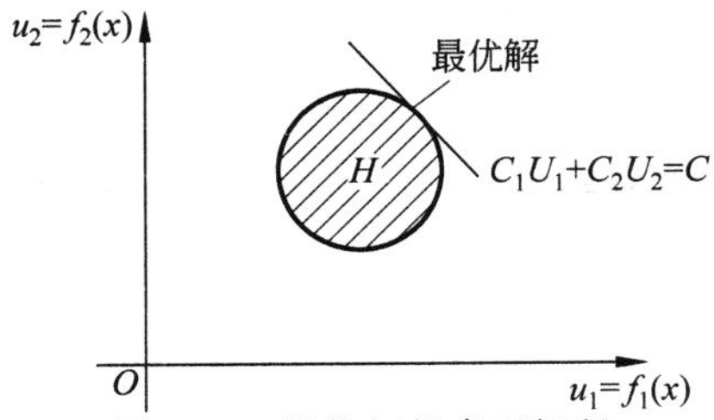

图 15-7　最优解的直观解释

这种处理多目标规划问题(式(15-1))的方法被称为权重法。显然式(15-7)的解依赖于非负数(至少有一个是正数)c_i 的选择，由单目标规划问题表示的解的概念可直观地由图 15-7 表示。H 是可行像集，线性函数 $c_1u_1+c_2u_2$ 在可行集 H 上求得最大，应用权重法得到的解至少是弱有效解。

定理 15.10　设 $\underline{x}^*$ 是式(15-7)的一个最优解，则 $\underline{x}^*$ 是弱有效解。如果式(15-7)有唯一的最优解 $\underline{x}^*$，则 $\underline{x}^*$ 是强有效解。

证　反设 $\underline{x}^*$ 不是弱有效解，则存在一个 $\underline{x}\in\boldsymbol{X}$，使得 $f_i(\underline{x})>f_i(\underline{x}^*)$，$i=1,2,\cdots,I$。因此

$$\sum_{i=1}^{I} c_i f_i(\underline{x}) > \sum_{i=1}^{I} c_i f_i(\underline{x}^*)$$

此时，与 $\underline{x}^*$ 是式(15-7)的最优解相矛盾。定理的第二部分也可以被相似地证明。

注：式(15-7)的最优解不一定是强有效解。

例 15.10　设 $I=2, f_1(x_1,x_2)=x_1, f_2(x_1,x_2)=x_2$。

$\boldsymbol{X}=\{(x_1,x_2)\mid 0\leqslant x_1\leqslant 1, 0\leqslant x_2\leqslant 1\}$，及 $c_1=1, c_2=0$，于是式(15-7)即为

$$\max x_1$$

$$\underline{x} \in \boldsymbol{X}$$

显然，$\underline{x}^*$ 是最优解当且仅当 $x_1^*=1, 0\leqslant x_2^*\leqslant 1$，这里所有使 $x_2^*<1$ 的最优解均是弱有效解，而仅有最优解 $(1,1)^{\mathrm{T}}$ 是强有效解。

下面定理给出了式(15-7)的最优解是强有效解的充分条件。

定理 15.11　如果对于 $i=1,2,\cdots,I$，有 $c_i>0$，则式(15-7)的任何最优解 $\underline{x}^*$ 都是强有效解。

证　反设 $\underline{x}^*$ 不是强有效解，则存在 $\underline{x}\in\boldsymbol{X}$ 和 l 使得 $f_l(\underline{x})>f_l(\underline{x}^*)$ 和对 $i\neq l$ 有 $f_i(\underline{x})\geqslant f_i(\underline{x}^*)$，于是可得

$$\sum_{i=1}^{I} c_i f_i(\underline{\boldsymbol{x}}) = \sum_{i \neq l} c_i f_i(\underline{\boldsymbol{x}}) + c_l f_l(\underline{\boldsymbol{x}}) > \sum_{i \neq l} c_i f_i(\underline{\boldsymbol{x}}^*) + c_l f_l(\underline{\boldsymbol{x}}^*) = \sum_{i=1}^{I} c_i f_i(\underline{\boldsymbol{x}}^*)$$

此解与 $\underline{\boldsymbol{x}}^*$ 是式(15-7)的最优解相矛盾。

例 15.11 考虑问题

$$\max\ (x_1, x_2)$$

$$\begin{cases} x_1, x_2 \geqslant 0 \\ x_1 + 2x_2 \leqslant 6 \\ 2x_1 + x_2 \leqslant 6 \end{cases}$$

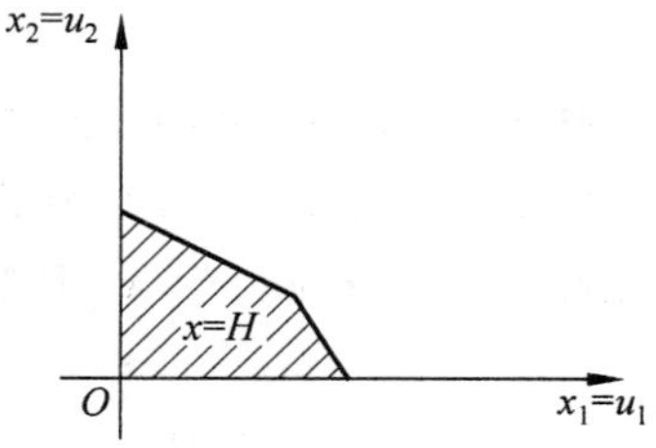

图 15-8 例 15.11 图解

其可行集如图 15-8 所示。如果 $c_1=0$,则 $x_1^*=0, x_2^*=3$ 是式(15-7)的最优解,如果 $c_2=0$,则 $x_1^*=3, x_2^*=0$ 是式(15-7)的最优解,下面假定 c_1 与 c_2 均为正数,如果 $0<\frac{c_2}{c_1}<\frac{1}{2}$,则点(3,0)是唯一的最优解;如果$\frac{c_2}{c_1}=\frac{1}{2}$,则在线段(3,0)和(2,2)之间的任意一点均为最优解;如果$\frac{1}{2}<\frac{c_2}{c_1}<2$,则(2,2)是唯一的最优解,如果$\frac{c_2}{c_1}=2$,则在线段(0,3)和(2,2)之间的任意一点都是最优解,如果$\frac{c_2}{c_1}>2$,则(0,3)是唯一的最优解。

例 15.12 考虑例 15.6,假设所给权数分别为 $c_1=1, c_2=3, c_3=2$,则 4 个方案中的目标函数值分别为

$$1\times 2+3\times 3+2\times 2=15$$
$$1\times 4+3\times 4+2\times 3=22$$
$$1\times 3+3\times 3+2\times 2=16$$
$$1\times 4+3\times 4+2\times 5=26$$

因此最后一个方案 $x=4$ 将被采纳。

思　考　题

简述加权法的基本思想和特点。

本章小结

多目标规划是经济管理生活中常见的一种规划问题,这种问题的特点是决策目标多于一个;目标之间具有不可公度性,即目标之间没有统一的衡量标准或计量单位,因而难以进行比较;各个目标之间具有矛盾性。这种问题的求解可以采用分层序列、ε-约束法、加权法等技术,而每一种方法具有自己的优点和应用领域。分层序列法是把多目标规划问题的多个目标按照重要程度排列一个次序,通过依次求解的方式获得问题的最优解,这种方法可以得到问题的强有效解。ε-约束法是假定目标函数中,各个目标都存在一个事先给定的最低

值，设为 ε，决策者决不接受任何一个目标函数值低于 ε 的解，进而将多目标规划问题就可转化为单目标规划问题进行求解。加权法是以一组非负数来表示目标函数的重要性，利用这组数将多目标规划问题转化为单目标问题，这种方法得到的解至少是弱有效解。

习 题 15

15.1 在图 15-9 中标出强有效解集合 $\boldsymbol{R}_{pa}$ 及弱有效解集合 $\boldsymbol{R}_{wp}$。

15.2 求线性多目标问题在分层序列意义上的最优解（设 $f_1(\underline{\boldsymbol{x}})$ 比 $f_2(\underline{\boldsymbol{x}})$ 重要）。

$$\max f_i(\underline{\boldsymbol{x}}),\quad i=1,2$$

$$\begin{cases}\underline{\boldsymbol{x}}\in\boldsymbol{R}^4\\ x_1+x_2+x_4=2\\ x_2+x_3=1\\ x_i\geqslant 0,\quad i=1,2,3,4\end{cases}$$

式中，$f_1(\underline{x})=2x_1+2x_2$，$f_2(\underline{\boldsymbol{x}})=x_1$。

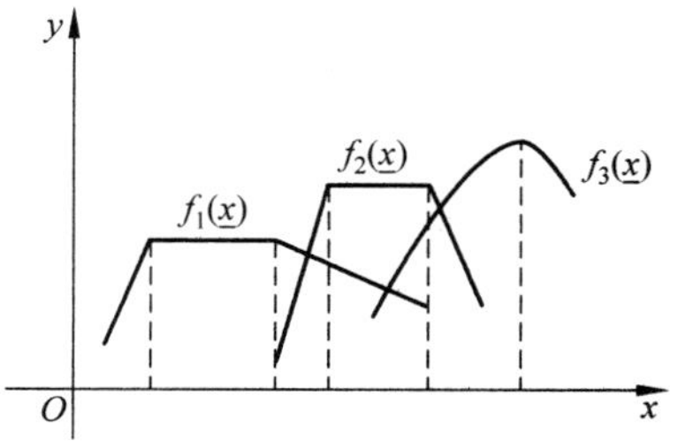

图 15-9 第 15.1 题图

15.3 若式(15-6)最优解是唯一的，则它是式(15-1)的强有效解，试证明。

15.4 若 $\underline{\boldsymbol{x}}^*$ 是式(15-7)的唯一最优解，则 $\underline{\boldsymbol{x}}^*$ 是式(15-1)的强有效解，试证明。

15.5 用加权法求解多目标规划问题

$$\max f_i(\underline{\boldsymbol{x}}),\quad i=1,2$$

$$\begin{cases}\underline{\boldsymbol{x}}\in\boldsymbol{R}^2\\ -3x_1-8x_2\geqslant -12\\ -x_1-x_2\geqslant -2\\ -2x_2\geqslant -3\\ x_1\geqslant 0,\quad x_2\geqslant 0\end{cases}$$

其中，$f_1(\underline{\boldsymbol{x}})=x_1+8x_2$，$f_2(\underline{\boldsymbol{x}})=6x_1+x_2$，$c_1=c_2=\dfrac{1}{2}$。

第 16 章　用 Excel 求解运筹学问题

16.1　线性规划问题的 Excel 求解

Excel 是分析和求解线性规划问题的良好工具，它不仅可以很方便地将线性规划模型所有参数录入电子表格，而且可以利用规划求解工具迅速找到模型的最优解。更重要的是，在利用 Excel 电子表格求解模型时，改变任何参数都能立刻反映到模型中，不需要重新应用求解工具和重新录入数据，即使重新求解也只需按 Enter 键即可完成。当然，除 Excel 外还有很多求解线性规划的软件，例如 QSB+，MATLAB，Maple，Mathematica，LINDO 等，但这些软件都有其专门的语言环境，一般需要通过专门的学习和训练才能熟悉地掌握和运用，不太容易普及和推广。作为 Office 软件成员的 Excel 功能强大，其易学性和普及性会使得求解线性规划问题变得非常简单和容易。

Excel 不但可以处理线性规划问题，还可以处理整理数规划和运输问题等经典的线性规划问题，极大地满足了人们学习运筹学和在实践中解决线性规划问题的需要。

16.1.1　建立线性规划问题的电子表格模型

线性规划模型在电子表格中布局的好坏，直接关系到问题的可读性和求解的方便性。另外，不同的线性规划问题在电子表格中的布局方式可能不尽相同，并且有优劣之分。因此，布局问题非常重要，一定要把握好。

在用电子表格为问题建立数学模型的过程中有 3 个问题需要回答。要做什么决策？做决策时有哪些约束条件？决策的绩效测度是什么？这些就是线性规划模型如何在电子表格中布局需要考虑的问题。下面举例说明如何在电子表格中描述线性规划模型。

生产计划问题的数学模型为

$$\max Z = 4x_1 + 5x_2$$

$$\begin{cases} x_1 \leqslant 4 \\ x_2 \leqslant 3 \\ x_1 + 2x_2 \leqslant 8 \\ x_1, x_2 \geqslant 0 \end{cases}$$

生产计划问题的数据表见表 16-1。

表 16-1　生产计划问题数据表

	甲	乙	可供资源		甲	乙	可供资源
原料 A/千克	1	0	4	设备/台时	1	2	8
原料 B/千克	0	1	3	单位利润/元	4	5	

生产计划问题对于上述 3 个问题的回答是，对两种产品的生产量作决策；决策的约束是生产产品的所需资源不得超过可用资源量，绩效测度是两种产品的总利润。这样，在原问题相关表格的基础上做些调整，就可以得到电子表格中的模型描述。图 16-1 所示是生产计划问题的电子表格模型的描述。

	A	B	C	D	E	F
1		生产计划问题表格模型				
2		甲	乙	实际消耗		可供资源
3	原料A	1	0	0	<=	4
4	原料B	0	1	0	<=	3
5	设备	1	2	0	<=	8
6	单位利润（元）	4	5			
7						
8	决策变量	甲	乙		目标利润	
9					0	

图 16-1　生产计划问题电子表格模型

显示数据的单元格称为数据单元格。为单元格命名可以使表格更容易理解和使用，例如，在生产计划问题的电子表格中，数据单元格可以这样命名：原料 A、原料 B、设备、单位利润等。为单元格命名，首先选中单元格，然后从菜单中选择"插入"|"命名"选项，再输入名字（或者单击数据表上公示栏左侧的名字文本框，输入名字）。

电子表格中比原数据表增加了存放决策变量值的行，称为可变单元格。增加了 D、E 两列，第 D 列存放两种产品的已用资源数量，并命名为"实际消耗"，第 E 列存放符号"≤"，但符号不参与计算，只起提示作用。在第 D 列（D3，D4，D5 单元格）中的数字是模型（3-48）中约束函数不等式左端的值，给定决策变量的值，约束函数左端表示资源实际被使用的数量。比如，对于第 1 个约束（原料 A）的实际使用量是

$$原料\text{ A }的实际是用量 = x_1 \times 1 + x_2 \times 0$$

在电子表格中这个公式在 D3 单元格中表示为

$$D3 = B3 * B9 + C3 * C9$$

注意，在 D3 单元格输入公式时要在英文状态下输入等号右侧（包括等号）的内容，并且在数字和符号之间不能有空格（公式输入时不区分大小写）。在上式中是两组数相乘后相加，Excel 中的 SUMPRODUCT 函数可以实现这一功能，它可以将 2～30 个大小形状相同的单元格区域（每个单元格区域用逗号隔开）中的对应数值型元素（非数值型元素及空单元格作 0 处理）相乘后再相加。这个函数是线性规划问题中最常用的数学函数之一。例如上式用这个函数表达就是

D3＝SUMPRODUCT(B3:C3,B9:D9)

利用 Excel 函数的复制功能，这个公式可以通过单元格的引用方法复制到 D4、D5 单元格中，免去了重复输入公式的烦恼。因为是纵向复制，可以把放有资源系数的单元格区域作相对引用，把放有决策变量的单元格区域作绝对应用或混合引用，即将公式变为 D3＝SUMPRODUCT(B3:C3,B$9:D$9)。其中符号"$"表示绝对引用，"$"后面的数字或符号在 Excel 的拖放复制功能中部改变。这样，D3 单元格中的公式就可以通过拖动复制到 D4、D5 单元格中。类似可以写出计算目标利润的公式。该问题中的公式输入如图 16-2 所示。

	A	B	C	D	E	F
1		生产计划				
2		甲	乙	实际消耗		可供资源
3	原料A	1	0	=SUMPRODUCT (B3:C3,B$9:C$9)	<=	4
4	原料B	0	1	=SUMPRODUCT (B4:C4,B$9:C$9)	<=	3
5	设备	1	2	=SUMPRODUCT (B5:C5,B$9:C$9)	<=	8
6	单位利润（元）	4	5			
7						
8	决策变量	甲	乙		目标利润	
9					=SUMPRODUCT (B6:C6,B9:C9)	

图 16-2　输入公式

16.1.2 用 Excel 规划求解工具求解线性规划模型

Excel 中有一个规划求解工具，可以方便地求解线性规划问题。“规划求解”加载宏是 Excel 的一个可选加载模块，在安装 Excel 时，只有在选择“定制安装”或“完全安装”选项时才可以选择装入这个模块。如果目前使用的 Excel 的“工具”菜单中没有“规划求解”选项，可以通过“工具”|“加载宏”菜单命令打开“加载宏”对话框来添加“规划求解”功能，如图 16-3 所示。

图 16-3　添加“规划求解”加载宏

下面通过求解生产计划问题来说明求解步骤。

首先，选择“工具”|“规划求解”菜单命令，打开“规划求解参数”对话框，如图 16-4 所示。

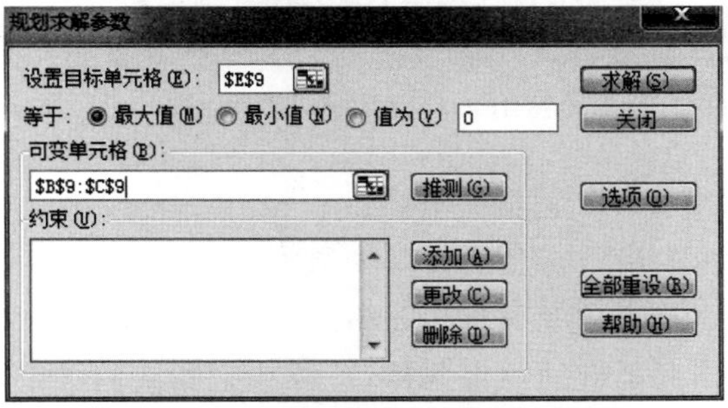

图 16-4　“规划求解参数”对话框

“规划求解参数”对话框的作用就是让计算机知道模型的各个组成部分放在电子表格中的什么地方，可以通过输入单元格(或单元区域)的地址或用鼠标在电子表格相应的单元格(或单元区域)通过单击或拖动的办法将有关信息加入到对话框相应的位置。具体步骤如下。

1. 设置目标单元格

在“规划求解参数”对话框中应该指定目标函数所在的单元格的引用位置，此目标单元格经求解后获得某一特定数值、最大值、最小值。由此可见，这个单元格输入的必须是一个公式。本例中由于目标函数在E9单元格，所以单击E9单元格(或直接输入$E$9)，Excel会自动将其变成这个单元格的绝对引用$E$9加以固定，以便在求解过程中目标单元格位置固定不变。目标如果是极大化，则单击“最大值”单选按钮；如果是极小化，则单击“最小值”单选按钮；如果目标函数需要达到某个值，则单击“值为”单选按钮并在文本框内输入需要达到的值。

2. 设置可变单元格

可变单元格指定决策变量所在的各单元格，不含公式，可以有多个单元格或区域，当单元格或区域不连成一片时，各区域之间用逗号隔开。求解时，可变单元格中的数据不断地调整，直到满足约束条件，并使“设置目标单元格”文本框中指定的单元格达到目标值。可变单元格必须直接或间接与目标单元格相联系。本例的决策变量在B9和C9单元格内，所以在“可变单元格”文本框中输入“B9:C9”单元格引用区域。

3. 添加约束

在“规划求解参数”对话框中单击“添加”按钮就会打开“添加约束”对话框，如图16-5所示。

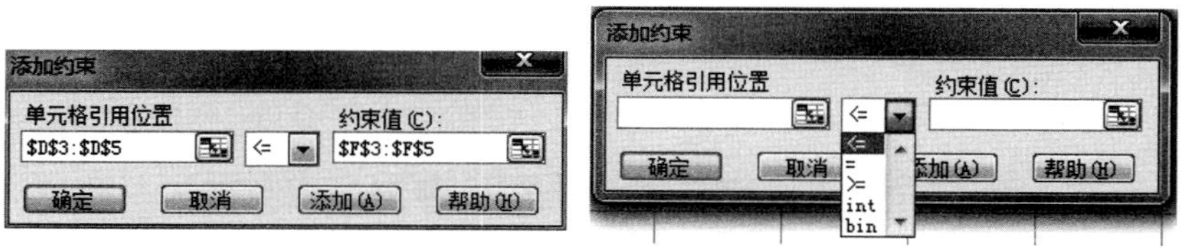

图16-5 “添加约束”对话框

在添加约束对话框中有3个选项需填写。

(1)“单元格引用位置”指定需要约束其中数据的单元格或单元格区域，一般在此处添加约束函数不等式左侧的函数表达式的单元格或单元格区域。本例输入“$D$3:$D$5”。

(2)运算符。对于不同类型的约束条件，可以选定相应的关系运算符(>=、<=、=、int、bin)来表示约束的关系。

(3)“约束值(C)”。表示约束条件右边的限制值，在此文本框中输入数值、右边限制值单元格引用或区域引用。本例输入“$F$3:$F$5”。

(4)“添加”按钮。单击此按钮可以在不返回“规划求解参数”对话框的情况下继续添加其他约束条件。当已经把所有约束条件都一一添加了，只需单击“确定”按钮，回到“规划求解参数”对话框(如图16-6所示)，“约束”文本框中已经显示了刚添加的约束。

注意：由于本例所有的不等式约束都是“>=”，所以可以利用单元格引用区域一次性添加，否则，要分几次添加约束。

4. 规划求解选项

在“规划求解参数”对话框中单击“选项”按钮打开“规划求解选项”对话框（如图 16-7 所示），它可以对求解运算的一些高级属性选项进行设定，这些高级属性选项如下。

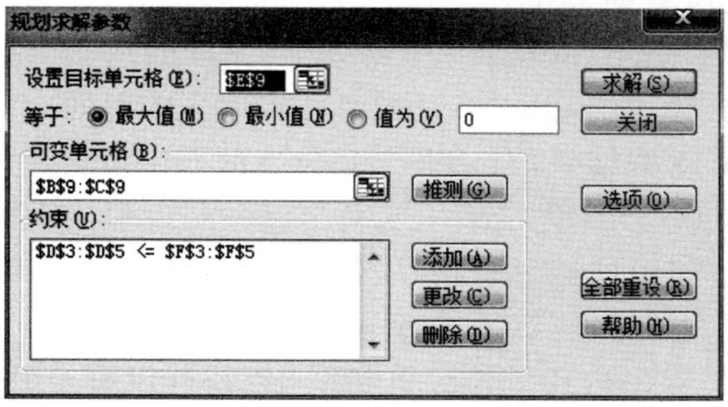

图 16-6　添加“约束”后的“规划求解参数”对话框

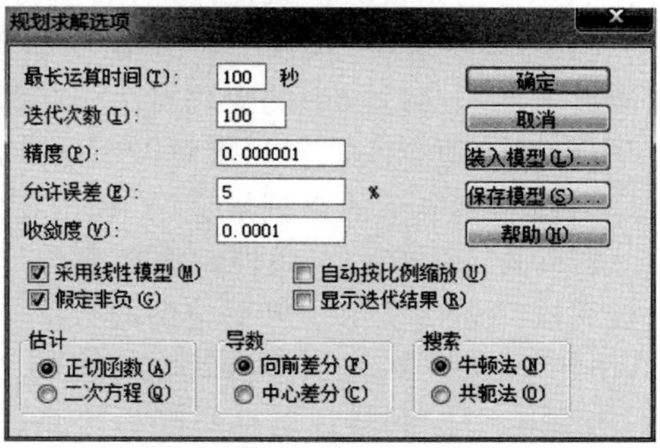

图 16-7　“规划求解选项”对话框

(1) 最长运算时间。在此设定求解过程的时间，可输入的最大值为 32 767 秒，默认值为 100 秒，可以满足大多数小型规划求解的需要，此选择项一般在求解非线性规划时才设置。

(2) 迭代次数。在此设定求解过程中迭代运算的次数，限制求解过程所花费的时间。可输入的最大值为 32 767，默认值为 100 次，可以满足大多数小型规划求解的需要。此选择项一般在求解非线性规划时才设置。

(3) 精度。在此输入用于控制求解精度的数字，以确定约束条件单元格中的数值是否满足目标值的上下限。精度必须为小数(0～1)，输入数字的小数位越少，精度越低。此选项一般在求解非线性规划时才设置。

(4) 收敛度。在此输入收敛度数值，当最近 5 次迭代时，目标单元格中数值的变化小于“收敛度”文本框中设置的数值时，“规划求解”停止运算。收敛度只运用于非线性规划问题，并且必须由一个 0～1 的小数表示。设置的数值越小，收敛度越高。

(5) 采用线性模型。当模型中所有的关系都是线性的，并且希望解决线性优化问题时，选中此复选框可加速求解进程。

(6) 显示迭代结果。如果选中此复选框，每进行一次迭代后都将中断“规划求解”过程，并显示当前的迭代结果。

(7) 假定非负。对于在“添加约束”对话框的“约束值”文本框中没有设置下限的可变单元格，假定其下限为 0。规划问题一般要求决策变量非负，所以一般都需要选择此选项。

5. 求解

对定义好的问题进行求解。单击“规划求解参数”对话框上的“求解”按钮，打开“规划求

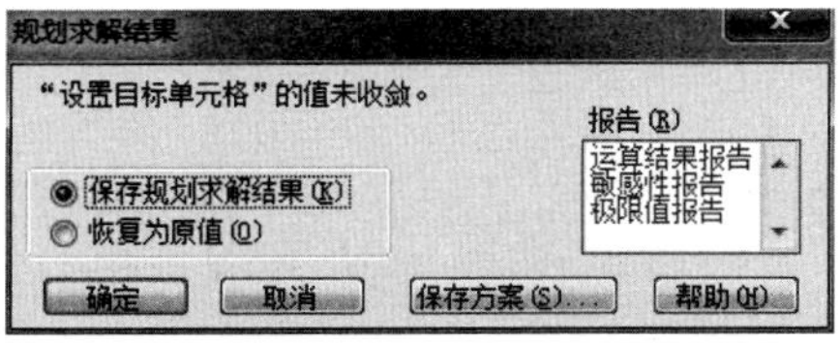

图 16-8 “规划求解结果”对话框

解结果”对话框,如图 16-8 所示。

当规划求解得到答案时,“规划求解结果”对话框中会给出下面两条求解结果信息。

(1)“规划求解”找到一个解,可满足所有的约束及最优化要求。这表明按“规划求解选项”对话框中设置的精度,所有约束条件都已经满足,并且目标单元格达到极大值或极小值,表示已经求出了问题的最优解。

(2)“规划求解”收敛于当前结果,并满足所有约束条件。这表明目标单元格中的数值在最近 5 次求解过程中的变化量小于“规划求解选项”对话框中“收敛度”设置的值。“收敛度”中设置的值越小,“规划求解”在计算时就会越精细,但求解过程将花费更多的时间。

当规划求解不能得到最佳结果时,在“规划求解结果”对话框中就会显示下述信息。

(1)满足所有约束条件,“规划求解”不能进一步优化结果。这表明仅得到近似值,迭代过程无法得到比显示结果更精确的数值,或是无法进一步提高精度,或是精度值被设置得太小,请在“规划求解选项”对话框中试着设置较大的精度值,再运行一次。

(2)求解达到最长运算时间后停止。这表明在达到最长运算实践限制时,没有得到满意的结果,如果要保存当前结果并节省下次计算的时间,单击“保存规划求解结果”单选按钮或“保存方案”按钮。

(3)求解达到最大迭代次数后停止。这表明在达到最大迭代次数时,仍没有得到满意的结果,增加迭代次数也许有用,但是应该先检查结果确定问题的原因。如果要保存当前结果并节省下次计算的时间,单击“保存规划求解结果”单选按钮或“保存方案”按钮。

(4)目标单元格中数值不收敛。这表明即使满足全部约束条件,目标单元格数值也只是有增有减但不收敛。这可能是在设置问题时忽略了一项或多项约束条件。检查工作表中的当前值,确定目标发散的原因,并检查约束条件,然后再次求解。

(5)规划求解未找到合适的结果。这表明在满足全部约束条件和精度要求的条件下,“规划求解”无法得到合理的结果,这可能是约束条件不一致所致。请检查约束条件公式或类型选择是否有误。

(6)规划求解在目标或约束条件单元格中发现错误值。这表明在最近一次运算中,一个或多个公式的运算结果有误。请找到包含错误值的目标单元格或约束条件单元格,修改其中的公式或内容,以得到合理的运算结果。还有可能是在“添加约束”的对话框中输入了无效的名称或公式,或在“约束”文本框中直接输入了 integer 或 binary。如果要将变量约束为二进制数,可单击 bin。

本例中,如图 16-8 所示“规划求解”找到一个最优解,选中“保存规划求解结果”单选按钮,单击“确定”按钮可得求解结果,如图 16-9 所示。

	A	B	C	D	E	F
1		生产计划				
2		甲	乙	实际消耗		可供资源
3	原料A	1	0	4	<=	4
4	原料B	0	1	2	<=	3
5	设备	1	2	8	<=	8
6	单位利润(元)	4	5			
7						
8	决策变量	甲	乙		目标利润	
9		4	2		26	

图 16-9 得到求解结果

从求解结果中可知，企业应安排生产甲产品 4 件，乙产品 2 件，可获得最大利润 26 单位。

例 16.1 用 Excel 方法求解以下数学模型：

$$\min Z = 20x_1 + 8x_2 + 4x_3 + 2x_4$$

$$\begin{cases} 100x_1 + 800x_2 + 900x_3 + 200x_4 \geqslant 3000 \\ 50x_1 + 60x_2 + 20x_3 + 10x_4 \geqslant 55 \\ 400x_1 + 200x_2 + 300x_3 + 500x_4 \geqslant 800 \\ x_j \geqslant 0, \quad j = 1,2,3,4 \end{cases}$$

其中，$x_j (j=1,2,3,4)$分别表示猪肉、鸡蛋、大米和白菜每天的购买量，约束条件反映热量、蛋白质、钙等营养成分。

解 该问题在 Excel 中的问题描述、布局与求解结果如图 16-10 所示。

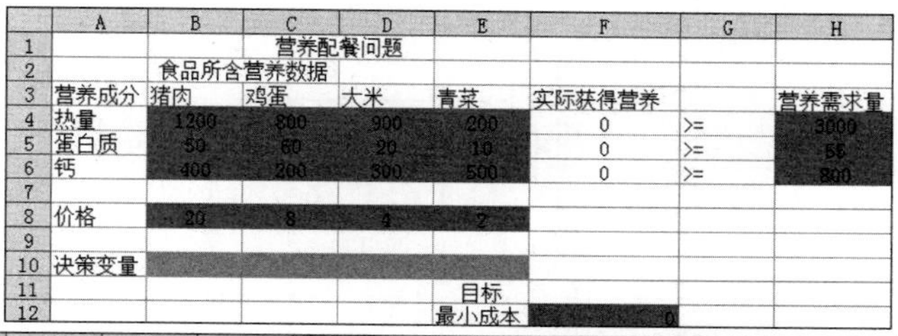

	A	B	C	D	E	F	G	H
1			营养配餐问题					
2		食品所含营养数据						
3	营养成分	猪肉	鸡蛋	大米	青菜	实际获得营养		营养需求量
4	热量	1200	800	900	200	0	>=	3000
5	蛋白质	50	60	20	10	0	>=	55
6	钙	400	200	300	500	0	>=	800
7								
8	价格	20	8	4	2			
9								
10	决策变量							
11					目标			
12					最小成本	0		

	A	B	C	D	E	F	G	H
1			营养配餐问题					
2		食品所含营养数据						
3	营养成分	猪肉	鸡蛋	大米	青菜	实际获得营养		营养需求量
4	热量	1200	800	900	200	=SUMPRODUCT(B4:E4,B$10:E$10)	>=	3000
5	蛋白质	50	60	20	10	=SUMPRODUCT(B5:E5,B$10:E$10)	>=	55
6	钙	400	200	300	500	=SUMPRODUCT(B6:E6,B$10:E$10)	>=	800
7								
8	价格	20	8	4	2			
9								
10	决策变量							
11					目标			
12					最小成本	=SUMPRODUCT(B8:E8,B10:E10)		

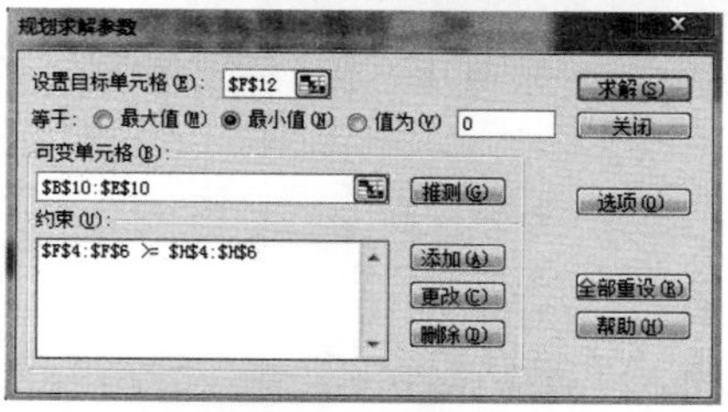

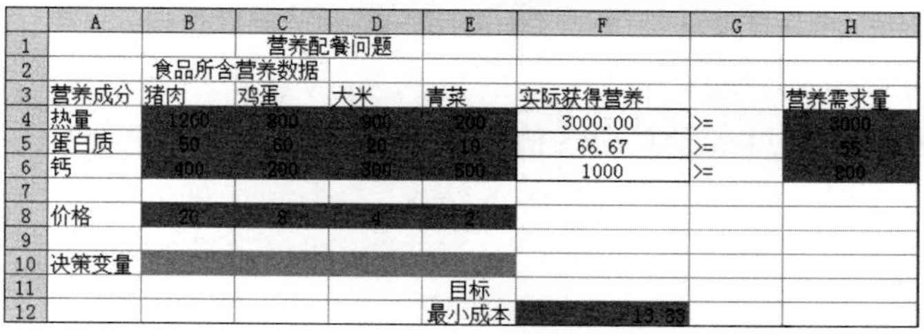

	A	B	C	D	E	F	G	H
1			营养配餐问题					
2		食品所含营养数据						
3	营养成分	猪肉	鸡蛋	大米	青菜	实际获得营养		营养需求量
4	热量	1200	800	900	200	3000.00	>=	3000
5	蛋白质	50	60	20	10	66.67	>=	55
6	钙	400	200	300	500	1000	>=	800
7								
8	价格	20	8	4	2			
9								
10	决策变量							
11					目标			
12					最小成本	13.33		

图 16-10 用 Excel 方法求解营养配餐问题

从求解结果可知，每天购买 3.33 千克大米可满足最低营养需求，最少总费用为 13.33 元。

16.1.3 用 Excel 方法分析案例

例 16.2 项目投资问题：某开发公司考虑实施相互独立且风险程度相同的 8 个项目，该公司的资本成本率为 10%，资本限额为 50 万元。已测算出各项目的初始投入、项目周期、年现金流量、净现值和内部回报率，相关数据见表 16-2。要求确定投资项目，使得投资所得总净现值最大。

表 16-2 项目投资问题相关数据表

项目号	项目成本	项目周期	年现金流	净现值	内部回报率
1	400 000	20	59 600	98 895	0.1354
2	250 000	10	55 000	87 951	0.177
3	100 000	8	24 000	18 038	0.173
4	75 000	15	12 000	16 273	0.137
5	75 000	6	18 000	3395	0.115
6	50 000	5	14 000	3071	0.124
7	250 000	10	41 000	1927	0.102
8	250 000	3	99 000	−3802	0.091

解 该项目投资问题是一个线性规划问题，要求在最终成本不超过资金限额的条件下，求使得总净现值最大的项目组合。

设是否投资列 G3:G10 为可变单元格，取值为 0 或 1，如果项目被选中，相应单元格的值为 1，否则为 0。

F13 单元格表示所选中项目的净现值总额，它是 E3:E10 列与 G3:G10 列对应相乘后的和。

B13 单元格表示所选中项目的成本总和，它是 B3:B10 列与 G3:G10 列对应单元格相乘后的和。资金限额为 500 000。

该问题在 Excel 表中的布局和求解设置，以及求解结果如图 16-11 所示。

注意：项目取值 0 或 1 必须约束 G3:G10 取 bin 表示二进制数，即限制为 0-1 变量。

从计算结果可以看到，项目 2、3、4、5 的值为 1，为选中项目，该项目组合可在总成本 500 000 元限额条件下，取得最大总净现值为 125 657。

通过 Excel 的规划求解可选项目较多的情况，能得到最好的结果。但在项目的风险程度不同和分批投入项目资金时，单纯用规划求解还无法得出满意的结果，必须作进一步的分析和评价。

例 16.3 网络配送问题：某物流公司要将 A_1、A_2、A_3 3 个企业生产的某种产品运送到 B_1、B_2 两个仓库，可以选择铁路和公路两种运送方式。通过铁路运送没有运量限制，A_1、A_2 的产品可以运往 B_1；A_3 的产品可以运往仓库 B_2；通过公路运送必须先从企业送往配送中心，再由配送中心送往仓库，且没有运量限制。企业配送中心的限额为 80 单位，配送中心

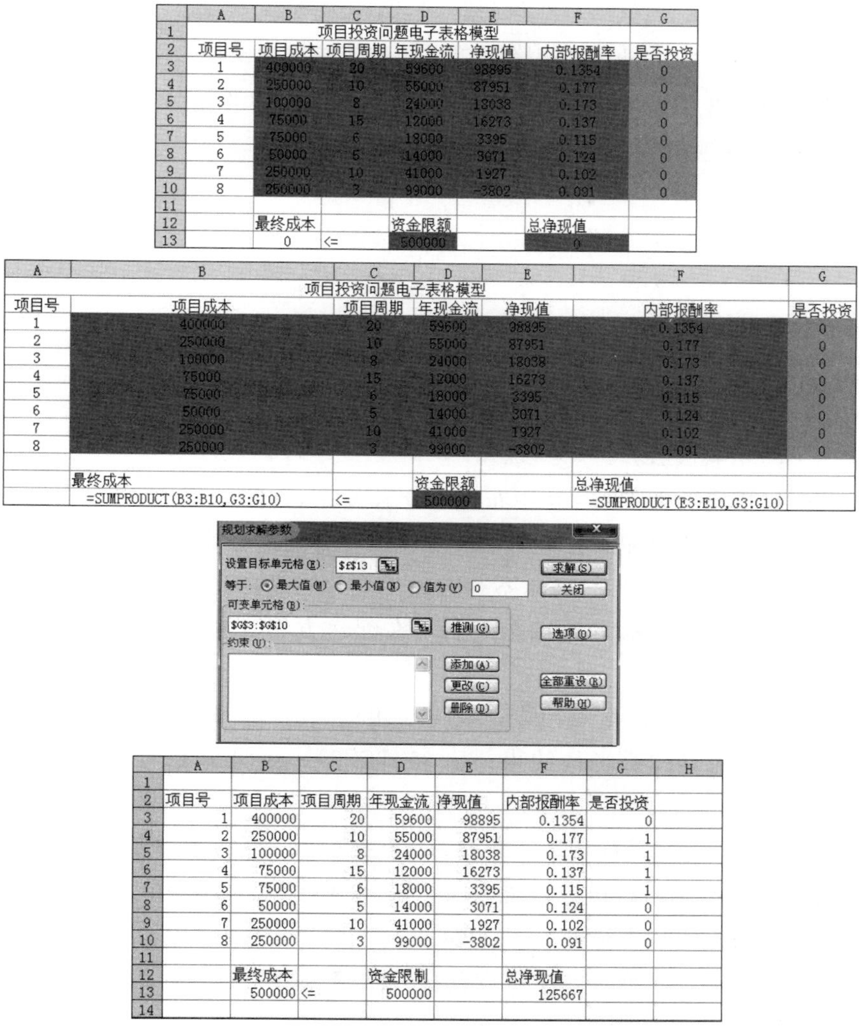

	A	B	C	D	E	F	G
1	项目投资问题电子表格模型						
2	项目号	项目成本	项目周期	年现金流	净现值	内部报酬率	是否投资
3	1	400000	20	59600	98895	0.1354	0
4	2	250000	10	55000	87951	0.177	0
5	3	100000	8	24000	18038	0.173	0
6	4	75000	15	12000	16273	0.137	0
7	5	75000	6	18000	3395	0.115	0
8	6	50000	5	14000	3071	0.124	0
9	7	250000	10	41000	1927	0.102	0
10	8	250000	3	99000	-3802	0.091	0
11							
12		最终成本		资金限额		总净现值	
13		0	<=	500000		0	

A	B	C	D	E	F	G
项目投资问题电子表格模型						
项目号	项目成本	项目周期	年现金流	净现值	内部报酬率	是否投资
1	400000	20	59600	98895	0.1354	0
2	250000	10	55000	87951	0.177	0
3	100000	8	24000	18038	0.173	0
4	75000	15	12000	16273	0.137	0
5	75000	6	18000	3395	0.115	0
6	50000	5	14000	3071	0.124	0
7	250000	10	41000	1927	0.102	0
8	250000	3	99000	-3802	0.091	0
	最终成本		资金限额		总净现值	
	=SUMPRODUCT(B3:B10,G3:G10)	<=	500000		=SUMPRODUCT(E3:E10,G3:G10)	

	A	B	C	D	E	F	G	H
1								
2	项目号	项目成本	项目周期	年现金流	净现值	内部报酬率	是否投资	
3	1	400000	20	59600	98895	0.1354	0	
4	2	250000	10	55000	87951	0.177	1	
5	3	100000	8	24000	18038	0.173	1	
6	4	75000	15	12000	16273	0.137	1	
7	5	75000	6	18000	3395	0.115	1	
8	6	50000	5	14000	3071	0.124	0	
9	7	250000	10	41000	1927	0.102	0	
10	8	250000	3	99000	-3802	0.091	0	
11								
12		最终成本		资金限制		总净现值		
13		500000	<=	500000		125667		
14								

图 16-11　用 Excel 方法求投资问题

送往仓库的限额为 90 单位。单位运输成本、企业的产量和各仓库配送量等数据见表 16-3。试确定运送方案,使总运费最少。

表 16-3　网络配送问题数据

		终点			产量
		配送中心	B_1	B_2	
起点	A_1	3	7.5	—	100
	A_2	3.5	8.2	—	80
	A_3	3.4	—	9.2	70
	配送中心	—	2.3	2.3	
配送量		—	120	130	250

解 根据条件，假设 $x_{ij}(i=1,2,3,4;j=1,2,3)$ 为从 $A_1A_2A_3$ 和配送中心送往配送中心和 B_1、B_2 的运送量，则可以得到网络配送问题的线性规划模型为

$$\min Z=3x_{11}+7.5x_{12}+3.5x_{21}+8.2x_{22}+3.4x_{31}+9.2x_{33}+2.3x_{42}+2.3x_{43}$$

$$\begin{cases} x_{11}+x_{12}=100 \\ x_{21}+x_{22}=80 \\ x_{31}+x_{33}=70 \\ x_{12}+x_{22}+x_{42}=120 \\ x_{33}+x_{43}=130 \\ x_{11}+x_{21}+x_{31}=x_{42}+x_{43} \\ x_{11}\leqslant 80, x_{21}\leqslant 80, x_{31}\leqslant 80, x_{42}\leqslant 90, x_{43}\leqslant 90 \\ x_{ij}\geqslant 0,\quad i=1,2,3,4;j=1,2,3 \end{cases}$$

显然，根据数学模型在 Excel 表中布局会比较复杂，这里依据表 16-3 在 Excel 表中建立 3 张表进行布局，分别是单位运价表、运送限量表和配送方案表。注意，在单位运价表中，用足够大的数（这里用 1000）表示不存在或不允许运送的运价；在运输能力表中，用足够大的数（这里用 1000）表示运送量无限制。在配送方案表中，单元格区域 D25:F28 为决策变量。

在规划求解参数栏中有 4 个约束，\$D\$25:\$F\$28<==\$D\$15:\$F\$18 为运量约束；\$D\$29==\$G\$28 为配送中心平衡约束；\$E\$29:\$F\$29==\$E\$31:\$F\$31 为配送量约束；\$G\$25:\$I\$27 为产量约束。

从规划求解结果知道，最优运送方案为 A_1 企业送 30 单位产品到 B_1，A_2 送 40 单位产品到 B_2；A_1、A_2、A_3 分别向配送中心送 70、80 和 30 单位产品，B_1、B_2 配送中心再向各运送 90 单位产品，可使总运送成本最低为 1599 元。

该问题在 Excel 表中的布局和求解设置，以及求解结果如图 16-12 所示。

例 16.4 多阶段生产计划问题。某企业要制订为期半年的产品生产计划。根据合同，公司必须在这半年内的每个月底交付一批产品，由于市场变化和生产条件不同，每月的生产能力和成本也不同。如果在成本较低的月份多生产产品，则在交付前必须存储，需要付存储费。试确定逐月生产方案，使生产成本最低。已知单位生产成本、每月单位存储费、每月最大需求量和最大生产能力等相关数据间表 16-4。

解 设 x_i 为第 i 个月生产的产品件数 $(i=1,2,\cdots,6)$，则最大生产能力限制

$$x_i\leqslant l_i\quad i=1,2,\cdots,6$$

若第 i 月底的库存量为 $I_i\leqslant f_i(i=1,2,\cdots,6)$

显然，有

$$I_{i-1}+x_i-d_i=I_i(i=1,2,\cdots,6),\quad 且\quad I_0=0(期初无存货)$$

即

第 i 月的储量=第 i 月初储量（上月底储量）+第 i 月产量−第 i 月需求量

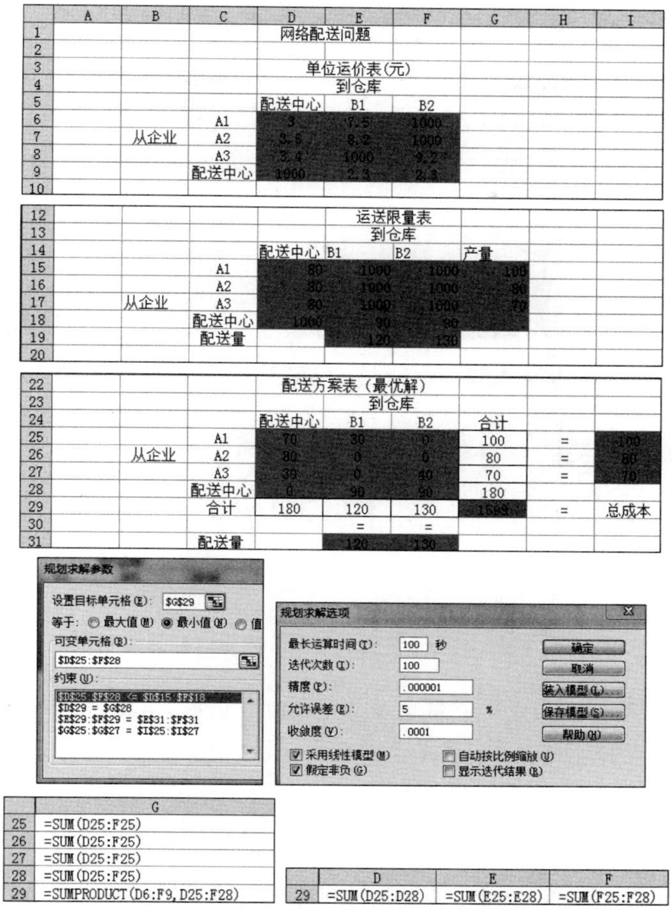

图 16-12　Excel 方法求解网络配送问题

表 16-4　多阶段生产计划问题相关数据表

第 i 月	月底需求量 d_i /件	最大生产能力 l_i /件	最大生产成本 c_i /千元	单位存储费 h_i /千元	最大存储量 f_i /件
1	10	20	2.1	0.20	10
2	16	30	2.0	0.25	12
3	20	26	2.3	0.23	6
4	14	28	2.4	0.24	10
5	25	30	2.1	0.20	8
6	23	30	2.6	0.20	0

非负约束

$$x_i \geqslant 0,\quad I_i \geqslant 0,\quad i=1,2,\cdots,6$$

目标为总成本

$$z = \sum_{i=1}^{6} c_i x_i + \sum_{i=1}^{6} h_i I_i$$

最小化。

该问题在 Excel 中的布局和求解设置，以及求解结果如图 16-13 所示。

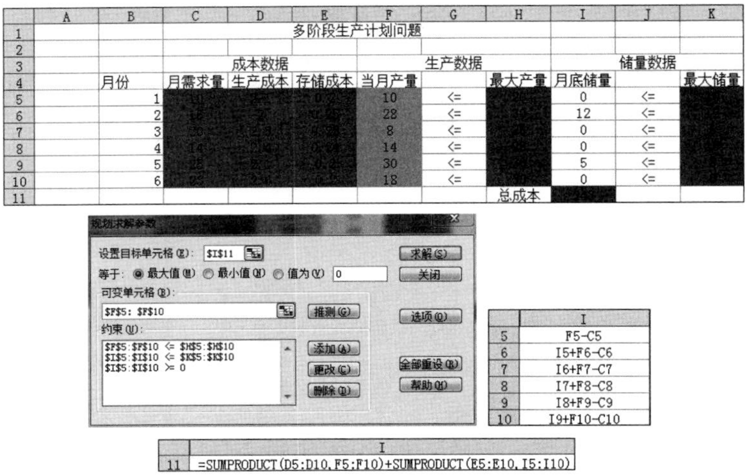

图 16-13　Excel 方法求解多阶段生产计划问题

注意：由于 I_i 不是变量，规划求解选项中的“假定非负”不能使其为非负，所以，必须在添加约束时将“$I_i \geqslant 0$”添加进去，如果单元格$I$5：$10≥0。当然，也可在表中再加一列，令其等于 I_i，并将其设为变量归入可变单元格。

从规划求解结果知道，公司安排各月分别生产 10、28、8、14、30 和 18 件作品，将使总成本最低为 242.8 千元。

从上面的实例可以看出，在 Excel 表中建立电子表格模型求解线性规划问题，只要把数据在 Excel 工作表中布局好，目标函数、变量和约束条件之间的关系设置好，就可以在无须掌握复杂求解过程的情况下，轻松求得结果。这样不仅速度快，而且计算结果准确，能起到事半功倍的效果，从而使线性规划在经济、管理方面的应用具有更强的可操作性。

16.2　目标规划问题的 Excel 求解

利用计算机求解线性规划问题的效率是非常高的。而目标规划只不过多了些变量和约束条件，但仍然是线性规划，所以可以利用 Excel 来求解目标规划。

例 16.5　用 Excel 求解下列目标规划的解。

$$\min Z = p_1 d_1^- + p_2 d_2^+ + p_3 (d_3^- + d_3^+)$$

$$\begin{cases} 3x_1 + x_2 + d_1^- - d_1^+ = 60 \\ x_1 - x_2 + 3x_3 + d_2^- - d_2^+ = 10 \\ x_1 + x_2 - x_3 + d_3^- - d_3^+ = 20 \\ x_i \geqslant 0, \quad d_i^- \geqslant 0, \quad d_i^+ \geqslant 0, \qquad i = 1,2,3 \end{cases}$$

解　目标规划与普通线性规划的最大区别是目标规划的目标函数系数不是一个具体的

值，而是一种优先权，因此在 Excel 求解中需要对其设定一个值，根据权系数的要求 $P_1 \gg P_2 \gg P_3$，不妨设本例中 $P_1=1000$，$P_2=10$，$P_3=1$，这个值可以依据情况有不同的设置，该目标规划的模板如图 16-14 所示。

	A	B	C	D	E	F	G	H	I	J	K	L	M
1				目标规划求解									
2	变量	x1	x2	x3	d1-	d2-	d3-	d1+	d2+	d3+	目标函数值		
3	目标函数	0	0	0	1000	0	1	0	10	1	0		
4											左端值	符号	右端约束值
5	目标1	3	1	0	1	0	0	-1	0	0	0	=	60
6	目标2	1	-1	2	0	1	0	0	-1	0	0	=	10
7	目标3	1	1	-1	0	0	1	0	0	-1	0	=	20
8													
9													
10					最优解								
11		x1	x2	x3	d1-	d2-	d3-	d1+	d2+	d3+			
12													

图 16-14　目标规划求解模板

目标函数值位于单元格 K3，在其中输入的公式为 SMUPRODUCT(B3:J3,B11:J11)，左端值是约束条件左边的求和，如单元格 K5，在其中输入的公式为 SUMPRODUCT(B5:J5,B11:J11)。

该目标规划的参数设置如图 16-15 所示。

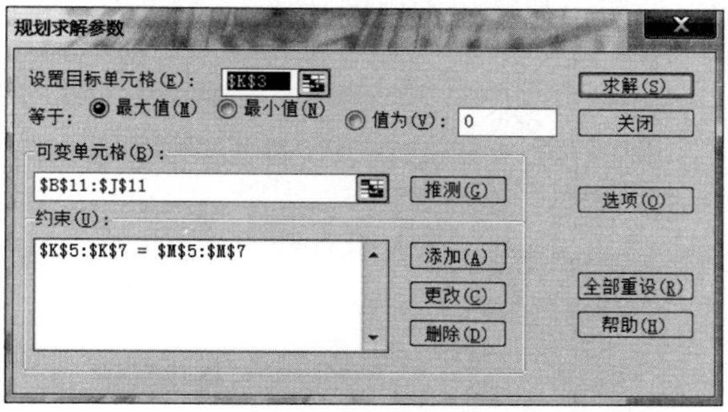

图 16-15　目标规划的求解参数设置

单击“规划求解参数”对话框中的“求解”按钮，得到该规划的最优解，如图 16-16 所示。

	A	B	C	D	E	F	G	H	I	J	K	L	M
1					目标规划求解								
2	变量	x1	x2	x3	d1-	d2-	d3-	d1+	d2+	d3+	目标函数值		
3	目标函数	0	0	0	1000	0	1	0	10	1	5		
4											左端值	符号	右端约束值
5	目标1	3	1	0	1	0	0	-1	0	0	60	=	60
6	目标2	1	-1	2	0	1	0	0	-1	0	10	=	10
7	目标3	1	1	-1	0	0	1	0	0	-1	20	=	20
8													
9					最优解								
10		x1	x2	x3	d1-	d2-	d3-	d1+	d2+	d3+			
11		17	7.5	0	0	0	0	0	0	5			
12													
13													

图 16-16　目标规划问题的最优解

16.3 网络优化的 Excel 求解

本节讨论如何利用 Excel 电子表格来求解网络优化问题。使用 Excel 电子表格求解网络优化问题及两个基本步骤：首先需要在电子表格上构建网络优化模型；其次是利用 Excel 的规划求解工具求解。

1. 顶点的净流量

在一个赋权有向图中，每个顶点的净流量等于所有流出该顶点的弧上流量之和减去所有流入该顶点的弧上流量之和。

在最大流问题中，对于每一个可行流 f，起点 v_s 的净流量等于 f 的流量，终点 v_r 的净流量等于 f 的流量的负值，其他顶点的净流量一定为 0，否则 f 将不是可行流。

在最短路问题中，由于不存在流量，只有边的权重(例如长度、费用等)，将在最短路径上的边的流量定为 1，而不在最短路径上的边的流量定为 0，因此最短路径上出发点的净流量为 1，终点的净流量为 −1，而其他定点的净流量为 0。

2. 最短路问题的 Excel 求解

例 16.6 求图 16-17(a)所示的赋权有向图顶点 v_1 到其余各点的最短路径及其长度。

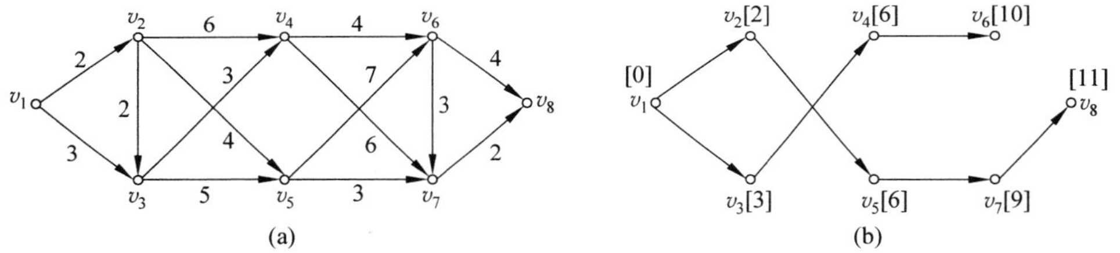

图 16-17 赋权有向图的最短路径求解

解 以求顶点 v_1 到顶点 v_8 的最短路径及其长度为例，先建立 LP 模型。

将图中所有的有向边排序，共有 14 条边，每条边的长度记为 $c_j(j=1,2,\cdots,14)$，用 x_i 表示第 i 条边是否在最短路径中

$$x_i=\begin{cases}1, & \text{第 } i \text{ 条边在最短路径中}\\ 0, & \text{第 } i \text{ 条边不在最短路径中}\end{cases}$$

显然，x_i 也是第 i 条边的流量，因此，目标函数为 $y=\sum\limits_{i=1}^{14}c_ix_i$。

将最短路径记为 Q，所有边的起点集合记为 E_s，所有边的终点集合记为 E_t，顶点 v_i 的净流量为 $\sum\limits_{v_i\in E_s}x_j-\sum\limits_{v_i\in E_t}x_k$，其中 x_i 为所有以 x_i 为起点的边的流量，x_k 为所有以 x_i 为终点的边的流量，例如顶点 v_3 是第 6、第 7 条边的起点，是第 2、第 3 条边的终点，因此顶点 v_3 的净流量为

$$\sum_{v_3 \in E_s} x_j - \sum_{v_3 \in E_t} x_k = (x_6 + x_7) - (x_2 + x_3)$$

得到最短路径的 LP 模型

$$\min y = \sum_{i=1}^{14} c_i x_i$$

$$\begin{cases} \sum_{v_1 \in E_s} x_j = 1 \\ \sum_{v_i \in E_s} x_j - \sum_{v_i \in E_t} x_k = 0 \\ - \sum_{v_i \in E_t} x_k = -1 \\ x_1, x_2, \cdots, x_{14} \text{ 为 0-1 变量} \end{cases}$$

将 LP 模型的最优解中为 1 的 x_i 关联的顶点连接起来就是最短路径，而且目标函数 $y = \sum_{i=1}^{14} c_i x_i$ 的值就是最短路径的长度。

将上述 LP 模型转换为 Excel 模型，如图 16-18 所示。Excel 模型中包含每条边的序号、起点、终点和边的长度等基本数据，决策变量 x_i 放在“是否在路径中”单元格中，目标函数即最短路径长度在 I16 单元格中，其取值采取 Excel 中的 SUMPRODUCT 函数，方法为 =SUMPRODUCT(E6:E19:F6:F19)，具体形式如图 16-19 所示。

	B	C	D	E	F	G	H	I	J	K
2		例 16.6　最短路径及其长度								
3										
4	边序号	起点	终点	长度	是否在路径中		顶点	净流量		流量控制
5										
6	1	v1	v2	2	1		v1	1	=	1
7	2	v1	v3	3	0		v2	0	=	0
8	3	v2	v3	2	0		v3	0	=	0
9	4	v2	v4	6	0		v4	0	=	0
10	5	v2	v5	4	1		v5	0	=	0
11	6	v3	v4	3	0		v6	0	=	0
12	7	v3	v5	5	0		v7	0	=	0
13	8	v4	v6	4	0		v8	1	=	−1
14	9	v4	v7	6	0					
15	10	v5	v6	7	0			最短路径		
16	11	v5	v7	3	1			11		
17	12	v6	v7	3	0					
18	13	v6	v8	4	0					
19	14	v7	v8	2	1					

图 16-18　最短路径的 Excel 模型和求解结果

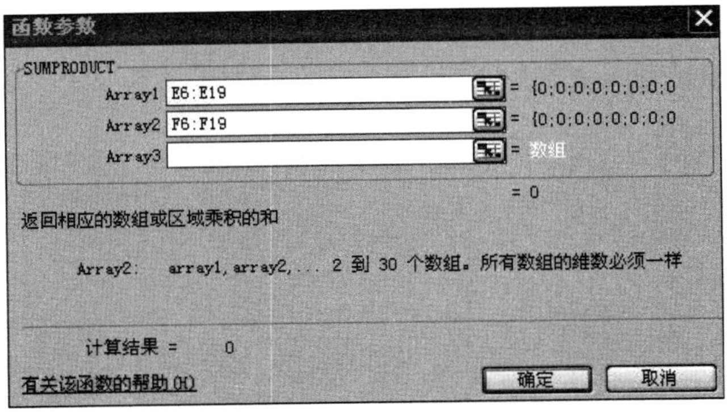

图 16-19 最短路径的目标函数设置

对于每个顶点的净流量限制，包含顶点、净流量、流量控制等数据。顶点净流量的计算采用 Excel 中的 SUMIF 函数，如顶点 v_1 的净流量（单元格 16）为=SUMIF($C$6:$C$19，H6,$F$6:$F$19)，其他顶点的净流量类似设置，具体形式如图 16-20 和图 16-21 所示。

	1
6	=SUMIF(C6:C19,H6,F6:F19)
7	=SUMIF(C6:C19,H7,F6:F19)−SUMIF(D6:D19,H7,F6:F19)
8	=SUMIF(C6:C19,H8,F6:F19)−SUMIF(D6:D19,H8,F6:F19)
9	=SUMIF(C6:C19,H9,F6:F19)−SUMIF(D6:D19,H9,F6:F19)
10	=SUMIF(C6:C19,H10,F6:F19)−SUMIF(D6:D19,H10,F6:F19)
11	=SUMIF(C6:C19,H11,F6:F19)−SUMIF(D6:D19,H11,F6:F19)
12	=SUMIF(C6:C19,H12,F6:F19)−SUMIF(D6:D19,H12,F6:F19)
13	=−SUMIF(D6:D19,H13,F6:F19)

图 16-20 Excel 中净流量的计算

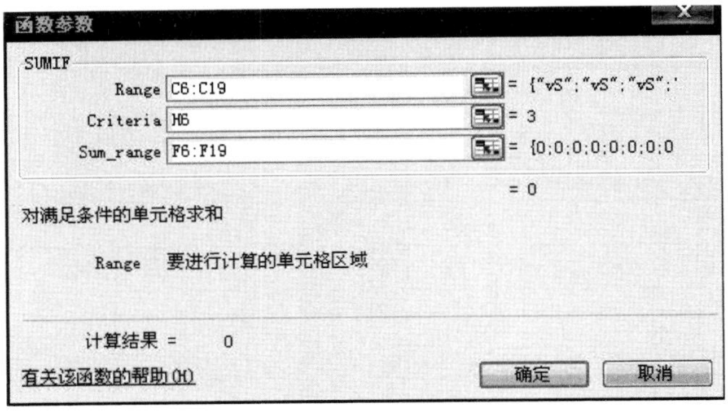

图 16-21 SUMIF 的使用方法

最后使用Excel的规划求解工具求解,具体设置如图16-22所示,最优解结果如图16-18所示,可以看出,第1、第5、第11、第14条边在最短路径中,最短路径为$Q=v_1v_2v_5v_7v_8$,其长度为$w(Q)=11$,如图16-17(b)所示。

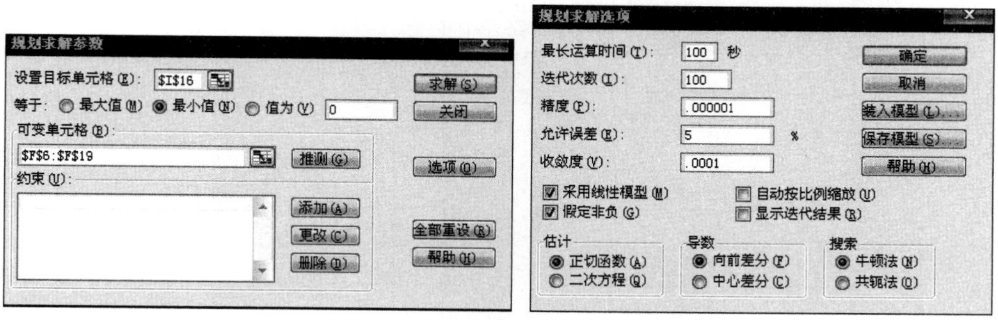

图16-22　最短路径规划求解的参数设置

如果要求顶点v_1到其他顶点的最短路径,只需将该终点替代v_8,其流量限制为-1即可,具体情况,读者可以自己动手做。

使用Excel求解最短路径问题,一般不要求给出LP模型,而是直接在电子表格中建立直观模型并求解。

例16.7　求图16-23(a)所示网络中v_1到各点的最短路径。

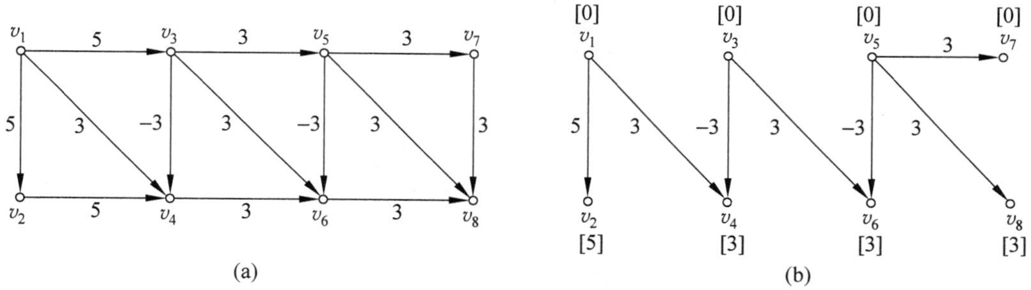

图16-23　网络中v_1到各点的最短路径

解　具体的Excel模型中最短路起点v_1的流量为1(单元格K6),终点的流量控制为-1,其他中间点的流量控制为0,其他设置和例10-21类似。图16-24是从v_1到v_3的求解结果,最短路$Q=v_1v_4v_3v_6v_5v_8$,最短路径长度$w(Q)=3$。v_1到其他顶点的最短路径和长度用同样方法求解,具体求解结果如图16-23(b)所示。

例16.8　最小运行费用问题:某工厂计划了一笔21 000元的资金,用于购买一台设备并用于后续4年的运行,也可以在接下来的3年一次或多次将老设备出售并重新购买新设备,具体数据见表16-5。该工厂应该如何使用该笔资金,使4年内购买设备和运行总费用最少?

	B	C	D	E	F	G	H	I	J	K
2		例 16.7 最短路径及其长度								
3										
4	边序号	起点	终点	长度	是否在路径中		顶点	净流量		流量控制
5										
6	1	v_1	v_2	5	0		v_1	1	=	1
7	2	v_1	v_3	5	0		v_2	0	=	0
8	3	v_1	v_4	3	1		v_3	0	=	0
9	4	v_2	v_4	5	0		v_4	0	=	0
10	5	v_3	v_5	3	0		v_5	0	=	0
11	6	v_3	v_6	3	1		v_6	0	=	0
12	7	v_4	v_3	−3	1		v_7	0	=	0
13	8	v_4	v_6	3	0		v_8	−1	=	−1
14	9	v_5	v_7	3	0					
15	10	v_5	v_8	3	1			最短路径		
16	11	v_6	v_5	3	1			3		
17	12	v_6	v_8	−3	0					
18	13	v_7	v_8	3	0					

图 16-24 v_1 到 v_8 的求解结果

表 16-5 设备的相关数据 单位：元

购买价格	设备使用年限及当年运行费用				设备使用后卖出价格			
	新设备	1 年后	2 年后	3 年后	使用 1 年	使用 2 年	使用 3 年	使用 4 年
12 000	2000	3000	4500	6500	8500	6500	4500	3000

解 将问题化为最短路径问题，如图 16-25 所示，顶点中数字代表相应年份，各方向边的权重为相应决策的购车和运行费用，4 年内购买设备和运行总费用的最小值显然是从顶点 0 到顶点 4 的最短路径长度。

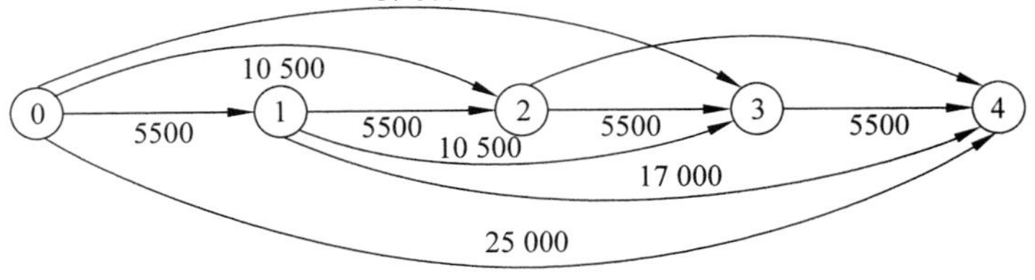

图 16-25 设备采购网络图

为上述最短路径问题建立 Excel 模型，如图 16-26 所示。该工厂应该在两年后将老设备出售并重新购买新设备，总的费用为 21 000 元。

	B	C	D	E	F	G	H	I	J	K
2		例 16.8　设备采购最短路径模型								
3										
4	边序号	起点	终点	长度（费用）	是否在路径中		顶点	净流量		流量控制
5										
6	1	0	1	5500	0		0	1	=	1
7	2	0	2	10 500	1		1	0	=	0
8	3	0	3	17 000	0		2	0	=	0
9	4	0	4	25 000	0		3	0	=	0
10	5	1	2	5500	0		4	−1	=	−1
11	6	1	3	10 500	0					
12	7	1	4	17 000	0			最小费用		
13	8	2	3	5500	0			21 000		
14	9	2	4	10 500	1					
15	10	3	4	5500	0					

图 16-26　最短路径的 Excel 模型

例 16.9　选址问题：某小镇共有 7 个村，其交通网络如图 16-27 所示，现在该镇要在其中一个村中扩建一所小学，应该选在哪个村中建设，使得最远村庄的学生上学距离最短？

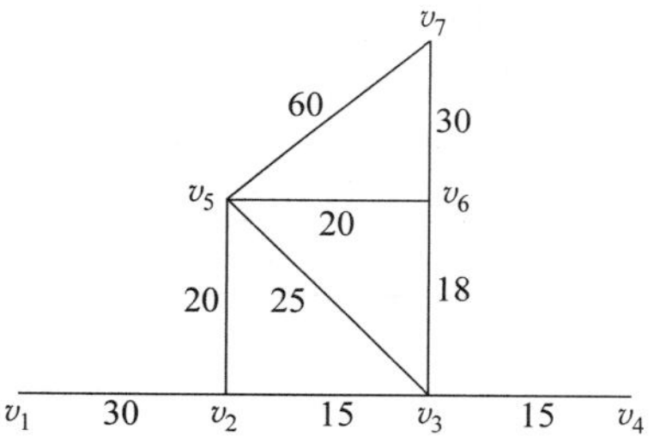

图 16-27　交通网络

解　用 Excel 求解选址问题比较麻烦，首先，该问题的网络并不是有向图，只将其视为有向图，并且每条边都是双向的；其次，该问题是一个选择性问题，要求出每两个村庄的最短路径，最后比较，选择最小值对应的村庄建设中学。

由于使用 Excel 求解时必须求每两个村庄之间的最短路径，步骤最多，这里只给出了 v_3 和 v_7 的最短路径的 Excel 模型，如图 16-28 所示，其他最短路径的长度见表 16-6。从表中可以看出，距离 v_3 最远的村庄为 v_7，距离 48，其他结果更远，因此，应该在 v_3 建设中学，可使最远的村庄上学距离最短。

求解例 16.8 的过程复杂而冗长，有兴趣的读者可以尝试建立简单的 Excel 模型。

3. 最大流问题的 Excel 求解

最大流问题也可以方便地应用 Excel 建立模型来求解，例 16.9 介绍了最大流问题的 Excel 求解方法。

	B	C	D	E	F	G	H	I	J	K
2		例 16.9　选址问题								
3										
4	边序号	起点	终点	长度	是否在路径中		顶点	净流量		流量控制
5										
6	1	v_1	v_1	30	0		v_1	0	=	1
7	2	v_2	v_3	15	0		v_2	0	=	0
8	3	v_2	v_5	20	0		v_3	1	=	1
9	4	v_3	v_2	15	0		v_4	0	=	0
10	5	v_3	v_4	15	0		v_5	0	=	0
11	6	v_3	v_5	25	0		v_6	0	=	0
12	7	v_3	v_6	18	1		v_7	−1	=	−1
13	8	v_4	v_3	15	0					
14	9	v_5	v_2	20	0					
15	10	v_5	v_3	25	0			最短路径		
16	11	v_5	v_6	20	0			48		
17	12	v_5	v_7	60	0					
18	13	v_6	v_3	18	0					
19	14	v_6	v_5	20	0					
20	15	v_6	v_7	30	1					
21	16	v_7	v_5	60	0					
22	17	v_7	v_6	30	0					

图 16-28　v_3 和 v_7 的最短路径的长度

表 16-6　其他最短路径的长度

	v_1	v_2	v_3	v_4	v_5	v_6	v_7
v_1		30	45	60	50	63	93
v_2	30		15	30	20	33	63
v_3	45	15		15	25	18	48
v_4	60	30	15		40	33	63
v_5	50	20	40	40		20	50
v_6	63	33	33	33	20		30
v_7	93	63	63	63	50	20	

例 16.10　某企业为了保证某地区营销中心的配件供应，要求从其生产配件的工厂 v_s

运送尽可能多的配件到营销中心 v_r，运输网络如图 16-29 所示，线上的数据为流量限制。应如何安排运输，以获得从 v_s 到 v_t 的最大运输能力？

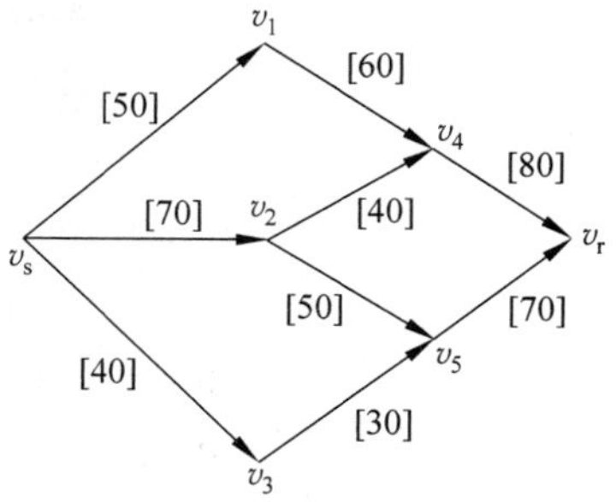

图 16-29 运输问题

解 从 v_s 到 v_t 都要获得最大流量，每条线的流量要尽可能大的同时，必须保证中间所有转运点的净流量为 0。将图 16-29 中的所有有向线排序，并假设每条线的流量为 x_i，每条线的流量限制为 c_i $(i=1,2,\cdots,9)$，目标是从 v_s 出发的流量总和或进入 v_t 的流量总和最大。

将所有线的起点集合记为 E_s，所有线的终点集合记为 E_t，顶点 v_r 的净流量为 $\sum_{v_i \in E_s} x_j - \sum_{v_i \in E_t} x_k$，其中 x_j 为所有以 v_r 为起点的线的流量，x_k 为所有以 v_i 为终点的线的流量。根据最大流问题的原理，得到 LP 模型：

$$\max y = \sum_{v_i \in E_s} x_j$$

$$\begin{cases} \sum_{v_i \in E_s} x_j - \sum_{v_i \in E_s} x_k = 0 \\ x_i \leqslant c_i, \quad i=1,2,\cdots,9 \\ x_1, x_2, \cdots, x_9 \geqslant 0 \end{cases}$$

下面根据 LP 模型建立最大流问题的 Excel 模型。与最短路径问题一样，将网络中每条线的起点和终点分别在 Excel 电子表格中标出(单元格 C6～C14 和 D6～D14)，如图 16-30 所示，每条线的实际流量在可变单元格(单元格 E6～E14)中，每条线的最大流量在单元格 G6～G14 中，计算如图 16-31 所示。最大流(单元格 J14)实际上是顶点 vs 的净流量，单元格赋值为“＝J6”。最后设置 Excel 模型的参数，如图 16-32 所示，求解后得到最大流为 150，具体结果如图 16-30 所示。该企业应该按照每条线上的实际流量数据安排运输，可获得从 v_s 到 v_t 最大的运输能力。

	B	C	D	E	F	G	H	I	J	K	L
2		例 16.10 最大流问题									
3											
4	边序号	起点	终点	实际流量		最大流量		顶点	净流量		流量控制
5											
6	1	v_s	v_1	50	<=	50		v_s	150		
7	2	v_s	v_2	70	<=	70		v_1	0	=	0
8	3	v_s	v_3	30	<=	40		v_2	1	=	0
9	4	v_1	v_4	50	<=	60		v_3	0	=	0
10	5	v_2	v_4	30	<=	40		v_4	0	=	0
11	6	v_2	v_5	40	<=	50		v_5	0	=	0
12	7	v_3	v_5	30	<=	30		v_t	−150		
13	8	v_4	v_t	80	<=	80			最大流		
14	9	v_5	v_t	70	<=	70			150		

图 16-30 最大流问题的 Excel 模型及求解结果

	1
6	=SUMIF(C6:C14,I6,E6:E14)
7	=SUMIF(C6:C14,I7,E6:E14)−SUMIF(D6:D14,I7,E6:E14)
8	=SUMIF(C6:C14,I8,E6:E14)−SUMIF(D6:D14,I8,E6:E14)
9	=SUMIF(C6:C14,I9,E6:E14)−SUMIF(D6:D14,I9,E6:E14)
10	=SUMIF(C6:C14,I10,E6:E14)−SUMIF(D6:D14,I10,E6:E14)
11	=SUMIF(C6:C14,I11,E6:E14)−SUMIF(D6:D14,I11,E6:E14)
12	=−SUMIF(D6:D14,I12,E6:E14)

图 16-31　最大流问题的净流量计算

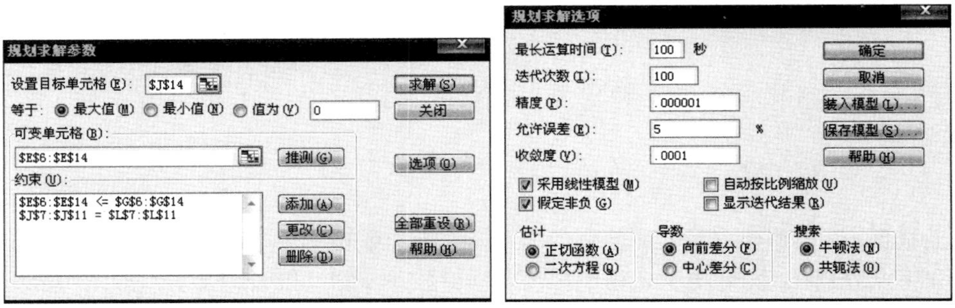

图 16-32　最大流问题 Excel 模型的参数设置

通常,利用 Excel 求解最大流问题也不需要建立 LP 模型的代数形式,只需要直接建立 Excel 模型。

例 16.11　计算图 16-33 所示的网络从 v_s 到 v_t 的最大流。边上记号表示为(c_{ij},f_{ij}),其中 $f=\{f_{ij}\}$为一个可知的可行流。

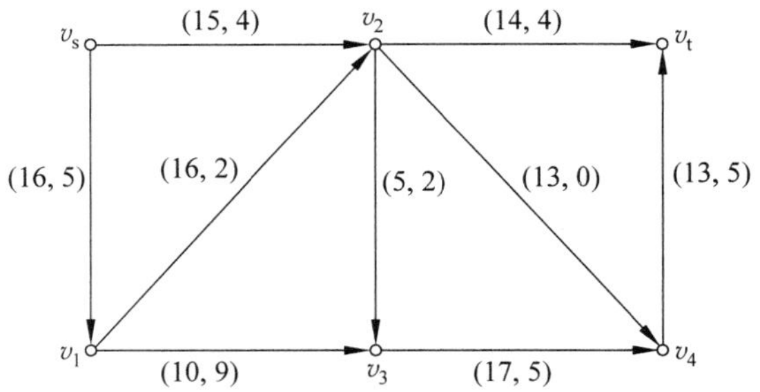

图 16-33　例 16.11 的网络

解　利用 Excel 求解最大流问题,由于使用了 LP 模型的原理,不需要实际的迭代过程,因此,问题中给出的可行流数据没有实际价值。建立其 Excel 模型不需要设置可行流数据,具体单元格设置前类似,具体求解结果如图 16-34 所示。从中可以看出,v_s 到 v_t 的最大流为 27。

	B	C	D	E	F	G	H	I	J	K	L
2		例 16.11　最大流问题									
3											
4	边序号	起点	终点	流量		流量限制		顶点	净流量		流量控制
5											
6	1	v_s	v_1	12	<=	16		v_s	27		
7	2	v_s	v_2	15	<=	15		v_1	0	=	0
8	3	v_1	v_2	12	<=	16		v_2	1	=	0
9	4	v_1	v_3	0	<=	10		v_3	0	=	0
10	5	v_2	v_3	0	<=	5		v_4	0	=	0
11	6	v_2	v_4	13	<=	13		v_t	−27		
12	7	v_2	v_t	14	<=	14					
13	8	v_3	v_4	0	<=	17			最大流		
14	9	v_4	v_t	13	<=	13			27		

图 16-34　例 16.11 的求解结果

4. 最小费用最大流问题的 Excel 求解

例 16.12　在例 16.10 中，该企业应如何安排运输，在获得从 v_s 到 v_t 的最大运输能力的前提下使运输成本最小？运输网络和单元流量运输成本如图 16-35 所示。

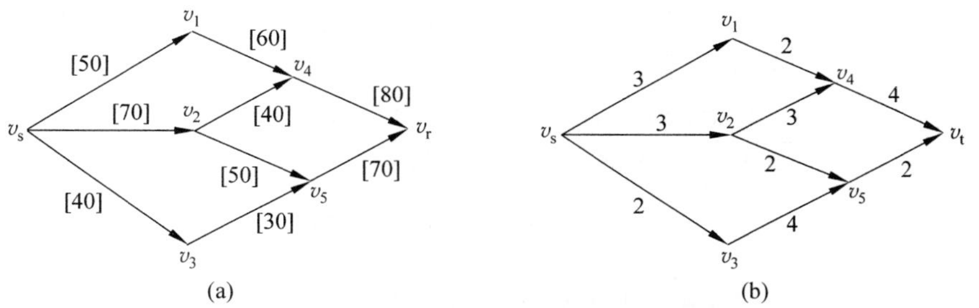

图 16-35　运输网络和单位流量运输成本

解　在例 16.10 中，已经求出了该企业的最大运输能力为 150，现在只要求流量为 150 时的最小费用流即可。由于问题增加了单元流量成本，在 Excel 模型中增加了一列"单元流量成本"单元格（单元格 H6～H14），如图 16-36 所示，每个顶点的净流量（单元格 K6～K12）计算如图 16-37 所示，最大流（单元格 K13）和最小费用（单元格 M14）的计算如图 16-38 所示。

求解设置时，目标单元格不再是最大流，而是在最大流下的最小费用，因此目标单元格为最小费用 M14，约束除了顶点的净流量控制和弧上的容量限制外，还需要增加最大流不超过 150 的约束，如图 16-39 所示，设置好参数后求解，结果如图 16-36 所示，最小费用为 1270。

	B	C	D	E	F	G	H	I	J	K	L	M
2		例 16.12　最小费用最大流问题										
3												
4	边序号	起点	终点	流量		流量限制	单位流量成本		顶点	净流量		流量控制
5												
6	1	v_s	v_1	50	<=	50	3		v_s	150		
7	2	v_s	v_2	70	<=	70	3		v_1	0	=	0
8	3	v_s	v_3	40	<=	40	2		v_2	0	=	0
9	4	v_1	v_4	60	<=	60	2		v_3	0	=	0
10	5	v_2	v_4	40	<=	40	3		v_4	0	=	0
11	6	v_2	v_5	50	<=	50	2		v_5	0	=	0
12	7	v_3	v_5	30	<=	30	4		v_t	−150		
13	8	v_4	v_t	80	<=	80	4		最大流	150	=	150
14	9	v_5	v_t	70	<=	70	2			最小费用		1270

图 16-36　最小费用最大流问题的 Excel 模型

	1
6	=SUMIF(C6:C14,J6,E6:E14)
7	=SUMIF(C6:C14,J7,E6:E14)−SUMIF(D6:D14,J7,E6:E14)
8	=SUMIF(C6:C14,J8,E6:E14)−SUMIF(D6:D14,J8,E6:E14)
9	=SUMIF(C6:C14,J9,E6:E14)−SUMIF(D6:D14,J9,E6:E14)
10	=SUMIF(C6:C14,J10,E6:E14)−SUMIF(D6:D14,J10,E6:E14)
11	=SUMIF(C6:C14,J11,E6:E14)−SUMIF(D6:D14,J11,E6:E14)
12	=−SUMIF(D6:D14,J12,E6:E14)

图 16-37　顶点的净流量的计算

	J	K	L	M
13	最大流	=K6	=	150
14		最小费用		=SUMPRODUCT(E6: E14, H6: 14)

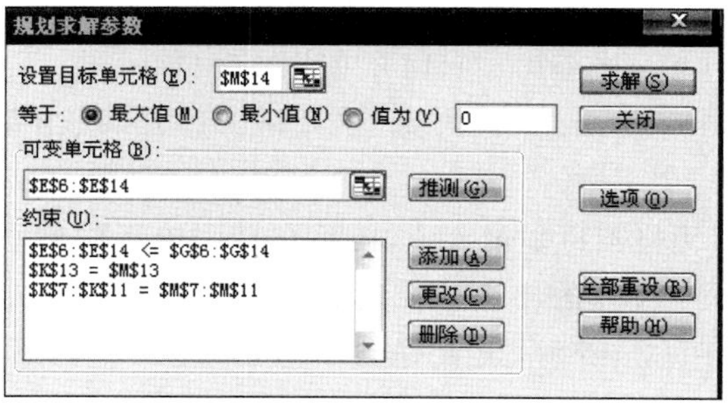

图 16-38　最大流和最小费用的计算

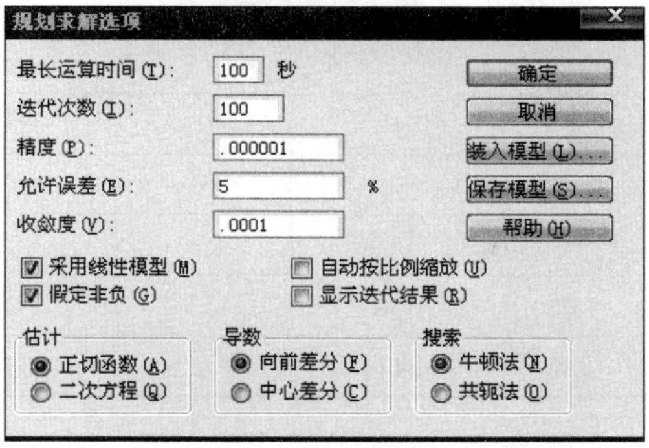

图 16-39　最小费用最大流问题 Excel 模型的参数设置

习　题　16

16.1　用 Excel 求解以下线性规划模型：

(1) $\max S=0.5x_1+0.38x_2+0.42x_3+0.62x_4+0.74x_5+0.7x_6$

$$\begin{cases}0.02x_1+0.02x_2+0.02x_3+0.03x_4+0.03x_5+0.03x_6\leqslant 950\\0.03x_1+0.07x_4\leqslant 800\\0.02x_2+0.05x_5\leqslant 200\\0.03x_3+0.08x_6\leqslant 900\\x_j\geqslant 0,\quad j=1,2,\cdots,6\end{cases}$$

(2) $\min S=60x_1+30x_2+40x_3$

$$\begin{cases}x_1+2x_2+3x_3=150\\x_1\geqslant 40\\0\leqslant x_2\leqslant 60\\x_3\geqslant 30\end{cases}$$

(3) $\min S=13x_1+9x_2+10x_3+11x_4+12x_5+8x_6$

$$\begin{cases}x_1+x_4=300\\x_2+x_5=500\\x_3+x_6=400\\0.4x_1+1.1x_2+x_3\leqslant 700\\0.5x_4+1.2x_5+1.3x_6\leqslant 800\\x_j\geqslant 0,\quad j=1,2,\cdots,6\end{cases}$$

16.2　某公司生产某种产品有 3 个产地 A_1、A_2、A_3，要把产品运送到 4 个销售点 B_1、B_2、B_3、B_4 去销售。各产地的产量、各销地的销量和各产地运往各销地每吨产品的运费如表 16-7 所示。

应如何调运，可使得总运输费最小？(用 Excel 求解)

表 16-7　第 16.2 题某产品运输数据表　　单位：百元

		销地				产量/吨
		B_1	B_2	B_3	B_4	
产地	A_1	5	11	8	6	750
	A_2	10	19	7	10	210
	A_3	9	14	13	15	600
销量/吨		350	420	530	260	1560(产销平衡)

16.3　用 Excel 求解下列 0-1 规划问题。

$$\max S = 3x_1 + 2x_2 - 5x_3 - 2x_4 + 3x_5$$

$$\begin{cases} x_1 + x_2 + x_3 + 2x_4 + x_5 \leqslant 4 \\ 7x_1 + 3x_3 - 4x_4 + 3x_5 \leqslant 8 \\ 11x_1 - 6x_2 + 3x_4 - 3x_5 \geqslant 3 \\ x_i = 0 \text{ 或 } 1, \quad i = 1,2,\cdots,5 \end{cases}$$

16.4　用 Excel 求解下述指派问题,已知效率矩阵为

$$\begin{bmatrix} 7 & 9 & 10 & 12 \\ 13 & 12 & 16 & 17 \\ 15 & 16 & 14 & 15 \\ 11 & 12 & 15 & 16 \end{bmatrix}$$

16.5　某市准备在下一年度预算中购置一批救护车,已知每辆救护车购置价为 18 万元。救护车用于所属的两个郊区县,各分配 x_A 和 x_B 台,A 县救护站从接到求救电话到救护车出动的响应时间为$(40-3x_A)$分钟,B 县救护站相应的响应时间为$(50-4x_B)$分钟,该市确定如下优先级目标:

P_1:救护车购置费用不超过 380 万元;

P_2:A 县的响应时间不超过 5 分钟;

P_3:B 县的响应时间不超过 4 分钟。

(1) 试建立目标规划模型;

(2) 用 Excel 求解。

16.6　请用 Excel 求图 16-40 所示从 v_1 到 v_6 的最短路,弧上数字为距离。

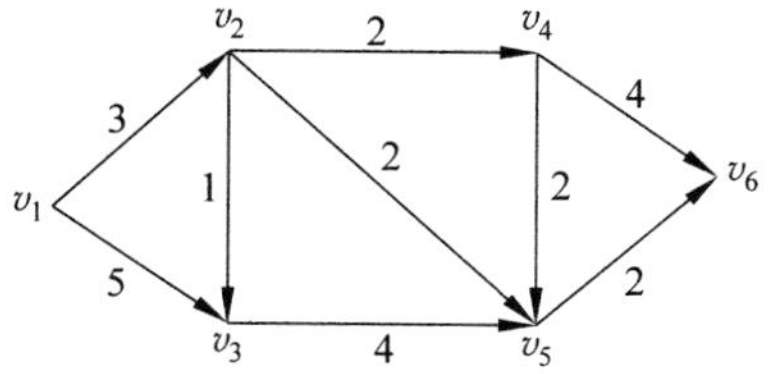

图 16-40　第 16.6 题图

参 考 文 献

[1] 《运筹学》教材编写组. 运筹学[M]. 5 版. 北京：清华大学出版社，2013.

[2] 吴祈宗. 运筹学与最优化方法[M]. 2 版. 北京：机械工业出版社，2013.

[3] 胡运权. 运筹学基础及应用[M]. 7 版. 北京：高等教育出版社，2021.

[4] 胡运权. 运筹学习题集[M]. 5 版. 北京：清华大学出版社，2019.

[5] 胡运权. 运筹学教程[M]. 5 版. 北京：清华大学出版社，2018.

[6] 郭耀煌，等. 运筹学原理与方法[M]. 成都：西南交通大学出版社，1994.

[7] 朱道立，徐庆，丁家声. 运筹学[M]. 2 版. 北京：高等教育出版社，2013.

[8] 于春田，李发朝，惠红旗. 运筹学[M]. 2 版. 北京：科学出版社，2011.

[9] 侯定丕. 博弈论导论[M]. 合肥：中国科学技术大学出版社，2003.

[10] 谢政，李建平，戴丽. 对策论[M]. 北京：高等教育出版社，2017.

[11] 张盛开，张亚东. 现代对策(博弈)论与工程决策方法[M]. 大连：东北财经大学出版社，2005.

[12] 刁在筠，刘桂真，戎晓霞等. 运筹学[M]. 4 版. 北京：高等教育出版社，2016.

[13] 傅家良. 运筹学方法与模型[M]. 2 版. 上海：复旦大学出版社，2021.

[14] 施锡铨. 博弈论[M]. 上海：上海财经大学出版社，2000.

[15] 吴祈宗. 运筹学[M]. 3 版. 北京：机械工业出版社，2017.

图书资源支持

感谢您一直以来对清华版图书的支持和爱护。为了配合本书的使用，本书提供配套的资源，有需求的读者请扫描下方的“书圈”微信公众号二维码，在图书专区下载，也可以拨打电话或发送电子邮件咨询。

如果您在使用本书的过程中遇到了什么问题，或者有相关图书出版计划，也请您发邮件告诉我们，以便我们更好地为您服务。

我们的联系方式：

地　　址：北京市海淀区双清路学研大厦 A 座 714

邮　　编：100084

电　　话：010-83470236　010-83470237

客服邮箱：2301891038@qq.com

QQ：2301891038（请写明您的单位和姓名）

资源下载：关注公众号“书圈”下载配套资源。

资源下载、样书申请

书圈

图书案例

清华计算机学堂

观看课程直播